商业与居住建筑室内空间规划

［美］萨姆·库贝 著
胡兴竹 申祖烈 译

中国建筑工业出版社

著作权合同登记图字:01-2003-8164 号

图书在版编目(CIP)数据

商业与居住建筑室内空间规划/(美)库贝著;胡兴竹,申祖烈译.—北京:中国建筑工业出版社,2007
ISBN 978-7-112-08869-0

Ⅰ.商… Ⅱ.①库…②胡…③申… Ⅲ.①商业-服务建筑-室内设计-空间规划②住宅-室内设计-空间规划 Ⅳ.TU24

中国版本图书馆 CIP 数据核字(2006)第 153788 号

Space Planning for Commercial and Residential Interiors/Sam Kubba
ISBN 0-07-138191-0

责任编辑:董苏华 率琦
责任设计:郑秋菊
责任校对:李志立 王金珠

商业与居住建筑室内空间规划
[美] 萨姆·库贝 著
胡兴竹 申祖烈 译
*
中国建筑工业出版社出版、发行(北京西郊百万庄)
各地新华书店、建筑书店经销
北京金海中达技术开发公司排版
北京市书林印刷有限公司印刷
*
开本:787×1092 毫米 1/16 印张:29¾ 字数:720 千字
2007 年 7 月第一版 2007 年 7 月第一次印刷
定价:**69.00** 元
ISBN 978-7-112-08869-0
(15533)

本社网址:http://www.cabp.com.cn
网上书店:http://www.china-building.com.cn

写给我的父亲和母亲，
他们赋予我生命。
还有我的妻子和四个儿女，
他们的爱和亲情激励我前进。

目　录

第七章　家具和陈设品：评估与采购　217

第八章　建筑法规和标准　257

第九章　无障碍设计——美国残疾人条例要求　293

鸣　谢

在本书写作过程中，众多朋友、同事和专家们丰富了我的思维，拓展了我的见识，关于书中谈到的话题和论点，我的思想结晶和公式化的表达都离不开他们不遗余力的帮助——可以说，没有他们热情积极的支持，这本知识范围如此之广的书就不可能与读者见面。我真的欠他们太多了，还有无数朋友和组织为我提供了概念、意见、图片和图解，还有其他很多很多使得我的梦想成为现实的材料。

我还必须感谢劳恩·沃尔夫（Lone Wolf）集团股份有限公司对我热情的鼓励和帮助，可以说没有他们这本书就不会出版。因此，我要特别感谢劳恩·沃尔夫集团的总裁 Roger Woodson 先生——在此书写作过程中，他一直支持我，并给我提供建议和援助。我还要向 Rick Sutherland 和 Barb Karg 两位先生致礼，并表达我最衷心的感激，他们在编辑并出版这本书的过程中，体现出无价的专业技术和才能，我们在一起商讨解决了很多问题，是他们努力帮助我（运用他们不俗的幽默感）走完了写作的最后一段路。一想到充满友爱和才干的编辑就在身边，我感到十分高兴。我认为这样优秀的编辑简直太难得了。我还要鸣谢另一位劳恩·沃尔夫集团的尊贵而敬业的成员 Ellen Weider，他为本书作了手稿的录入编辑工作。

我非常感激赫尔穆特（Hellmuth），奥巴塔（Obata）和卡萨堡姆（Kassabaum）建筑设计事务所（HOK），还有先锋家具制造商——赫尔曼·米勒公司（Herman. Miller，inc.），他们以自己的方式对我提供了帮助，我无以回报。在 HOK 事务所，我尤其要感谢 Bill Stinger 先生，他是驻华盛顿办公室的老领导了；我要感谢的还有曾是 HOK 事务所驻洛杉矶室内设计工作室副总的 Susan Grossinger——他们一直为我提供帮助。在 HOK，我要感谢 Juliette Lam 的助手——Susan Mitchell-Katzes，Audrey Hoge，还有 Sandy Mendler，他们为我提供了封面照片，还有其他必须的信息和插图。

在赫尔曼·米勒公司，我要感谢合作交流中心的主管 Mark Schurman 和案卷保管人 Robert Viol，他们一直为我提供支持和建议。还有，Robert Viol 先生为满足我的要求，向我提供了本书中出现的许许多多的精彩插图，有描述安格森工作室的，有讲行为空间的，有讲新瑞萨夫系统的，还有描述其他卓越作品的。我还要衷心感谢赫尔曼·米勒的设计总顾问 Gail Toliver 先生，还有那里的 3D 渲染师 Karen Witzel，他们为我提供了调查问卷和如此简明的插图。

此外，我还要感谢 Jan Lakin，他是詹斯勒的媒体播放工作室的导演，感谢建筑师和室内设计师们，感谢杰勒德工程处的 Steve Millnick 以及顾问工程师 Kazim Abbud——是他们对第十一章的技术问题部分进行了核准，感谢他们的专业评论和建议。我还要感谢戴维-卡特-斯科特（Davies-Carter-Scott）建筑师事务所的建筑师 Jasna Bijelic，还有其他的建筑师和室内设计师们，更有斯蒂尔克斯（Steelcase）公司的 Jeanine Hill 为我的书配置了很多精美的图片；Georgy Olivieri——泰克尼昂建筑与设计市场的主管，她为我提供了许多好的插图和有价值的建议；还有 ARCOM 掌控系统的 Angie Flory 为我提供了关于标准软件的信息和条目，还要感谢我在监察与评估国际协会（IVI）的朋友和同事们，IVI 也许是全国最大最著名的权力机构，最后感谢建筑师 Wil McBeath 和 Robert Cox。

如果没有普拉特（Platts）（麦格劳-希尔公司的一个分公司）的 Jim Keener 和 Daphne Correa 两位先生提供的插图，第十一章就无法完成。麦格劳-希尔公司的 CAP 分公司总经理 Molly Murray 还为我提供了大量的有关这个奇特的软件包的信息。对所有这些杰出的专业人士，我只能说："谢谢你们!"

最后，我要感谢我的妻子，因为她的爱和支持，同时她还画了几张 CAD 和直线分析图。我还要感谢所有在我生命中意义重大的人们，所有用热情和知识鼓励我前行的人们。我是如此地依赖他们：要求建议，要求支持和鼓励。没有他们，我将无法完成这本著作。

作 者 简 介

萨姆·库贝（Sam Kubba）是库贝设计事务所的首席负责人，这家公司以建筑设计、室内设计和工程项目管理而闻名。库贝博士精通多类型、多方面的建筑设计，室内设计和构造，包括居住建筑、医疗建筑、公共设施、零售、改建重修、餐厅和高层商业建筑。他是美国建筑师学会的成员，美国室内设计师学会的成员，也是英国皇家建筑师学会的成员，他对建筑学的有关知识涉猎颇为广泛，并经常四处讲学：考古学、室内设计、家具设计还有艺术等等。库贝设计事务所在弗吉尼亚的赫恩登（Herndon）设有总部。

序　言

对空间规划和设计的改革探索

有这么一种说法：对空间的使用和划分，是形成我们如今这个居住环境的众多设计学科的基石。空间规划和设计的知识是构思一个成功工程的基本工具。项目规划和空间设计，一度被建筑师们认为是“前期设计”的服务性工作，如今在整个设计程序中作为一个整体在起作用：从工程概念一直到对使用者如何使用新设施的分析。

我们的建成环境已不仅是由总建筑师塑造的，而是协作的专家团队凭着他们自身的专长和经验所决定的。设计学科的日益专业化回应了我们的建筑物、各种活动和住在里面的人们的日益复杂化。

设计公司和独立开业者以单独建筑类型的设计而出名；譬如博物馆、运动场和医疗建筑。大的设计服务公司越来越多地组织专家集团去设计大量的零售店、旅店和办公建筑的集合体。空间设计和规划也是如此。空间设计、规划和室内设计专业人员不仅仅是因为独特的技术和经验而集合在一起，更是为了在大学和教育设施发展专门的实践领域，比如实验室，还有在旅馆、办公建筑和居住建筑内拓展实践领域。

空间设计和规划显然已经成为了设计过程中一个基本的专业领域。譬如说，一位业主要找人建一所学院，所聘请的专家队伍中很可能要有一位具备对教育建筑空间设计很有经验和特长的设计师。这种专业化的证据是很明显的。如今，已经有了完整的以专业化技能为基础的设计实践经验，这种专业化技能乃是承担大学和高等教育设施的设计和空间规划所要求的。

我们在电子传输、存储、数据分析、绘图，还有设计文件各个方面能力的飞跃造成了空间设计的专业技能的专门化。任何独立设施都可以针对具有同样用途的其他设施建立“基准”。在世界城市中心的竞争性商业房地产市场上，仅凭室内设计、磨光水平和装饰物已经无法决定办公空间的租金或是出租率了。结构内部的空间分配，影响租金的净出租面积与建筑面积之间的比例，这些都是决定该建筑物内在竞争优势的重要因素。

在后工业时代，在公司只提供服务而不制造产品的地方，房地产费用是最大的开支，仅次于工资而已。在这方面，对商业来说，有效利用空间对于提高收益率有着显著的作用。

除了对空间有效的最佳利用带来的显著商业优势以外，空间设计还用来促进或是阻碍建筑使用者之间的交流。在实验室研究建筑的设计中考虑了那些为不同领域间研究者的临时交流空间；比如说，化学家和植物学家的实验室由一个休闲室连接起来，于是他们就可以在喝咖啡的时候随意交谈。按照这样的思路，空间设计就促进了不同领域科学家之间的交流并促进了产品发展的研究。相反地，在新大使馆的设计当中，空间设计就成为用来提供安全保密性的设计工具。安全保密区和非安全保密区的交界处必须谨慎设计，以免造成消息的意外泄露。

鉴于我们以电子方式分享规划与设计信息的能力可以持续增长，业主和建筑师们将不用考虑施工队伍和专业顾问的地理位置，而直接找到最好的工程专家来为他们服务。历史上有这么一天，当规划和空间设计与建筑师和工程师们所设定的设计进程紧密结合在一起的时候，我们会发现大的咨询公司对全体业主提供相同的服务。如今，碰上一个由同一家提供工程预计财务分析和理财的公司制定的工程计划和空间布局并非罕见。另外，我们发现业主们经常优先委托空间设计师和规划师，而不是雇佣建筑师和其他设计专业人才。前期设计服务是决定一个成功设计诸多参数的关键所在。

比尔·斯廷格（Bill Stinger）
HOK 前总负责人

第一章

历史和概述

要研究早期历史发展和空间设计与室内设计演变的过程，我们要利用并理解其他要素和学科之间的内在关系：比如建筑学和装饰艺术，还包括装饰和家具，它们都是随建筑学历史发展而发展的。学习这一章的内容可以帮助我们了解更多的我们如今的发展状况是如何发展进化得来的，还可以纠正我们对自己设计继承物的错误认识。

引言

我们的文明主要归功于历史。设计这个词汇不断地被给以新的解释，在如今这个时代背景下，它反映了新材料和新科技。在单独一章里面就把室内设计和空间设计的主要发展概况全部讲清楚是不可能的。

要知道，建筑、空间规划和装饰艺术不可避免地会是一种生活方式的折射。所以，当你尝试着作古建筑改建的时候，你一定要了解这些结构和空间是如何使用的，还要知道男人、女人在社会里面的主要活动。在古代社会，房间和围封空间的大小是由好几个因素决定的，这些包括工程学的局限性和社会动机因素。

古代美索不达米亚和古埃及

为了进行对外贸易，建造诸如登天塔、金字塔、帕提农神庙等建筑中精细的结构，古代人需要一个统一的测量体系。在6000多年前，美索不达米亚人发明了一种线性测量体系，作为建造众多纪念建筑的必备条件——这些建筑都是新兴时代所要求的，而且这一点对我们自己的帝国制度很容易被认可为祖传世袭的。

腕尺基于人身体的部位设计（图 1.1），除了一些细微的变化外，它在近东地区几乎通用。埃及的腕尺和苏美尔人（美索不达米亚）的腕尺不同，并且在埃及以外很少使用。由于神庙和长期的大工程的设计和建造当中的紧急需要，才发明了这套线性测量体系，正如书写的发明是由于控制商业贸易和经济的关键之需。

如今，我们有两套主要的测量体系：美国通用的英制测量体系，基于英尺和英寸；还有就是使用米和厘米的米制（公制）体系，它的发展相对较晚，如今在欧洲和世界大部分国家普遍使用。现在这两种体系已经取代了古老的腕尺体系。

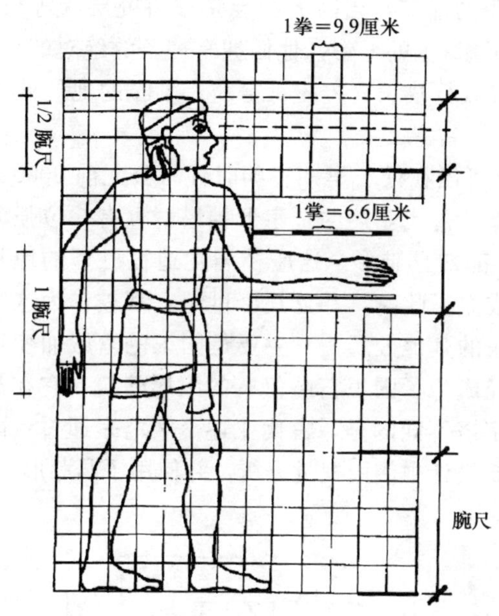

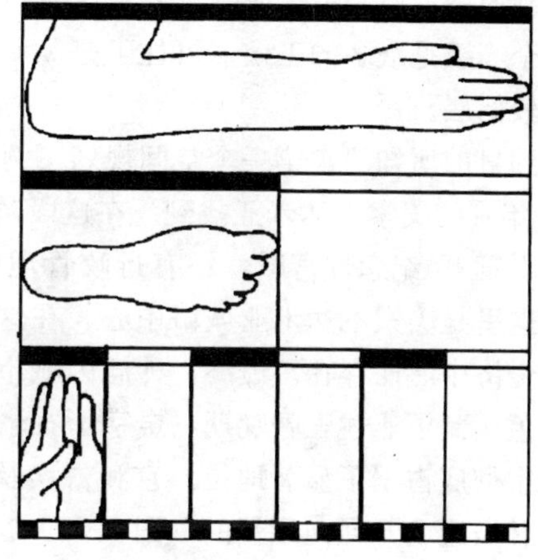

1指宽＝1.65厘米
1掌宽＝4指宽＝6.6厘米
1拳＝1.33掌＝9.9厘米
30指宽＝1腕尺＝49.5厘米

图 1.1　苏美尔测量单位是根据人体部位确定的

古文物中的空间规划、家具和设计

根据我们所能接触到的有历史记载的材料来看，可以说，对于古人，空间规划就是被神庙和宫殿建筑所垄断的。一把王椅几个世纪都是地位的象征，它们只为帝王、贵族和高官所用。此外，古代帝王把王椅作为战利品，因为它是代表了敌人权威的位子，敌人交出了它就意味着敌人的归顺降伏。这在伊拉克北部的尼尼微（公元前 704～前 681 年）发现的浮雕上面可以找到清楚的证明，上面画着古代亚述士兵们正在从占领的城市中往外搬运作为战利品的家具（图 1.2）。

图 1.2 可以看到图中的亚述士兵正在从占领的城市中搬运作为战利品的家具

早期美索不达米亚和古埃及，是人类文明的摇篮，当时的社会是很讲究层次等级的。等级制的最上层是帝王或是法老王，他们代表这世上的上帝，他们拥有神圣的绝对的权力。下一个等级是众多的王侯，再往下是牧师、省级行政长官，还有富翁。工匠的地位处于社会的较低层。

到目前所知的，第一个空间规划实例证物可以在处于早期王朝时代（公元前 3000～前 2350 年）的美索不达米亚找到。在这段时间里，古代亚述的金字形神塔群（有一位强大的神父看管）、纪念性宫殿，还有行政管理中心都初具雏形。这座神庙建造在巨型的地基之上，这里是美索不达米亚城市中心，在这里成立了政府，并且几个世纪它都被作为这座城市的经济中心而存在。最终，神庙因城市建筑的其他处所——主要是国王的宫殿而变得有些逊色。到了亚述王朝晚期，金字形神塔已经成为了国王宫殿仅有的附属建筑，它在都市风景中彻底占据了显著地位。它和古埃及金字塔不同的是，古代亚述金字塔是通过台阶或是旋转坡道上升通向顶端的（图 1.3）。在建筑设计中使用视觉分析，并使用了凸肚形法则，

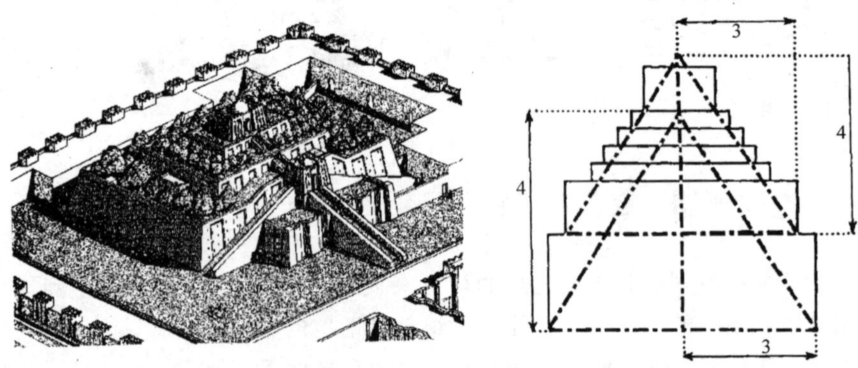

图 1.3 斯塔基尼（Stecchini）重建的巴比伦的金字形神塔（左图）。第三王朝的两位苏美尔族国王乌尔纳姆（Ur-Nammu）和舒济（Shulgi）（公元前 2113～前 2048 年）重建的金字形神塔。它是由土坯砖建造而成的，又用很厚的层层垫子和芦苇加固（右图）

这在历史上还是第一次，这个法则在1000多年以后古希腊人的多立克柱式中又被使用。由于视觉误差，边缘是直线的柱子和墙看起来会有凹进去的感觉，巴比伦人民使用这条法则，将垂直和水平的外形加上一点点凸起的曲线，实际上就把这个问题解决了。这样一来，使得古代亚述的金字形神塔从远处看起来显得更加坚固。

显而易见，美索不达米亚的建造者在他们的建筑中展现出他们对于比例和几何原理的惊人理解力，正如他们建造的埃利都六世（Eridu VI）和泰尔·桑格（Tell Songor B）的神庙以及在其他地方建造的神庙里所体现的聪明才智（图1.4）。这段时期的纪念建筑表现出人们对和谐比例的掌握已经达到了炉火纯青的地步——黄金分割和三角形、毕达哥拉斯三角形（这是个不恰当的命名，很遗憾，因为在毕达哥拉斯出生4000多年以前的美索不达米亚就已经有人用过它了），还有几何级数。晚期的教会建筑，比如位于希尔德斯海姆（Hildesheim）（德国）的圣米夏埃尔（St. Michael's）教堂（图1.33）在设计方面取得了类似的成果。

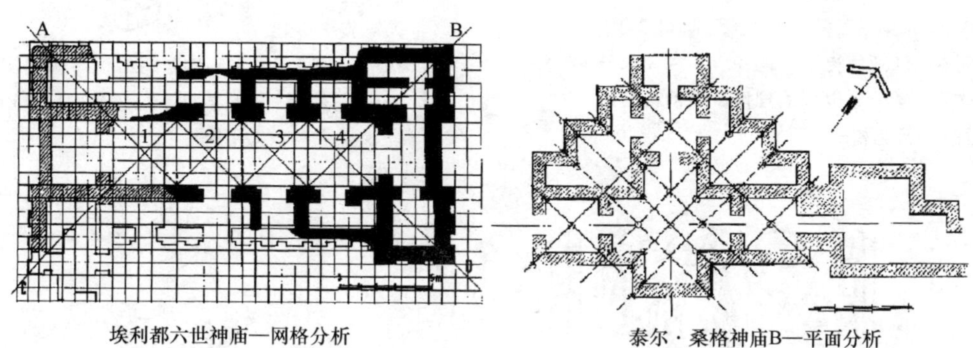

埃利都六世神庙—网格分析　　泰尔·桑格神庙B—平面分析

图1.4　古代美索不达米亚的埃利都六世神庙（公元前3500年）（左图）和泰尔·桑格神庙B（公元前4000年）展现了人们对和谐比例的早期应用（右图）

关于早期的家具设计和制造，历史事实表明了无论是在古代美索不达米亚文明还是在古代埃及文明中，当时的设计师们对他们所设计的家具的社会及政治含义都非常明了。他们还对人体工程学有着很好的理解，正如在他们的设计中所表现出来的那样。（图1.5）在古代，手工业者和木匠，冶金学者还有象牙工人之间都有着非常紧密的联系。在那个时代这是必要的，因为皇家的家具设计需要精通这三种匠人的技术。如果家具本身不是由象牙制成的，那么就由木匠来制作框架，冶金学者镀金并制作其他金属部件，而由象牙工人雕刻出用来装饰家具的面板。

古代坐椅子的习惯也不同。苏美尔王朝（公元前2600年）皇家墓室里描绘了一把椅子的改造，那是一把用来作扶手的低背椅子（图1.6）早期坐在椅子或是王位上的人们的画像往往不是国王就是天神（图1.7）。普通市民往往是蹲在垫子上或是用土坯砖制成的长椅上

(图 1.8)。在美索不达米亚南部，苏美尔人常常使用藤条，还有海枣树叶子上的刺状部位来制作他们的椅子和桌子（图 1.9）。就是到了今天，这些东西仍然可以在中东一带的很多村子的咖啡店里面找到（图 1.10）。

图 1.5 乌尔第三王朝时期（公元前 2050 年）的美索不达米亚的椅子，这显示了古代木匠对人体工程学有着很好的理解，他们甚至还考虑到了白天坐椅子的习惯

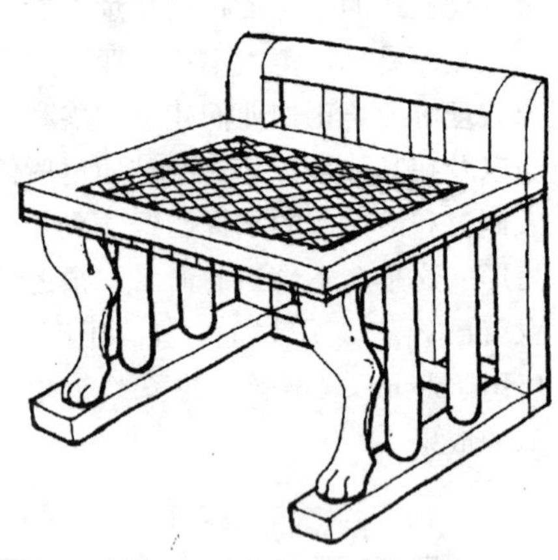

图 1.6 带动物形腿的低背椅插图，这是第三王朝早期（公元前 2600 年）的苏美尔族人用的

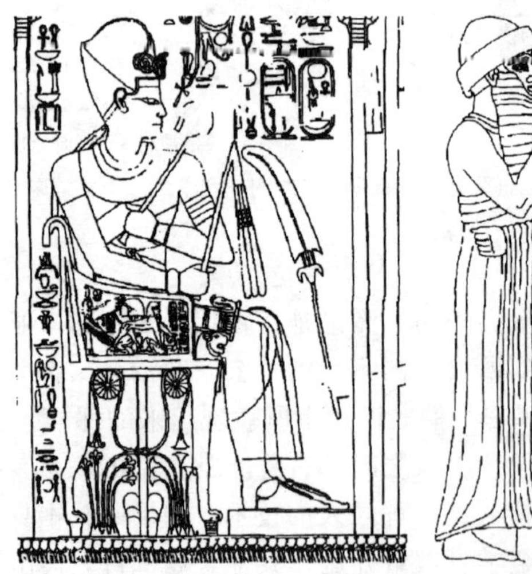

图 1.7 最早的坐在椅子上的或是王位上的人像往往不是国王就是天神。（左图）表现了古埃及的阿眉诺菲斯三世（AmenophisⅢ）国王坐在一把带有雕花栏板的王椅上。（右图）表现了汉谟拉比（Hammurabi）国王站在太阳神的面前，太阳神所坐的王椅的侧面栏板带有一段方形的弧线（古代巴比伦时期）

图 1.8 蹲伏在地上的普通人像，如今在世界各地仍然能找到

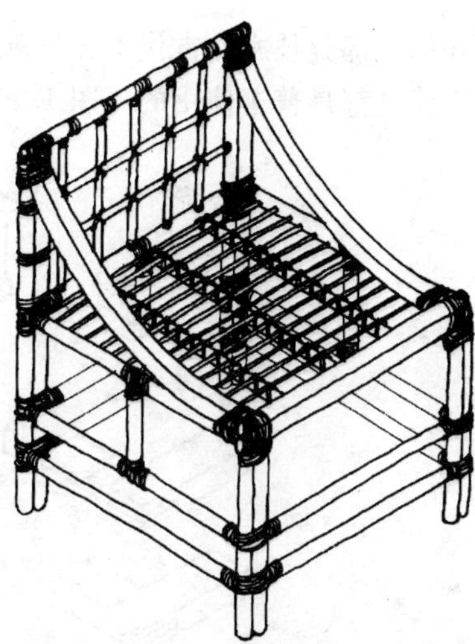

图 1.9 一把修复过的藤椅，美索不达米亚南部的早期居民曾经使用过

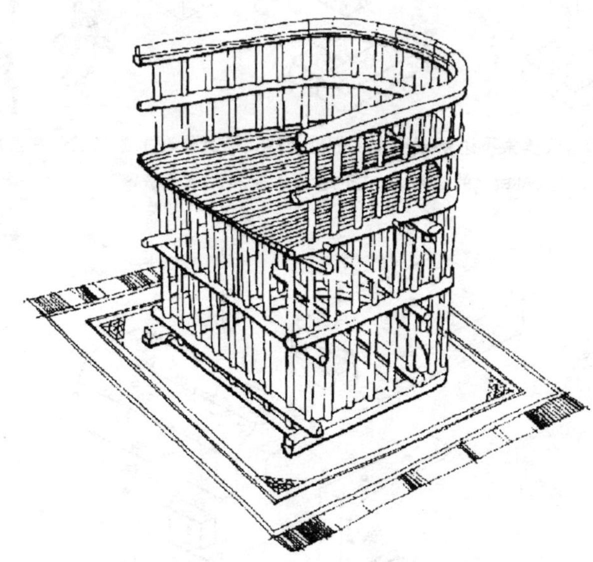

图 1.10 一种名叫库尔斯·耶瑞德（Kursi Jareed）的修复过的椅子，它就是由海枣树叶子上的刺状部分制造而成的。这些椅子上没有一颗钉子，直到现在仍然能够在中东地区的许多咖啡店里面找到

尽管象牙有时候也偶尔被使用，木材还是用于家具生产的基本材料。古代埃及和古代美索不达米亚的手工业者们在操作过程中有着丰富的连接技巧，的确，现代细木工人所熟

知的大部分技术，古代木工早就在使用了。楔形榫头、斜角、蝴蝶夹子还有嵌接切口和半搭建处都是普遍使用的（图 1.11）。复杂的榫接技术的用法在古代木工中间很流行，有时候

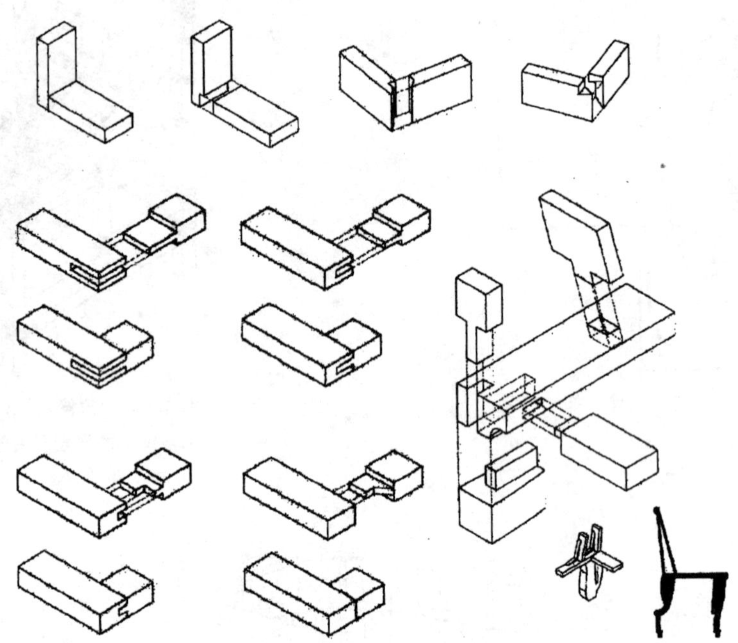

图 1.11 古代埃及和古代美索不达米亚细木工们精通的，而且现在木器加工仍在使用的技术。[摘自霍里斯·S·贝克（Hollis S. Baker）的文章，《古代世界的家具》，《鉴赏家》，伦敦，1966 年]

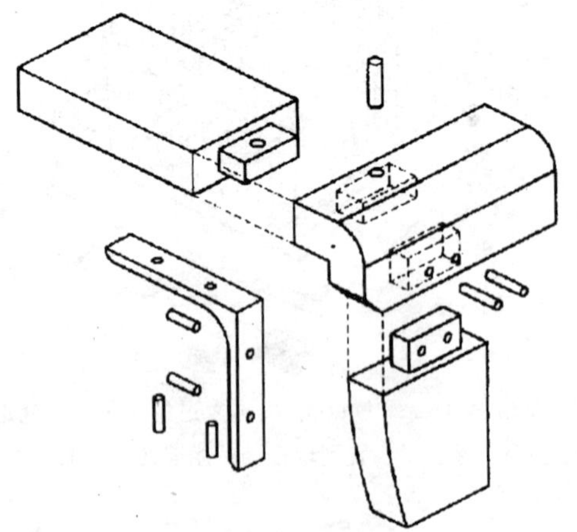

图 1.12 古代细木工使用的家具结合构件的细部插图。木钉从很久以前就已经开始应用于家具的制造了

用湿的皮革带子包裹住结构构件然后让它自己风干会更安全可靠。木钉也经常会使用到（图 1.12）。最初应用于军事的复杂的金属铰链和联轴机械同样也非常流行。古代埃及人的精致的镶嵌和镀金（用非常薄的金箔来覆盖一块面积的作法）技术广泛地应用于更加精致的家具构件上。绘画也用来增强装饰效果，具体做法是先铺一层石膏粉，再在上面作画。在古代世界的很多地方，包括埃及、亚述、巴比伦还有黎巴嫩，装饰织品、垫子还有衬垫等也都用来坐着或是睡觉（图 1.13）。

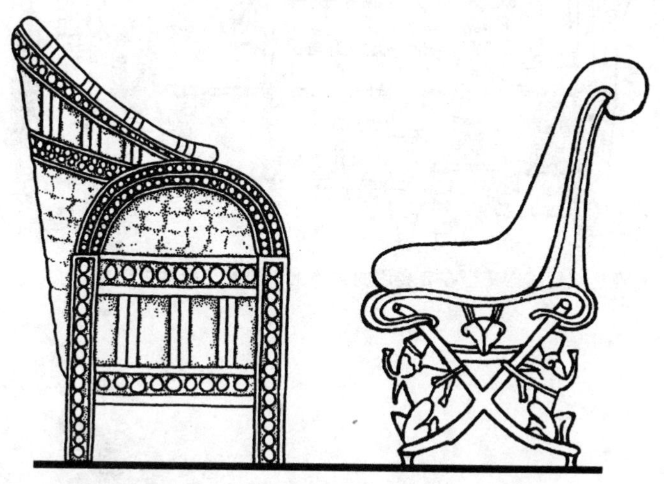

图 1.13　（左图）一把背面刻有花纹，呈拱形的侧面板的椅子，刻在一张从亚述发掘到的象牙饰板上（公元前 9 世纪）。（右图）一把古埃及的椅子，展现了织物在家具中的使用

古代埃及和古代美索不达米亚的人们也使用桌子，和今天所使用的几乎一样。在图 1.14 中我们可以看到，亚述汉尼拔（Assurbanipal）国王正坐在一张宴会用的睡椅上和他的王妃共进晚宴。古代人使用的桌子很多都属于折叠型，一些只有三条腿的桌子适用于不平整的地板上。一张宝塔桌的修复图，精心装饰过的三腿嵌入式弗吉尼亚桌，这桌子由高丹的样式改进而来，详见图 1.15。

在图 1.16 中，我们可以看到波斯的大流士大帝（Darius）端坐在一把公元前 6 世纪的高背王椅上，把他的脚搭在一张脚凳上。王椅和脚凳都显示出那个时代流行的装饰卷边作品。

质量适合做家具产品和建筑材料的木材无论在古埃及还是在古美索不达米亚都不是很容易得到的，两者都需要进口。这些地区从黎巴嫩、叙利亚和土耳其得到了雪松、山毛榉、岑树、箱柏、榆树、皮毛、橡树、松树还有紫杉。非洲黑檀来自苏丹，乌木则从埃塞俄比亚进口，不像埃及，建造纪念碑、神庙和宫殿的石材非常丰富，并且可以流传千古——美

图 1.14 亚述汉尼拔国王坐在宴会用的睡椅上和他的王妃共进晚宴

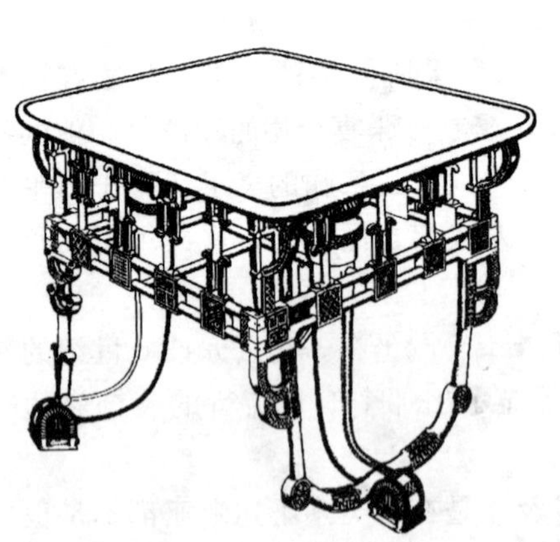

图 1.15 在高丹（Gordion）发现的一张三条腿的镶嵌式装饰的桌子修复图

图 1.16 大流士大帝（Darius）端坐在一把公元前 6 世纪的高背王椅上，并把他的脚搭在一张脚凳上（公元前 6 世纪）。王椅和脚凳都显示出木器装饰卷边技术的早期应用

索不达米亚只剩下了基础材料——泥巴。我们将要发现的是，在那个时候，古代空间设计者们在建筑学和设计学上取得了进步，而本土建筑材料匮乏是其中的不足之处。另外一个影响室外和室内建筑学的重要因素就是干旱的气候。无论是在美索不达米亚还是在埃及，都是常年只有炽热的阳光而缺少降水。这就促使屋顶气窗的使用，把凉爽的空气引向最里边的房间和内庭院。另外，平屋顶、门廊还有在墙的高处开启的小视窗的作用也得到了发挥。

纵观历史，直到现在，宗教信仰仍是大多数日常生活诸多因素中最基本的激发因素。神，由国王或是法老王来代表，他们要对整个公民群体负责，不管你是卑贱的还是高尚的。另外，早期建筑师和设计师的空间经验和我们现在的不同。埃及人相信生命是永恒的，看起来他们似乎对宗教和礼仪性建筑物的正确方向和排列位置比围封起来的空间本身更为重视。因此，埃及的金字塔和神庙往往都是建在一条南北或是东西轴线上，这里面蕴涵着一种神奇的含义。这也是一个古代美索不达米亚人的传统，而且有许多古建筑样例，如神庙、金字形神塔和非宗教建筑，它们都转向四个方位基点。

在古代埃及，建筑师被提升到“国王所有杰作的指挥”的高度，并且在古王国时期（公元前 2700～前 2200 年），我们见证了一段庄严伟大的建筑美，例如达舒尔（Dahshur）和吉萨（Giza）的大金字塔一样。一座埃及神庙的构建是一项浩大的工程并且需要精心准备一个工程开工纪念仪式。在设计一座埃及神庙的过程当中，建筑师以及跟随他的神学家的队伍，需要考虑一系列复杂的问题。这包括主神和附属神明们的天性。这些就是为他们建造的避难所，还有他们所需要的深奥的礼拜。初始分析和计划的细节完成以后，这项设计就会转化为图纸并呈交给法老王请求批准。

在古埃及的建筑学中，室内建筑设计细部和表面处理都受到主人的经济状况等级的影响。地板由多种不同材料铺制；主要用的是石膏浆或是土坯砖，尽管石材和釉面瓷砖在宫殿中也必不可少。由砖或泥砌成的墙体外面刷上一层石膏浆便完成了表面处理。如果主人非常富有，表面就由石材或是釉面瓷砖来装饰。墙体表面处理的方法包括：着色、镶嵌还有浮雕（图 1.17）。

另一方面，美索不达米亚是一种黏土文明，房子往往都很简单，都是由泥土建成的，还围绕着一个开敞的室内庭院布置了很多主要房间（图 1.18）。因为神庙的构造，美索不达米亚的建造者需要构思一种新颖的高招来掩饰黏土材料的天然材质特性——这种材料是他们被迫使用的。他们的方法基本是这样的：先造出千千万万的黏土钉，分别长约 4 英寸（10 厘米），然后在太阳底下晒干。然后再给它们刷上不同的颜色并自然风干。一旦干了，这些闪闪发光的黏土钉就被插入了湿的石膏来增加装饰效果（图 1.19）。顶棚是由墙体，还有石柱或是木柱支撑的。许多顶棚图形的样例所描绘的都是几何学或是宗教主题及自然风光。无论是埃及还是美索不达米亚的配对装饰图案在装饰主题中都追求强烈的色彩。

图 1.17 埃及装饰图案样例

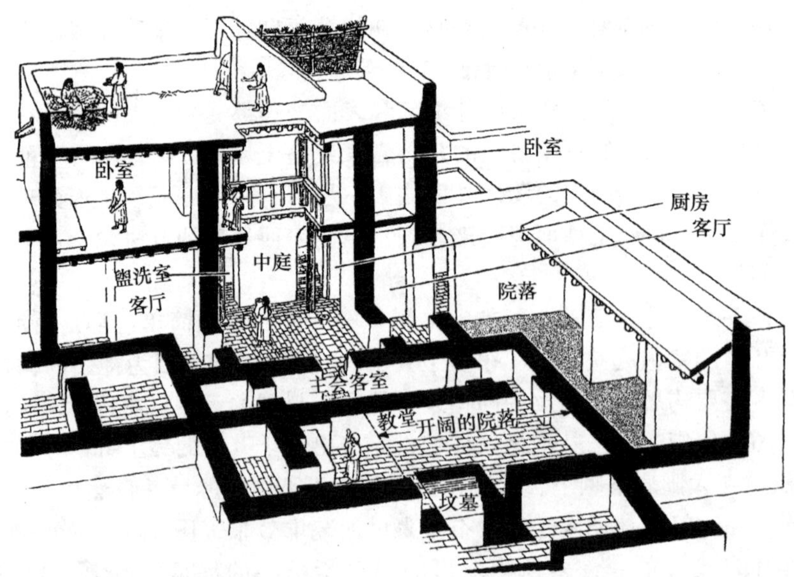

图 1.18 乌尔：亚伯拉罕（Abraham）时代（公元前 2000 年）的贵族家的房子剖面修复图。[（海伦和理查德·利克罗福特（Helen and Richard Leacroft），古代美索不达米亚的建筑）]

古希腊

谢里曼（Heinrich Schliemann）和其他一些人发掘出的出土文物清楚地表明了在早期发展进程中，埃及和美索不达米亚对古希腊艺术产生了深远的影响——正如他们的前辈祖先一样——艺术和建筑始于对宗教的服务。早期希腊时期（公元前750～前500年）是其中一个过渡期，霍里斯·贝克（Hollis Baker）说过："古希腊的小城市政府充满民主理想，产生的文化背景和被好战的君主统治的美索不达米亚那种富有的东方文明截然不同，并且两种文化的不同在家具的外观中非常清晰地表现了出来。"

希腊文化主要位于希腊大陆的中心，另外还有克里特岛和爱琴海众岛屿（基克拉泽斯群岛），鼎盛期在公元前500～前330年，用历史学术语称之为古典的或是希腊的（Hellenic）。当它开始设计的时候，古希腊人认为美是一种神的属性，而对它自觉的追求乃是一种宗教活动。他们更愿意发展形式的类型，并且不断完善精炼，而不是创造一批新的形式。在希腊风格时代（公元前330～前30年）继承了这个精神，重点是放在基本形式的精益求精。日后罗马人抄袭或修改的基本就是这些东西的特征。同样，还有更多的重点放在了房间和宫殿的内部设计上，有了这些房间，宫殿显得更加震撼人心——如今这些房间已经有了特殊功能。

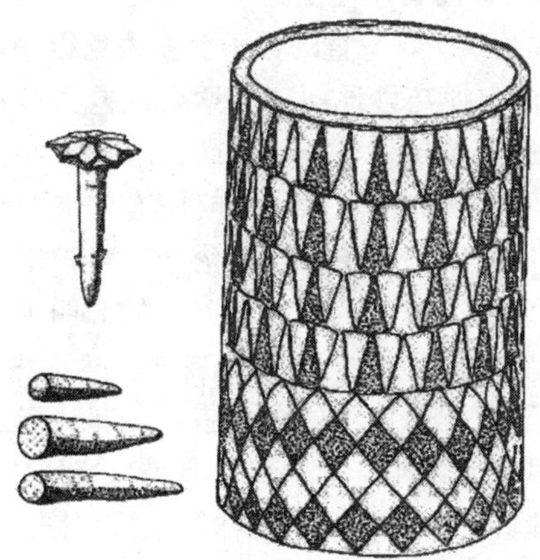

图1.19　古代美索不达米亚建造者使用过的闪闪发光的彩色黏土钉，用来掩饰泥土的天然材质的感觉

在伯里克利（Pericles）（公元前443～前429年）的领导和统治下，雅典的财富达到了它的顶峰，引起了史无前例的大兴土木和这段时期希腊艺术和建筑方面的巨大成就。在亚历山大大帝（Alexander）统治（公元前336～前323年）下的希腊大陆疆域拓展到了埃及和叙利亚。正是这段时期，科林斯式（Corinthian）风格才得到了发展。

希腊人和罗马人一样，对纪念碑和庄严肃穆的东西非常偏爱，而恰好希腊盛产大理石，这成全了他们这种热望。希腊和罗马的古典建筑在建筑结构和装饰性方面对后来的时代有着意义深远的影响，尤其是意大利文艺复兴以前。古典建筑的解释经过了文字上的翻译和改变。后来的设计师们巧妙地吸收了古希腊和古罗马的东西，比如轴线设计，把柱廊的使用当作一种空间设计工具，把自然采光当作一种有效的设计元素，还有中庭的设计等等手法。在后来的几个世纪中，古典建筑语汇成为了灵感的源泉同时也是争相抄袭模仿的对象，古典的主题在后来建筑的结构和装饰上被使用。在室内，他们采用了许多既有形式，用于山形墙以及墙面和顶棚的设计。古代建筑形式在家具设计中的应用也很明显。

一般而言，希腊神庙形体简洁，不开窗，方形围封，不论是每条边上都有柱子环绕，还是前面有一个门廊，柱子都按照三种柱式中的一种布置（图 1.20）。在希腊的建筑中，柱式是非常重要的，不只是描述一个空间，还确定了建筑规模。正因为这种柱式将空间进行了水平方向上的划分，才产生了方向和一条轴线。柱头的装饰细部和柱顶线盘利用了心理学原理，使观看者的眼睛沿垂直方向向上移动并感受建筑的尺度和纪念性。

希腊的古典柱式的柱子通常包括柱础（多立克柱式例外）、柱身、柱头还有柱顶线盘；每个部分都有它的元素构件。这些柱式按照柱头分类，分为多立克柱式、爱奥尼柱式和科林斯柱式，其中的多立克式被认为是三种柱式中最古老的一种。应该注意到，希腊的多立克柱式（图 1.21）特点在于没有柱础并且柱身笔直地立在柱座（基石）上。高度经过测量约是直径的 5～6 倍。由于视觉误差，笔直的柱子会让人觉得中间有弯曲，于是它的柱身就逐渐变细并且略微带有一点凸出便巧妙地纠正了这个误差。这种凸起的膨胀在建筑上称作*凸肚状*，使得多立克柱式从远处看起来显得稳固而且笔挺雄壮。多立克柱式的柱顶线盘也因为矫正从水平基础看上去凹下去的视觉误差而略微有些波浪形。这个叫做凸肚状的方法很有可能就是来自于古代巴比伦人民在建造巴比伦金字形神塔时采用的，他们的文明像希罗多德（Herodotus）这样的希腊历史学家肯定已经心知肚明了。

人们始终没有承认多立克柱式适合于豪华的装饰。然而古罗马人发展了多立克柱式，给它加了一个柱础并且修改了原有的比例。在希腊，一部分多立克柱式不久被爱奥尼柱式所取代（图 1.22），这种柱式比它纤细，而且更加典雅，这种柱式的柱头被设计为由卷装物（涡卷形）装饰的。最后出现了一种柱式就是科林斯柱式（图 1.23）。它的柱头是用叶形的装饰板来装饰的。

希腊艺术的美是由构件优美的比例和典雅的线条构成的。希腊人坚信美的奥秘在于比例和均衡，这正是他们在建造神庙的时候为什么要采用数学方法的原因。矫正人们的视觉误差是希腊建筑的一个重要考虑。各种柱式中的不同结构元素和装饰元素，包括柱子、柱顶线盘、成型形式和装饰物的比例都不相同。不同部分的高度模数是由柱子的直径决定的。早期希腊人民发现比例是 2∶3，3∶5 和 5∶8 的矩形是最美的（而他们的前辈苏美尔人和巴比伦人发现 3∶4 的比例更美观）。

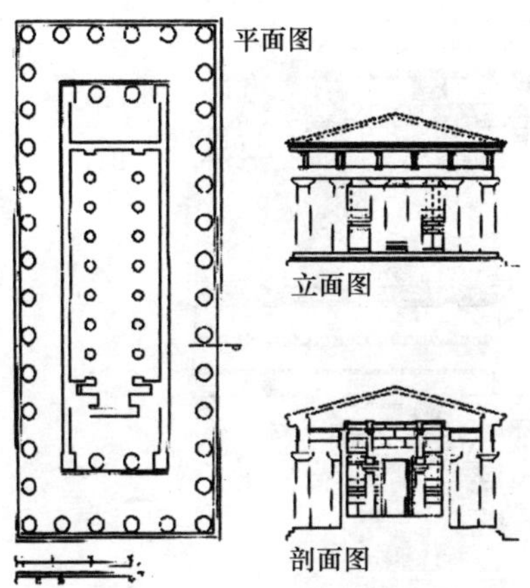

图 1.20　位于意大利帕埃斯图姆（Paestum）的赫拉（Hera）神庙，建于公元前 448～前 430 年之间。平面、剖面和立面都显示了内殿的双重柱廊。它是古典六柱神庙的杰出代表，是一处藏有神像的封闭式圣所。[选自亨利·斯蒂尔林（Henri Stierlin），世界建筑大百科全书，范·诺斯特兰·莱因霍尔德（Van Nostrand Reinhold）公司，1983 年]

图 1.21　埃伊纳（Aegina），阿潘亚（Aphaea）神庙的希腊多立克结构（公元前 500 年）

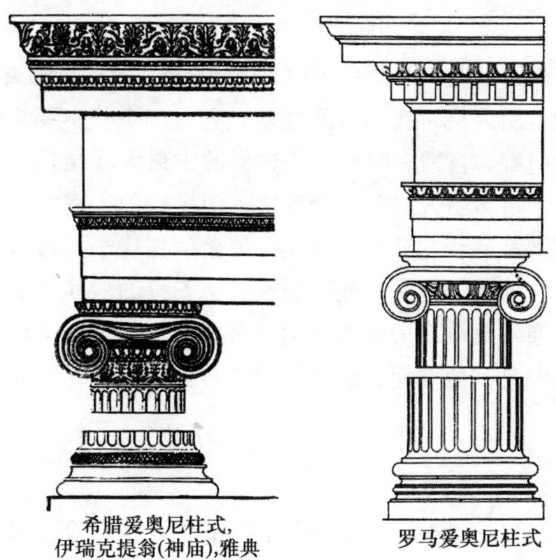

图 1.22　爱奥尼柱式。（左图）希腊爱奥尼。（右图）罗马爱奥尼

图 1.23 科林斯柱式。(左图) 希腊科林斯。(右图) 罗马科林斯

没有任何国度的文明能比古代希腊对西方文明的进程产生的影响更大。后来的许多不同时代风格都以这种或那种形式受到这些特征的影响，这些特征在经典的希腊和罗马的纯艺术和应用艺术中都能见到，包括建筑设计、空间设计、室内设计和家具设计。

空间规划

希腊神庙最早知道的形式是来自迈锡尼（Mycenaean）的建筑中央大厅。这种简单的设计类型的发展一直影响到希腊风格时代的空间规划。它由三个基本要素组成：一个大厅，背后的储藏室，然后是一个门廊。宫殿有时候采用这样的中央大厅结构，那就是独立单元的功能是作为单元住宅而存在。古希腊人，和这个地区其他民族的人民一样，也喜欢把庭院摆在平面的焦点上并且所有房间都环绕它分布。餐厅一般是整栋房子里最大的房间，这里是主要的生活起居空间。还有，它的装饰也比其他围绕着院子安排的房间要豪华，它经常被安排在拐角的位置，睡椅和家具通常摆放在房间的周边。这是因为古代人生活习惯的原因，人们习惯斜靠它们进餐。庭院周围是其他空间、包括起居室、厨房、浴室，还有储藏室。

材料和建筑技术

早期希腊的建筑技术深受埃及构造中的柱子和过梁形式的影响。希腊人是第一个将柱子作为结构方法用于建筑物室外的，有门廊和柱廊为证。大理石和石灰石都是本土的建筑材料而且广泛地应用于他们的许多神庙和非宗教建筑物的室内外。木材、黏土还有茅草也都是本土的材料。在住宅建筑当中，地板处理的方式因主人地位的不同各异，从简单实用到豪华装潢。多数房子使用夯土地板，尽管古典时期许多有钱的家庭使用石膏、油漆或是镶嵌工艺。装饰化的地板处理技术包括铺设锦砖地面的三种主要方法：用小卵石、玻璃和石材镶嵌进胶砂里。许多寒酸的住宅墙面根本没有刷石膏，直接露着泥巴；然而在豪华一点的屋子里，抹灰浆和刷油漆是非常普遍的。而开窗术在希腊时代的墙体设计中并不盛行，尤其是房子的第一层，因为和他们的对手美索不达米亚一样，希腊的房子都是向内看的。

家具和装饰

希腊人创建了不同的成型模式，除了它们的美学价值外，还用来将表面分割成小的部分，并且增添了乐趣和变化（图 1.24）。到公元前 7 世纪末 6 世纪初，某些复杂性的希腊家具开始出现，而到了公元前 5 世纪大多数希腊家具的基本样式业已形成。而且，在公元前 5 世纪家具制造业增加了木材使用。希腊人使用大理石、青铜、铁和木头来制造家具。雕刻技术和镶嵌及绘画技术的应用使得装饰手法得到了大大的丰富。希腊人在他们的镶嵌作品当中使用不同的材料，包括进口的木料、黄金、象牙和宝石。在家具表面画上非常流行的设计图案，效果绚丽多彩（图 1.25）。古希腊的睡椅有着双重功能：除了能作为床来睡觉之外，吃饭的时候还可以作为躺椅躺在上面（图 1.26）。这在亚述汉尼拔国王进餐的画面中已经有所描述了。在希腊和罗马历史上的喜庆场合当中也可以看到，形成习俗。

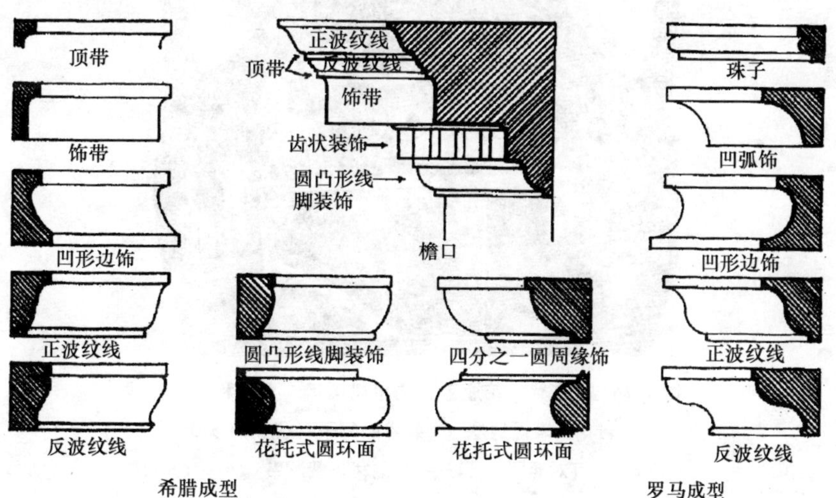

图 1.24　古典希腊和古典罗马模制品的图例。[由谢里尔·惠顿（Sherril Whiton），室内设计与装饰，利平科特公司（J. B. Lippincott Co 提供）]

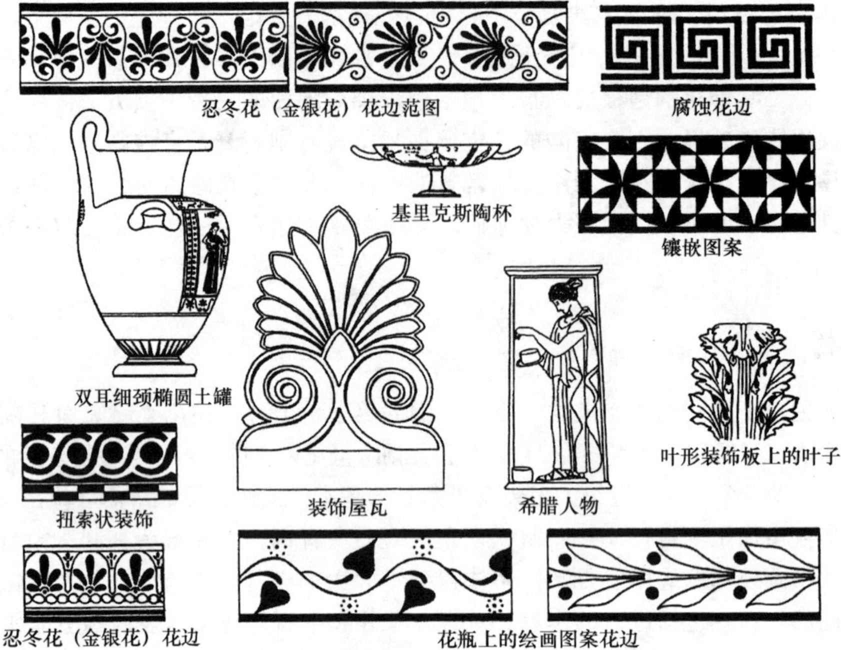

图 1.25 典型希腊装饰图样

图 1.26 画在一只花瓶上面的希腊睡椅，桌腿和桌子都有木头雕花，表现的是一个躺着的男子（公元前 530～前 510 年）。可对照图 1.14——汉尼拔进餐欣赏

在图 1.27a 中，我们看到了一个仿效建筑的家具形式和图案的例子。宝座都是木头雕花的（这减轻了腿的强度）带有涡形的端头腿。在图 1.27b 中，我们看到了一把椅背非同

寻常的带棕叶饰的端头装饰物的椅子。在古典时期，椅子腿的向外的曲线更加明显。沿一条连续的直线上升。在公元前 5 世纪的早期，椅子的形式是：有宽宽的横向椅背，还有顶端的条纹，这为古典座椅树立了一个固定形式。

古罗马

结束了对希腊的军事征服以后，罗马人成为了希腊文明的直接继承者，继续古希腊和希腊文明时代的技术以及风格传统并且使它们成为己有。精力旺盛的罗马人开始发现了创造他们自己的艺术和建筑有巨大的困难，只能抄袭希腊的柱式——当然稍加改动了一下，尤其是改动了多立克柱式的属性。当罗马人采用希腊的三种柱式的时候，他们好像对科林斯柱式的丰富繁杂情有独钟，于是他们就吸收了它并且揉进了罗马的设计语汇（见图 1.23 右图）。他们还增加了另外两种柱式：塔司干（Tuscan）（图 1.28），基本就是由简单的多立克柱式吸收进伊特鲁里亚（Etruscan）的风格，但是没有凹槽和混合柱式：它在柱头设计上有两排科林斯卷叶式叶子和大爱奥尼式柱头螺旋饰（图 1.29）。共和国时期，那个时代的伟大统治者：撒拉（Sulla）、庞培（Pompey），还有朱利叶斯・恺撒（Julius Caesar）为罗马建造的纪念碑足以为罗马带来称霸世界的价值，它的结束标志着转折点的到来。具备古典比例的建筑物在西方帝国的最后时期被建造起来了（公元 3 世纪和 4 世纪）。

图 1.27a　花瓶绘画：带有雕花腿和脚凳的王座（公元前 470 年）

图 1.27b　花瓶绘画，直腿座椅，椅背看上去好似端头带有棕叶饰的手杖（公元前 460 年）

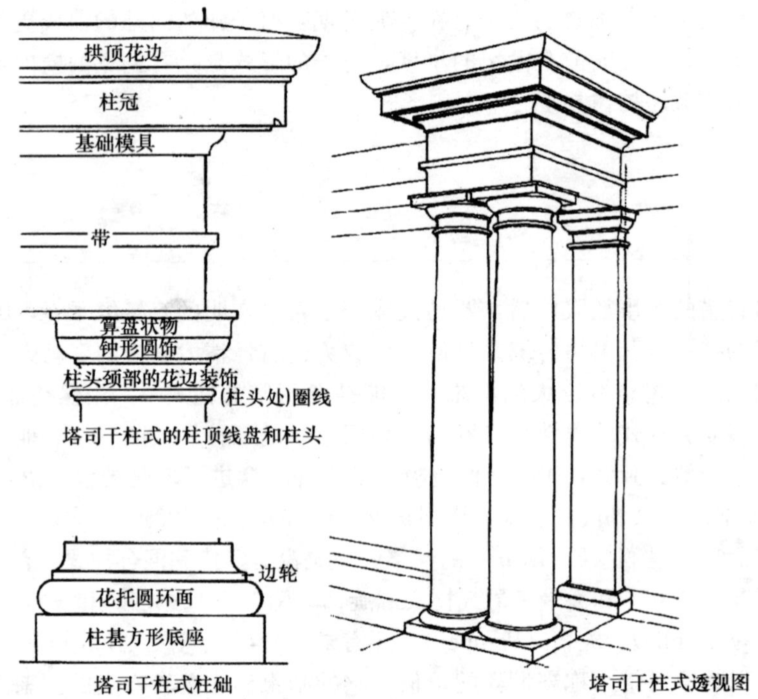

图 1.28 塔司干柱式。一种简化的罗马多立克柱式的翻版，在檐口处并且没有多立克柱式的飞檐托块。[由西里尔·M·哈里斯（Cyril M. Harris）编著历史建筑大全，麦格劳-希尔（McGraw-Hill）公司提供]

到公元前 1 世纪的末期，罗马人发明了一种由火山灰和石灰混合而成的天然混凝土。这种新的材料引起了建筑构造的革命并且导致古典建筑的转型。因为这种材料不适合造梁和希腊建筑的柱结构体系，为了适应这些，罗马建筑师们拓宽了建筑体系的范围。为城市的娱乐和装饰而建的雄伟的庞大建筑拔地而起。除了宫殿、剧场和神庙（比起希腊神庙来更为壮观豪华，基本沿袭了科林斯风格，建造在高耸的基础之上）之外，引进了新的形式：椭圆形的大斗兽场，巴西利卡（basilicas）（古罗马的长方形会堂），还有数不胜数的功利主义结构和多层住宅和商业街区。

正是由于天然混凝土的引用才使得规模巨大的大厅拱顶成为可能，这里真正闪耀着罗马人的建筑天才（图 1.30）。罗马万神庙，建于公元 120 年的哈德良（Hadrian）大帝时期，是这类建筑中最最震撼人心的代表作。近 150 英尺（43.3 米）的直径形成了一种引人注目的天窗空间，由一排排的彩色大理石柱和拱顶来修饰。其他例子就是巨大的浴室建筑，就如公元 216 年建于卡拉卡拉（Caracalla）大帝时代的大浴室，它可以同时容纳 1600 人共浴。这些巨大的公众建筑都需要带有巨大的屋顶的大厅。

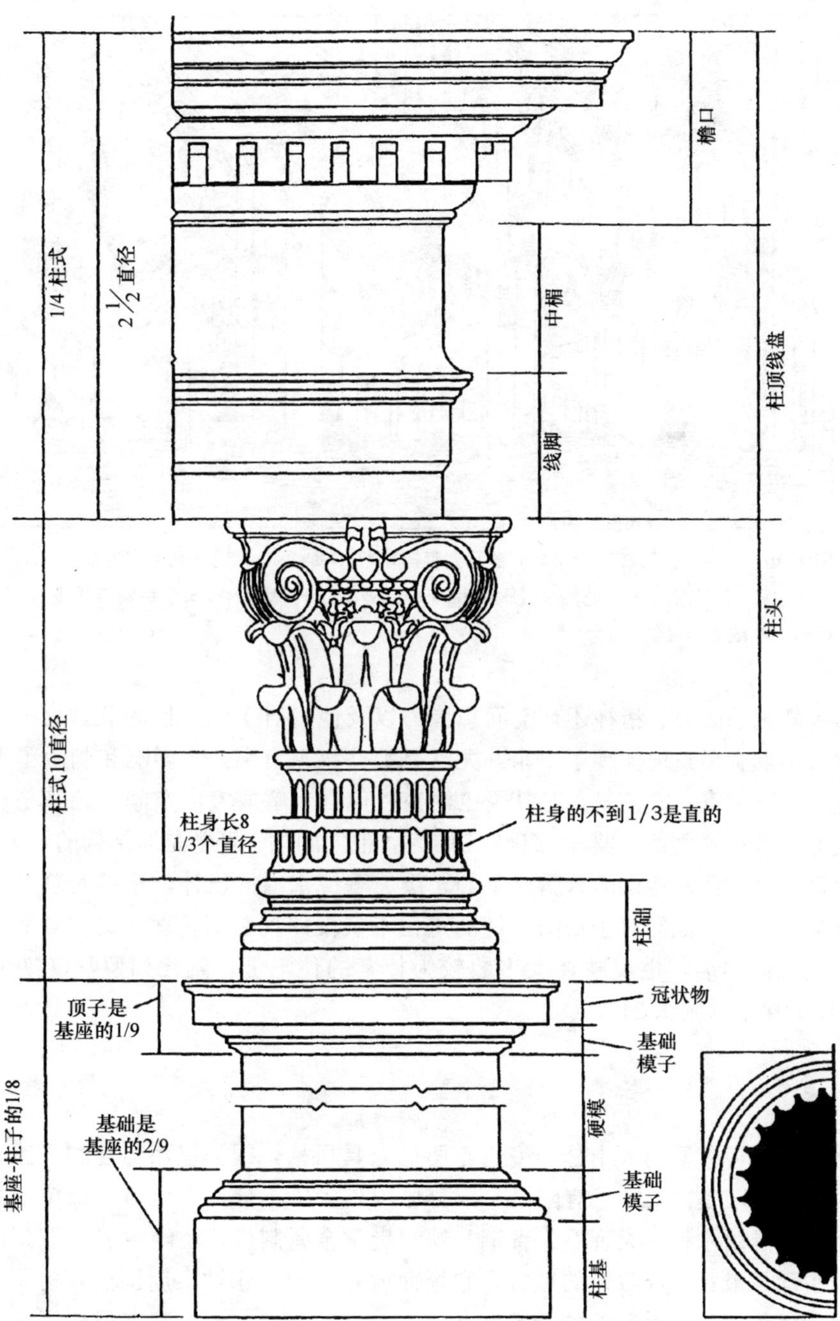

图 1.29 混合柱式。这是精美的古典柱式之一，也是科林斯柱式的杰作；它的柱头主要有卷叶式叶子和爱奥尼式柱头螺旋饰

图 1.30 罗马（公元 307～312 年）的马克森提乌斯（Maxentius）巴西利卡室内推想图。[由勃西尔斯·阿克塞尔·沃德帕金（Boehthius Axel Ward-Parking）J. B.，伊特鲁里亚和罗马建筑，企鹅书丛提供]

罗马人超凡的能力、精神还有空间想像力以及他们对于纪念性的欣赏力——这些都在他们的建筑中淋漓尽致地体现了出来，尤其是那些皇家宫殿——影响和刺激了下面诸多风格的形成——拜占庭、文艺复兴尤其是巴洛克。他们在解放室内空间，尤其是在非宗教和实用建筑方面有独到之处。罗马人不像希腊人，他们的柱子经常是非结构的，装饰性的。

还有，罗马人比起他们的希腊对手们，更加重视室内的设计，希腊人总是认为建筑的外观才是当务之急。他们对于室内设计的重视不仅仅体现在那些奢华的宫殿和大厦上——罗马正是因此而出名，也反映在大多数较为朴素的住宅上，就比如罗马晚期的奥斯蒂亚(Ostia) 住宅建筑（图 1.31）。

家具

有文献记载说古罗马人十分钟爱古希腊的家具风格，因为里面蕴含的灵感。家具对基本要素说来，一般是次要的、有限的，部分原因是为了不分散人们对装饰精细的墙体的注意力。家具都是由木料、大理石、青铜、铁和贵重金属制成，还经常加上雕刻或是浮雕作为装饰。餐厅是最具装饰效果的地方，它里面就是正中一张矮桌周围摆着椅子。男人们用餐时呈斜倾姿势，正如以前的希腊人和亚述人一样，而女人则坐在普通椅子上。睡椅上铺放着坐垫和花毯，花毯是用从巴比伦或埃及进口的金银丝线绣成的（图 1.32）

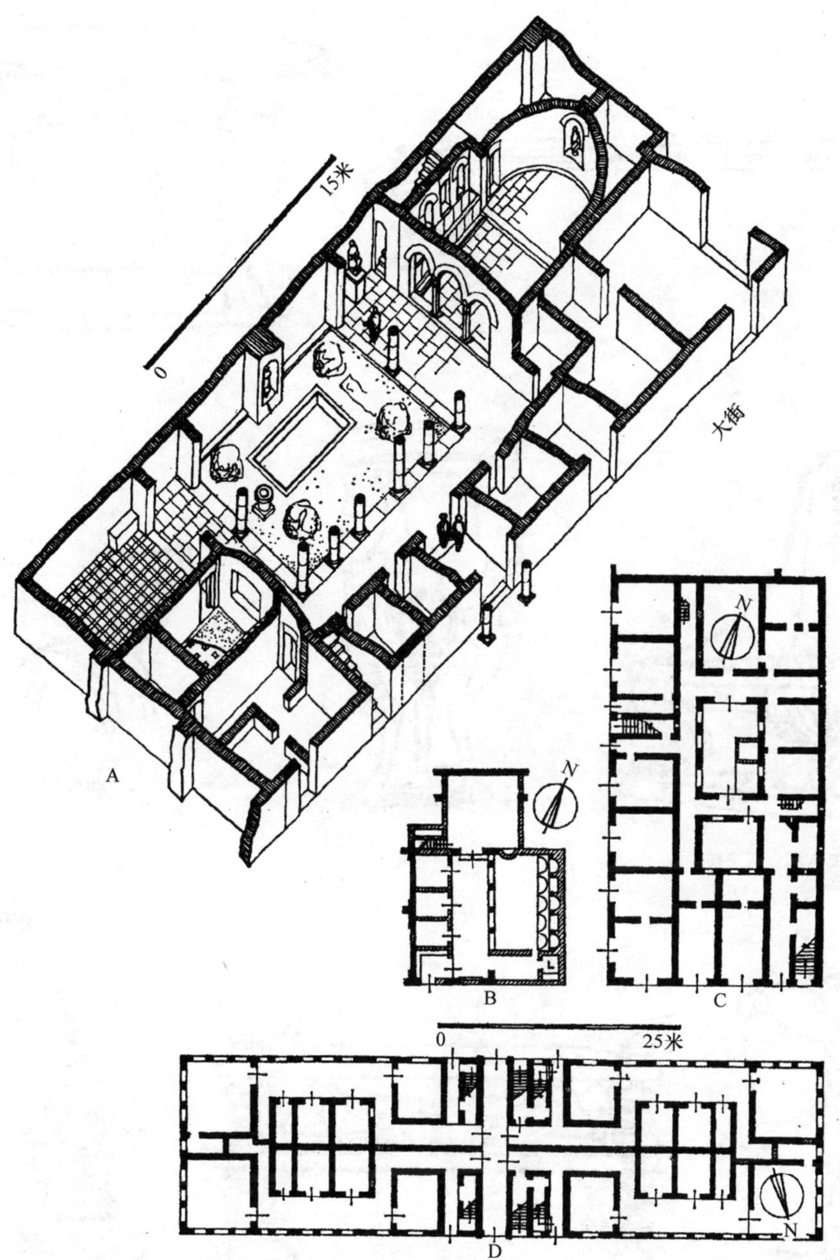

图 1.31　晚期罗马，奥斯蒂亚。住宅和公寓建筑平面。A）福尔图纳・阿努娜瑞亚（Fortuna Annonaria）的住宅，建于公元 2 世纪晚期，重建于公元 4 世纪。B）丘比特和魂灵之住宅，公元 300 年。C）戴安娜住宅，公元 150 年。D）戈登住宅，公元 117～138 年。[由勃西尔斯・阿克塞尔・沃德帕金 J. B.，伊特鲁里亚和罗马建筑，企鹅书丛提供]

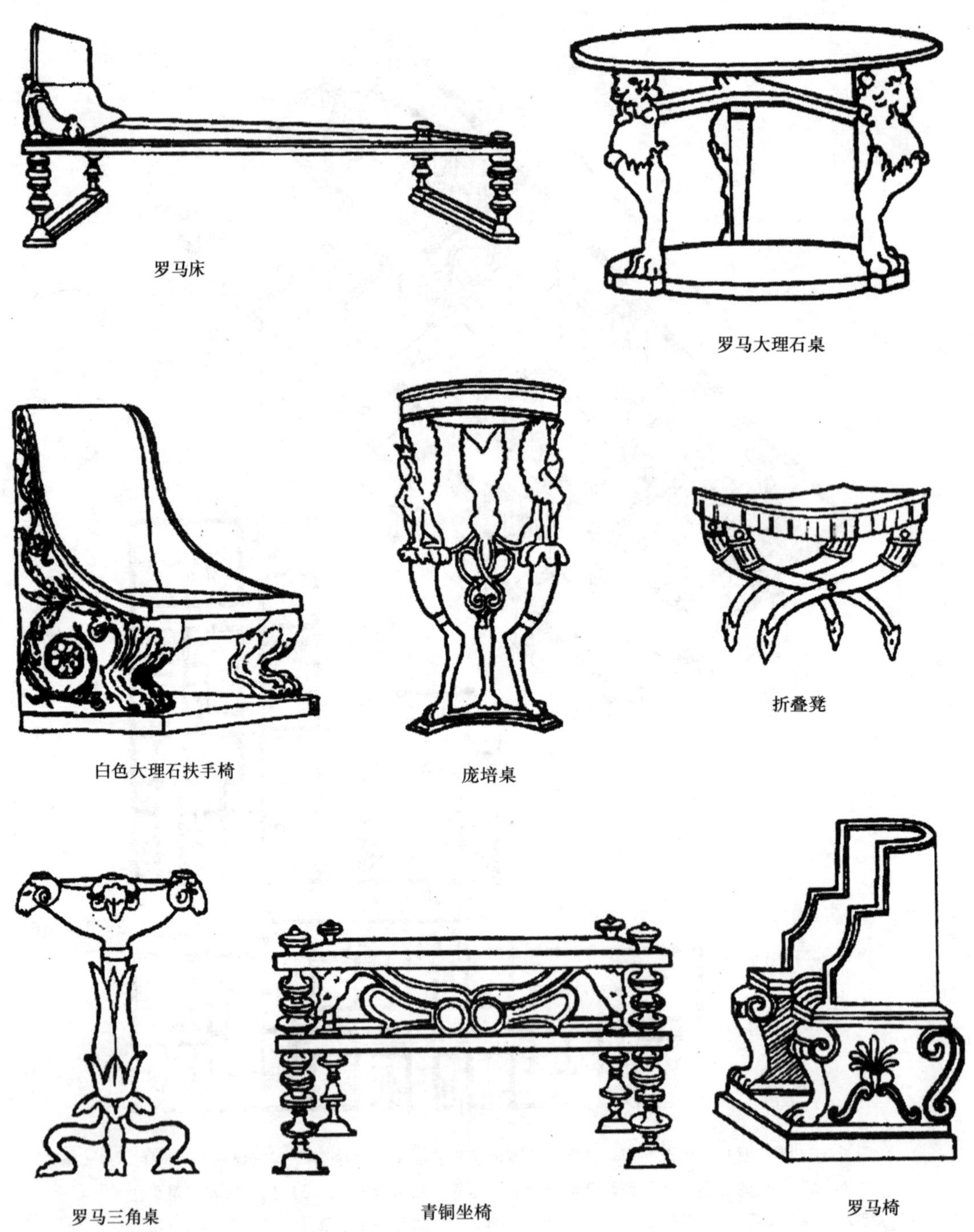

图 1.32　罗马家具图样

中世纪

罗马帝国的衰败与覆灭和基督教的兴起也标志着罗马古典传统设计手法的崩溃。在政治混乱和社会颠沛流离的情况下，已经弱不禁风的中央政府离开了欧洲。宗教成了突出的重点，而且成为了普通公民生活的动力。这段时间里，设计的突出贡献就是为教堂服务。中世纪可以分为四个不同风格时期。

早期基督教设计（公元 330～800 年）

艺术和建筑基本上在宗教的庇护下继续发展着，但是深受拜占庭帝国（东罗马帝国）的影响。从西罗马帝国的废墟中崛起的拜占庭国家的新艺术和建筑不可能摆脱东罗马基督教帝国对它们的深刻影响。然而，一旦基督教被正式接受，一种重新恢复活力的设计语汇开始形成，教堂建筑的发展进入了一个重要的建筑风格时期。

早期的基督教教堂结构是罗马教堂结构的一个延伸，并且基于两种平面类型而重建。第一种是罗马宫廷建筑，或是巴西利卡，都是方形的空间，且由柱阵来分成一个中央空间（中央广场）和走廊空间，走廊空间建造得比较低是因为要留出天窗来照亮中央空间，就像德国希尔德斯海姆的圣米夏埃尔（St. Michael）教堂一样（图 1.33）。没有垂直划分的隔间部分，而且轴线不是水平的。对教堂平面的系统分析显示出了当时建筑师们的几何学分析方法。这个作品几乎由广场和对角线组合而成，这和美索不达米亚神庙中的情况一样。第二种形式则是一个流动空间环绕的圆形或是八角形空间，并且还有天窗采光。这种风格主要在意大利中心发展，其次在地中海东部附近的国家有所发展。

拜占庭风格设计（公元 330～1453 年）

拜占庭时代的建筑和设计直到公元 330 年君士坦丁堡成了罗马帝国的首都后才被引进来，并且皇帝君士坦丁（Constantine）将基督教作为了国家宗教。它大部分脱胎于罗马原型，并且到了公元 6 世纪传遍了整个帝国，甚至远及北非。这个时期教堂建筑得到了主要的发展，罗马结构技术也仍然在使用，也带有一些细部处理，如精致的镶嵌装饰艺术。拜占庭建筑包括主穹顶结构，比如位于君士坦丁堡著名的圣诞老人或是圣索菲亚（Hagia Sophia）大教堂（公元 532～537 年）——它的穹顶跨度 100 英尺（30 米），由两个半穹顶支撑，总跨度 233 英尺（70 米），没有内部支撑（图 1.34）。这标志着穹顶模式达到顶点。和基督教早期作品那种特有的朴素相比，此时的装饰艺术已经变得更精致和丰富了。

拜占庭风格发展于君士坦丁堡，这从君士坦丁堡成为君士坦丁大帝皇室寝宫所在地和东罗马帝国的首都那天就已经开始了，当时是公元 395 年，狄奥多西（Theodosius）一世刚刚去世，直到 1453 年土耳其人攻占了它为止。谢里尔·惠顿这样描述拜占庭风格："一种

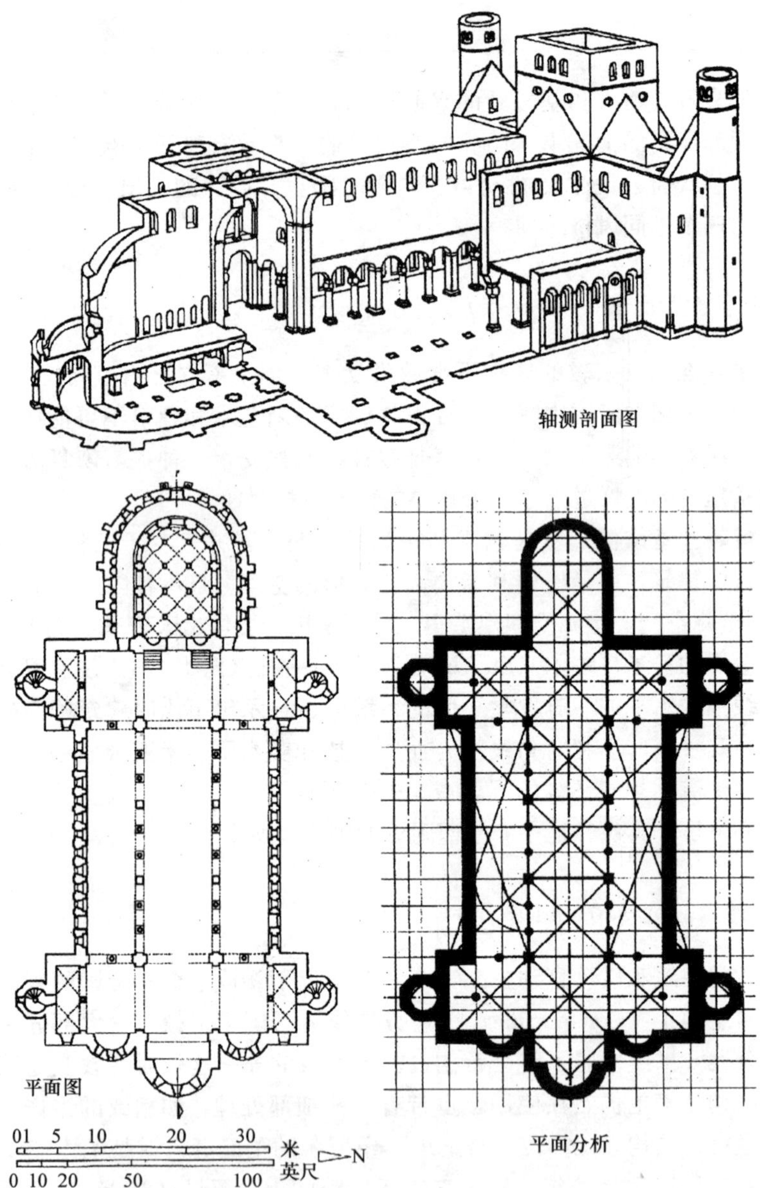

图 1.33 早期基督教时期风格建筑。圣米夏埃尔教堂，希尔德斯海姆（德国）。公元 993 年设计，1010～1033 年施工完成。试比较这种教堂建筑平面形式和美索不达米亚早期神庙的区别（见图 1.4）

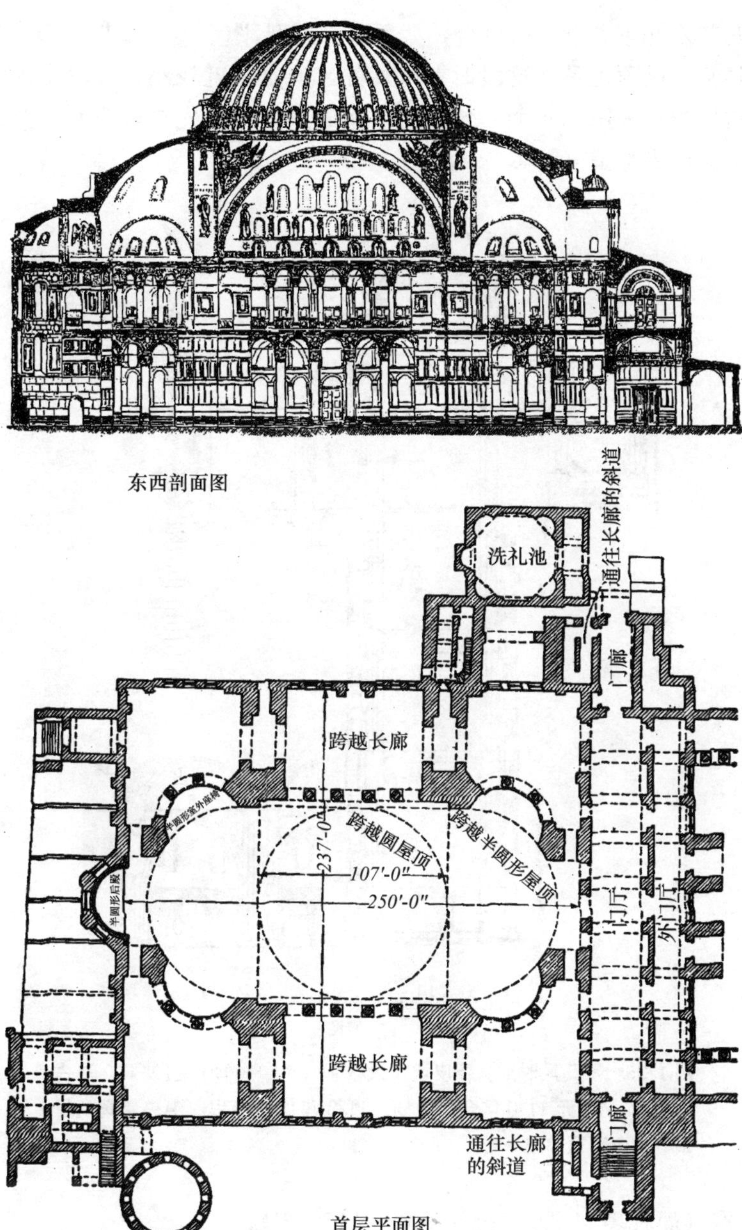

图 1.34　拜占庭风格时期。君士坦丁堡的圣索菲亚大教堂平面和剖面图，由东罗马帝国皇帝查士丁尼建造于公元 532～537 年。平面图显示了重构的中庭。这座教堂标志着一种全新的建筑风格，它是由特拉利斯的安提米乌斯（Anthemius of Tralles）、米利都的伊西多尔（Isidore of Miletus）两位建筑师设计的。[由西里尔·M·哈里斯历史建筑大全，麦格劳-希尔出版公司提供]

品质低劣的罗马艺术和东方形式的融合，穹顶非常典型。”室内改变慢，因为建筑从会堂转变成为基督礼拜堂。拱顶也是在这段时期成形的，但是尺度较小。广场采用的正是普遍流行的大部分拜占廷教堂采用的平面，包括三个半圆形后殿，先是一个礼拜堂前厅然后是一个置于鼓室之上的中央穹顶（图 1.35）。

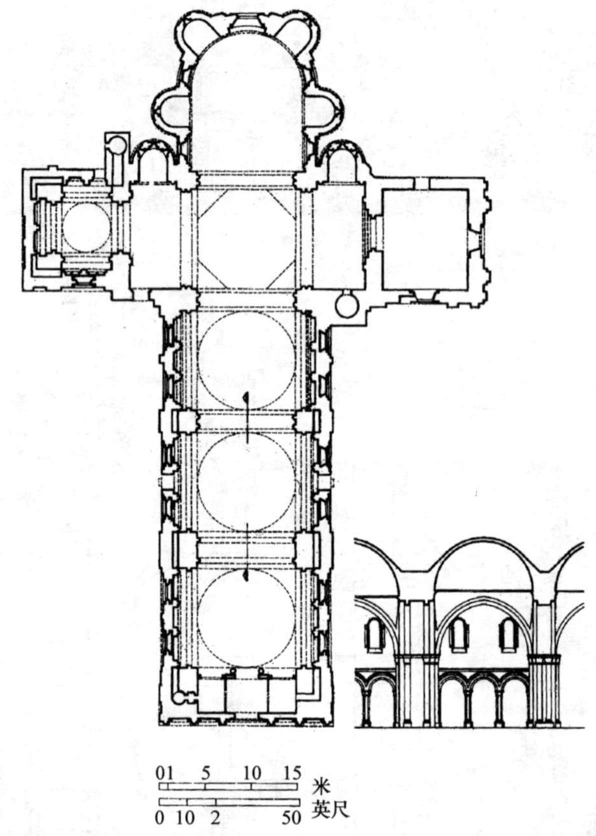

图 1.35 罗马风时期。圣皮埃尔大教堂（St. Pierre），（法国，昂古莱姆）。于公元 1110 年开始筹划，1128 年投入使用。中央广场的屋顶有三个穹顶排成一行

罗马式设计风格（简称罗马风）（公元 800～1150 年）

罗马式风格从公元 9 世纪～12 世纪之间的早期基督风格和拜占庭风格开始发展。然而，它只能从摆脱了拜占庭风格和古典主义风格的强烈影响之后才开始发展。公元 10 世纪～11 世纪之间突然爆发了教会建筑运动，教堂建筑如雨后春笋般在各地兴建。许多早期基督教教堂毁于大火，因为它们的屋顶结构中采用了木材。而罗马式风格的建造者多采用石材。

最早的风格是许多业外人士设计的，大部分是牧师和僧侣，兴起于法国和其他欧洲西部国家。尽管最初的罗马式风格有些笨重，但是经过后来的发展达到了精巧的程度。

半圆拱、穹顶、筒状拱顶和交叉拱的广泛应用赋予了罗马式石材结构很多特色，是罗马结构技术的残余。半圆拱的开口是罗马风格诸多特点之一，它被用作大门、窗甚至装饰形式（图 1.35）。这段时期的家具没什么发展，部分是由于未制定出舒适度标准。到了罗马式风格时代的末期，大教堂有了进一步要求：它们的装饰细部要求更精致，尤其是试验性的连续扶壁结构逐渐导致了一种新的建筑风格的出现，叫做哥特式。

哥特式设计风格（公元 1150～1500 年）

哥特建筑由罗马风建筑发展而来，并且被公认为是中世纪的最高成就之一。从罗马风建筑转变到哥特式建筑发生在法国 12 世纪的早期左右，并且在公元 13 世纪的法国和英格兰到达顶峰。它的平面形式是典型的拉丁十字。建筑的主体形成了中央广场，侧翼有两行

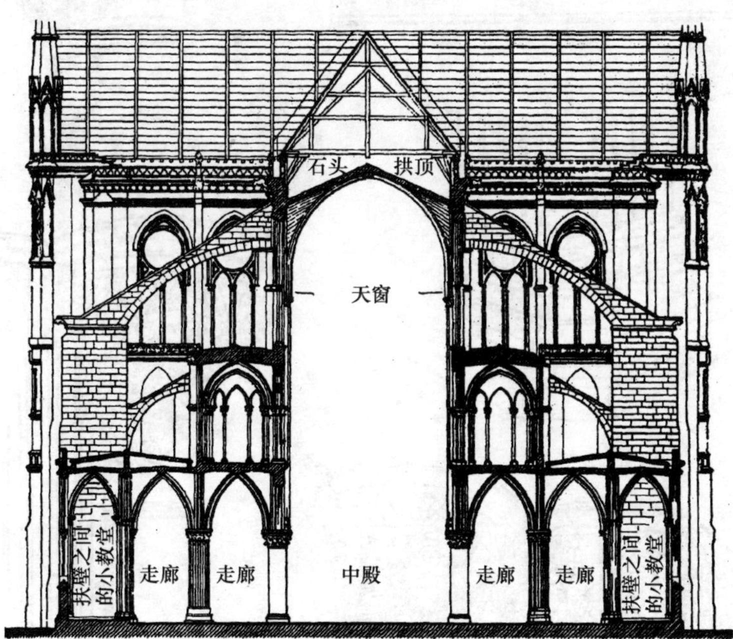

图 1.36　哥特式风格。巴黎圣母院（Cathedral of Notre-Dame）大教堂剖面。这座教堂是由琼·德奥拜斯（Jean d'Orbais）设计的，于 1211 年开工，主体工程于 1311 年结束。它是法国哥特式风格的杰出代表作——尤其是飞扶壁这一技术的应用。[由西里尔·M·哈里斯历史建筑大全，麦格劳-希尔出版公司，纽约，1977 年提供]

图 1.37 哥特风格的设计要素和装饰

低矮的走廊。有时候有很多的小教堂远离走廊，作为对神圣的献礼（图 1.36）。哥特风格的特点有：尖锐突出的拱（它替代了以往的半圆拱）、交叉拱顶、扶壁，还有大型的窗子，为的是减少墙的面积达到谐调的效果。高耸的尖拱顶棚由带有一簇细柱子的肋支撑，而且结构是通过协调推力和反推力来实现的。哥特风格的本质特征就是竖向线条的反复强调，在减小墙体作用的同时兼顾高度和采光——此时的墙体变得轻薄纤巧，成为高耸入云的壁柱。用扶壁尤其是飞扶壁来增强结构的力度，就是把承重结构挪到了建筑实体以外的位置，这样就可以大面积开窗了。通过交叉肋和漂亮的缠绕式花饰窗格，最终发展形成了精致的花边状石雕工艺形式（图 1.37）。哥特式建筑和设计从法国传到了整个欧洲，并产生了一些地域性变化。

一切形式的哥特艺术都是传统的，理想主义的。这段时期的几乎所有的家具和木工都是用天然磨光的橡木制成的，尽管有时候也用胡桃木。它们的比例都显得非常笨重，形状是方形。各个部件都是用木销、榫卯接点和手削的楔形榫头连接的。家具设计和装饰都借鉴了建筑形式和主题（图 1.38）。

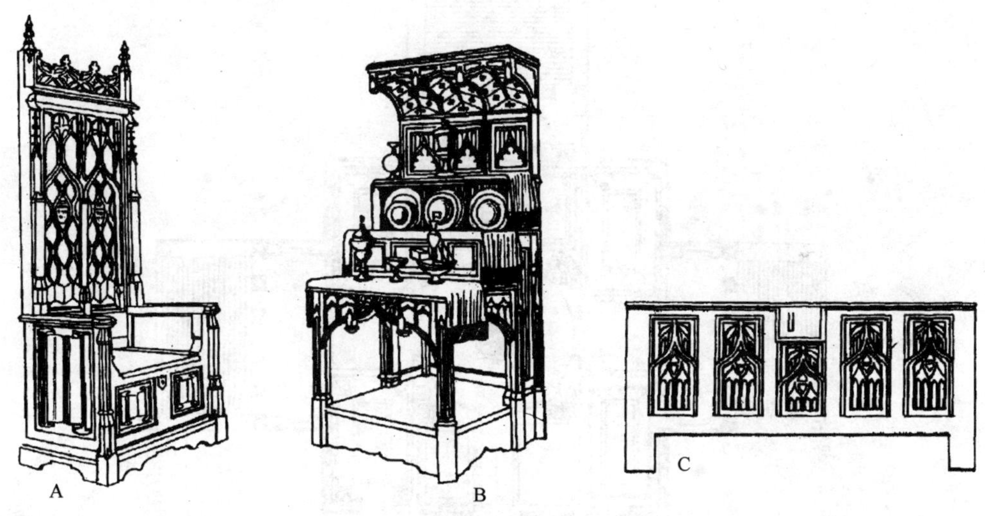

图 1.38　哥特家具样例，它的特征就是对竖直的强调。A）带有花饰窗格和扶壁的布轴式座椅；B）祭祀台；C）带有花饰窗格雕刻的橡木柜

文艺复兴

正如在哥特风格中所讲到的一样，文艺复兴标志着和传统的彻底决裂，即使它们共存了很长一段时间。在意大利，对于古典遗产的回忆从来就没有消失过，所以我们把 15 世纪看成是古典艺术和知识的重生也就不足为奇了。建筑师们和设计师们搜肠刮肚地想在罗马

建筑中重新发掘出新东西，首先是通过研究维特鲁威关于建筑的论述，其次是观察研究他们的纪念碑。

文艺复兴迅速繁荣并且成为一股强大的艺术力量，重新定义了模数和比例法则的重要意义，并且给予了古典法则以新的生命。文艺复兴把古代建筑中的装饰语言当作自己的基本范本（图 1. 39 和 1. 40）。文艺复兴产生了一大批卓越的理论家，包括阿尔伯蒂（Alberti），塞利奥（Serlio）、维尼奥拉（Vignola）以及帕拉第奥（Palladio），他们都通过数学和几何的分析以及各种和谐的手法来追寻建筑结构中蕴含的数学美。一定程度上是因为他们著作的原因，文艺复兴风格迅速传遍了整个欧洲，因为文化或是其他的原因它又经历了各种各样的修改。在法国逐渐成为学院派风格，然而在意大利和法国则慢慢转化成了所谓的巴洛克风格。

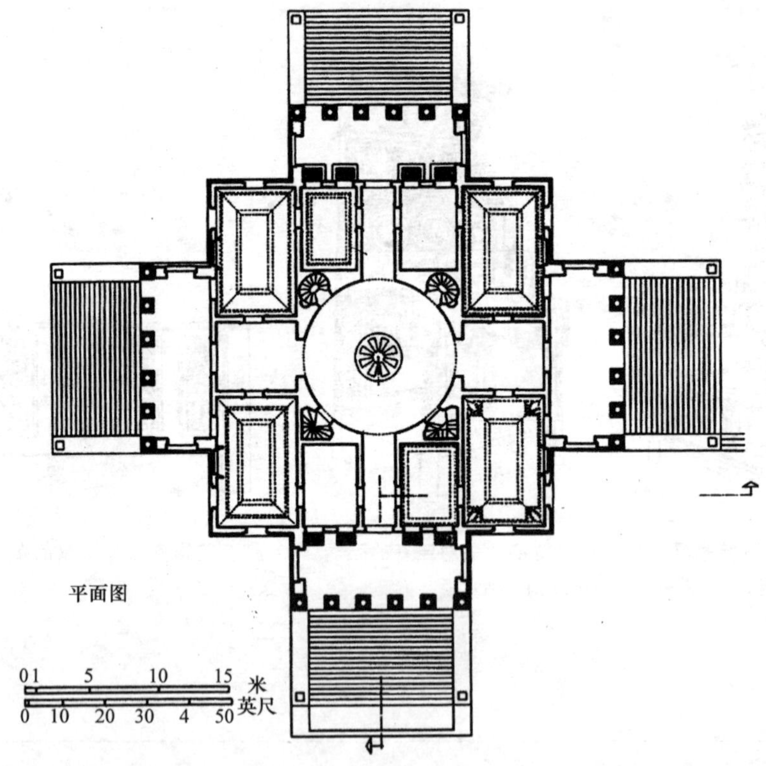

图 1. 39 文艺复兴时期。圆厅别墅（La Rotonda）平面图，维琴察（意大利），设计师安德列亚·帕拉第奥（Andrea Palladio）于 1566 年建造。它的柱廊顶上有高出的山形墙，它还有一个带圆顶的中央厅堂。[图片来源：亨利·斯蒂尔林（Henri Stierlin），世界建筑大百科全书，范·诺斯特兰·莱因霍尔德公司]

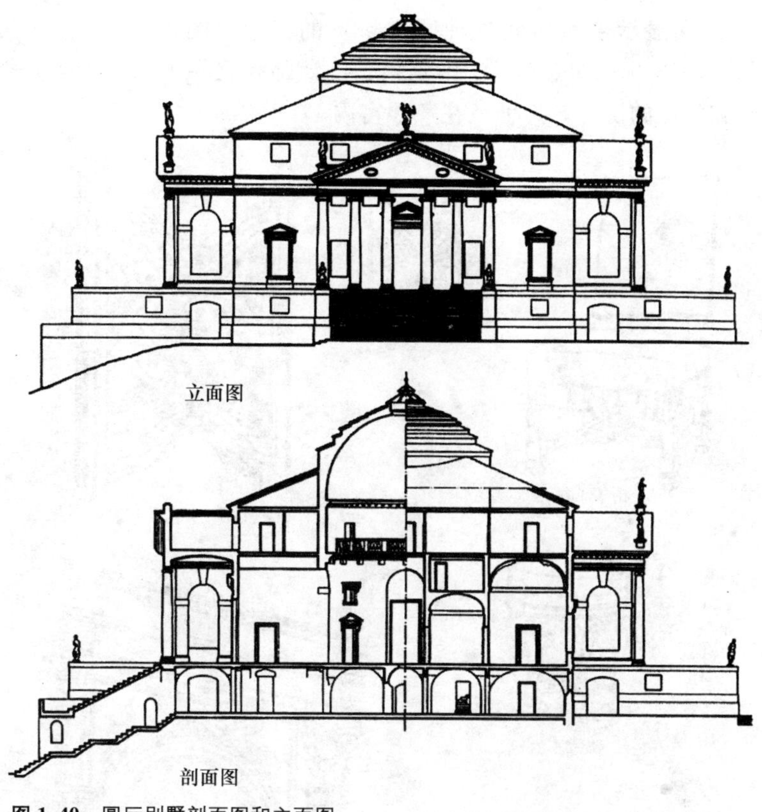

图 1.40 圆厅别墅剖面图和立面图

巴洛克和洛可可风格

巴洛克是一种欧洲风格的建筑和装饰，起源于 17 世纪初期的意大利，后流行于欧洲其他地区，流行中逐渐发展成为新的潮流。尽管文艺复兴当中许多重要的语汇仍然保存了下来，比如古典建筑的柱式、韵律，还有比例，但巴洛克的特点却是大尺度的应用，空间的渗透灵动，夸张的曲线和繁缛的细部。巴洛克建筑打破了正立面的完整性，以开间形式穿孔而连贯起来。

室内整体体现了帝王之风，特点是设计拘谨于大尺度和繁缛的细部，耗费了大量的人力物力。到 17 世纪晚期，法国艺术在欧洲处于优势地位，同时也成为其他国家寻求艺术灵感的源泉。在沙龙展上，大尺度房间永恒的要素：诸如墙体、顶棚、门窗，都是装饰的重要特征。家具被认为是第二大主题，通常放在墙边而保证房间的中央是空旷的。墙体和顶棚经常处理成装饰画、雕刻、挂毯、镶板和镜子组合而成的华美乐章。

巴洛克家具和装饰品显示了和房间处理同样华贵的特色（图 1.41），在法国，由勒布朗(Lebrun)（查尔斯，1619～1690 年，法国画家、设计师和路易十四的朝臣）主持成立了一个专门的家具师和学徒的协会，地址就在卢浮宫内。

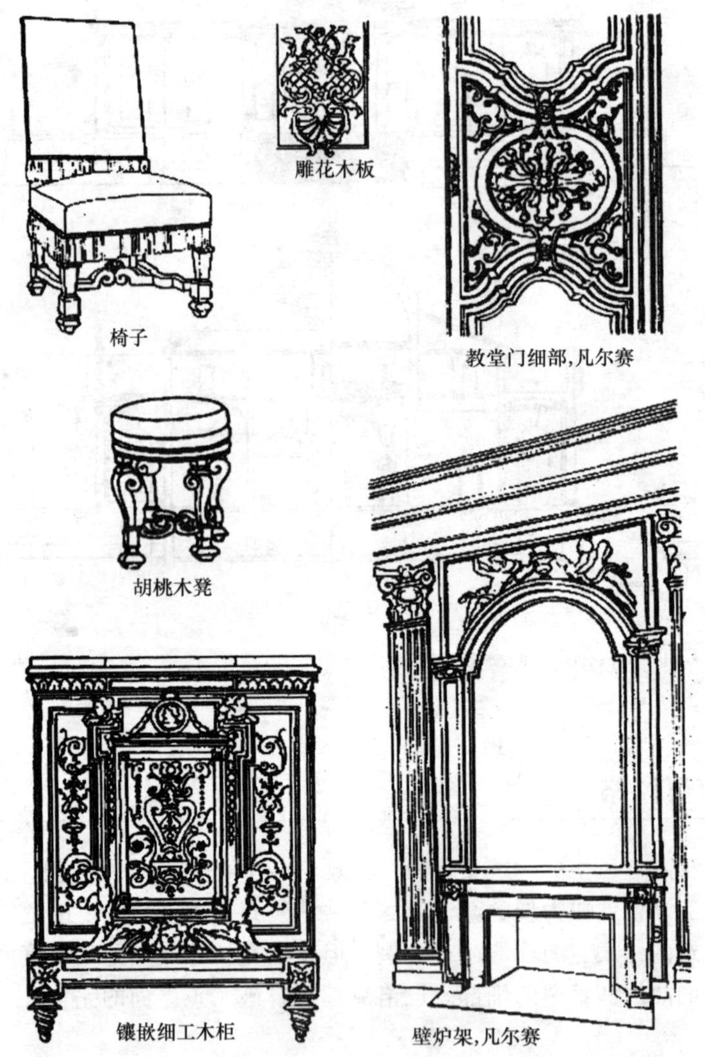

图 1.41 巴洛克家具和细部

更晚期的风格被称作洛可可。在法国洛可可风格和颂扬国王的巴洛克艺术不一样，洛可可艺术是大众化的，它的特点主要是突出线条和结构的轻盈精细，不对称和大量使用叶饰、曲线和卷轴装饰形式。通常称之为路易十五。洛可可风格时期的重点放在了室内实用性上，而不再是室外的建筑正立面。洛可可风格通常倾向于表面的过分夸张的装饰。这段时期的家具师们创造出了许多新的样式，为的是使用舒适而不再是为了追求华美绚丽。家具总是使用曲线，尤其是带有涡卷形脚的曲线形腿取代了带有山羊蹄式脚的曲线形腿（图1.42a和1.42b）。接点处的外观避免了直线的出现。

大理石壁炉架

带镀金底座的抽屉柜

斯派尔(Speyer)的大主教宫殿大厅，德国

图1.42a 洛可可家具和细部

围手椅

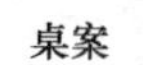

桌案

侧座椅

图1.42b 洛可可家具和细部

新古典主义时期和19世纪古典复兴风格

新古典主义时期代表着从18世纪晚期至19世纪西欧和美国古典主义的最后阶段。这段时期的特点是建筑带有纪念碑性质，装饰的节俭化还有柱式的严谨应用（图1.43）。这个运动从根本上是对巴洛克和洛可可设计风格的反作用，同时也是一个怀旧期——此时的建筑和设计都转入了到历史的宝库中去寻求灵感的源泉——主要是古希腊、古罗马还有帝国时代的古埃及（图1.44）。

这段时期的卓越艺术家很多，有诸如罗伯特（Robert）和詹姆斯·亚当（James Adam），约翰·索恩男爵（Sir John Soane）和威廉·钱伯斯男爵（Sir William Chambers）等建筑师，还有像亨利·霍兰德（Henry Holland）这样的设计师。亚当与一些家具师们合作

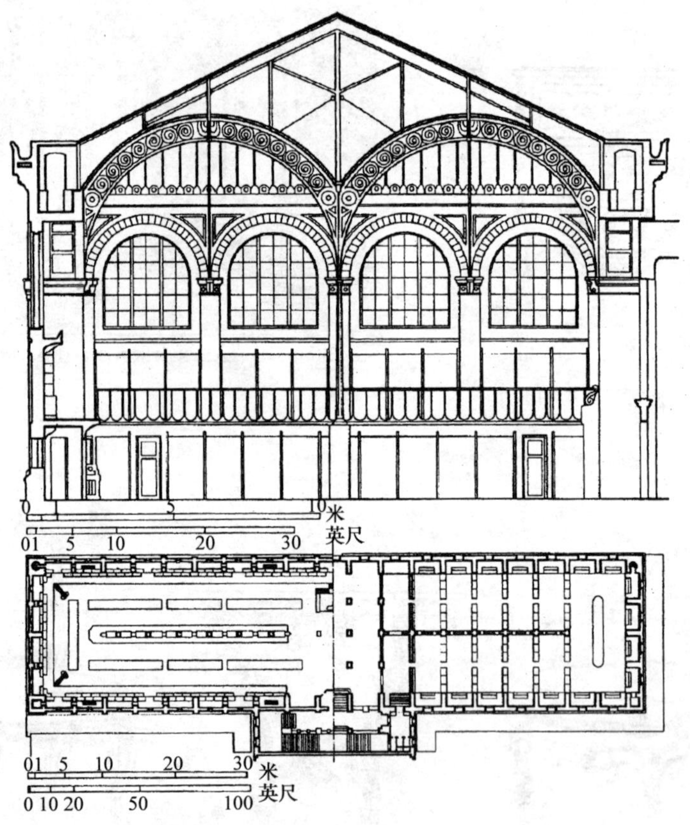

图1.43a 圣吉纳维芙（Genevieve）图书馆，巴黎。于1843～1850年由亨利·拉布鲁斯特（Henri Labrouste）建造

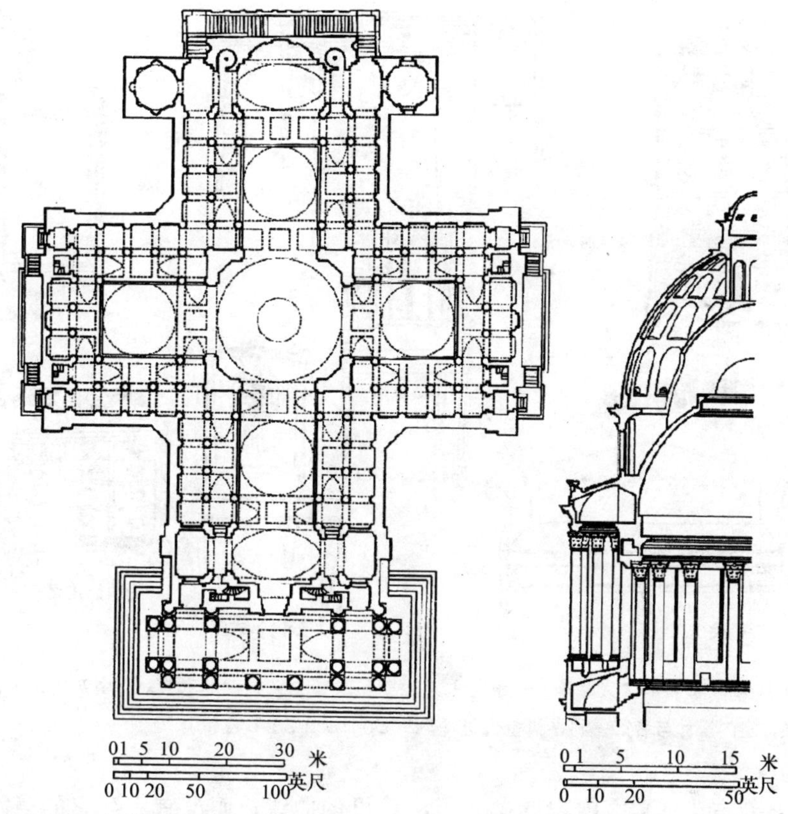

图 1.43b　万神庙，巴黎。建造于 1756～1797 年，采用了罗马正立面形式

来为业主做家具，比如奇彭代尔（Chippendale）和赫普尔怀特（Hepplewhite），在这个过程当中对他们的设计非常有影响。亚当所普及的最有特点的装饰就是希腊式的忍冬花装饰和回纹（格子细工）装饰，带凹槽的建筑中楣和窗台、皿形饰品和圆花饰，还有支架。19 世纪复兴风格反映了这段时期的热情。三位家具设计师和木工师尤为突出：

1. 小托马斯·奇彭代尔（Thomas ChippendaleII）（托马斯·奇彭代尔的儿子），在 1754 年他出版了《绅士和家具设计师的领袖》一书，并且在马奥加尼（Mahogany）制造家具。
2. 托马斯·谢拉顿，在 1791 年出版了他的著作《家具设计师和家具商图册》，获得了广泛赞誉。他的设计（尤其是他设计的椅背）受到后代家具师们的争相模仿。
3. 乔治·赫普尔怀特，普及了椴木木材和油漆花纹图案作为丰富家具设计的手法。许多英格兰家具设计师和欧洲大陆同时代的其他同行们都还在吸收古典图案。

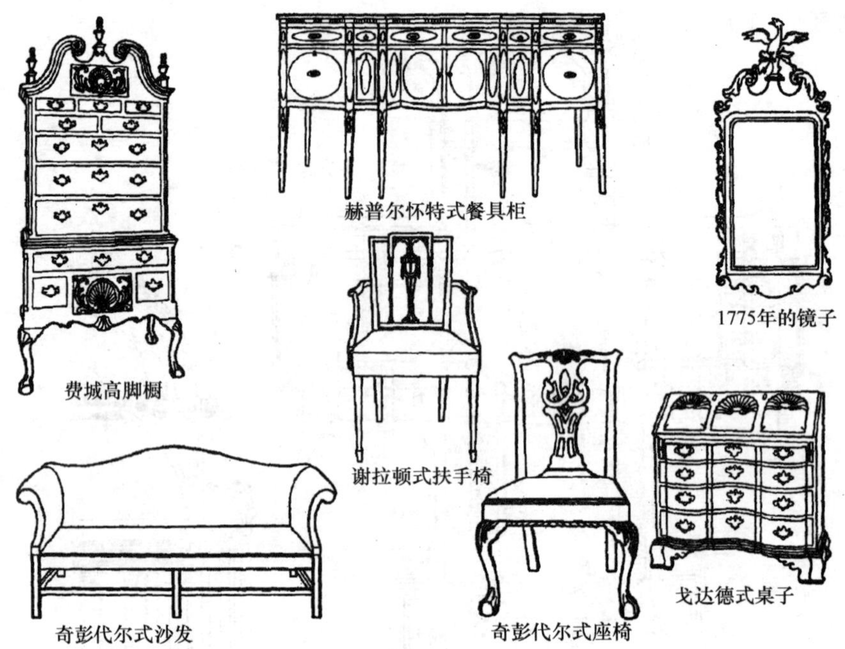

图 1.44a 新古典主义时期——殖民主义晚期和联邦主义早期的家具。［由谢里尔·惠顿，室内设计与装饰，利平科特公司（J. B. Lippincott Co.）提供］

在法国，新古典主义室内设计抛弃了洛可可的曲线，而没有丢弃它的美妙和舒适感。变化主要存在于形式和细部当中。帝国时期的风格非常流行，尤其在拿破仑 1804 年称帝以后更是如日中天。法国的家具设计师们突然抛弃了那些和旧的政体制度相关的图样和设计。保留了那种君主政体的轻松愉快的线脚和比例，去掉了不必要的装饰，这反映了当时的经济状况比较困难（图 1.45）。帝国时代和帝国时代之前从来没有这样的尝试，那时是宁可给社会粉饰太平也不愿意让它自然发展。

家具的发展仍要继续，比例还是非常轻快纤巧，但是设计的主要线条还是直的，形状多是方形。在这段时期，许多关于古希腊、埃及和伊特鲁里亚艺术的书籍出版了，这对从事各种艺术的艺术家们都有很大的影响，包括家具设计。当时法国的顶尖家具设计师，有乔治·雅各布（Georges Jacob）、弗朗索瓦·雅各布-戴斯马尔特（Francois Jacob-Desmalter）、马丁·埃卢瓦·里格诺克斯（Martin Eloy Lignereux）、巴泰勒米·拉斯卡隆（Barthelemy Rascalon）以及查尔斯·比雷特（Charles Burette）、查尔斯·柏西埃（CharlesPercier）和皮埃尔-弗朗索瓦-莱昂纳多·方丹（Pierre-Francois-Leonard Fontaine），他们在法国建立了帝国风格。

在 19 世纪晚期和 20 世纪，室内设计的研究方法更加倾向于对前人的模仿抄袭而不是革新或是原创。19 世纪中期，公众们对希腊古典的热情逐渐消退，而在摄政统治时期英国的家具设计也失去了以往的光彩，逐渐衰落了（1810～1820 年）。

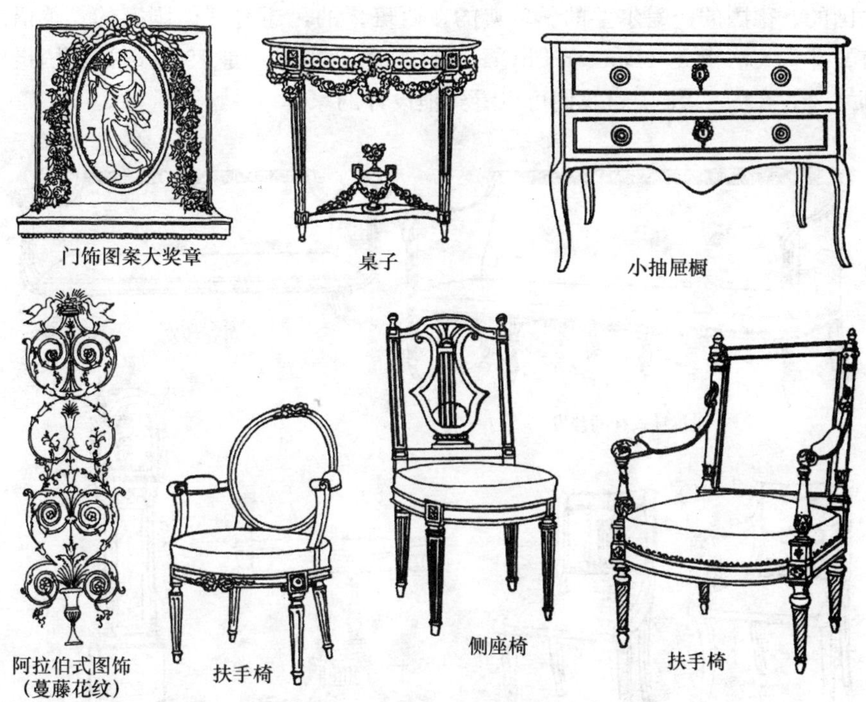

图 1.44b　新古典主义时期——殖民主义晚期和联邦主义早期的家具。［由谢里尔·惠顿（Sherril Whiton），室内设计与装饰，利平科特公司（J. B. Lippincott Co.）提供］

图 1.45　新古典主义时期家具和细部设计样例

美国时期

也许对美国的工艺美术发展最重要的影响就是美国居民们不同的祖籍，有英国的、荷兰的、法国的、德国的、爱尔兰的、瑞典的、西班牙的，还有其他国家的。英语成为最主要的语言。邓肯·法伊夫（Duncan Phyfe）（1768～1854 年）是 19 世纪初美国最杰出的家具设计师之一，在图 1.46 中，我们可以看到他设计的家具。

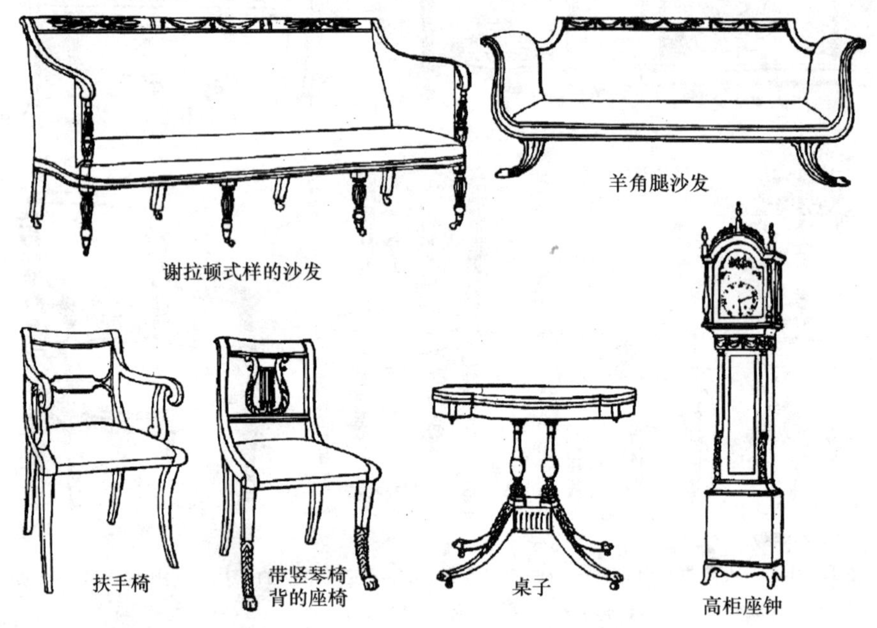

图 1.46 邓肯·法伊夫设计的家具

近代历史——飞跃的前进

20 世纪初是一个充满矛盾、同时也充满巨大活力和创造性的时代。工业化带来莫大的生产力，摆脱形式而强调功效。新艺术受到查尔斯·伦尼·麦金托什（Charles Rennie Mackintosh，1862～1928 年）和安东尼奥·高迪（Antonio Gaudi，1852～1926 年）的支持，并且主要因美学和寻求不同于过去的风格而被激活起来。威廉·莫里斯（William Morris，1834～1896 年）和其他人极力倡导的工艺美术运动反对机器，主张手工制品，不久出现了装饰派艺术，致力于消除艺术和工业之间的冲突，创造性设计被改用于适合批量生产。

著名的莫里斯安乐椅，用结实的木块制造，象征美术和工艺式家具，标志一个时代的结束。反之，和这种方式相对立的是布劳耶（Breuer）的瓦西里（Wassily）椅，这种椅子是用镀铬钢管和帆布椅座制成。

20 世纪早期同样涌现出了许多伟大的建筑巨人和梦想家，比如弗兰克·劳埃德·赖特、奥古斯都·派瑞特（Auguste Perret)(1873～1954 年)、阿道夫·路斯（Adolf Loos，1879～1933 年)、彼得·贝伦斯（Peter Behrens）(1868～1940 年）和勒·柯布西耶（Le Corbusier）(1887～1968 年)、伊利尔·沙里宁（Eliel Saarinen)、阿尔瓦·阿尔托（Alvar Aalto)，还有包豪斯的领导者，诸如沃尔特·格罗皮乌斯（Walter Gropius)、马歇尔·布劳耶（Macel Breuer）和密斯·凡·德·罗（Mies Van der Rohe)。

在 1919 年，第一次世界大战后不久，沃尔特·格罗皮乌斯（1883～1969 年)，在德国魏玛建立了传说中的包豪斯学校。格罗皮乌斯来自德意志制造联盟（Werkbund）运动，这个运动寻求把艺术和经济结合起来，并且给艺术加入了工程因素。包豪斯的前身是魏玛艺术学院和魏玛工艺美校。这所新学校的学生同时受到艺术家们和工艺大师们的培训，实现格罗皮乌斯的熟悉新型的有科学和经济学知识的艺术家的梦想，以塑造把创造性同手工艺工人的实际知识结合起来的品质，从而形成一种全新的功能设计意识。

包豪斯学校领导了实用性的革新，在这类学校中无出其右者，和同时代的装饰艺术运动一样，都是对跨世纪的新艺术运动中那种华丽繁琐的装饰家具设计的转向发展。它还对从文艺复兴继承下来的东西进行了建筑和美学思想及实践上的革命。和装饰运动追求工艺上的简洁（图 1.47）不同，包豪斯的追求是全新的。包豪斯的深远影响不只是涉及家具设计和转型装置，还进入了许多新的领域，如今的建筑、剧场、凸版印刷术行业都可以看到包豪斯的影子。尽管经历了沧桑巨变，这所学校始终坚持三个基本目标：首先是把各项艺术从各自为政的局面中拯救出来，然后鼓励个体工匠和艺术家合作，把他们结合起来。

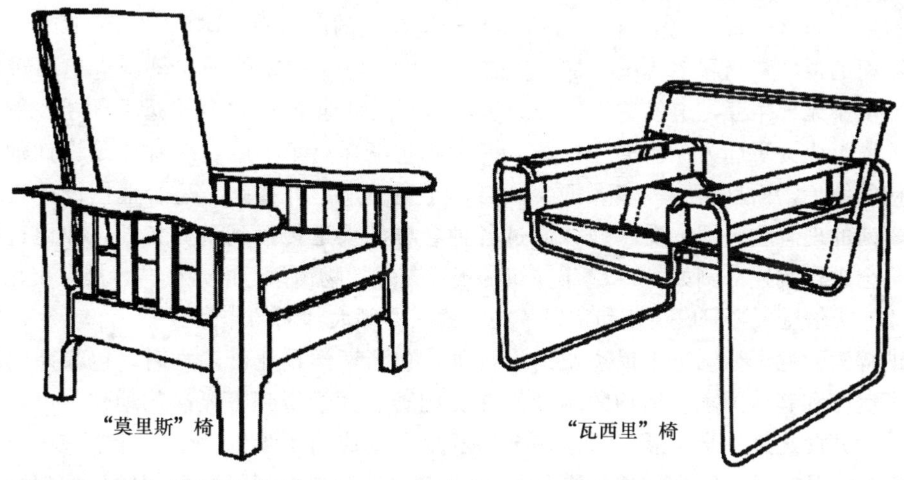

图 1.47　威廉·莫里斯（William Morris）设计的“莫里斯”椅和马歇尔·布劳耶（Marcel Breuer）设计的“瓦西里”椅

第二，这所学校着手把制作椅子、灯具和茶壶等工艺提高到和美术绘画及雕塑平起平坐的社会地位。第三个目标就是坚持和先进工业保持密切联系，尝试摆脱因向工业出售设计而依赖政府支持的局面。以此为基础，包豪斯开始以大多数人认可的方式来广泛影响我们的生活。它的任务就是经常向美学提供智慧的、有思想深度的、功能性的研究方法。它把重点放在了设计师的品质、批量生产和机器时代的材料上。在德国，包豪斯成为能够接受技术进步挑战的创新力量的焦点。

年轻且朝气蓬勃的运动养育了一批20世纪最伟大的建筑师和设计师，这种状况因为德国纳粹主义的兴起只持续了将近14年。为让学生们能在一个自由的环境中设计出新的艺术和建筑形式，它探索着提升自己的哲学体系。在20世纪20年代中期，包豪斯开始探索批量生产的技术和概念。第一次这类技术成果的公开展示是在德国的魏玛，由政府组织的德意志年度艺术展，那里有一位学生——乔治·穆赫（George Muche）设计的房子，格罗皮乌斯的搭档阿道夫·迈耶（Adolf Meyer）的作品也参加了展览。还有就是马歇尔·布劳耶设计的厨房。

1924年在保守主义的煽动下，包豪斯的基金被大量削减，于是学校被迫迁往德绍，并变成一所市政资助的设计学院。几乎所有的老师随校而迁，而以前的学生成为了当时创作室的助教。从1926年至1932年间，德绍产生了许多著名的艺术作品、建筑作品以及有影响力的设计。随后迫于压力，格罗皮乌斯于1928年4月1日辞去校长职务而由瑞士建筑师汉内斯·迈耶（Hannes Myer）（1889～1954年）继任。因为汉内斯·迈耶的马克思主义信仰，他也被迫离开，这次路德维希· 密斯·凡·德·罗（1886～1969年）接替了他的职务。在密斯的领导下，包豪斯从1930年起变成了一所建筑技术学院，并有辅修艺术的院系和设计工作室。在纳粹党成为德绍最大的党派之后，包豪斯被迫于1932年9月迁往柏林。在柏林的生命非常短暂，包豪斯于1933年迫于纳粹党的压力而解体。

包豪斯的根本背离习俗传统，加之其在20世纪30年代初的纳粹德国进退两难的政治和经济环境中无力生存，迫使这所传奇式学校引人注目地于1933年永远关闭了。然而，包豪斯设计语汇成为了广为流传的先锋派。许多和包豪斯有牵连的建筑师或是设计师不得不逃离纳粹的统治，而且其中许多人把美国当作了避难所，并找到了适合他们设计哲学的土壤。包豪斯的理念在美国大受欢迎并通过各种各样的渠道传播到世界各地，如通过设计期刊和博览会进行阐述。例如，1932年在纽约现代艺术博物馆举行的现代艺术展，展出了勒·柯布西耶，沃尔特·格罗皮乌斯和密斯·凡·德·罗等大师们的作品。

当纳粹党驱逐了德国这批最杰出的设计师，包豪斯学校业已消亡时，包豪斯的理念已经传到了美国和其他国家。运动的领袖们在美国著名大学得到了显赫的地位，可以推广包豪斯的理念并使之进一步发展。沃尔特·格罗皮乌斯成为了哈佛大学设计学院研究生院的教授，密斯·凡·德·罗也在芝加哥的伊利诺伊理工学院得到了同样的职位。包豪斯金属工艺设计室的主要负责人，拉兹罗·莫霍南希（Laszlo Moholy-Nagy）成为了芝加哥包豪斯学校的指定负责人。大多数建筑历史学家们认为，包豪斯运动及其追随者们的前瞻性理念至少领先于时代 50 年，这些年轻的幻想家们发动了现代艺术运动，它在很大程度上决定了 20 世纪艺术和建筑的方向。

费城艺术博物馆的馆长凯西姆·海辛格（Kathrym Hiesinger）被问及哪些项目在她心目中作为 20 世纪的设计偶像而特别突出时，她回答说："在短短的 100 年时间里，家具设计竟产生了如此巨大的变化，设计理念一次次地挑战我们的思想——到底'椅子'是什么，'睡椅'是什么，我真的需要仔细审视浩瀚的设计历史来寻找我的偶像。既然如此，如果我必须说出一个名字来的话，我要说的是 20 世纪二三十年代的包豪斯家具设计，因为无论在形式上还是在材料运用上它都是如此的具有革命性。"

芬兰建筑师伊利尔·沙里宁于 1923 年来到了美国，他从未正式成为包豪斯的一员，但他通过对包豪斯理论的应用，强烈地影响了现代建筑和设计。在 1932 年，他成为密歇根的布卢姆菲尔德山（Bloomfield Hills）新成立的匡溪（Cranbrook）艺术学院的校长。这里培养了诸如查尔斯（Charles）和雷·埃姆斯（Ray Eames）（图 1.48），哈里·贝尔托拉（Harry Bertola）（图 1.49）以及弗洛伦斯·诺尔（Florence Knoll）等带有传奇色彩的设计师。匡溪艺术学院与包豪斯有很多相似之处，对美国 20 世纪的设计、艺术和建筑也有很重要的影响。沙里宁的儿子，埃罗·沙里宁（Eero Saarinen）在耶鲁大学学习建筑学，毕业后去了匡溪和他的父亲一起工作。在 1941 年，埃罗·沙里宁和查尔斯·艾米尔一起赢得了纽约现代艺术博物馆主办的国际实用家具设计大赛的一等奖。沙里宁不重视硬木在家具设计中的用途而致力于探索使用人工材料（图 1.50）。

图 1.48　查尔斯和雷·埃姆斯设计的著名座椅和矮脚条椅。［由赫尔曼·米勒（Herman Miller）公司提供］

图 1.49 哈里·贝尔托拉设计的座椅

图 1.50 埃罗·沙里宁设计的家具：鹅掌楸木桌、椅和凳。(由诺尔公司提供)

此时的两位先锋工业的主要领导者赫尔曼·米勒（Herman Miller）（也在密歇根州）和诺尔（Knoll）两家公司，由于他们对于家具设计和制作的革命性研究方法而著称于世。

赫尔曼·米勒公司始于1932年，创建者D·J·德普利先生（他的岳父名字叫赫尔曼·米勒）和其他人一起购买了密歇根州齐兰（Zeeland）的“明星家具公司”，从1931年开始，德普利将公司从制作传统家用家具转向制作新型现代家用及办公用家具。赫尔曼·米勒聘请了很多包豪斯著名设计师；如查尔斯·埃姆斯等人。到20世纪50年代，赫尔曼·米勒虽然还是一家小公司，但它因其现代家具而拥有一批国际追随者。如今的赫尔曼·米勒公司已经成为了为办公环境服务的办公室家具与配套设施的全球领导企业。如果有一个家具诺贝尔奖的话，赫尔曼·米勒很可能将是第一个获奖者。

汉斯·诺尔于1938年在纽约成立了他的H·G·诺尔家具公司。他当时只有25岁，并且刚刚离开他的家乡德国一年。汉斯的父亲是一位先驱的德国现代家具制造商，诺尔也生产由包豪斯成员和其他艺术家设计的家具。在1947年诺尔公司出产了路德维希·密斯·凡·德罗设计的镀铬皮革家具——巴塞罗那椅（图1.51）。

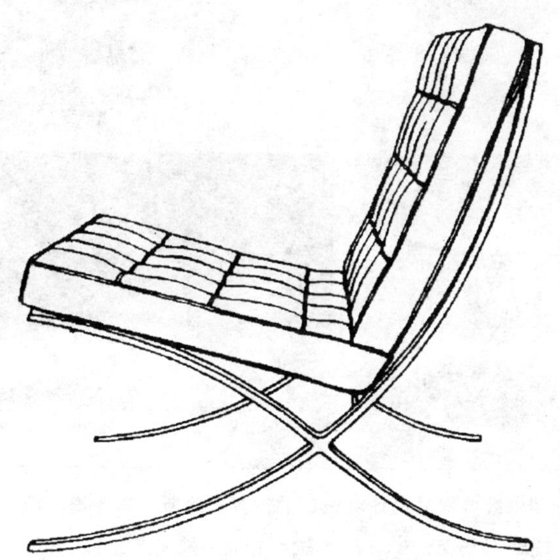

图1.51 密斯·凡·德·罗设计的巴塞罗那椅（1929年）

在第二次世界大战期间，雄心勃勃的汉斯又聘请了一位空间规划兼设计师，弗洛伦斯·舒斯特（Florence Schust），他于1946年和她结婚了，她在帮助诺尔实现现代家具和现代建筑的室内装修的梦想上起了关键作用。舒斯特在匡溪学习艺术，就职于伦敦的建筑学会。她不久后去美国完成她的学位，并作了沃尔特·格罗皮乌斯和马歇尔·布劳耶的学徒，直到她进入了阿莫工学院（不久后更名为伊利诺伊理工学院），师从密斯·凡·德·罗。密斯对她的设计方法影响很大。

结婚以后，弗洛伦斯和汉斯也建立了事业合作关系，被称为诺尔联合公司。他们一起掌握了包豪斯的一套家具设计方法并招募了很多杰出的设计师，诸如埃罗·沙里宁、哈里·贝尔托拉、艾萨姆·诺古奇（Isamu Noguchi）、珍斯·瑞泽姆（Jens Risom）和弗兰科·阿尔比尼（Franco Albini），他们设计出了一大批如今被誉为经典现代设计的家具（图 1.52）。诺尔还使用他们在欧洲和美国的设计师关系网拓展了公司的产品范围，并打开了纺织品制品的市场。在 20 世纪 50 年代早期，诺尔公司在东格林维尔（East Greenville）建立了一座大厦，而如今它的总部则在宾夕法尼亚州。

图 1.52 诺尔经典家具设计者设计的家具：珍斯·瑞泽姆，1941 年（左上）；查尔斯·波洛克，1965 年（右上）；艾萨姆·诺古奇，1955～1974 年（左下）；弗兰科·阿尔比尼，1958 年（右下）

另一位工业大腕，也是家具制造业最老牌企业之一，斯蒂尔克斯（Steelcase）公司，由彼得·M·威治（Peter. M. Wedge）先生，沃尔特·埃德马（Walter Idema）和其他 10 位股东于 1912 年成立。它的前身是位于密歇根大急流城（Grand Rapids）的金属办公家具公司，它在 1915 年卖出了第一批桌子，当时它为波士顿第一座摩天大楼——海关大厦定做了 200 张防火钢材办公桌。在 1937 年，该公司根据弗兰克·劳埃德·赖特的设计理念，为S·

C·约翰逊公司大楼提供了椭圆形办公桌。“金属办公室”公司于1954年正式更名为“斯蒂尔克斯”。有关斯蒂尔克斯有趣的事是他们对待空间规划的创新态度。因为他们为业主们提供了服务和产品，这些有助于创造高功效的把建筑、家具和科技结合一起的工作环境。

空间设计的发展是对时代需求的回应，尤其是公司成长的需要。在20世纪30年代期间，只有屈指可数的几个建筑师和设计师直言不讳地指出企业没有充分利用他们的办公空间。到了40年代和50年代，人数倍增并且许多来自于其他学科的单位或个人也加入进来，包括两家善于幻想的现代家具制造商——赫尔曼·米勒公司和诺尔联合公司。此时的经济环境非常有利，于是赫尔曼·米勒与诺尔一直致力于对业主们和公众进行教育。他们实现目的的主要手段就是展示样板间，这对未来的设计方向有着不可估量的影响。

第二次世界大战以后，美国和整个工业化世界的企业都迅速膨胀。这就导致了大规模兴建住房和办公建筑的高潮，包豪斯的建筑师和设计师们被召集起来，并且被委以重任，为公司化的美国进行大量设计。在20世纪的50年代和60年代，诺尔联合公司成为了公司设计工作中最有影响力的。在大扩张时期，也有大批的专家、研究员和科学家流入美国，寻求工作和美国梦想，到20世纪60年代美国的办公人员以每年850 000的难以置信的速度猛增。和迅速发展的企业与办公环境中的计算机应用等新兴科技一起，这对此时的办公特征起到了最基本的影响。另外，办公空间一下子成了有价值的日用商品，而且租赁费飞快增长，这和日益增长的需求保持步调一致。

在约翰逊制蜡公司大厦设计中（S·C·约翰逊和他的儿子们）弗兰克·劳埃德·赖特将金属砖涂成红色，并和家具设计结合起来——将砖的颜色定为柴罗基（Cherokee）红——成弧形。尽管这个设计1939年就出现了，但它将传统的办公室和未来办公空间景观联系了起来，这是一个很好的过渡（见图1.53）。重要的是早在1904年赖特就意识到办公空间对于促进工作效率的潜能，并且他在1904年设计拉金（Larkin）公司行政大楼的时候努力尝试自己的想法，这是有史以来第一幢全空调的现代办公大楼。

大家都知道，办公空间有着近乎一个世纪的历史。开始，它可能只是容纳一个人的空间，没有打字机、电话、复印机和其他如今办公必备的设备。随着工业化的大发展，办公空间迅速发展并且需要容纳更多人员。

在19世纪与20世纪的世纪之交，新材料的试验开始了，办公楼也开始使用钢铁。这提醒了各公司总裁们从全局把握，看办公空间到底应该如何利用（图1.54）。第二次世界大战之后的办公空间发展经历了许多阶段和转变。直到20世纪50年代办公室坐的是几个高级执行官或经理，监视着数量众多的职员。

从20世纪50年代到60年代早期，大公司的迅猛发展引起了整个工业世界办公楼的飞速建设。业务的激增，使整个美国商业界在散布于世界各地的业务中重新找到了自我。到50年代末，这种管理混乱的局面促成了一种新现象：那就是公司总部的发展。弗洛伦斯·诺尔公司在内部成立了一个叫作“诺尔设计单元”的部门，它的作用就是和业主们一起讨论最终确定他们工作的地方需要什么，并完成室内建筑设计和家具设计。这个部门在改造战后美国办公环境中起了很重要的作用。同样，弗洛伦斯·诺尔公司的哲学：建筑和室内设计必须符合功能主义和工作过程以及美学，这种观点被一些人认为是指导今天的公司室内设计方法的一个重要因素。

图 1.53 弗兰克·劳埃德·赖特设计的约翰逊制蜡公司办公楼室内一瞥。1939 年，S. C. Johnson & sons。(由斯蒂尔克斯公司提供)

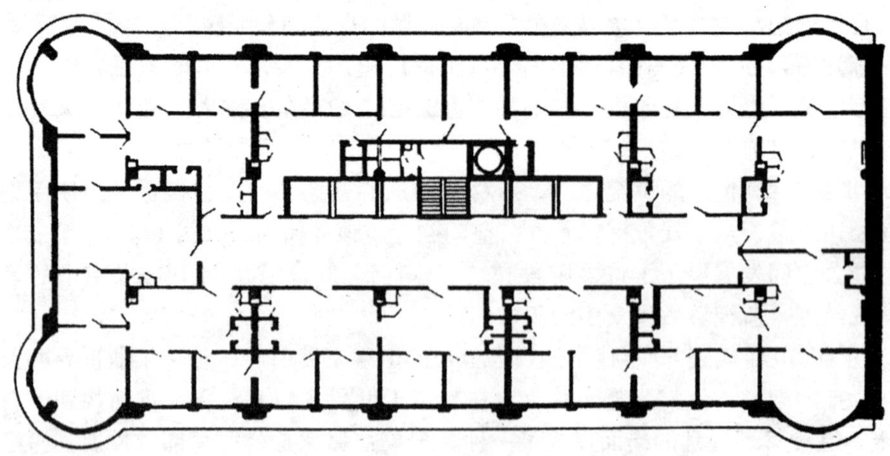

图 1.54 19 世纪与 20 世纪的世纪之交的诸多办公楼典型办公平面布局

大公司总部将很多人聚集到一个大空间内。在这之前，典型的办公楼租借户顶多占据建筑物中的几层，而新的概念是让整座办公大楼归一家公司独用。大公司总部的迅猛发展也借助于新的技术发展——比如常年的空调和统一的照明服务（结束了对自然采光和自然通风的依赖）以及新材料的开发利用。到 20 世纪 60 年代，办公室职员的进取心正受到一系列影响的改变：首先是高素质工作群的吸收，业务的激增还有电脑的应用。容纳这些日益增多的单位需要办公场地，于是节节攀升的房租促使人们去寻求办公室空间的高效使用，而室内规划的发展正是在公司大扩张的诸多问题中应运而生。

到这时，开放牛栏式概念不再风行。牛栏式概念将职员放在多个刻板的办公桌和小过道的格栅式的开放性大空间里，行政长官们被分隔在一侧或多侧的围封起来有窗户的办公室里（图 1.55）。而执行长官核心概念不久又取代了它，那就是职员群体被安排到建筑的周边，而行政长官们位于建筑中央的办公室。

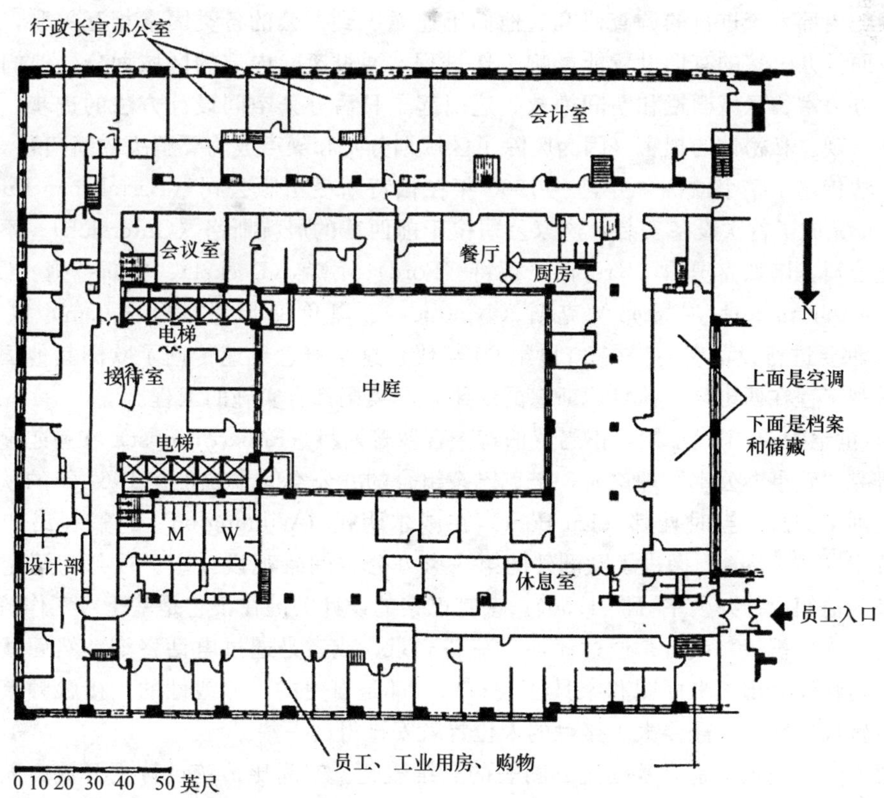

图 1.55　“开放牛栏式”办公概念的实例

办公空间景观

德语的“Burolandschaft”一词翻译成英语是办公空间景观的意思（普通叫法是开放性平面设计），也是记者们生造出来的名词，因为大量的绿植和第一批欧洲设备的开放。这是一个办公空间设计系统，1959 年始于德国，由埃伯哈德（Eberhard）和沃尔夫冈·施内勒（Wolfgang Schnelle）兄弟创办，他们的组织后来成了奎克巴奈组合（Quickbarner Team）。

奎克巴奈组合是一个设计与管理顾问团体，他们断言，一般的现有办公室妨碍而不是激励工作积极性。他们相信办公室的规划应以交流模式为基础，而其价值因素诸如外观、等级分别和传统习惯都应降为次要地位。他们认为工作站的定位应该由交通流来确定，这是日常办公生活最基本的功能组成部分。

在办公空间景观概念发展之前的 1959 年，奎克巴奈是一家材料公司，专门经营纸张制品、家具、设备以及办公室档案系统。产品和系统之间缺乏协调使得他们转向了对办公室互相依赖的内部系统进行的调查研究。他们迅速意识到办公的各类因素相互关联，应该同时处理，而且办公室的有形设置能影响工作进程。通过废除内部的区域划分，他们淘汰掉了封闭的办公室、区域栅栏和空间模数。这引起了日后办公空间设计方法的进步，被称为办公空间景观。私密性的损害（因为废除了区域划分）和噪声成为要解决的新问题。

新方法传遍了整个欧洲，并且在 1960 年在伯特斯曼出版公司（Bertelsman Publishing Company）完成了首次设备安装，这家公司位于前西德的居特斯洛（Gutersloh）。不久，德国的其他公司，诸如克虏伯（Krupp）、福特（Ford）、德克（Deckel）、奥斯兰姆（Osram）、比灵哥（Beohringer）、尼恩弗兰克斯（Ninoflex）、奥伦斯坦恩（Orenstein）以及奇普（Kippel）都要进行设备安装。在 20 世纪 60 年代初这个概念迅速传遍了欧洲其他国家，办公空间景观工程在西班牙、荷兰、斯堪的纳维亚和英国都有实施的工程。

在 20 世纪的 60 年代早期，正当罗伯特·普罗普斯特（Robert Propst）在赫尔曼·米勒研究所研究“效果办公室”理论时，奎克巴奈组合的办公空间景观也在 1967 年的秋天第一次被引进到了美国，当时杜邦（Du Pont）在威尔明顿（Wilmington）的氟利昂产品分部——特拉华（Delaware）搬进了欧洲外的第一家办公空间景观设计室。杜邦聘请奎克巴奈工作组来为他们设计办公室（图 1.56）。奎克巴奈的设计关键在于它是基于对工作流量和信息交流的系统分析——或者是通过谈话，写备忘录，或者是通过电话咨询，然后就是数据分析，于是就设计出了平面图和家具摆放布局，都是自由的，非线性的。接触频繁的人被安排的位置近一些，不需要太多接触的人位置就安排得远一些。

办公空间景观设计是对基础流量图表的三维表达。空间比传统设计更开放，而且和传统办公室不同的是，屏风都是 4 英尺 6 英寸（约 137 厘米）高，而不是封到顶棚那么高。但这又产生了很多的声学问题，为了解决这些问题，人们使用地毯、植物以及经过声学处理的顶棚。很明显，景观设计在美国有强烈的影响，并且非常流行，因为它具备高效、灵

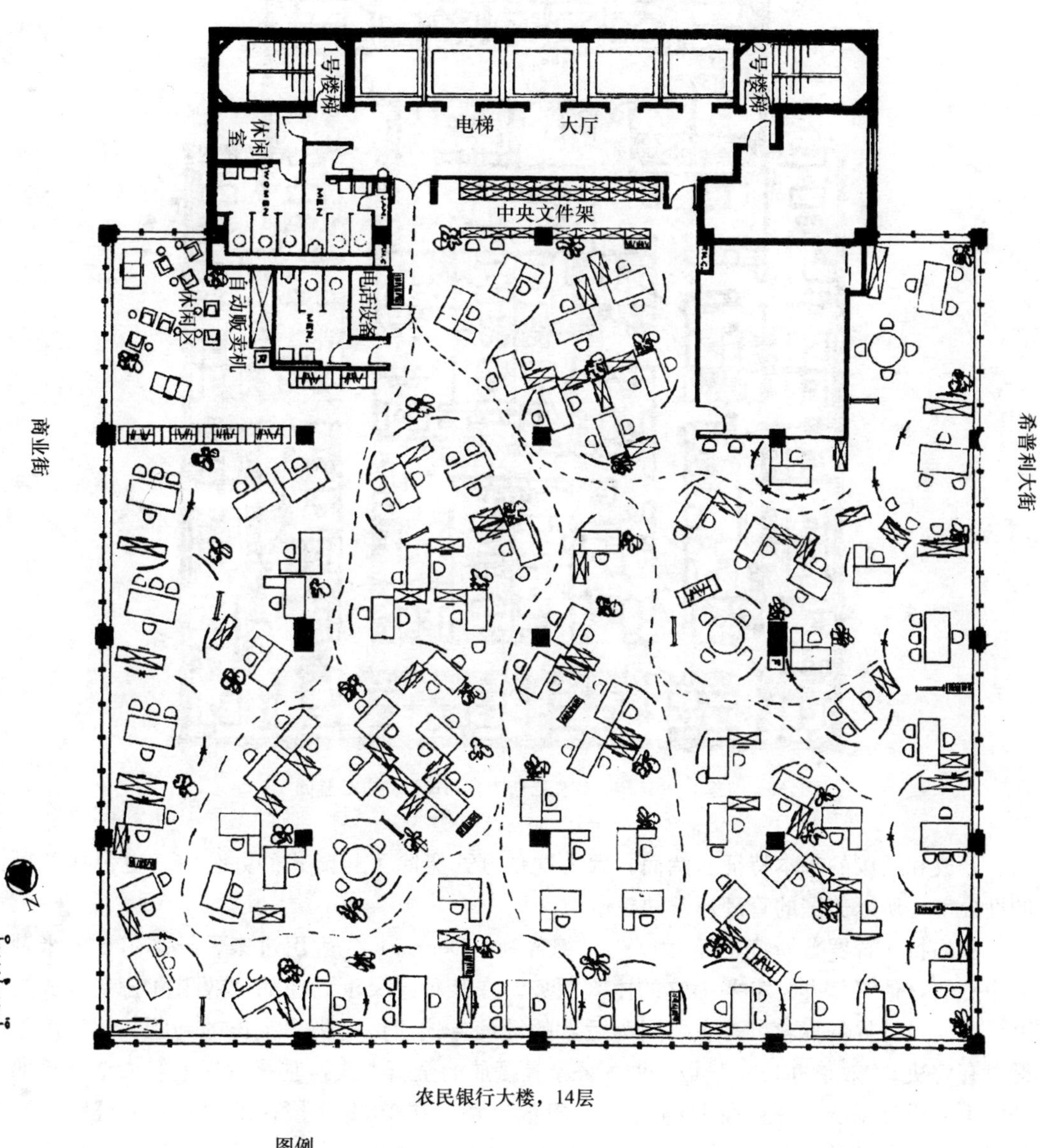

图例

- 桌子
- 隔声吸收屏(55英寸高)
- 隔声吸收屏(72英寸高)
- 黑板
- 书架　72英寸高
- 花盆
- 壁柜
- 自动饮水器

设计号　4277-A　OBC-554

绘制:

检核:

图 1.56　1967 年，奎克巴奈为杜邦所作的办公空间景观设计

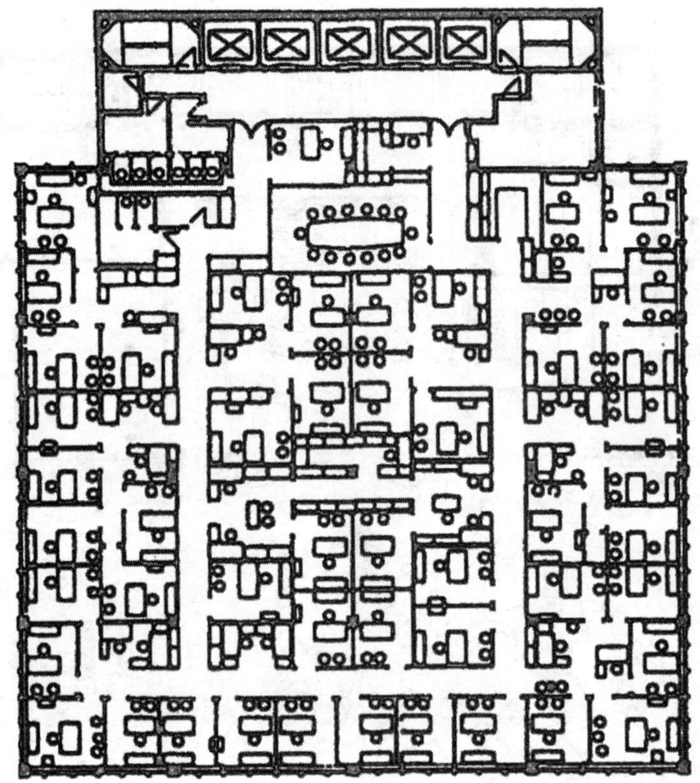

图 1.56 （续）1967 年，奎克巴奈为杜邦设计的办公空间

活、开放和活泼的基本特征。然而，因为这种方式废除了封闭式的办公室，也包括领导人的办公室，所以美国的管理通常缺乏激情。

罗伯特·普罗普斯特是经由 D·J·德普利（Depree）先生引进来领导赫尔曼·米勒研究中心的，他笃信办公室要为它的主人服务。在某种意义上，他的“效果办公室”成为了办公空间设计界的拯救者，主要因为后者的设计方式遗留了很多突出的问题，例如声学问题没有解决。“效果办公室”是一种办公家具摆放的全新方式，它是世界上第一个开放的办公室家装设计系统，并且在 1964 年首次投放市场，在 1968 年换代的“效果办公室”系统赢得了广泛的赞誉（图 1.57）。首次安装是在芝加哥的 JFN 合伙公司办公室，并且大受欢迎。从那以后，该系统已多处修改和增补而扩大了适应办公室变化的需要。从一开始，普罗普斯特就明确表达了自己的观点，和自己的设计标准。朱迪·沃斯（Judy Voss）说：“和景观设计一样，‘效果办公室’避免了传统办公室的固定分区而替换以可移动屏风。”普罗普斯特强调概念要跟随时代的前进而变化。

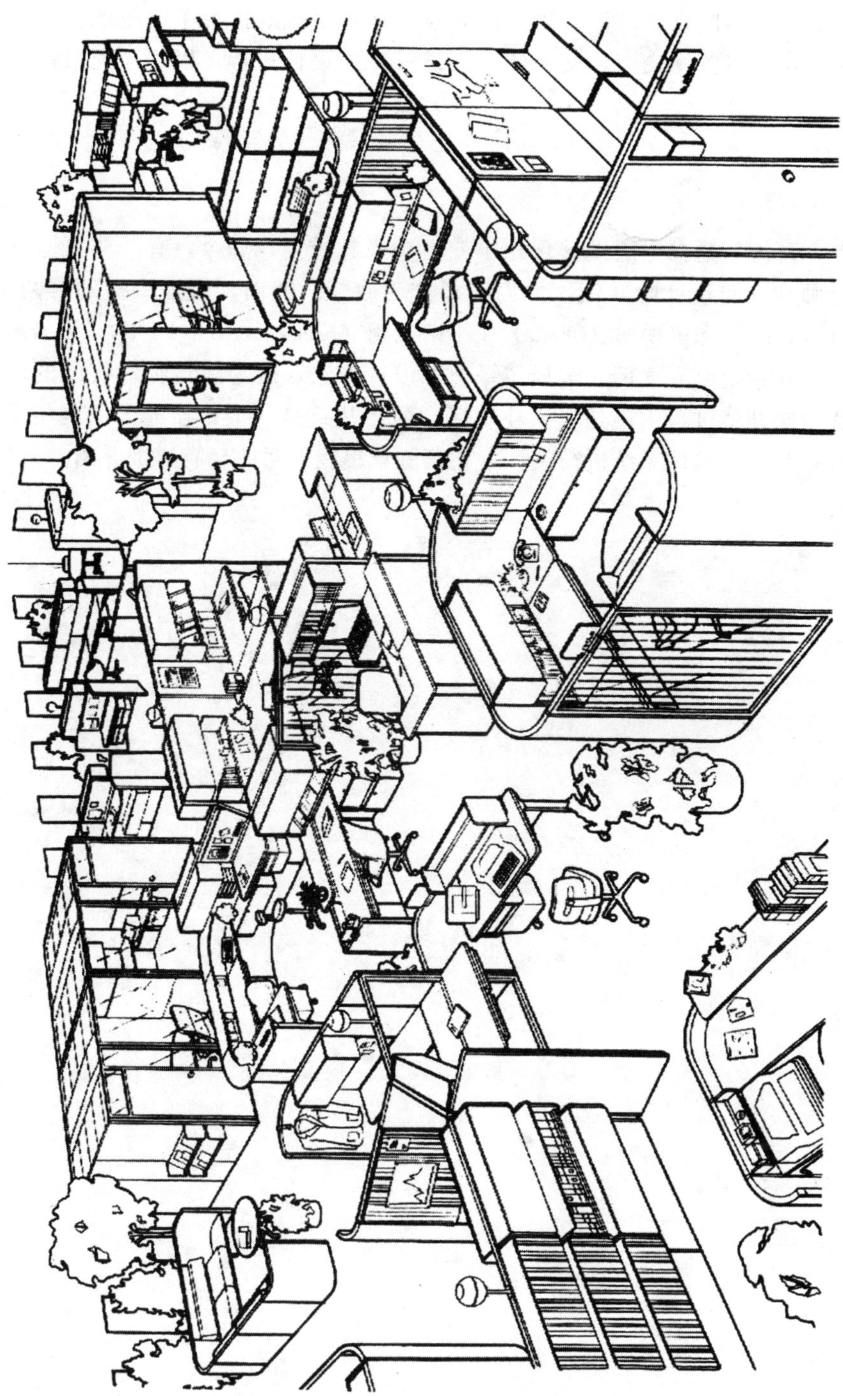

图 1.57　由罗伯特·普罗普斯特设计的"效果办公室"系统。（由赫尔曼·米勒公司提供）

计算机明显地对空间规划产生了很大的影响。计算机化既扩大了直线的、反复的办公室布局方式的应用，以方便交流，又迫使人们再三考虑设计过程，以适应无数的导线、电缆和电器要求。

环境运动

最近几年，环境问题在空间设计规划中变得越来越重要，如今，有一支日益壮大的关心环境的设计师和空间设计师队伍，他们高举这面旗帜。然而，值得一提的有两家公司：赫尔穆特（Hellmuth）和奥博塔（Obata）＋卡萨巴姆（Kassabaum）（HOK），以及赫尔曼·米勒，他们从一开始就带头宣传、解释“绿色”设计方法，认为建筑物对我们的环境有很大影响——无论是建造过程中还是投入使用后。绿色建筑是一个日益庞大的网络系统，它提倡建筑物要作为一个整体系统进行设计，在第五章里我们对此会有详细介绍。

第二章

设计方法论

如今的现代办公环境往往是一个复杂而精密的生态系统，它由许多相关因素和次系统组成，次系统里有各种各样的私人占有空间。这些人各有其特殊的需要，一个勤奋的空间规划师就需要满足这些需要。在这个过程当中，能认清各种最基本的影响因素：包括计算机和交流技术，工作场所的心理社会因素以及对未来的扩充和发展规划。

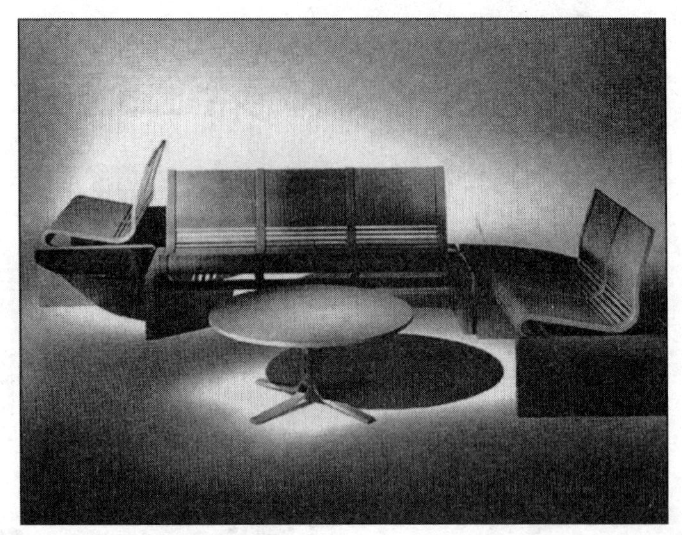

概述

现代研究表明，具体的工作环境对吸引和留住人才往往能起到关键作用。这正是如今的规划师和设计师们为什么要绞尽脑汁地去理解并解决他们业主的需要。最近有一份 200 个公司决策者关于生产性工作场所的调查表，其中列出来了室内设计影响办公积极性和工作效率的四种主要途径。

- 交流
- 舒适度
- 灵活性
- 私密性空间

设计方法论是一个结构严谨的程序，它列出了在设计（规划）师们从工作一开始一直到工程结束并投入使用过程中所产生的所有工作程序中的参数——这些参数被人们广泛接受。另外，业主可能会对这项工程的某些或是全部性能做一个检查，并且要在建筑物投入使用后作一个使用后评估（POE），这种 POE 反馈（基本是大型公司和研究所而作）为关键的设计者提供了关于建筑物性能和建筑物优缺点的可信赖的数据（图 2.1a ，2.1b）。

在理想情况下，在设计一开始，空间设计师就是整个设计队伍中不可或缺的促成整个任务的一分子。一位扩建设计者起初的投入能够极大地促进最终设计并以令人满意的结果收尾。然而，空间设计师通常都是在建筑框架完工以后才介入工作，并且要在一个确定空间的约束下进行工作，或者是在一个新的建筑构造框架中工作。无论在哪种情况下，对空间的一般特征进行全面的评估都是很必要的——既是为了突出特色（比如外形美观、日光充沛、顶棚和窗户都很高等等），又要表明有待改进的地方（比如声学效果差、房间狭小、埋置的设施、管线和电缆、自然通风不足等等）。在进行这样的评估过程中，设计者应当反复斟酌这些优缺点，然后设计出一个性能良好的环境解决方案，以提高积极性和功效。

一个设计优良的工作环境是灵活机动的，并且随着公司不断的发展壮大（或是衰落退化）能够稍加调整便可以适应新环境的新工作习惯。最终的设计不仅要想到现有的情况，运行关键点和诸如建筑法规要求和空间内是否允许安装等因素，而且应考虑到诸如公司的长远需要所带来的变化的影响，相比之下这些是更重要的问题。由于日益增长的移动电脑、无线数据网络和笨重的PC台式机的消亡以及电子会议室等的出现，必将给公司的未来产生影响，只考虑现在而不顾将来，设计出来的空间也不会很成功——“人无远虑，必有近忧”。话又说回来了，如果业主公司能够认识到要设计必需的基础设施以适应高速发展变化的话，一个成功的设计方案就比较容易诞生了。

情况一般是这样的，当业主们雇用一位职业设计师的时候，他们已经对自己所需的空

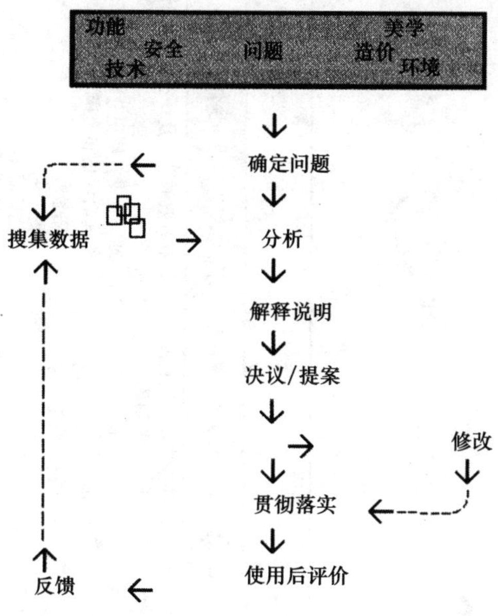

图 2.1a　设计方法论过程和数据分析

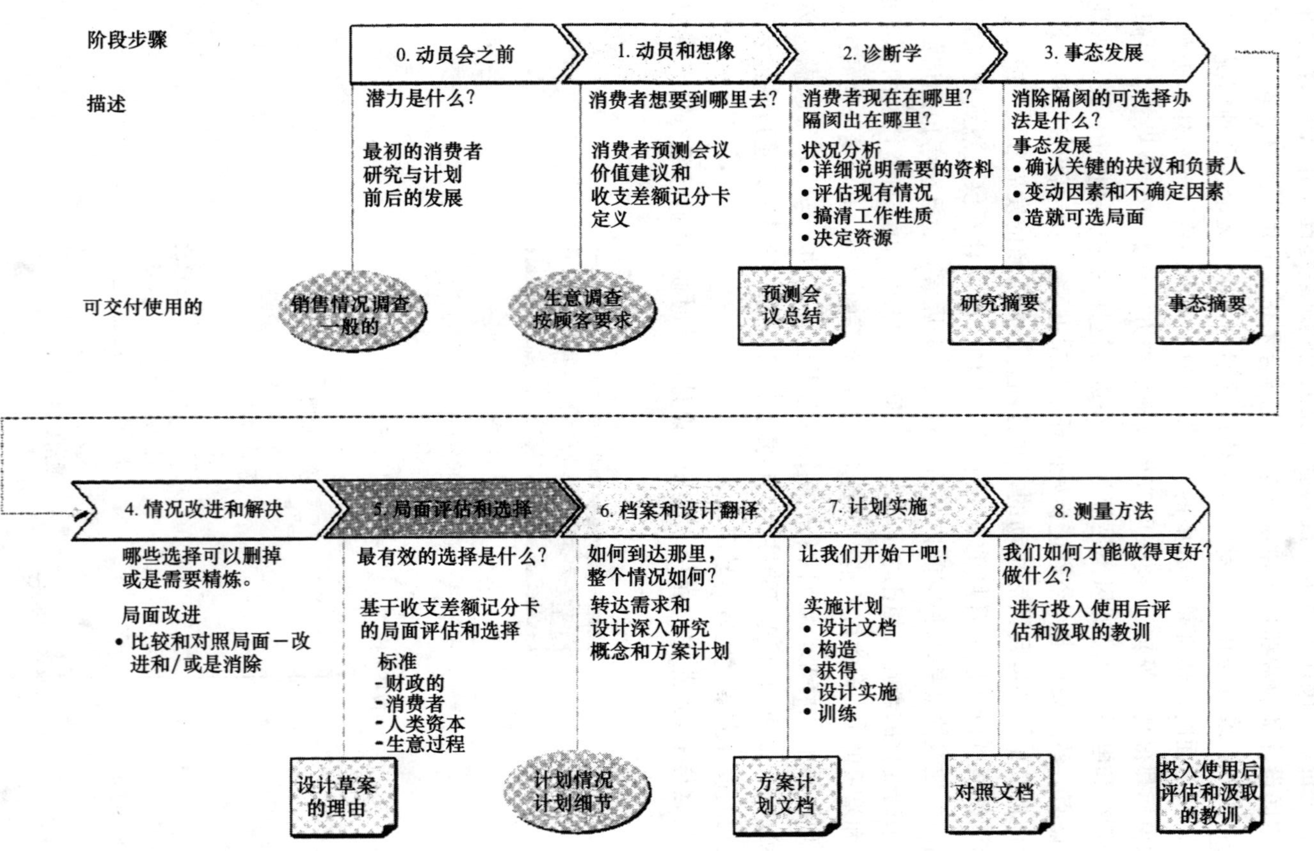

图 2.1b 以赫尔穆特(Hellmuth)和奥博塔(Obata)+卡萨巴姆(Kassbaum)的眼光来看，设计进程如图所示。(由洛杉矶 HOK 公司提供)

间以及其他方面的需要有了一定深度的想法，而且甚至可能有了解决办法的预见，尽管还缺乏把这种预见变成计划措施的能力。缺乏经验的业主往往低估设计工作的复杂性和分析过程，尤其是在一些大的工程中。而且，他们对于新科技带来的新方法的需要和解决方式的需要往往估计不足。

不管技术和专业术语如何变化，也不管新科技对我们把握当今的工作场地和信息交流的影响，设计方法论仍然毫发无损，它基本由7个步骤组成，它们是：

1. 规划
2. 方案设计
3. 技术设计
4. 施工文件
5. 工程招投标
6. 工程施工和监理
7. 使用后评估

规划阶段：制定概要或进度计划

设计方法论过程中的头几项任务之一总是确定规划，注意，虽然许多合同没有把项目规划列入基本服务的一部分，但美国建筑师学会（美国工业设计师学会）的室内设计服务协议的标准表格里却列入了。有时候所指的作为项目分析报告、项目说明书或发展规划报告的编写概要或进度计划，确定了提案工程的方向和基础。

项目规划是一种系统的方法，用来搜集有关目标、策略、重点和组织中存在的问题的信息，然后分析和解释数据来决定或明确业主的目标、需求以及任务。经过数据分析以后，初步的目标、重点和策略将经常要求进行修订。最后阶段经常采用书写文件的形式来确定基础，有了这个基础，空间设计师才能够对工程形成大体的概念。决策过程和最后的解决方案评估所依赖的规范条例也是如此。

很重要的一点，在项目规划阶段，设计者要与业主进行充分协商来制定工程应用标准，并且要研究在业主们现有的经济预算条件和场地条件的限制下，满足这些要求的能力。很显然，对问题清楚而定性准确的陈述，对找出恰当的解决办法来说是非常重要的。如果任务不够明确或是不够精细，结果不恰当的解决办法很可能产生。空间是按照居住性、研究性，还是商业性的来进行考虑，项目规划的过程通常由以下几个要素组成：

确定目的

这个阶段非常重要，因为它确定并明确了业主的关键思路。例如，业主也许会认为公司的整体形象应该优先于它的平面布局效果，对最终方案作出这样的决定所产生的后果可能是巨大的，而且可能会在引出一系列其他问题的同时导致增加工程预算，它还可能需要增大最初规划好的休息大厅和接待处所空间要求，以描绘出一种比基本功能要求的印象更深刻的整体形象。

还应注意进行深入分析所需要的资料，包括对人员、设备和组织、文化要求的综合分析（图2.2）。规划摘要还应该回顾过去和当前的组织结构各种形式，并把它们作为一种旨

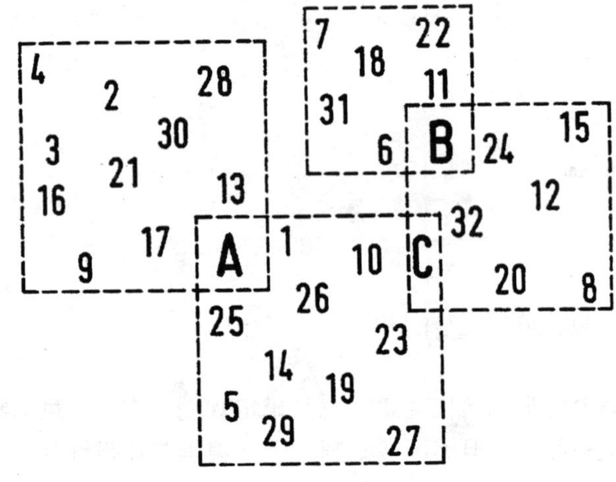

分析过后说明和组织的问题

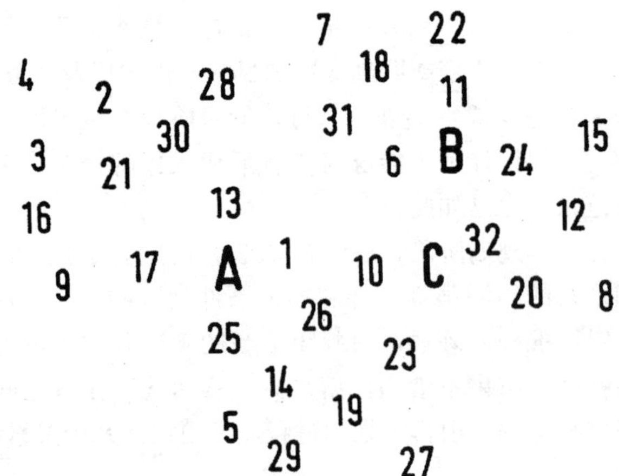

未经分析和组织过的资料

图 2.2 本图表表示了用于说明和组织搜集的数据方法之一

在设计未来发展和运作程序方向的手段放在单位经营计划之上。项目规划因此应制定能准确反映单位不但在入住建筑时而且在长期居住的需要。然而遗憾的是，人们常常发现，短促的项目时帧连同紧巴巴的预算支出妨碍了对未来的规划。

然而，过去几十年来迅猛发展的科技对我们如今的传统办公室工作环境理念提出了挑战。21 世纪全球市场的动荡和没完没了的公司合并和诞生，就使得对未来要求最精细的预测和计划都变得很困难。机动而富有创造性的解决办法成了维持项目规划有效性的最基本的需要。这包括设计的基础设施具备足够的灵活性和适应性，于是能够适应逐渐改变的环境。如果缺乏内在灵活性和适应性，任何因经营策略劳动力组合和技术应用引起的必要空间改造就会付出代价并混乱不堪。

资料搜集

一旦目标和任务确定以后，设计师就要进行信息搜集工作了。搜集来的资料需要进行合理的组织分类，既要有条不紊，又要简便易用。一个成功的项目规划需要收集能回答下列有关问题的资料：

1. 员工：企业集团一共有多少员工，他们的工作习惯、个人性格以及彼此间的交流如何？
2. 工作职能：明确要完成的任务，如何才能让它们融入到组织的各层次系统当中。保密有何需要。为使工作高效有何设备需要，单个工作站的特定标准是什么？
3. 部门内部和部门之间的交流：主要重点是建立空间关系或决定空间布局的各个因素之间的相邻要求（图 2.3）。首要的工作是要进行一个交流分析，从对个体交流类型进行研究开始。然后这项工作要向和工作相关的小组展开，再然后就是更大的工作组或部门（图 2.4a，2.4b）。这些分析应该决定员工们的关系和优先权，这将和他们与工作流的关系和部门间需要接触的程度类型相关，不论是通过电话、面谈还是书面联系，他们的交流频率和他们对共享设施的需求均见之于这些事例。
4. 和公众的交流：决定接触的频率和性质，和员工的交流有多少，是否有为这样的接触准备专门设备或服务，比如说等候室、餐厅或是礼堂。和公众交流所需要的专门设备或服务包括易于理解的文字图样。
5. 有关文件流动的交流和信息：决定文件分发的程序和对行政员工、打字员等的要求以提高功效（图 2.5）。
6. 档案文件和文件记录储存：确定所需要的档案文件和记录储存设备的类型和大小，它们理想的地点，以及这些设备中有的是否要被共享。

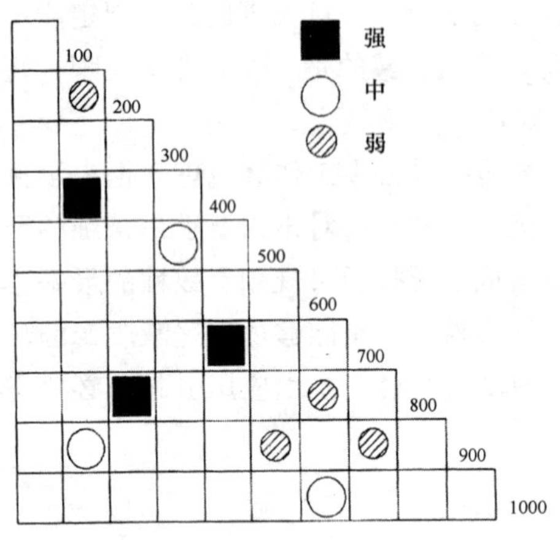

内部交流密度样例矩阵

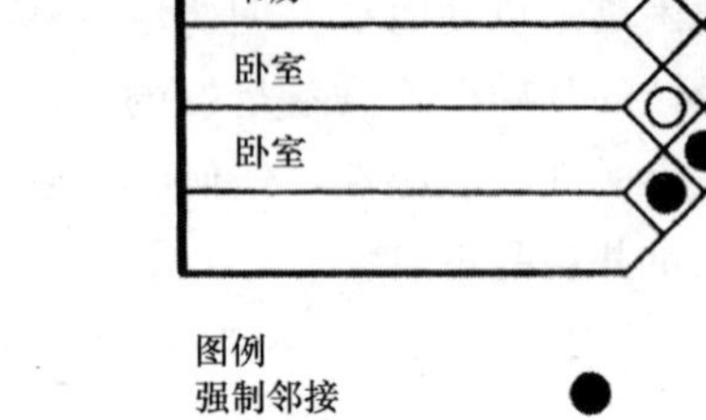

图例
强制邻接 ●
次要邻接 ○

为咨询中心所作的标准矩阵	平方英尺需要	相邻点	公共通道	日光和(或)景象	私密性	管道设置	专门设备	专门考虑
①接待	250	② ⑤	H	Y	N	N	N	靠近主要入口的交通中心
②会见处	220	① ④	M	I	L	N	N	感觉像一个四人组
③主任 (4)	140	⑤	M	Y	H	N	N	为私密出口使用后更衣室的高大图示
④全体职员	180	③	M	Y	M	N	N	
⑤会议室	300	① ⑥ ⑦	H	I	H	N	Y	靠近入口的
⑥厕所(2)	200	中心的	M	N	H	Y	N	
⑦工作区	120	② ④ 中心的	L	N	M	Y	Y	
⑧咖啡店	50	中心的	H	Y	N	Y	Y	人人适用
⑨客人公寓	350	远处的	L	Y	H	Y	N	居住特征

需要的总数=1810 S.F.
2500 S.F.-625 S.F.=1875 S.F.

可达到的总数=2500 S.F.
低于25%的流通=625 S.F.

图例
H=高的
M=中等的
L=低的
Y=是
N=否/没有
I=重要但是不需要的
● 直接紧邻
○ 重要邻接
● 适度的方便舒适
• 不重要的
∘ 偏远的

图 2.3 相邻矩阵为住宅和咨询中心的部门间交流确定大致要求

项目名称：　　日期：

目前空间详细目录

条款代码	详细目录	条款描述	三维 宽	长	高	状况
D-STL	101	桌子/左边	60”	30”	29”	好
C-SP	102	椅子/作业	24	24	36	很好
F-L3	103	边侧文件柜/三抽屉	36	18	39	好
D-DP	104	桌子/是小型桌的 2 倍	72	36	30	一般
C-ES	105	椅子/行政长官使用的转椅	30	26	32	好
C-SA	106	椅子/侧面的	20	18	32	很好
C-SA	107	椅子/侧面的	20	18	32	好
O	108	书箱	36	12	72	差
O	109	书柜	60	18	30	好
O	110	储藏柜	36	18	60	好
O	111	终端桌子	36	24	29	一般
O	112	大衣行李架	18	18	60	好
O	113	计划文件夹	54	42	36	好
O	114	计划文件夹	36	42	36	好

代码：

桌子：

D-DP	双重底座
D-SPL	单底座（左）
D-SPR	单底座（右）

带转延侧面的桌子：

D-STL	秘书打字（左边）
D-STR	秘书打字（右边）
D-EXL	行政长官使用（左边）
D-EXR	行政长官使用（右边）

椅子：

C-ES	行政长官使用的转椅
C-SP	为秘书布置
C-S	一侧的
C-SA	带扶手的侧椅

文件柜：

F-VLT4	垂直的摆放/按字母分类（4 抽屉）
F-VLG4	垂直的摆放/按法规分类（4 抽屉）
F-L3	侧面的（3 抽屉）
O	混杂的/其他的

图 2.4a　数字描述了一个公共关系部门的现有空间配置和统计摘要的详细目录示例。[来自于朱莉・K・雷菲尔德（Julie K・Rayfield）的《办公室内设计指南》，约翰・威利出版社（John Willey and Sons）1994 年出版]

公共关系办公室

初步的空间要求-统计摘要

		目前的空间需要				将来的空间需要			
	空间类型	尺寸（平方英尺）	数量	员工人数	面积（平方英尺）	尺寸（平方英尺）	数量	员工人数	面积（平方英尺）
办公室									
总裁/CEO	Ofc	400	1	0	400	400	1	0	400
副总裁	Ofc	400	1	1	300	300	2	2	600
主任	Ofc	175	6	6	1050	175	7	7	1225
经理	WKST	100	5	5	400	100	7	7	700
专业人员	WKST	80	7	7	560	80	5	5	400
行政管理	WKST	80	3	3	240	80	5	5	400
小计：办公空间和员工人数				22	2950			26	3725
支持设施									
接待处（座位 2-3）		400	1	1	400	400	1	1	400
小会议（座位 8）		510	1	0	1020	510	2	0	1020
大会议（座位 20）		1,500	1	0	1500	1500	1	0	1500
A/V 屏幕投影室		400	1	0	400	400	1	0	400
食品服务		100	1	0	100	100	1	0	100
衣橱		30	1	0	30	30	1	0	30
图书馆		250	1	0	250	250	1	0	250
雇员休息室		200	1	0	200	200	1	0	200
复印/工作室		250	1	0	250	250	1	0	250
设备间		200	1	0	200	200	1	0	200
打印室		30	3	0	90	30	3	0	90
储藏供应		60	1	0	60	60	1	0	60
职员邮件处理室		250	1	1	250	250	1	1	250
散装储存室		100	1	0	100	100	1	0	100
中央档案文件		300	1	0	300	300	1	0	300
简陋的橱柜		14	10	0	140	14	10	0	140
小计：支持设施平方英尺数				2	5290			2	5290
小计：办公室和支撑网平方英尺数				24	8240			28	9015
走廊和建筑物布局因素-估计的					3300				3550
要求的可使用面积（单位：平方英尺）					11540				12565
可出租的面积范围：									
1. 核心因素@10%					1154				1257
可出租的面积总计（单位：平方英尺）					12694				13822
2. 核心因素估计的 @15%					1731				1885
可出租的面积总计（单位：平方英尺）					13271				14450

图 2.4b 数字描述了一个公共关系部门的现有空间配置和统计摘要的详细目录示例。（由赫尔曼·米勒公司提供）

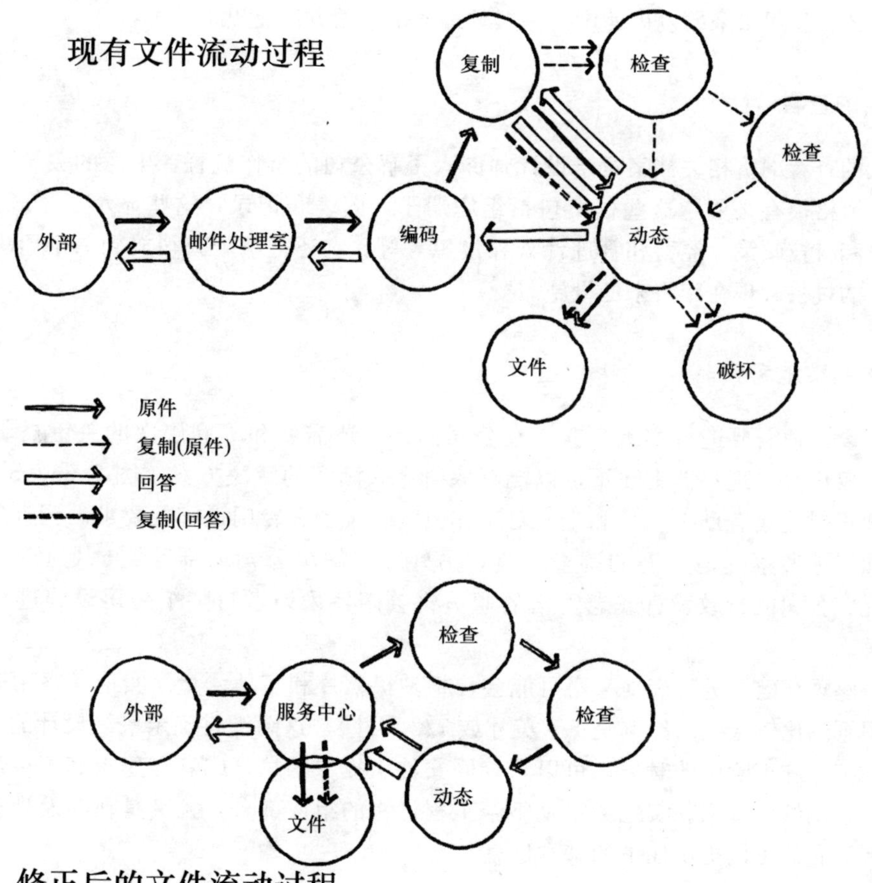

图 2.5　文件流动图。[来自于朱莉·K·雷菲尔德的《办公室内设计指南》，约翰·威利出版社 1994 年出版]

7. 专门的设备和仪器：确定它们是什么，它们的基本功能是什么，谁使用它们，还有它们的功能是否有专门要求。还有，像邮件处理间、会议室、休闲室和图书馆这些地方需要什么样的家具和设备，也要确定金库、计算机、食品服务和通信系统这些功能项目的空间和技术需求。
8. 现有设备：给所有的设备和现状情况准备一个详细目录，以备再使用。

积累下来的信息应该把关于业主的组织、文化和操作模式给设计师一个全面的、原始的展现。另外，还有许多的问题要澄清：比如设想的空间类型，它们如何使用，它们之间关系如何，需要安装的设备和内部工作人员的数量、法规需求，可得到的总预算，建筑安全要求，还有公司未来的发展速度。一般的编译信息的方法有以下几种：

现存文档的查看

深入的查看剖析相关档案对于设计师深入了解公司的操作流程，生意的关键点和目标以及管理风格很有必要，这些档案包括组织册子，图表和记录，这些显示了增长的类型，人力资源和科技政策，经营和管理计划和设想等等。它还把整个公司放到一个历史环境中来解释它的过去，现在和将来的设施需要。

会见采访和实地考察

空间设计师需要进行实地考察，在公司内部，还需要和不同层次的关键员工进行面谈，因为仅仅查看现存档案还不足以能够取得令人满意的解决方案（图 2.6a、b、c）。另外，这种资料搜集有助于量化和澄清对工作流程、设备和专门设施的要求。调查问卷、个人采访和实地考察都是必需的调查工具，另外对于解决公司内部问题也是必不可少的。一般的说，公司的行政长官或老资格的职员将会陪伴采访者对整个公司设施进行参观并负责讲解。

对一座现存建筑进行实地考察可能会包括拍摄照片和实地测量。实地考察用来准备有比例的图纸（比较合适的比例是 1/4 英寸或 1/2 英寸），这图纸将确定最终设计的雏形。当建筑还在工地施工阶段的时候，可以从合同文件中提取信息，或者在建筑完工以后，从完工后的测绘图纸中提取。实地考察是整个工程过程的组成部分，尤其是在涉及现有建筑的地方，因为它们可以提供如下的基本信息：

- 多种多样的构件位置和尺寸，包括结构上的（外墙、柱子、内承重墙、结构心板）和非结构的（非承重隔间的内置构件）。
- 像窗户、门、楼梯这种建筑构件的位置和尺寸。
- 顶棚，门窗和开口的高度。
- 电器、管道工程和机械的插座和系统等的位置、构造及状况。
- 电话线和其他通信工具插座的位置和构造。
- 可利用的自然光数量、景观和噪声问题。
- 潜在的环境问题（石棉、铅涂料和氡污染）和其他可能存在的问题。
- 当现存家具和设备要重新使用时，需要一个详细的目录和计算。

主 题	问 题
全面组织方面	
任务和目标	对你的公司的任务和关键目标要有一个全面的认识
策略	达到你的目标的基本关键点都有什么？
挑战	你们公司面临的最危急的挑战是什么，如何解决它去实现你的目标？
评价标准	如何度量在以下几个方面取得的成功？ 1）财政上 2）人力资源 3）顾客 4）企业运营
生意影响因素	什么潮流或因素会对你所能预见的企业运营产生重要影响？
最佳行业	哪个公司（私人/公共的）你最喜欢？为什么？
政治考虑	有没有需要注意的政治问题或敏感状况？
人力资源	
文化	你将如何描述你的公司的文化传统？ 它在变化吗，有没有必要变化？如果有，该如何变？
稳定员工	在吸引和留住员工方面遇到什么问题或是难题了吗？你是不是需要有更主动的关怀以使得在这一方面让你的员工更满意？
贸易运营	
组织结构	你现在的组织结构和公司任务匹配吗？如果不，如何改进？
目前技术	你目前的技术能不能支持公司需要？如果不，如何改进？
未来技术	未来的什么技术会对你的公司有影响？牵涉什么？
顾客	
顾客	目前，顾客对你们的产品和服务的满意程度如何？怎样更好地为他们服务？
商标品牌	它合适吗，如何改进？
财政	
经济环境	你们公司面临的关键性财政机遇和挑战分别是什么？
财政措施	财政措施既可以看作是成功保护了消费者权益，也可以看作是公司需要面对的一种约束。你如何看待这点？
工作场所	
目前设备/工作场所	你目前的设施和工作场所中，哪些东西在起作用，哪些没有起作用，还缺少什么？
项目成功	对于这个项目是否成功你的看法是什么？你如何评价它？

图 2.6a 可视会议主题菜单：工作场所的关键部分是可视会议——老资格的领导者、主要股东和为企业项目作系统设定和目标规划的设计队伍之间的对话。（由赫尔穆特和奥博塔＋卡萨巴姆公司提供，还有其他的建筑师、规划师和设计师）

个体评估调查问卷

姓名________________________________部门____________________

经理或队长____________________________部门号码________________

职务描述____

1. 你每天在自己的工作岗位上工作多长时间？_____

2. 开会时间占日常工作时间的百分比？

   1%～5% ☐　6%～10% ☐　11%～20% ☐　21%～30% ☐　31%～50% ☐　50%以上 ☐

3. 你的会议大部分是经过计划的还是没有计划的？

   大部分是计划过的 ☐　大部分是没有计划过的 ☐　有一些是 ☐

4. 总的来说，你每天在自己的工作岗位上都有些什么样的具体活动？请把你的时间按百分比列出来，加在一起正好是100%：

   _____读书　　_____和同伴一起工作

   _____电话业务　　_____和来访者一起工作

   _____写作　　_____键盘或打字（在电脑上）

   _____整理文档　　_____鼠标操作（使用鼠标或其他输入设备）

   _____信息检索　　_____比较文档

   _____思考　　_____其他（请详细描述）________________

5. 你的私人或娱乐时间占一天的百分比是多少？

   1%～5% ☐　6%～10% ☐　11%～20% ☐　21%～30% ☐　31%～50% ☐

   50%以上 ☐

6. 一天中你有多少时间被人打扰？__________

7. 有没有除了在工作岗位上还可以在其他地方完成的工作？

   是 ☐　否 ☐　如果是，在哪里？______________________________

8. 其他人是不是需要到你的工作岗位上去查获贮存的资料信息？

   是 ☐　否 ☐　如果是，都有什么资料？__________________________

9. 除了你的工作岗位以外，你是不是还需要其他办公空间？

   是 ☐　否 ☐　如果是，请描述______________________________

10. 在你的工作岗位，你需要拷贝几次文档/记录/文件？

    1～5次/每天 ☐　6～10次/每天 ☐　11～20次/每天 ☐　20次/每天以上 ☐

11. 按照对你的重要性给下面的条目分出档次：（给最重要的条目前面标上1，然后一直标到13）

    _____工作场所的大小　　_____环境（空气流通）

    _____你的工作岗位的技术　　_____形象（工作岗位的外观）

    _____充沛的照明　　_____自然光/景观

    _____声学私密性　　_____“自由讨论”的社交空间

    _____个性化（制造“你自己”的空间）　　_____和你的合作者进行视觉交流

    _____充足的储备　　_____尽量不去分心

    _____环境改造（工作岗位的，比如舒适的座椅）

12. 为什么标1的那一项对你最重要？______________________________

13. 请描述你目前的工作岗位的样子。______________________________

14. 请描述在工作岗位中你想改变的地方：__________________________

图2.6b　在信息收集过程中使用过的典型调查问卷表。（由赫尔曼·米勒公司提供）

团体评估调查问卷

团队名称：________________　部门号码：____________

部门：________________________

1. 你和你的团队一起的时间占的百分比是多少？
   1%～5% ☐　6%～10% ☐　11%～20% ☐　21%～30% ☐　31%～50% ☐　50%以上 ☐
2. 你在工作岗位以外的地方花费的时间所占的百分比是多少？
   1%～5% ☐　6%～10% ☐　11%～20% ☐　21%～30% ☐　31%～50% ☐　50%以上 ☐
3. 你所在的团队类型是什么？（请参照“团队类型”录相或手册）
   线性的 ☐　平行的 ☐　循环的 ☐　其他的________________
4. 团队交流的基本方法是什么？
   面对面 ☐　正式的会议 ☐　日程外会议 ☐　电子邮件 ☐　声音邮件 ☐
   电话会议 ☐　邂逅 ☐　电话 ☐
5. 你有没有移动技术设备？（声音邮件，呼机或膝上型电脑）
   是 ☐　否 ☐　如果有，请列出来________________
6. 你所储存的一些资料有没有一部分可以拿出来集中和团队一起分享？是 ☐　否 ☐
7. 你们的团队任务是临时性的（1年以内）还是长远的（超过1年）？
   临时性 ☐　长远的 ☐　如果是临时的，时间有多长？____________
8. 你们的团队需要下面的哪些特征？
   ______封闭的项目房间　______团队图书馆
   ______灵活的团队会议空间　______陈列室
   ______接待空间　______团队颁奖/庆祝空间
9. 请列出团队拥有的设备（复印机、传真机、打印机等等）：____________
   ____
10. 你们的团队是否为合同工人、审计人员或其他人提供空间？
    是 ☐　否 ☐　如果是，有多少？____________
11. 你们团队的目标是什么？________________
12. 你期待团队的实际需要多久改变一次？
    每周 ☐　每月 ☐　每季度 ☐　每年 ☐　每两年 ☐　每3～5年 ☐
13. 按照对你所在团队的重要性给下面的条目分出档次：（给最重要的条目前面标上1，然后一直标到8）
    ______团队储存　______团队会议空间
    ______个人储存　______声学私密性
    ______技术设施　______视觉娱乐
    ______环境改造设备　______可移动的家具（可调节的表面和座椅）
14. 团队里有没有这样的成员：
    在另一个时区工作 ☐　远距离工作 ☐　在顾客处工作 ☐
    50%以上的时间在出差 ☐　工作时间灵活机动 ☐
15. 你们团队成员中有没有因为身体不好而需要特殊的膳宿照顾？
    是 ☐　否 ☐
16. 你们的团队是否需要安排的和另一个团队或特殊空间很靠近？
    是 ☐　否 ☐　如果是，是什么团队或空间？____________
17. 还有任何以前未涉及的而会有助于改善你们团队空间的论题吗？
    ____

图 2.6c　在信息收集过程中使用过的典型调查问卷。（由赫尔曼·米勒公司提供）

观察主要状况

现状分析和空间规划补充并核实了从采访、调查问卷和实地考察这些活动中获取的信息资料。它还对业主的公司组织、设备和公司文化传统，确定公司内部的优缺点和对最终项目的影响这些方面有较深的了解。除了收集那些反映公司的目标和任务的信息资料外，还需要在这时开始制定一套初步的空间标准。

资料分析：规划概念

资料收集过程一结束，我们就需要对搜集来的信息进行综合分析。几年来，传统的空间配置标准已经发生了戏剧性的改变。如今，影响空间规模和配置的最重要的因素是地点和空间的邻近状态。另外一个重要因素就是新技术的流入，这就迫使公司需要为新设备提供额外的空间。其他的影响因素包括确定未来的需要，明确工作关系，包括员工、访客和货物的交通流；对不同系统进行分组（管道，供暖、通风和空调，电器）；自然光和通风的需要；确定公众和私密区域的功能；还有其他问题，比如安全保护等等。分析过程可能需要对现存组织图表、功能分组和“新设备何时搬入试运行”的时间表等这些问题进行修订。

确定一家公司的空间需要的途径可能是多种多样的。业主可能会为设计师提前准备出一个现存空间需要或感觉到的空间需要的清单。这样一个清单可能会有些想当然，但也是根据公司当前的空间标准要符合时下的评论和发展趋势。需要的空间大小还可以通过下面的方法确定，就是对需要容纳的人数进行研究，然后给这个人数乘以每个人的需要，加上设备需要的空间大小和设计出来的活动需要空间的大小。

由于不同的功能和活动的出现，总的空间标准方针已经发展更新，这在第六章会有详细介绍。在这里主要谈的是电脑软件和电脑编程在项目分析和表格处理方面起的主要作用。

资料的解释说明：表达业主的需要

信息一旦被收集、组织和分析，设计师就可以开展对最终报告的资料进行解释。业主的需要是根据项目所能利用的资源来确定并调整的。这就允许设计师对预算进行修正——这预算正是尽可能多的解决业主的需要。大多数的总经理们意识到空间通常标志着安置职工之后的第二大花销。最近的研究表明，《财富》评出的前500强企业的固定资产平均有25%左右是冻结在房地产上的。因此不必吃惊，公司一直在寻求通过最大限度地利用他们的现有空间以减少房地产费用的出路。

虽然有效利用空间很重要，但空间变化的灵活性和适应性日益变得比空间利用效率更重要了。设计师应该保证业主明白适应发展的办公基础设施将为公司获得长远的效益。

问题陈述：确定项目

问题的最终陈述包括了业主和项目规划者所达成一致的所有东西，并能反映出项目的最重要方面，作为一个开展设计流程的基础。在小的项目中，项目文件的格式可能是非正式的，它主要是设计师打算作为内部使用的工具。然而，尤其是在较大的和较复杂的项目中，一定有正式的设计师/业主关系，通常被制定出的项目规划作为一种约束性文件，并且提交给业主要求正式批准。还有，它要作为一个评估结果的标准。项目书的最终形式应该涉及这样一些问题：

- 公司的目标和任务。这些都是由功能目标（例如更高的工作效率或更大的空间）和美学目标（例如改善公司景观）共同组成的。
- 公司的结构，包括主要的、其次的、共享的和业余的活动，比如会议室、复印室、厨房/茶室还有接待处。
- 使用者需求，包括确定使用者的性格和人员统计（年龄、性别、身体残疾）、雇员及团队的数量和功能——目前的和将来的——个人爱好还有使用者或活动空间的位置。
- 面积要求：空间是一种增值的昂贵资源。空间的配置和面积要求应由每个使用小组、每台设备和每种类型的功能的活动面积来决定，当然还有其他一些没有分配的空间需要（交通空间、储藏室、卫生间和其他生活福利设施）。这些空间标准应该反映灵活性并且由技术和新的工作习惯所决定，但是当规划技术时你也就规划变化了（图 2.7）。如今的办公室可能包括不同类型的工作场所。这些可能发生变异：从静止的和系列组合到高度变动的、灵活的团队或可移动的临时环境。这种混合是随着公司本身的发展而发展的。
- 邻近状态要求（还有邻近的程度）。雇员、使用者团队，还有辅助活动设备（相关活动和功能性组合以及部门的分区，如果靠近可以提高工作效率）之间的空间关系需要确定。
- 安置职工的需要。当前的和计划的人员配备需要是根据公司的发展计划和通信技术进步的影响而定。
- 考虑到通信技术的发展趋势和它对个人需要及工作习惯（图 2.8），修改各种活动、支持功能以及设备的传统设计标准。
- 家具和设备要求：这些需要小心的选择以保证内置机械可以与它们相结合。这些内置机械使得它们具备了灵活性和适应性。好的座位对高功效很重要。必要的时候，家具也应该可以改造，只要可能设备应该包括更新的功能选项（图 2.9）。
- 声音控制，考虑到报告和交流过程中的新兴声音辨认技术，还有噪声对私密性和产品水平所造成的影响（图 2.10）。
- 电子—机械系统的设计的环境要求。这些系统如照明、声学、通风、供暖还有冷却。
- 安全问题和要求。自从 1995 年俄克拉何马州爆炸案和 2001 年 9 月 11 日的曼哈顿世贸大厦和五角大楼遭恐怖袭击事件以后，安全的重要性突出地增强了，新的安全方针出现了。安全问题在第十二章还要详细讲到。然而应该注意，传统的办公建筑对安全性的需

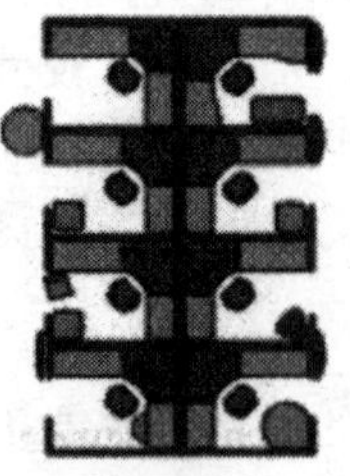

静止
有了可移动的“快速转换桌”和移动式存储器，静止的环境成为了动态的。每个工作台都可以按照个人的需要来组合。

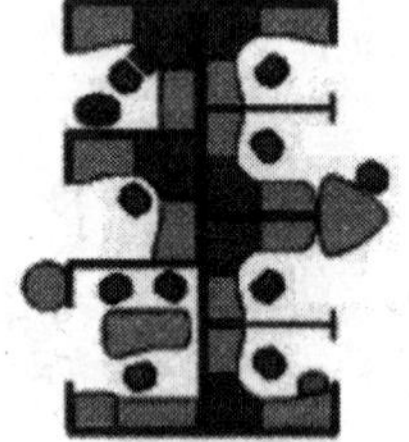

高度变动
高度变动工作区，特征是组织结构或员工的频繁变化，这需要可以调节和变位的家具以满足个人需要。这些地方还需要面板和屏风，通过移动它们可以随便改变工作台的大小且不会引起破坏。移动式存储器构件可以从工作台到会议室轻易地移动，可移动的桌子随时随地都可以根据需要移动。

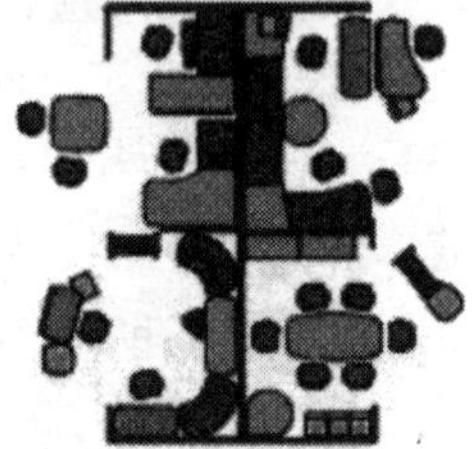

临时性/灵活性
每个工作台都包括工作界面、存储器和会议桌以满足人们的需要。可移动构件提高了灵活性而且可以根据小时数、天数或所需任意时间重新装配。

可移动/临时性
独立式可移动家具使得工作设施可以迅速适应于新的需要，尤其是适合于团体项目工程。可移动屏风将空间划分出会议专用区。在独立式环境中，The Scout公司提供电源和数据资源的插座。

图 2.7 现代办公室环境中工作台灵活性的一个例子。
(来自泰克尼昂公司，未来商业家具)

欧洲空间标准

城市	每个雇员的平均空间	
伦敦市中心	181 sq. ft.	16.8 m^2
法兰克福	274 sq. ft.	25.5 m^2
阿姆斯特丹	258 sq. ft.	24.0 m^2
布鲁塞尔	258 sq. ft.	24.0 m^2

英国的办公标准和美国的非常接近，通常比欧洲大陆其他国家要小。

英国典型的空间标准

功能	空间类型	典型办公室规模	
高级经理人员/主任	私人办公室	215-323 sq. ft.	20-30 m^2
经理/部门领导	私人办公室	161-215 sq. ft.	15-20 m^2
经理/专业人员	私人办公室	108-161 sq. ft.	10-15 m^2
专业人员	团体房间/开放的平面	97 sq. ft.	9 m^2
秘书/行政部门	开放的平面	97 sq. ft.	9 m^2
职员	开放的平面	75-97 sq. ft.	7-9 m^2
经销商（商人）	团体房间/开放的平面	65-97 sq. ft.	6-9 m^2

根据最近的 IFMA 调查，在美国，专业和管理职业类阶层的办公室正趋缩小。

美国空间标准

职业功能	每个雇员的空间—1994		每个雇员的空间—2002	
上层管理	289 sq. ft.	26.9 m^2	275 sq. ft.	25.5 m^2
高级管理	200 sq. ft.	18.6 m^2	190 sq. ft.	17.7 m^2
中级管理	151 sq. ft.	14.0 m^2	140 sq. ft.	13.0 m^2
高级专业人士	115 sq. ft.	10.7 m^2	115 sq. ft.	10.7m^2
技术/专业人士	90 sq. ft.	8.4 m^2	95 sq. ft.	8.8 m^2
高级职员	81 sq. ft.	7.5 m^2	85 sq. ft.	7.9 m^2
普通职员	69 sq. ft.	6.4 m^2	75 sq. ft.	7.0 m^2

图 2.8　发展的空间标准和平方英尺数标准

图 2.9 需要调整的时候家具要能重新组合

影响令人厌烦的噪声性质的因素	
声学因素	声级 频率 持续时间 频谱组合 声级的波动 频率的波动 噪声的上升时间
非声学因素	对噪声的过去经历 听者的活动 噪声出现的预兆 噪声的必要性 听者的个性 对待噪声源的态度 一年的时间 一天的时间 场所类型

图 2.10 影响私密性和产品水平的噪声因素。[来自于马克·S·桑德斯（Mark S. Sanders）和欧内斯特·J·麦考密克（Ernest J. McCormick）编写的《工程和设计中的人类因素》，麦格劳-希尔公司，1987 年]

要重视不够。另外，休息室和入口处，尤其是联邦政府和他们的研究机构这些地方的安全设计都不能满足如今形势下日益复杂的安全设备需要，在不久的将来很可能我们都会接触到。设计师能够利用技术的发展进步来使得安全岗位更加安全可靠而不是那么雄伟壮丽。日益增长的安全需要应当和建筑物的效率相辅相成而不是妨碍它。

- 美学上的任务和目标。雇员们在公司内部看待美学要求和参观者以及业主从外边看到的那些不同。调查一直显示，美学效果很大程度上影响着工作岗位上的职员们的健康和感情；另一方面，一家公司的整体形象最重要的一方面也体现在公众对这家企业的感觉如何。

初步设计阶段：发展概念

正当我们着手设计如今的工作环境的时候，我们经常发现新的标准总会和传统的标准一前一后的产生。全球的竞争性市场加上房地产的迅速升值对许许多多的美国和欧洲公司产生巨大的压力，它们需要重组、缩小和扩大空间，并且在这个过程中形成新的空间标准。实际上，这导致了空间设计的更具创新性的方法，证明了历史上的封闭空间环境已经一去不复返了，开放性工作空间和多功能环境已经得到了广泛认可，公司内部的阶层已经不那么受重视，而且还给成员们灌输团队思想，同时顾及了更好的交流，鼓励员工们的思想交流和创新性。事实证明，开放性的空间具有更大的灵活性，还有就是比起分格式或者分区式空间来要易于管理。

在早期的项目规划阶段，资料搜集来了，进行分析解释，并最终以一个书面的项目大纲的形式出现，而且通过了业主的批准。反映了业主的需要和目标的很实用的解决方案在这种文件中得到了明确的阐述。这方便了从搜集分析资料到利用它发展完善初步设计之间的过渡，初步设计阶段现在就可以开始了。应该注意到，这个空间规划设计阶段事实上是一个项目工程的二维和三维的表达。在这个项目阶段，草拟的空间方案和室内设计师的家具装饰初步设计构思要同步进行。如果项目工程并不大或者并不复杂，同一个个人（或者团队）就能够既做初步空间规划又做初步设计。

首要的工作是要形成一个友好的环境布局，可以有效地满足业主最初提出的需要、目标和任务。不考虑工程的复杂性，有一个系统的方法可以制定空间规划发展，方法如下：

选择并评估空间

许多初步空间规划结果是在公司的普遍情况下考虑制定的。图表显示出的项目所需要的主要功能关系已经准备出来了，并且初步的空间分配计划也已经深化到了具备分区、装饰、设备、照明和其他相关设计概念的程度（图 2.11）。在这个科技高速发展的时代，大多数的当代企业在设计时都装配了复杂的系统，包括电脑网络和企业运行所必需的设备。

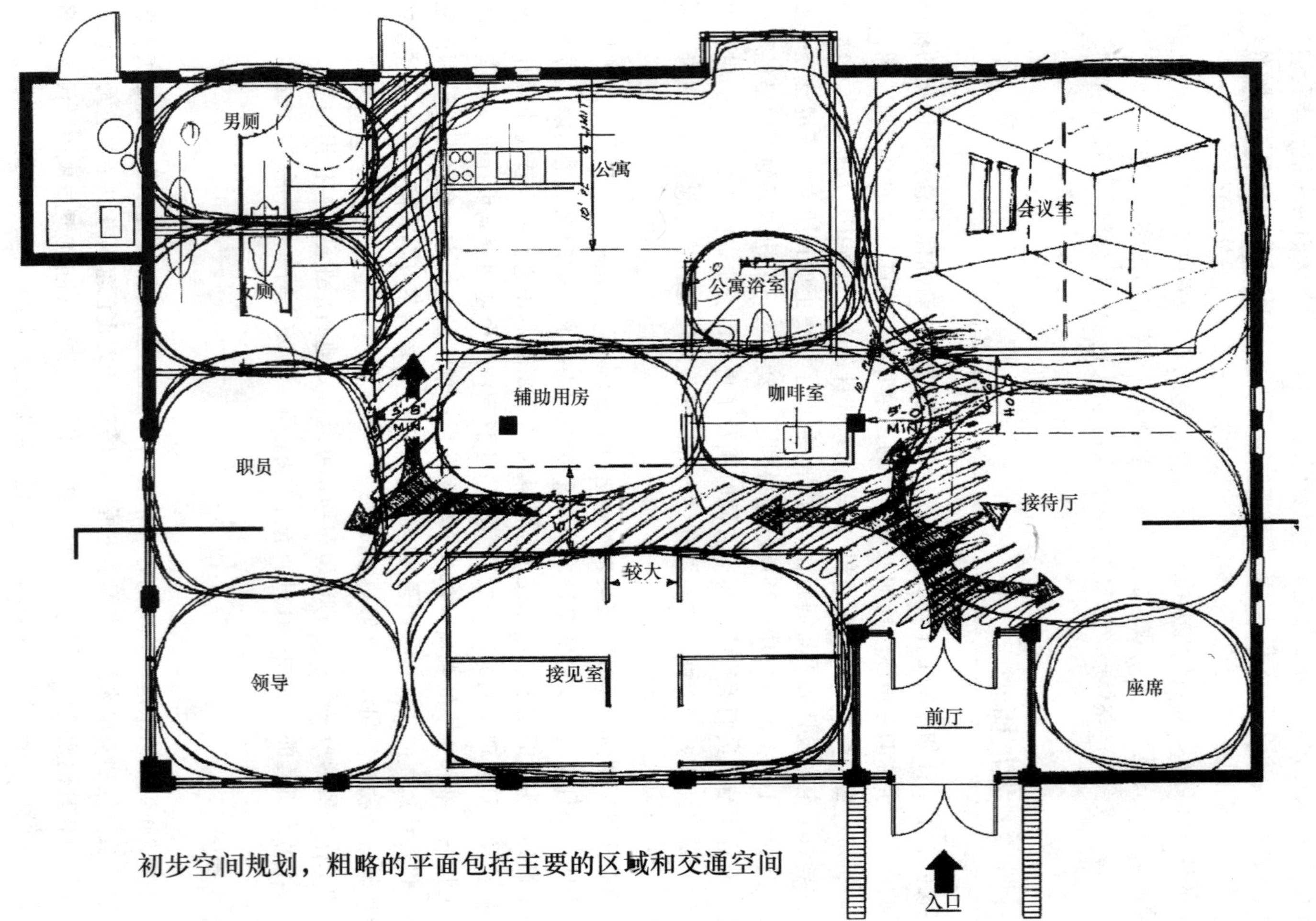

图 2.11 初步的空间分配设计深化。[来自于马克·卡伦(Mark Karlen)编写的《空间规划基础》,约翰·威利出版社(John Willey and Sons),纽约,1993 年]

地面装载、管线、供暖通风和空调、电气和声学考虑引起的空间需求应当在这个阶段解决。设计师/空间规划师也应该进行研究以建立工程的设计概念：包括材料的类型和质量，装修和家具。这会包括颜色和材料样板以及合适的家具类型初步选择。根据设计概念、家具、固定装置和设备以及和其他相同规模及质量的工程的现行造价的对比，还应准备一份工程造价概算说明书。和其他工程预算一样，设计师对最终工程造价不负责任。

对地面荷载、管线、采暖通风和空调、电气和声学考虑的专门要求应该确定。在满足现代办公场所的需要的时候，设计不仅仅要考虑到功能性、人类工程学和自然环境，还应该考虑到心理因素和社会因素。

泡泡图解和分块/分层图解

空间规划草图把泡泡图解和分块/分层图解进一步详细化和复杂化（见图 2.12，2.13）。分区配置完成的时候，空间规划师就开始按照图表中反映出的需要和任务着手进行空间布局。格局安排好以后，空间中的功能性元素要和项目的目标和任务保持一致，同时要保持所需要的邻近状态和各项功能。在制定空间设计草案的同时，设计团队则致力于为建筑室内构件、装修和家具作初步方案。这在第三章内有详细介绍。应该注意的是，分块/分层平面图缺乏有关公司内部的活动和空间布局的详细信息。这发生在稍后的设计深化阶段。方案设计一完成，就应该送给业主评论、修改并最终核准（书面），然后再进入下一个深化设计阶段。

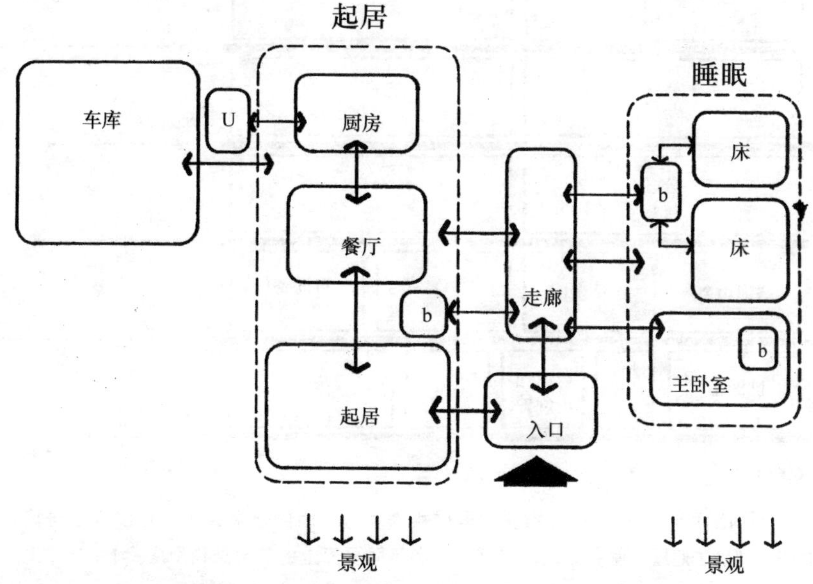

图 2.12 泡泡图解显示出功能关系和大致的空间布局

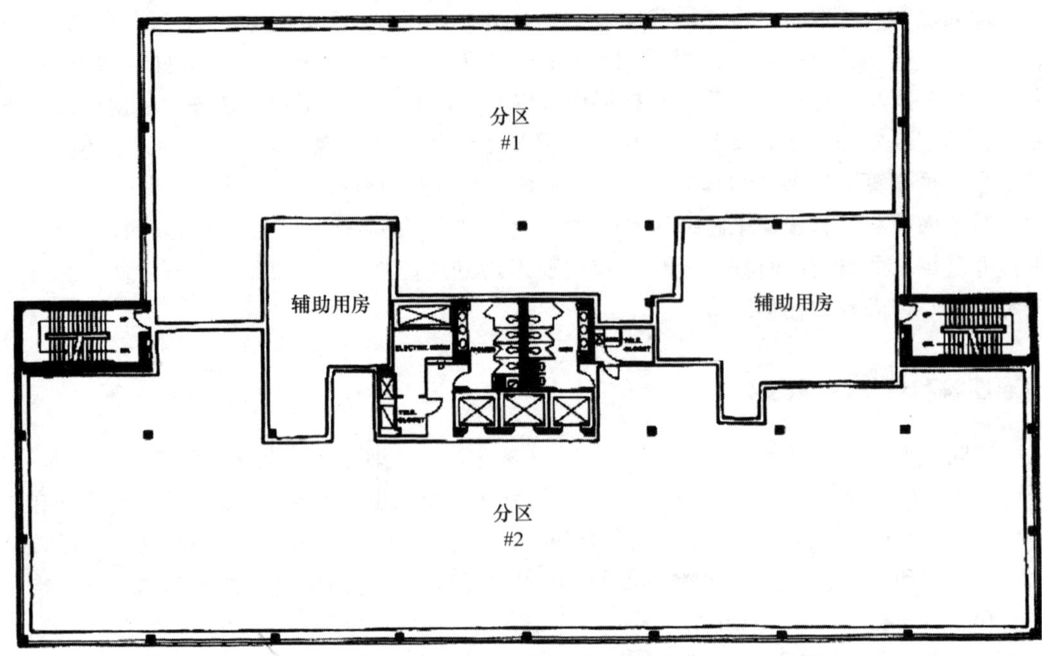

A. 分块平面图

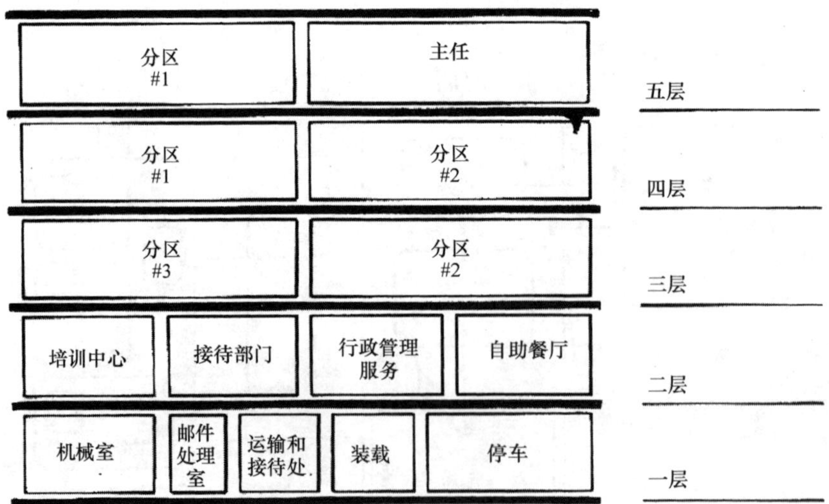

B. 分层化平面图

图 2.13 A）分块平面图可以看到把辅助用房的区域挨得很近，为的是最大可能地发挥出分区设计的灵活性；B）分层化平面图规划出了底层的服务分区，包括入口和不同平面上的其他结构用房。［引自朱莉·K·雷菲尔德（Julie K·Rayfield）的《办公室内设计指南》，John Wiley and Sons 公司，1994 年］

设计深化阶段

在设计深化阶段，设计师要推敲已经通过的方案设计，来确定工程规模、范围和性质。图纸、色板、样品、家具选择还有其他的零碎工作都要确定，然后提交给业主进行最后的审查或修改，下一步才能开始合同文件阶段的工作。

设计深化文件通常包括详细的平面图，要明确分区和门的位置、家具和设备布局、照明设计、专门的建筑内部细木工和家具还有其他的立面或三维图纸，要足以表达出设计的特点（图 2.14a、2.14b）。有些情况下，也可能要制定概要施工说明书。还有，在这个阶段的最后，在进一步深化设计之前，业主必须审查并通过最终的方案。设计师还要提交另一个工程造价估算要求通过，估算反映出方案设计阶段以来发生的变化和作出的具体决定。

施工文件阶段

在这个阶段进行过程中，所有和工程开展相关的必需的文献都要准备好，而且，技术设计提交件一经批准，设计师就要负责准备详细的图纸、技术说明书和其他的工程建造所必需的文件。卖方需要提供的产品也要在这个阶段定下来。合同文件可能会包括施工和家具购买两方面的工作，或者分开制定两份合同文件，即单独制订施工合同和家具、固定装置及设备合同（FF&E）。美国建筑师学会/美国工业设计师学会标准表格中说明了要准备两份独立的文件。人们经常采纳这种方法因为室内构造合同和家具设备的合同并不一样。一般来讲，设计师的报酬几乎有 1/3 是因为制订这些文件——所以这对于尽可能多的获取最大利益非常重要。如果出现需要改动的错误或疏漏，就会增加工程造价。

所需的施工文件

基本的文件系列要包括所有的施工图（平面布局、立面图、剖面图、顶棚图细部、橱柜设计细部和小五金清单、施工细部、家具平面和其他图纸）。作为设计团队的一部分，设计师的图纸还必须和其他专业顾问人员的图纸保持一致，包括机械方面、电气/电话方面、管线布置和防火等等工作，当然还有建筑师和室内设计师（如果适用的话）。构成合同文件系列中图纸的数量很大程度上取决于工程的大小和复杂性（图 2.15a、b、c）。

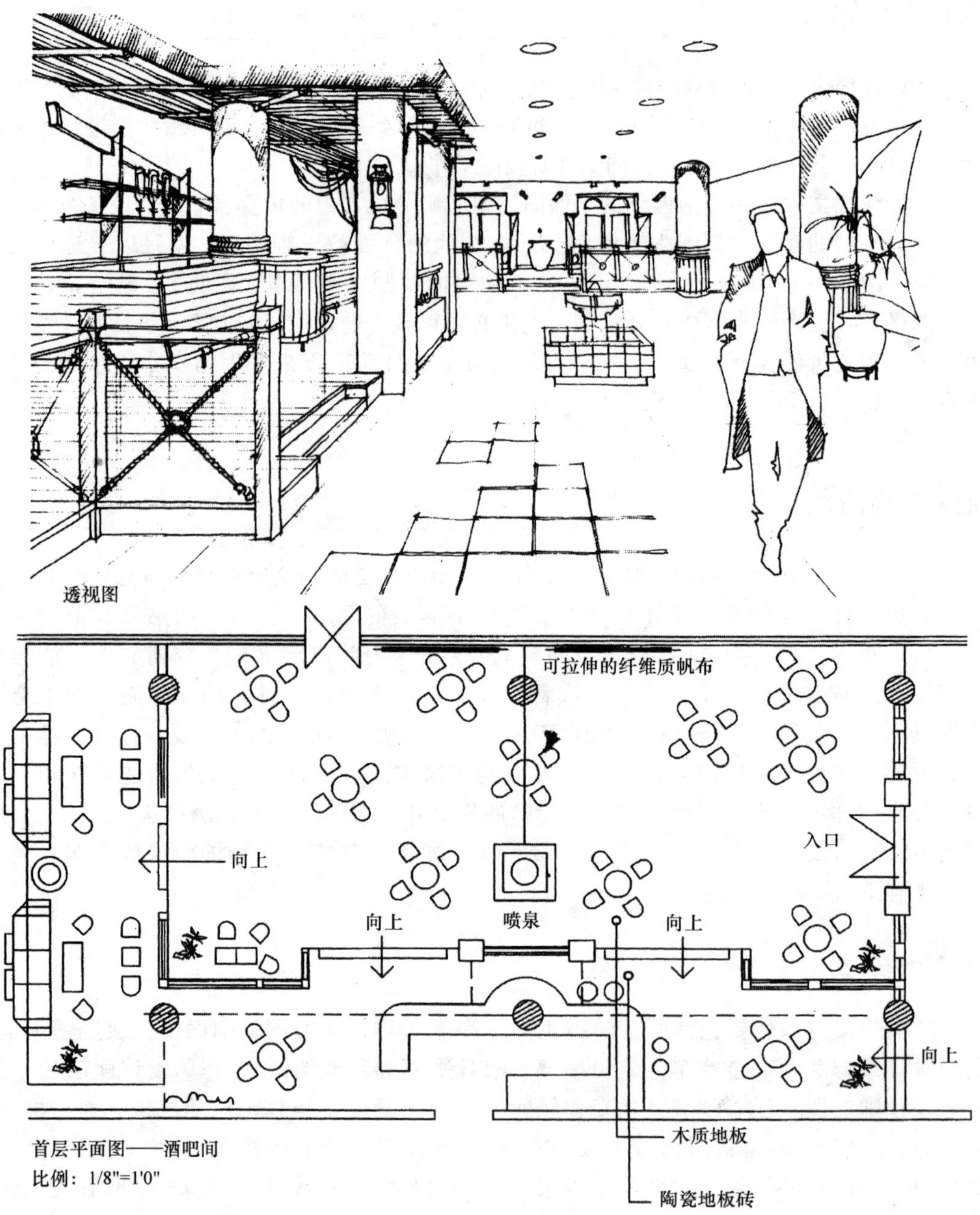

图 2.14a 设计深化阶段所需要的信息，这是一个例子

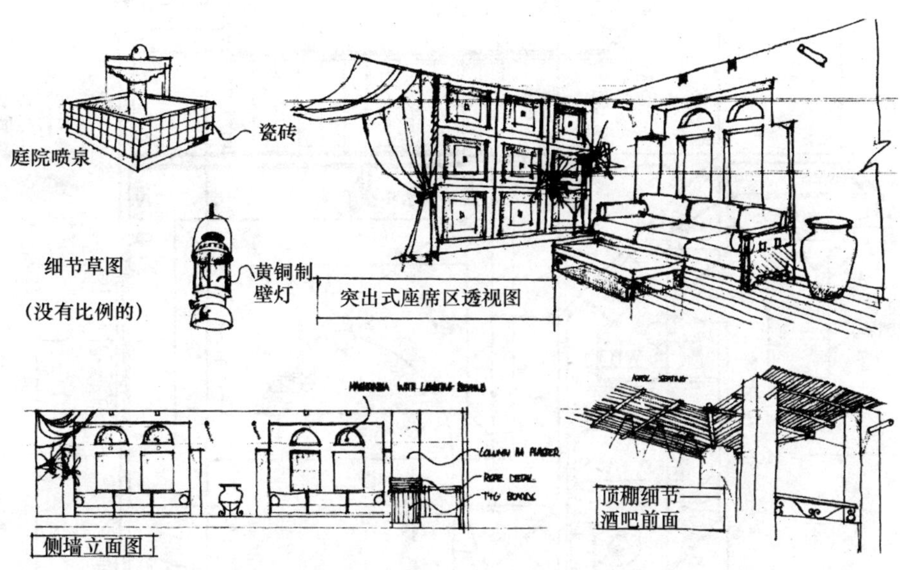

图 2.14b 深入设计的细节用来解释说明设计概念，这是一个例子

施工图文件越来越多的由复杂的计算机辅助设计（CAD）软件程序来搞定，比如 AutoCad、Microstation 和 VersaCad，这在第十章中会有详细介绍。用电脑画图的优点很多，包括高度的准确性表现，标准细节可以重复使用，还有描绘要使用的实际家具的能力（来自于家具设计师们的图库）。设计师们应该告诉业主，在施工图阶段任何对工程前期设计的改动都会因工作的变化而引起资金的耗费。

投标（招标）阶段

合同文件一完成，设计师们就要帮助业主准备投标文件系列。这包括施工图、详细说明书、必要的供货合同表格、合同的总体状况和协议表格——这个协议是业主与承包人之间的，当然还有在协议中列出来的其他任何专门的工程供应品。注意“投标”这个术语通用于世界各地的许多国家，包括加拿大和英国。家居装修或施工可能都需要一个投标文件系列，或者两个都要。有时候，为了业主利益的谈判可能会代替整个投标的过程。因为某种原因，如果最终的造价大大超出工程预算，就可能需要重新设计以保证造价不会超出预算。

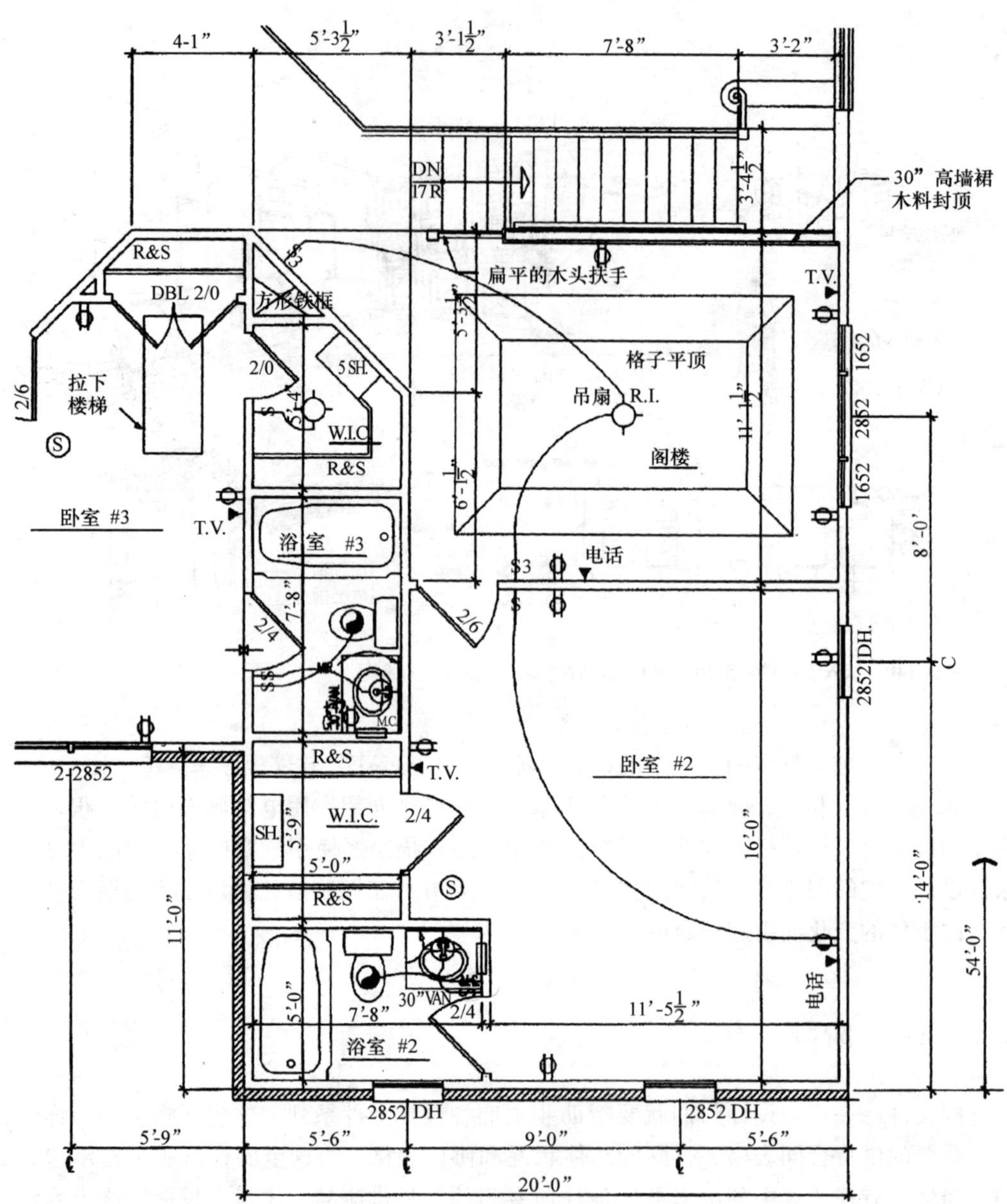

二层平面图局部

比例：1/4”=1’-0”

图 2.15a 施工图中的电器设备布局细节样例

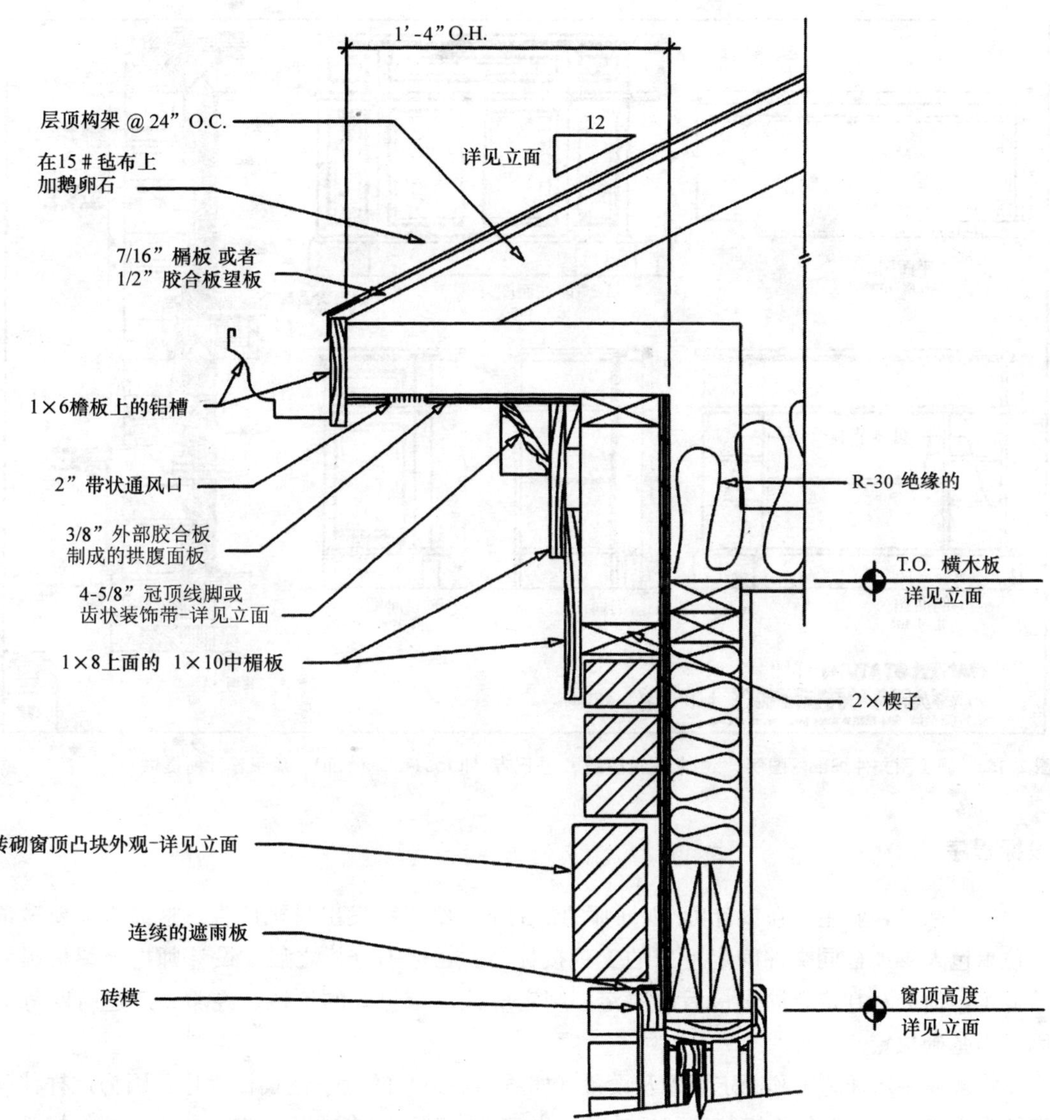

图 2.15b 施工文件细部图例

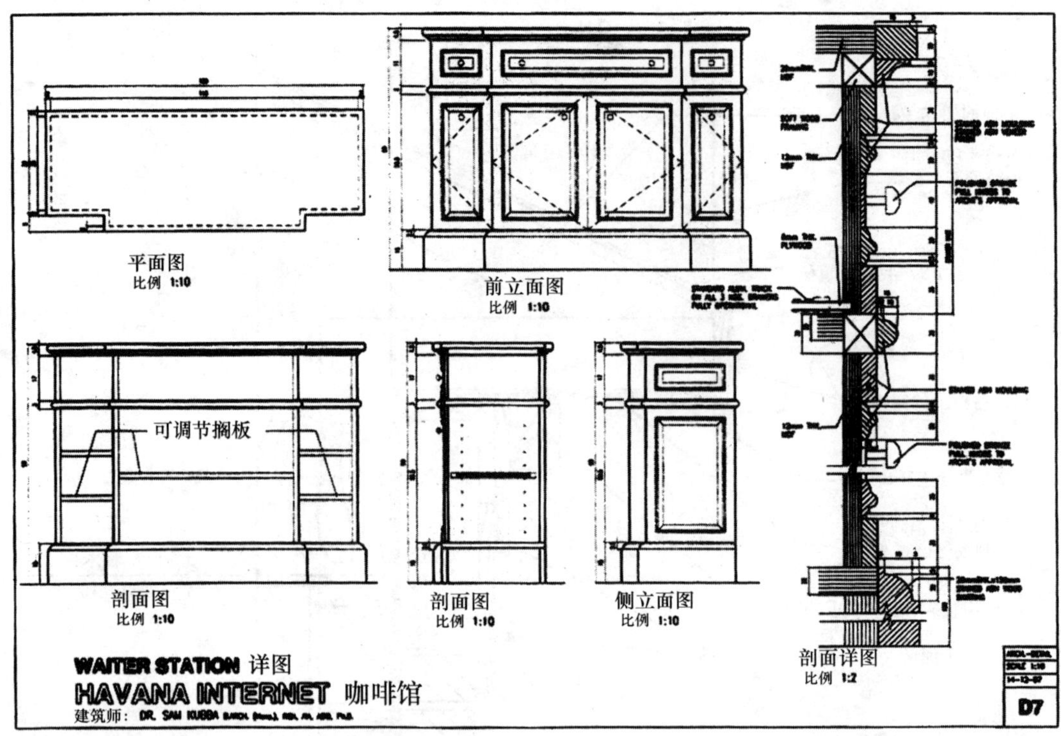

图 2.15c 施工图文件细部的图例。[由艾伯特萨姆·沙巴吉（Ibtesam Sharbaji），库贝设计所提供]

投标程序

一般来讲，业主（在设计师/规划师的帮助下）给工程发出投标广告。这经常需要邀请几位承包人参加合同文件确定下来的工程投标会。在标书分析之后，设计师把介绍信提交给业主，他会对判定合同做最后的决定。判定应该以承包人的价钱、经验、建造时间等等因素为基础决定。

许多业主选择施工和固定装置及设备（如适用的话）的竞争性投标程序，因为这样往往能够为投资实现最低的价格和最好的效益。事实上，对于大多数公共中介处来说，投标就是寻找受托管理者。竞争性投标程序在美国建筑师学会文献的 A771 可以查到详细的定义，《室内投标人须知》这本书详细介绍了投标人在准备提交标书的过程中需要遵循的原则。

承包人资格预审

投标既可以是公开的，也可以是被专门邀请的。开放性投标经常是在报纸和行业杂志上做广告发出邀请，就像大多数的公共事务一样。有时候，业主会对一些承包人进行资格预审，然后把投标邀请书寄给他们。有几位投标人一起相互竞争是可取的办法。有时候，业主只会想和一两位承包人谈判协商价格问题。

投标文件

投标文件往往是在设计师事务所里面制定的。每个承包人都会收到一份完整的投标文件系列：包括合同图、技术说明书、投标文件、投标表格、还有其他相关文件。一般来讲，每套文件要收取一笔保证金，这笔钱用于日后系列投标文件完好无损交回时退还。有时候，承包人必须购买这些文件不退款。

投标人须知和投标前会议

对于大型工程来说，举行标前会议是非常有用的。参加会议的有投标人、业主和设计团队，设计师们负责回答投标人提出的问题还要讨论众多的标书文件。这个会议还为业主提供了一个机会来讨论关心的问题，回答投标人问题和提供需要的解释说明和建议意见。这个会议内容应该记录成文，并且同时分发给所有有希望的投标人。

投标评估和确定中标人

设计师一般要帮助业主整理文档去参加各种各样的政府评审。要注意设计师的责任是帮助业主而不是单独处理工作。必要的文件都准备好了以后，设计师要帮助业主获得标书（如果工程没有投标的话就是谈判建议书）还有投（招）标的评估，还要帮助准备室内施工和家具、固定装置及设备的合同。设计师要负责协调所有这些活动。在接到标书以后，设计师要评估造价并向业主推荐一位承包人。然后他们着手谈判敲定工程的最后造价。总价合同是施工合同最常见的形式。另外一种流行的类型就是在成本外加一定费用或是施工管理费。

合同的管理：执行和监督阶段

这个阶段的主要目标就是保证工程按照合同说明书和在规定的预算内能够按时完工，在美国建筑师学会/美国工业设计师学会的业主和室内设计建筑师之间的协议标准表格中（表 B171），在合同管理阶段设计师的服务范围是广泛的。协议详细说明了贯穿整个合同过程服务，或者只是在施工和安装设备的阶段。在前一种情况下，所提供的服务比较多而且复杂，设计师的任务增加了，包括像工程文件使用和顾问协议的分析之类的行政服务。在后一种情况下，设计师就不必牵扯到开工前的服务工作中来了。在任何一种情况下，规划/

设计师作为业主的代表出现并且向业主提供建议和咨询。对承包人的要求通过设计师转达给他们，设计师有权代表业主行事，但只限于合同文件提供的范围。在这个文件当中，业主才具有驳回工程必需品的权力而不是设计师。

设计师帮助业主协调各项工作的交付和安装的进度，但是如果承包人或供应商们在按照进度表办事或履行其合同义务的时候出现疏忽或不法行为，设计师不对此负责（图2.16a、2.16b）。

与业主签订的协议规定，作为监测过程的一部分，设计师在合同履行期间将定期察访工程情况（或必要时），以便确定施工和安装是否按合同文件进行，也便于把承包人工作中发生的任何过失或不足通知给业主。然而，设计师并不需要作详尽的或是频繁的视察。

一个非常重要的规定是，设计师不需要为施工手段、方法、技术、次序或程序负责，也不为施工或装修的材料制造、采购、运输、交付或安装负责。另外，设计师也不为工地的安全性或承包人、转包合同人或供应商的行为或疏忽负责。

在工程施工和设备安装阶段，设计师还需要通过对工程工地的视察和对承包人的付款申请书进行的评估，来确定应该付给承包人和供应商的金额。在大多数情况下，承包人会在合同执行期间提出变更订货单的请求，变更订货单是由于脱离原合同文件上的一些工作而造成；它们经常是业主或是设计师所要求的。在某些情况下，出现了问题或者图纸不够清晰准确。变更订货单往往会影响到预算，有时候承包人会请求延长合同期。然而，业主或设计师会对工程作一些微小的更改而不牵涉合同金额的调整或合同期的延长。承包人可能也会申请基金，用于在工地上或工地外储存材料。在对承包人的申请进行了一番研究之后，设计师会对所要付的款项开列证明，一般是按月开。在大多数情况下，付款申请和证明会以一个单独表格的形式出现。

设计师被认为是合同文件中需求的解释者，也被认为是对业主和承包人双方业绩表现的一个公正的裁判。作出的任何决定都应该符合和反映合同文件的意向，并有据可依。设计师关于美学问题的决定是不能更改的，如果它们的确符合合同文件的话。

设计师日常的合同管理工作中的一部分就是检查承包人提交的样品和施工图，然后采取适当的行动。施工图是转包商实际建造所凭借的文件，这就使得提交那些样品和施工图变得非常重要，因为这些直接决定了施工图和样品能否正确理解，能否符合原施工文件。设计师审查施工图的时候，主要是为了要和合同文件中表达的设计思想一致，而且还要保证工程细部。承包人要对施工图中的尺度、精确性和完整性、细部、数量等等其他方面负责。

当任务充分完成的时候（即完工后可以允许投入使用了），而且承包人也要求最终付款了，设计师要视察整个工程并准备一个问题清单（图2.17）。这个清单指出了哪些不足，不合规格的或是没有完成的任务，还有一份拷贝会交给承包人去改进施工。当这份清单上的

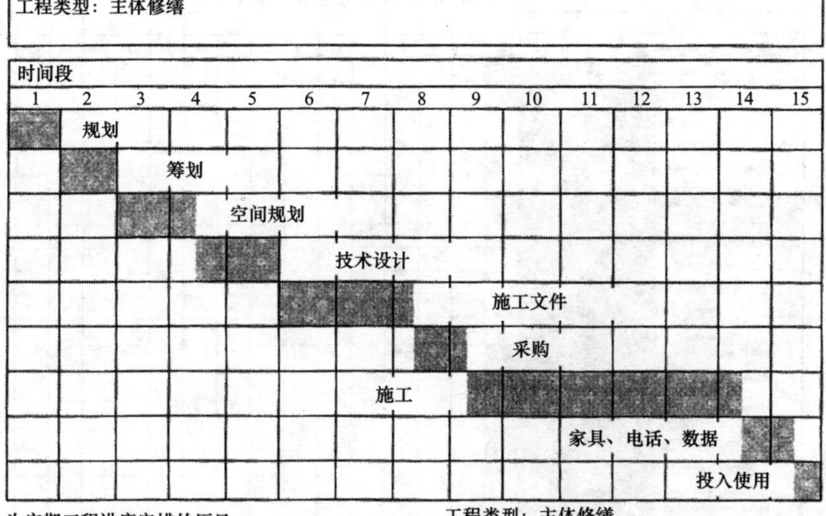

为定期工程进度安排的历日

达到10000 SF: 20天
达到100000 SF: 45天
达到250000 SF: 60天
超过250000 SF: 75天

工程类型：主体修缮

除建筑基础服务设施系统（供暖、通风、空调、电梯等等）以外，室内修缮完成。包括采光、顶棚、家居装修、供暖、通风、空调、供电等在内出租空间的新一轮施工。新的或现存的家具。

空间规划师或设计师制作的进度表

工程进度表：　　　　日期：

任务	月份 1	月份 2	月份 3	月份 4	月份 5	月份 6	月份 7	月份 8	月份 9
规划									
方案设计									
技术设计									
合同文件									
建造许可证									
家具订货单									
施工									
家具用法说明书									
资料和交流									
投入使用									

图 2.16a　不同类型工程的进度表典型图例。［来自于朱莉·K·雷菲尔德（Julie K. Rayfield）的《办公室内设计指南》，约翰· 威利出版社（John Willey and Sons），1994 年出版］

REMINGTON 业务活动完成核对表

楼号	2		1				7		9		3				6			8	
Breezeway Address	81	83	5	7	9	11	20	22	60	62	71	69	67	65	25	27	29	40	42
2nd Wood Trim - Shoe Molding at vinyl floor																			
Stained Oak Loft Rails																			
Mirrors					I.P.														
Closet Shelving					I.P.														
Interior Door Hardware					I.P.														
Medicine Cabinets					I.P.														
Towel Bars / Toilet paper holders					I.P.														
Shower Curtain Rods					I.P.														
Shower Doors					I.P.														
Set Fireplace Logs					I.P.														
Fireplace Test					I.P.														
Final Mech. - Grilles, Thermostats, Test					I.P.														
Final Plumbing - Fixtures, Faucets																			
Final Electrical - Lights, Cover Plates					I.P.														
Final Sprinkler - Heads, Escutcheon					I.P.														
Final Cable TV Trim						I.P.													
Final Fiberoptic Trim						I.P.													
Install Ceiling Fans - Lerner																			
Install Security Console - Lerner																			
Mirhorns and Smoke Detectors					I.P.	I.P.													
Microwave						I.P.													

Page 6 of 15

一个住宅区开发的业务活动图表的一部分

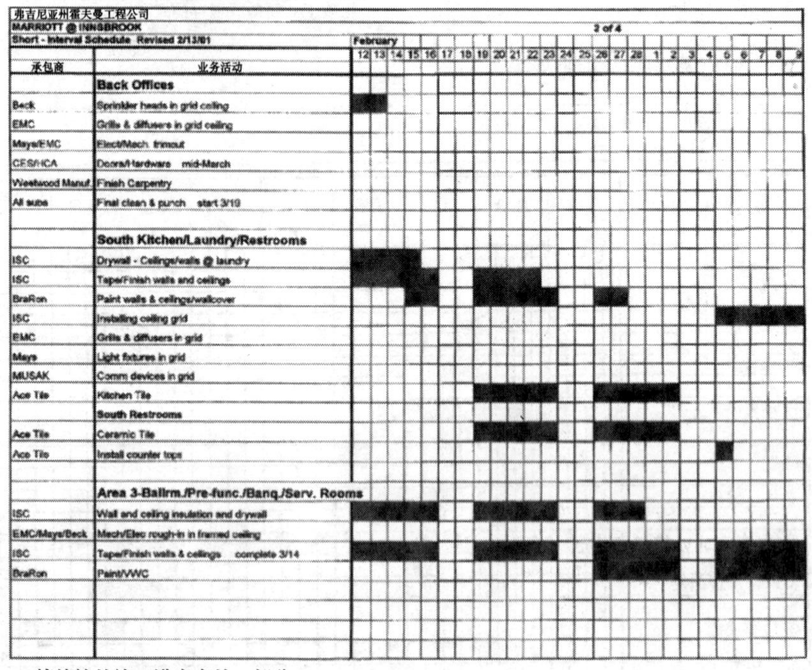

弗吉尼亚州霍夫曼工程公司

MARRIOTT @ INNSBROOK　　2 of 4

Short - Interval Schedule Revised 2/13/01　　February

承包商	业务活动	12	13	14	15	16	17	18	19	20	21	22	23	24	25	26	27	28	1	2	3	4	5	6	7	8	9
	Back Offices																										
Beck	Sprinkler heads in grid ceiling																										
EMC	Grills & diffusers in grid ceiling																										
Mays/EMC	Elect/Mech. trimout																										
CES/HCA	Doors/Hardware mid-March																										
Westwood Manuf.	Finish Carpentry																										
All subs	Final clean & punch start 3/19																										
	South Kitchen/Laundry/Restrooms																										
ISC	Drywall - Ceilings/walls @ laundry																										
ISC	Tape/Finish walls and ceilings																										
BraRon	Paint walls & ceilings/wallcover																										
ISC	Installing ceiling grid																										
EMC	Grills & diffusers in grid																										
Mays	Light fixtures in grid																										
MUSAK	Comm devices in grid																										
Ace Tile	Kitchen Tile																										
	South Restrooms																										
Ace Tile	Ceramic Tile																										
Ace Tile	Install counter tops																										
	Area 3-Ballrm./Pre-func./Banq./Serv. Rooms																										
ISC	Wall and ceiling insulation and drywall																										
EMC/Mays/Beck	Mech/Elec rough-in in framed ceiling																										
ISC	Tape/Finish walls & ceilings complete 3/14																										
BraRon	Paint/VWC																										

一幢旅馆的施工进度表的一部分

图 2.16b　不同类型工程的进度表典型图例。(由国际视察和评估协会，纽约提供)

建筑师的问题清单

世界之门-3 办公楼　　2002 年 3 月 24 日
ABC 建筑师和空间设计师事务所

第一层：

1. 更换破碎的玻璃面板—S 墙
2. C. O. 处和室内玻璃门和花岗石地板接缝处的碎片要清理干净（常见的）
3. 从休息厅出来到走廊处需要装门
4. 清理 C. W 和墙交叉处干墙的灰尘和泥土（西租赁区东北角）
5. 地板接缝防漏工作要完成（东出租区）
6. 我们安排错误的门要更换
7. 安装小型百叶窗
8. 最终清理地板、门等等（常见的）
9. 安装带孔罩的洒水器（常见的）
10. 装载区

    a. 修补通向走廊的双重门上的油漆
    b. 修补墙上的油漆
    c. 墙和门框接缝处要进行修整
    d 安装门档

11. 开关设备间

    a. 修补墙上的油漆
    b. 除去所有墙上装置的纸张
    c. 安装门档

12. 泵房

    a. 修补墙上的油漆
    b. 所有装置上的纸张都要除掉
    c. 安装门档

13. 工程师办公

    a. 在门下面的 VCT 地板上安装过渡带
    b. 安装门档
    c. 安装插座盖板

14. 出口走廊

    a. 基础要进行扫除
    b. 修补墙上的油漆
    c. 修理电器插座附近的石膏板

图 2.17　一幢办公建筑的问题清单图例

问题被告知全部解决的时候，设计师要对整个工程进行最终的检查和审查，来确定施工状况，确保所有问题已经全部解决了，工作按规定准确无误地完成了，并且所有的构件设施全部按照合同文件供应、交付、安装完毕。

设计师的职责不包括代表业主接收、检查和验收家具、固定装置和设备的交货和安装，设计师也没有被授权代表业主暂停工程、抵制不合格工程或中止工程。但是，设计师可以向业主建议抵制不合格工程。

在业主或租赁者搬进建筑中之前，必须拥有一张建筑使用许可证。尽管设计师和业主有时候帮助他完成这项工作，但理论上讲，这应该是承包人的责任。使用许可证是正式批准阶段的最后一项要求，它代表政府的最后许可：建造的空间已经视察过并且是按照批准的施工文件而建造，并且完全符合法规。使用者迁入建筑也应该经过设计和协调。

反馈和使用后评估

空间设计师在业主使用建筑一段时间后，会经常回到场地去对建筑性能进行评估。在大多数情况下，设计师是花费自己的时间和费用进行非正式的视察。在别的时候，业主会雇佣设计师来开展一个正式的使用后评估（POE）。正式的 POE 反馈现在多被大型公司和机关部门采用（比如学校行政区、州政府还有联邦代理处），尝试着评估并改进建筑的性能，尤其是在有项目重新规划的地方或是重复性建筑类型的地方。在任一种情况下，都对设计流程、使用材料、施工细部和使用者满意程度方面提供了有价值的信息。这些信息应该记录下来并且时常进行更新。这应该让研究人员和设计专业人员进行研究利用，这有助于促进他们设计出更好的房子。

POE 是一种最系统、最有效的诊断工具，供我们用于评估一座建筑物在满足业主当下和长期目标和任务方面的性能。在开展 POE 的过程中，设计师们有很多可选择的传统数据搜集手段，包括采访、个人观察、拍照、建筑各方面性能分析、调查等等。最后，POE 应该能够为下面的问题提供部分或全部的答案：

- 最终的空间布局和最初的、现在的规划需要是不是符合？
- 设计出的形象符合业主提出的目标吗？
- 提供的灵活性和扩展性合适吗？是不是满足了业主最初的需要？
- 房间和空间对比预定功能大小合适吗？它们能适用于不同功用吗？
- 所有的邻接部件是不是都安排好了？
- 材料和家居装修有没有预先未考虑到的保养问题？
- 施工细部设计周到吗？符合其目标吗？
- 家具和固定装置是否满足规划阶段确定的功能性标准和设计标准？

- 选择的家具能不能满足空间功能需要，能不能实现自己的功能？
- 空间的照明是不是很充足？
- 选择的家具是不是有人类环境改造学方面的问题？
- 供暖、通风和空调系统有没有问题？
- 是否提供了足够的电力和通信？
- 承包人、转包人和其他供应商们的工作做的如何？
- 业主对工程满意吗？
- 使用者是不是对完工后的空间性能和外观满意？
- 产品或承包人担保出现了什么问题没有？
- 不同空间之间的流通和关系如何？

附加服务

空间设计师同意进行的详细服务应该在工作范围之中逐条记下来。许多合同中通常没有列入的附加服务会在美国建筑师学会/美国工业设计师学会标准协议（B171 表格）表格中详细列举出来。把这些服务内容确定下来可以避免以后和业主许多潜在的争端。

第三章

空间规划和设计基本原理

对美的追求大概始于人类历史本身，然而在如今，设计一个办公室或者部门室内空间确是一项艰巨的任务。我们在布局、色彩、墙纸、地板、家具或照明诸多方面所作的决定都会对公司及其职员有着长期的影响。

因此，作为空间规划师和设计师，我们肩负的责任很重；我们需要给我们的业主最好的服务，来满足他们的需要，这并不奇怪。

概述

好的空间规划/设计师的标志就是创造一个功能性和美学性都能令人满意的空间的能力。正如前一章所说的，设计过程是非常系统的，而且经常是很消耗时间的，不断的有新的创意注入到设计当中。

设计师/空间规划师从一个基础性的概念入手一直到最后方案完成，都要从要设计的空间研究开始。能找到现有平面图的地方，皆大欢喜，而没有平面图的地方，就需要进行调查，相应的区域要用适当的比例画下来。

对于像住宅或小零售店出口这样的小工程来说，1/4英寸=1英尺（1/50）的比例可能就很合适。对于大的建筑群，比如购物中心、办公楼或工厂来说，1/8英寸=1英尺（1/100）的比例对于总平面图来说比较合适，更大的比例，比如1/2英寸=1英尺（1/25）的比例一般用于描绘总平面图内的小空间。另外，一扇门或者弧形装饰的细部就需要更大的比例，比如1/4全尺寸的比例（图3.1）。

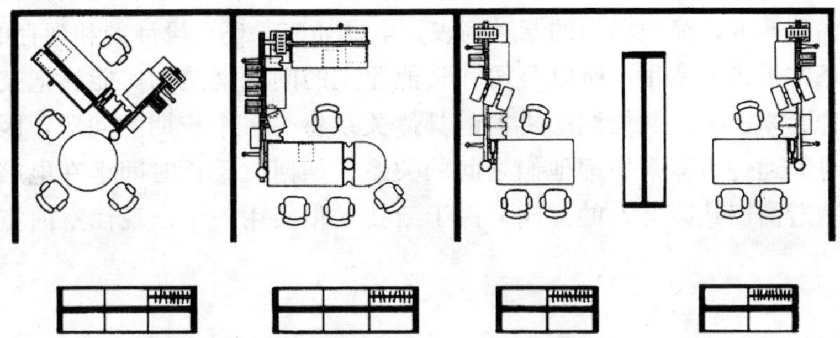

图 3.1a 赫尔曼·米勒设计的波迪克（Burdick）组合家具图示。比例：1/100

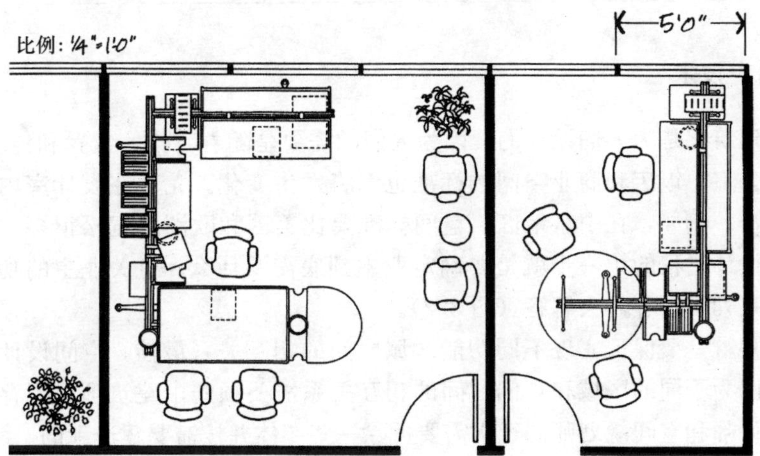

图 3.1b 赫尔曼·米勒设计的波迪克组合家具图示。比例：1/50

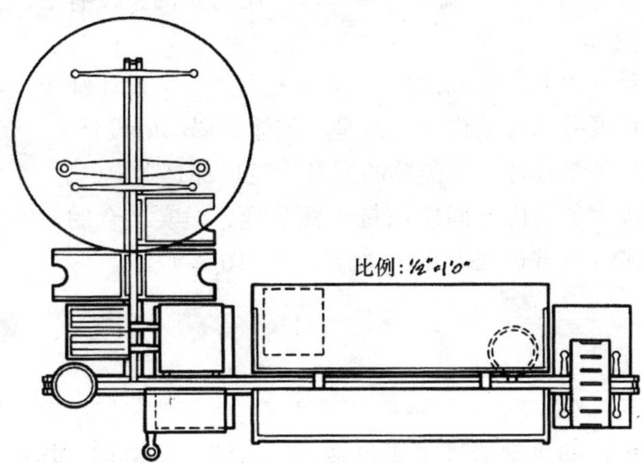

图 3.1c 赫尔曼·米勒设计的波迪克组合家具图示。比例：1/25

设计师应该尽可能多的在图纸上表达有关信息，包括门的位置和开启方向，窗户和隔间的位置，顶棚的高度，窗户和门的标号列表，电器插座，还有设计的和现存的家居装饰。

现代技术基本上讲求实用，所以公司和其他业主的问题就是如何能够把技术的需要和公司的需要结合起来。工人和他们的机器的具体关系将是一个长期的问题，因为人们花费了越来越多的时间通过机器来处理他们之间的关系。如何改善长时间坐在电脑边上的舒适性，是企业和制造商们共同努力的方向。由于新技术很实用，于是现代室内空间就采用和结合了新技术。

基本因素

设计流程和调查技术

大多数的建筑都是为人们设计的，因为人们的需要是随着时代、位置和传统而变化的。设计家居、办公室、饭店和商业空间的标准也都将发生变化。尤其在设计室内的时候，这个道理就更明显。例如，在中东地区，空间标准要比美国和欧洲的宽松很多。正如前一章提到的那样，设计过程的第一步就是要确定业主到底需要什么。有关业主的功能、美学和心理需要的一系列问题等着去解答（图 3.2）。

下一个步骤就是要保证实现不同功能区域之间的相互关系最佳。空间设计师往往会变得晕头转向，因为不同的区域和它们之间的相互关系需要预先由建筑师或现存空间确定下来。不过，设计师和空间规划师们经常需要拆除一些墙体并按需要建造新的。

一位空间规划师首先必须对他要设计的空间有感觉。一张泡泡图解可以帮助他们决定不同区域间的最佳关系（图 3.3）。既没有具体（实用的）的又没有心理上功能的空间需要消除，因为那是一种浪费。

泡泡图解也应该反映出各个空间之间的相对大小。一位设计师应该经常从整体概念或者主题入手设计，然后展开细部工作（也就是从整体到局部的设计）。无论我们设计多层摩天大厦，带走廊的平房还是设计一件简单的家具，道理都是一样的。

如果可能的话，庞大的室内空间应该是步移景异、虚实结合的，不应该一眼就全看透了。设计师应该让眼睛在观赏过程中逐渐体验空间（图 3.4）。

美学因素

空间设计和室内设计的美学因素主要包括原理（统一与协调、均衡、比例、尺度、韵律、强调、变化与对比），还有要素（空间、形式、线条、材质、图案、光线还有色彩）。这

业主的优先选择图表调查问卷

姓名：　　　　　　　　　职业：　　　　　　　　　年龄：

所在地

☐ 城市
☐ 郊区
☐ 发展区
☐ 乡村
☐ 其他

家居类型

☐ 单层
☐ 分层
☐ 双层
☐ 公寓
☐ 其他

家居风格

☐ 现代
☐ 殖民地风格
☐ 农场住房
☐ 西班牙风格
☐ 其他

工作习惯

☐ 在家工作
☐ 偶尔在家工作
☐ 从不在家工作
☐ 其他

房间需要＋尺度

☐ 单独的起居室
☐ 单独的餐厅
☐ 起居/餐饮室
☐ 单独的厨房
☐ 厨房/餐饮区
☐ 开放的平面
☐ 家属房间
☐ 私室（喧闹，电视）
☐ 家庭办公/书房
☐ 单独的卧室
☐ 带浴室的卧室
☐ 其他

家具风格

☐ 高技派
☐ 时尚派
☐ 现代派
☐ 仿古的
☐ 混合型
☐ 装饰艺术运动
☐ 美国殖民风格
☐ 新古典主义风格
☐ 西班牙风格
☐ 帝国/执政内阁时代风格
☐ 东方风格
☐ 其他

休闲娱乐习惯

☐ 因特网/电脑
☐ 园艺
☐ 绘画
☐ 看电视
☐ 阅读
☐ 运动
☐ 摄影
☐ 音乐
☐ 缝纫
☐ 手工
☐ 其他

款待

☐ 正式大餐
☐ 亲密的/非正式宴会
☐ 自助晚餐
☐ 鸡尾酒会
☐ 茶
☐ 烧烤
☐ 其他
☐

收藏

☐ 书籍
☐ 邮票
☐ 枪支
☐ 公寓/共渡
☐ 银器/瓷器
☐ 唱片/CD/DVD
☐ 视频录像
☐ 艺术品
☐ 其他

织物

☐ 天鹅绒
☐ 丝绸
☐ 羊毛
☐ 缎子
☐ 棉织品
☐ 印花棉布
☐ 聚酯的
☐ 丙烯酸的
☐ 其他

色彩/图案

☐ 淡色（浅色的）
☐ 图案阴影（黑色）
☐ 暖色调
☐ 冷色调
☐ 复合色彩
☐ 特殊色彩
☐ 小图案
☐ 粗体图案
☐ 特殊图案

附加备注和评论

图 3.2　对一个私人住宅的典型调查问卷

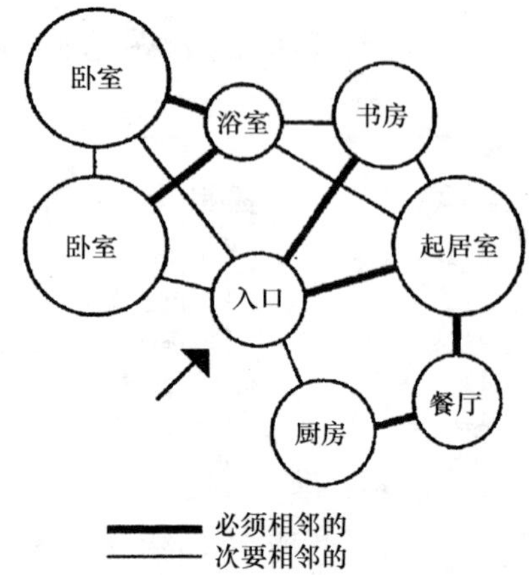

图 3.3 从功能观点入手的帮助设计师实现最佳设计的泡泡图解

图 3.4 在进入接待处的时候，参观者会看到隔壁空间的泰克尼昂（Teknion）工作室。[HOK 建筑师设计；由赫德里奇·布莱辛（Hedrich Blessing）摄影，1998 年，《摄影师》]

两大基本要素和其他许多设计学科的基本一样，尤其是建筑学和绘画，许多年来没有什么大的变化。每个要素都以某种方式对整体设计的感知和成功起到作用；整体比单独构件更重要。如今大多数的设计师会赞成，一个设计不论看起来多么美，最后评价它成功与否的标准还是看它的功能如何。

设计原理

统一与协调

我们总是被统一和不协调的东西所包围。自然界的东西大部分是和谐的；在人造物品当中，大多数不和谐。每个设计都需要一个统一的主题来把它变成一个整体。在选择家具、色彩和材料的时候，你应该保持主题一致并且要保证各个要素都能融合在一起。要素看起来不能像是事后追悔而修改的。

例如，在一个 18 世纪早期外省风格的接待处你不太可能摆上一张磨光的现代派丙烯酸制咖啡桌。然而，需要强调的是这只是总的方针。当设计师/规划师感觉足够自信的时候，他或她将打破这些规则并且扬弃它们。在许多方面，统一与协调是众多原则中最重要的，因为是它把其他要素融合到一个整体当中来，没有它设计将会变得七零八落。统一与协调可以通过不同的方法来实现，它们包括：

- 有一个中心主题和整体风格贯穿设计始终，总是有助于把不同的设计元素统一到一起（图 3.5）。

图 3.5　本书作者做的一个起居室设计，显示了如何通过使用整体风格的家具使得中心主题更加突出。由伊森·艾伦（Ethan Allen）设计制造

- 使用重复一致的元素。例如，墙可以涂成一种单一的颜色（或是协调的颜色系列）或者是在不同区域使用相似的灯具。同样的，使用相似的材料和饰品可以帮助实现统一与协调的感觉。缺乏统一感的空间看起来会显得很小（例如，在同一间屋子的各面墙上使用不同的墙纸花样）。
- 在一个空间中要有一个强有力的焦点，以便整个空间就可以围绕它进行设计，比如一张圆形会议桌，带有一盏吊灯从桌子中心的上方垂下来（图 3.6）。在家里加入一个壁炉或是悬挂一幅大型绘画，二者选其一都可以实现一个强有力的焦点。甚至就连家具摆放的方式也会对空间统一与和谐的感觉产生影响。家具应看起来与整体风格吻合。它应该反映空间和其功能的特征并且要使两者成为一体。色彩要和家居装修产生共鸣并且相互和谐。

图 3.6 圆形吊顶衬托了圆形地毯，形成了一个强烈的焦点。IBM 电子公司服务部，圣莫尼卡（Santa Monica），加利福尼亚州。（由 HOK 建筑师事务所提供）

均衡

当我们谈到空间设计和室内设计的均衡问题时，我们主要关心的是视觉重量（与实际重量相对），以这种方式调整设计来实现一种均衡的感觉。均衡是每个人的基本力量。这种均衡的感觉对我们的脑细胞产生了一种心理影响。因此，一种形式看起来多么重要或多重而不管它的实际重量如何，这正是我们所关心的。总的来说，就是能与其他所有元素均等：

- 一个大的物体或形状，比小的就更具有视觉重量。
- 一个小的、深色的形状可能会等于或大于一个大的、浅色的形状。
- 温暖、热烈、突出的色彩比冷色、阴暗、模糊的色彩更具视觉重量。因此，你可以通过改变色彩来改变一个物体的视觉重量。
- 有纹理的、质地粗糙的或是带图案的表面比起光滑的平整的表面来更具视觉重量。
- 不规则的形状比起简单的几何形状来更具视觉重量。
- 一个区域的光线越强烈，视觉重量越大。
- 一个与周围环境相融合的形式不如一个与周围环境相对比的形式视觉重量大。带有和墙体同样花纹的窗帘比起与墙体颜色相对比的墙纸来，就“轻”些。

我们应该注意房间的均衡与可以在一天中不断变化的许多因素有关——一天中不同时间进入房间不同区域的日光量；窗帘或者百叶窗的开启和关闭；在夜间或者读书时人造光的使用；看电视；房间中有人，或者房间中只有一本书或一个花瓶摆在桌子上。虽然这种均衡的变换是不可避免的，然而，在可能的情况下，我们可以尝试去控制这些因素。

有三种基本类型的均衡：对称的、非对称的和放射的。

对称均衡

有一种均衡叫做对称均衡（图 3.7）是一种在品质上很正式的均衡，是把同样的元素安排在虚拟中心线两侧的位置。对称均衡可以经常在传统的和古典的建筑作品和“仿古”室内设计中看到。对称均衡也是经常会在自然界遇到的——在人、动物和昆虫身上都可以看到——我们还可以在家具、服装和建筑物这些人造物品中找到。

处理适当时，使用对称均衡的设计可以暗示一种静止和尊贵的感觉。然而，如果设计处理不当，结果将是僵硬、迟钝和令人厌烦的。用在室内设计当中，对称均衡将通常会聚焦在一个显著的建筑构件上，比如一个壁炉或是一扇窗户。

非对称（非正式）均衡

在非对称均衡中，视觉重量是相等的但不是一样的（图 3.8）。这种类型的视觉均衡或平衡和对称均衡的相比更加随意、微妙和有趣，但是这需要有更高的技巧。作好一个成功的非对称设计，设计师必须依赖他自己的判断和灵感，因为没有确定的规则可以遵循。我们可以利用各种大小的元素、形状或是形式还有色彩，再使用众多的手法，来实现所需要的平衡。一组小物体可以变得和一个较大的物体相平衡。同样，一个小的深色物体的也能够被感知和一个大的浅色物体相平衡。

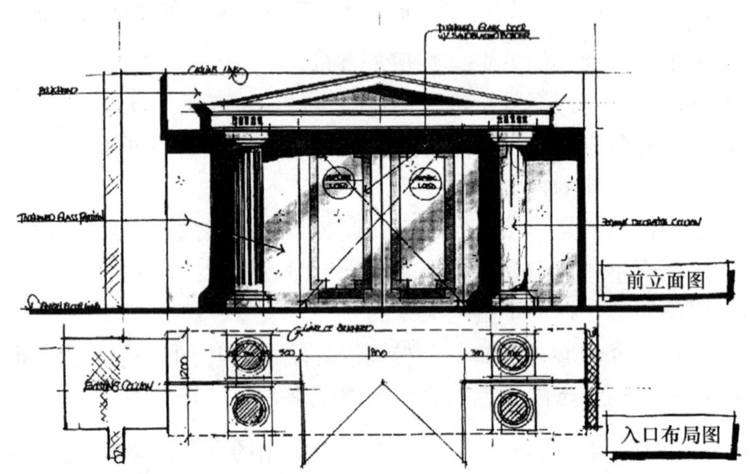

图 3.7 一个办公楼入口的古典手法设计，作者通过设计表现了对称均衡的应用

图 3.8 把一大幅绘画挂在橱柜的左侧，几幅小绘画挂在右侧就实现了非对称平衡

在非对称均衡当中，有更多的自由性和灵活性，而且不像对称安排那样没有明显的中轴线把设计分为对称的两部分。相反，各种视觉重量的元素交叉重叠安排在平衡点或支点周围来实现均衡。因为它们非正式的特征，非对称均衡经常在现代室内设计和现代建筑设计当中使用。

放射均衡

放射均衡的应用范围不像对称均衡或非对称均衡那样广泛，但是它还是非常重要。正如名字中暗示，它是一种基于圆形安排。所有设计元素都从中心点或围绕中心点或者焦点放射开来（图 3.9）。典型的放射设计是一张圆形的餐桌，中心摆着一盆花，周围摆放椅子，或者中心柱周围螺旋形的楼梯。

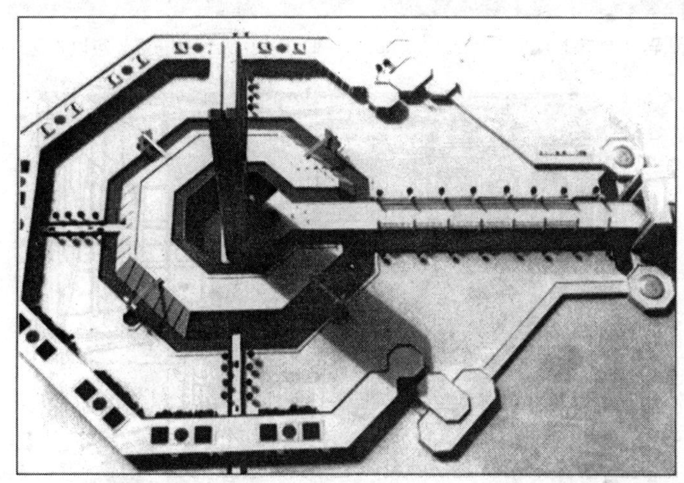

图 3.9 作者为一个提议要建造的 600 英尺（约 183m）高的无名士兵纪念碑而作的设计。内部的八角形框架包括停车、博物馆、零售商店和服务设施。外部的八角形包括办公室、停车和其他设施

韵律

韵律是元素的一种有规律重复；它指引目光，使之在空间里移动。韵律基本上是一种有节律的运动，既可以是静止的也可以是动态的。有四种基本的韵律类型：

1. 重复产生的韵律是最普遍的，并且随处可见，尤其在织物上、盘子上、墙纸上和自然界当中。它可以包括色彩、线条、纹理、图案或者形状。重复的韵律是通过重复墙上、窗帘上甚至绘画中的一种色彩或图案而取得。此类韵律是消极的，必须处理得当，否则它就会变得索然无味（图 3.10）。
2. 渐变的韵律是指物体或空间的大小、方向或色彩进行有秩序的、渐渐的变化（图 3.11）。

图 3.10 哈沃思（Haworth）为卡斯特里（Castelli）3D 事务所设计的布局，可以看到几种韵律类型

图 3.11 一个渐变韵律的应用：螺旋楼梯

比起简单的重复来，它更加微妙、机动和具有创造性，尺寸从大到小（反之亦然）的连续变化或者色彩从深色变到浅色（反之亦然）便产生了渐变韵律。

3. 交替出现的韵律或线条韵律是线条或空间的规则的、波动的、连续不断的流动（图 3.12）。

4. 当一个物体的线条或花纹从中心轴线向外伸展时，就产生了放射状韵律（图 3.13）。

图 3.12　地面处理中的线条韵律

图 3.13　放射性韵律的示例。［由斯蒂尔克斯（Steelcase）公司提供］

尺度（Scale）

尺度是一种相对的性质。它是在同一个认知空间中，一个构件的尺寸和另一个构件的尺寸之间的相对关系。在家具设计、室内设计和建筑设计中，人类发明了一种巧妙的测量单位。于是尺度成为了建筑构件的尺寸和人体平均尺寸的相对关系。色彩、纹理和图案也必须考虑尺度，因为它们和尺度也有直接关系。具有强烈的色彩、带大花纹和粗糙纹理的物体看起来比软的、浅色的、小花纹和纹理细腻的物体要大。为成年人设计的家具尺度不适合儿童活动室，正如儿童的椅子比例不适合成年人的起居室一样（图 3.14）。在购买家具或者设计空间的时候，设计师要小心地推敲尺度。体积大的家具会使得小房间看起来更小。同样的，尺寸小的家具或者装饰品放在大房间里会使得家具和装饰物更小而空间显得更大。

图 3.14 为儿童设计的家具尺寸和成年人使用的家具比例不一样

一个房间或空间内不同构件的尺寸尺度应该和它们的纹理相协调。所有的设计构件在比例上都应该相互协调，否则设计看起来会不舒服或者太零碎。一幅小的绘画挂在一张大桌子上方看起来会很弱并且与家具的尺度不和谐（图 3.15）。因为我们会感知物体与其周围环境有关，一张大的双人床放在一个小房间里会显得太大——并且尺度不和谐。同样，一盏大台灯放到一个小的、精巧的桌子上看起来会显得非常笨重，并且和桌子尺度不和谐。

比例有助于统一与协调的营造。这可以通过相似或对比的手法实现。比例是一个物体和另一个物体之间的相对比例关系。它同时又是空间中不同元素之间以及构件与整体的相对关系。这些元素，包括洞口、门和其他塑造物的宽度和高度，窗户与其周围环境，壁炉、家具和地毯的宽度与高度。一个房间的尺寸会对家具的比例产生很大影响，它和墙的关系

图 3.15　挂在左边的小幅绘画（桌子的后边）太小了，比例失调，令人不悦

还有和其他家具诸如图片、镜子、窗帘、地毯或灯具等元素的关系。这些都必须相互关联并且符合人体平均尺度及度量的标准单位。

强调

强调取决于主导地位和从属地位的原则。设计师围绕概念（有时候叫做趣味中心点）展开设计，把注意力都集中在设计空间中的一个特定区域或者物体上。如果我们要赋予这个物体或者空间一种突出的感觉，我们就应该把重点放在它的身上。它将成为一个主导特征（图 3.16）。另一方面，如果我们想让它从属于另外一个设计元素，那么我们就应该减少对它的强调。

本质上讲，每个房间和区域都只应该有一个主导元素，而其他的元素从属于它。这将会产生一种统一而有秩序的感觉。一个房间如果没有了重点，它将会变得单调而缺乏生气。强调是室内设计取得成功的重要手法。一个精心布置的室内空间会立刻告诉你最吸引人的地方在哪里，哪些元素是不重要的。按照我们的意图，这里有三种类型的强调：

1. 主导强调

图 3.16 视觉表达描绘了为了使床成为整个房间的焦点，采用三种方法来着重强调它的重要性

2. 次主导强调
3. 从属强调

一开始，你必须确定你所要强调的东西和强调的程度。那可能会是一个壁炉，一面空墙，一架精美的家具或是从你的起居室看出去的美丽的景观（图 3.17）。在确定了你对物体的视觉重点强调程度之后，你必须考虑空间中有人和没有人时的效果分别如何。强调主题可以有几种方法做到，它们是：

1. 尺寸：对所处环境来说，物体的尺寸越大，这就越显得突出（图 3.18）。
2. 照明：可以用来把注意力吸引到一个区域和一个物体上（例如绘画）（图 3.19）。把灯光都打在“怪兽餐厅”这几个字上面便引起了人们的注意。
3. 对比：你还可以通过将一个粗糙的表面和一个光滑的表面对比，或是将强烈的色彩和浅淡的色彩对比来取得强调的效果（图 3.20）。
4. 家具摆放：在怪兽网站的办公室插图中可以看到，员工会议空间通过家具摆放和红色地毯的使用得到了强调（图 3.21）。
5. 附属物：经过细心的安排，它们将增添元素的重要性（图 3.22）。

图 3. 17　在垂直面板上挂两幅绘画可以起到强调的效果

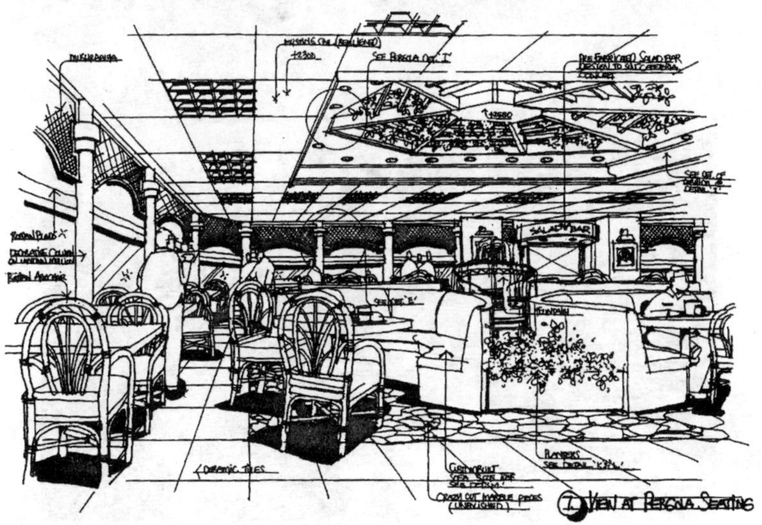

图 3. 18　棚架休息茶座区是通过喷泉和它上方的装饰而增强效果，也增强了对它的强调。[建筑师艾伯特萨姆·沙巴吉（Ibtesam Sharbaji）]

图 3.19 把灯光打在“怪兽餐厅”这几个字上以达到强调的效果

图 3.20 此图表现了一位空间设计师通过材料和形状的对比来强调的空间。IBM 电子公司服务部，圣莫尼卡，加利福尼亚州。(由 HOK 建筑师事务所提供)

图 3.21 怪兽网站办公室中的员工会议空间，通过家具摆放和圆形红色地毯的使用得到了强调

图 3.22 像艺术作品这样的附属物可以增加空间的重要性。[由戴维-卡特-斯科特（David-Carter-Scott）建筑师事务所提供]

不幸的是，如今许多设计师和空间规划师对设计中的强调手法考虑不足，所以造成最后设计的空间很不和谐而且各个元素都在对抗。

对比

对比也是设计的基本原理之一，但是太强烈的对比也会破坏设计主题的统一。对比是通过两个或多个不相似的或相反的元素或品质并列到一起来实现的（例如把色彩亮丽的物体摆在一面深色的墙体旁边，或是把一张圆形餐桌摆到方形房间中）。对比可以通过不同的手法来实现。

- 线条对比，是当线条的方向改变时产生的。比如，水平线与垂直线或是斜线相对比，或是直线和曲线相对比。
- 形式对比，例如在方形咖啡桌上的圆形灯和圆形灯罩。
- 当深色和浅色同时使用时产生了色彩的对比；例如，暗色的经过装饰的家具安放在浅褐色的地毯上。还可以通过使用补色进行对比，比如紫色对黄色。
- 材质对比，比如把粗糙表面放到和光滑表面相邻的位置，或者用硬表面衬托软表面。

比例（Proportion）

比例和尺度是截然不同的两个术语。不幸的是，许多人，包括设计师自己都没有区分开，使用的时候往往将两者混淆了。当我们考虑到比例的时候，我们想到的是好坏，而尺度暗示的是大小。尺度是指人类身体作为一种度量单位或是构件的一部分和另一部分或和整体之间的相对大小关系。另外，一个房间或一幢建筑的观察者不会注意到和谐的比例。一个物体可能自己有着很美的比例，但是放到环境中不一定有着和谐的尺度关系。一个典型的例子就是一幅小画自己满足黄金分割比例（即 5∶8），但是挂到了一面空荡荡的墙上就显得尺度失调了。

比例，在某种意义上是一个元素各部分之间和诸多元素的组合。它和各部分与整体的相互关系有关。自古以来，人们就对美的测量方法进行了锲而不舍的研究。许多建筑师、画家还有设计师都试图制定决定性和精确的规则来实现理想的比例。然而，这些使比例合理化的尝试显示出了一种内在的僵化，如果你墨守成规的话，一个设计就失去了它的自发性。另外，这些规则在处理自由形式的设计时经常是不切实际的。

古代巴比伦人（公元前 2500 年）发现了 3∶4 的比例是美观的，然而早期的希腊人发现比例为 2∶3 和 3∶5 还有 5∶8 的矩形才是最美的。由于某些原因，希腊人不喜欢矩形，然而如今的建筑师和设计师却经常热情地使用而且取得了巨大成功。因此，人们发现了确定比例的困难，因为没有精确的规则。然而，长期认真的观察和锻炼一双具有识别能力的眼睛能够帮助我们找到美的比例感觉。

对比例的感觉很大程度上是一种靠直觉的判断，于是产生了一系列的问题。像照明和阴影这样的布置产生的环境影响很容易感染人。眼睛被光源所吸引，并且建立了自己独立的运动。在同一个房间里，一个暗色地板和一个亮色顶棚产生的空间感觉完全不同于一个暗色顶棚和一个亮色地板所产生的感觉。还有，对美的感觉和智力无关；一个人认为一件物品的形状很好看，这一看法只能在别人对同一物品也有相同看法时才能被确认。这些人最好应该具有不同的文化背景，不同的年龄阶段和不同的性别。

我们对比例的感觉是否以我们童年以来所受的教育为基础经常引起人们的争论。然而，这不能解释为什么有些美学判断能够被普遍接受，从而我们可以欣赏完全不同的文化和完全不同的文明的艺术。

很有意思的是，费克纳在他对比例的研究中，发现被调查的人们在对各种形状的矩形进行选择的时候通常会选择黄金分割的比例（即5∶8）。但当他测量了数百幅博物馆的藏画比例时，他发现人们通常喜欢较短的矩形形状，亦即：竖向绘画经常采用5∶4的比例，横向绘画采用大约4∶3的比例延伸。

这清楚地表明，当我们只看一个矩形本身的时候，黄金分割看起来很起作用，但是当矩形作为绘画作品的一部分被理解，每一个部分都和其他每一个部分相联系时，黄金分割比例这个时候就不灵了。均衡和平衡是建立在这个关系上的。因此，一定要记住：在设计物品或空间的时候，一定不能割裂地考虑一个部分，因为它还和周围的环境有联系。

室内设计元素

空间

空间是物体之间、区域之间的距离或间隔，既可以是二维的也可以是三维的。它是空间规划中最基本的元素。基本上有三种类型的空间：平坦空间、知觉空间或暗示空间，还有就是实际空间。平坦空间是一种二维空间，由高度和宽度构成。所以适合在没有深入想法只有大致概念的地方使用这种二维表达（图3.23）。

感性的空间也是经常用在像摄影这样的二维表达（还有三维的）中的一种含蓄的空间，这是一种虚幻的空间。我们可以通过各种各样的方法来构想、控制和改变感性空间的深度。这些方法包括：阴影、色彩、镜子、线条、透视还有重叠搭接（画面的深度）等。阴影暗示了物体的质地还有体积。此外，影子自然地暗示了光线（图3.24）。

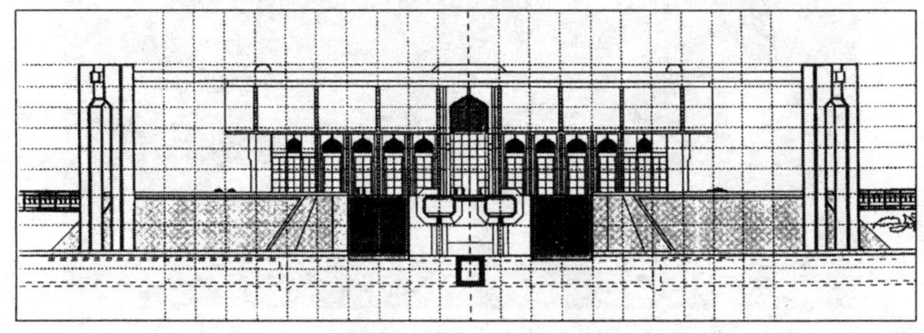

图3.23　平坦空间适合用来表达没有设计深度的设想

感性的空间受到色彩对比的影响。浅的颜色看起来比较模糊，而深的颜色看起来更醒目。使用反射性界面，比如镜子，可以增加空间的视觉感受和外观尺寸。一个空间使用非反射性的界面与同样的空间使用反射性界面比起来显得更小。同样的，像玻璃这样的透明材料将会增加空间的外观尺寸（图 3.25）。因此，一个拥有一扇大窗户的小房间和没有窗户的同样大小的房间相比起来显得更大而且不那么禁锢。

图 3.24 阴影关系暗示了体积和质地。请和图 3.5 的完全没有阴影的线图相比较

图 3.25 透明材料和反射性界面的使用丰富了空间的感受。(由斯蒂尔克斯公司提供)

线条可以成为室内设计中有效的力量。横向线条使一个空间看起来显得更长。纵向线条使得空间看起来更高。通过线条的适当运用，设计师可以创造一个虚幻的深度或高度。线性的透视图是另一种创造感性空间的手段。当绘制一张房间室内图纸的时候，我们知道一个房间有地板，顶棚和四面墙。然而对于我们来说，同时看到所有不同的平面是不可能的。我们的主要关注点就是要表现房间看起来是什么样子，是视觉上的而不是实际上的。因此，近处的物体看起来要比远处的物体大，尽管它们实际上一样大（图 3.26）。

图 3.26　近处的物体看起来比远处的物体大。前景中的吊灯看起来比远处的那个要大

古代艺术家们使用的（他们还不会使用透视图）一种实现空间假象的办法就是画面重叠技术或称景深。通过暗示一个物体隐藏在另外一个物体后面，就意指层次，也就指空间。理想状态下，应有一个前景（和观察者距离最近），一个中景（在平面最近的部分和最远的部分中间），还有背景。

设计师应该对感性空间和现实空间的动态变化有一个完整的理解，还要知道两者的区别，即使它看起来可能非常明显也不要轻视。前者是一种虚幻；而后者是现实。但是现实空间也能够通过利用灯光、色彩、材质、线条和反射性界面等其他设计元素造出虚幻的假象。

形式

形式和空间是不可能割裂的，因为两者相辅相成。和空间一样，形式也可以是二维的或是三维的。作为设计师，我们的重点要放在三维的东西上，因为是它们构成了我们的主体空间环境。绘画和摄影作品是二维形式的例子，它们经常描述那些可辨认的物体——它们有层次、高度和宽度等感觉。

在建筑学和室内设计中形式的重要性是很明显的——任何我们能看到的、摸到的东西都是一种形式或另一种形式的表现。但是三维的形式不仅仅是由一个物体的表现形状构成的：它还包括一个物体的内部，还有它的外观重量。形式是空间的对照，也就是说，如果你认为形式是一种正面物质，那么空间就是反面的了。形式既可以是直的，也可以是曲线形的或是不规则的（图 3.27）。

图 3.27 描述了空间内部诸多形式元素的插图

线条

线条是最基本的设计元素之一，因为它可以通过外形轮廓线来封闭空间和传达形式。没有了线条，理论上就只有一维空间，而从技术上说是由系列的点构成的，那样的话我们就无法感受形式或形状了。

线条分为基本的两种：直线和曲线。直线既可以是水平的，又可以是垂直的或是倾斜的。在哲学上，直线可以描绘力量、坚定和简洁的印象。有了直线的过渡，眼睛就可以从一点挪到另一点。线条还可以表达方向、构成图案，还能够暗示纹理。它们还可以产生重点或非重点：例如，一个铺着毛毯的楼梯的方向能够通过加上一个 6 英寸的边而得到突出，这个边的色调要比楼梯上毯子的色调深一些或浅一些。使用线条的方法可以对我们的空间感受产生生动的效果。线条也包含唤起观察者的情感反应的特质。

水平线（与地平线平行）经常暗示静止和宁静，也可以使一间屋子看起来更宽（图 3.28a）。斜线暗示运动和能量、活动、物力和不平静，斜线也可以产生一种感觉使人的眼睛向上看（图 3.28b）。强烈的垂直线可具有一种令人振奋的品质，暗示着力量、热望和高贵。它们也表达了雄性和正式的仪式。垂直线能够使人的眼睛向上看产生一种高度增加的幻象（图 3.28c）。

线条能改变物体或整个房间的表观比例。分别将两个相同的长方形用线条垂直和水平分开，会造成人们对空间和形态感知的差异。因此，注重线条在各方面的协调对于营造房间的舒适与和谐是非常必要的。

图 3.28a 这幅照片中，描述了一个强调水平方向的卧室

图 3.28b 这幅照片中，使用了斜线来暗示运动、能量和活力

图 3.28c 这幅照片中，表现了如何使用垂直线增加其高度感。(由 HOK 建筑师事务所提供)

材质（纹理）

材质这个术语和物体表面的品质有关，即粗糙或光滑，粗劣或精细。应该区别实际触摸到的材质和视觉看到的材质。实际的材质可以通过触摸感受到。相反的，视觉材质是模拟的。它们都有一个可以同样触摸的表面，然而材料在一个相对光滑的表面下显示出了一种带纹理的图案。在这里，材质是大脑把这种视觉感受转化为材质的结果。视觉材质也在图画艺术中起到了非常重要的作用，例如绘画和摄影艺术，在这些艺术中，眼睛可以感受有光泽的、耀眼的、阴暗的、强烈的或是微弱的界面，这些是不能仅仅靠触觉来感受的。

材质通过其对比和变化，在当今室内设计中起到越来越重要的作用。我们能够意识到在建筑和室内设计中不同材质的感觉，这里就有四种：

1. 完全光滑的界面，比如工作台、油漆过的墙面、顶棚、窗户还有固定的家具（图 3.29a）
2. 像混凝土和砖块，灰泥和石材这样的粗糙材质（图 3.29b）。
3. 枕头、长毛绒质毯子或文雅的装潢或窗帘等柔软的感觉（图 3.29c）。
4. 活生生的物体材质，比如人的皮肤或者树叶和花朵，甚至潺潺的流水等精美细腻的材质。

图 3.29a 表现了一个有光线、阴影和反射映像的光滑界面

图 3.29b 粗糙材质界面的例子

图 3.29c 柔软材质界面的例子

材质能够在很多方面对我们产生影响。通过触摸，它会给我们一种具体感受；它还会影响到一个界面反射光线的数量。光滑的界面与粗糙的界面相比会反射更多的光线。

材质为我们的生活增添了美感和趣味。像玻璃、不锈钢和光洁的大理石这种光滑平面暗示一种奢侈和礼仪性的感觉。另一方面，像灰泥、砖块和石头这样粗糙的界面经常暗示一种坚固、雄性和随意的感觉。设计师切忌连续使用过多的性质接近的不同材质，因为这样经常会造成不和谐的结果。材质的对比往往比相似材质的混合要吸引人。因为这个原因，我们在同一个视野区域内连续使用砖块、石头甚至不同类型的砖块就是很不明智的，除非为了达到某种特殊效果，例如使用暗色砖块去描绘墙面或浅色墙的轮廓线。

设计师还经常使用材质来创造幻象效果，例如，粗糙的界面可以减少顶棚的外观高度或者减少一面墙的距离，还可以使色彩看起来更暗或者更深。另一方面，光滑的界面就会产生相反的效果。粗糙的材质还会产生一种温暖的感觉，而光滑的材质一般让人感觉很冰冷。多数人选择居住在拥有多种材质的地方。耀眼的材质构成的闪亮的界面比起石头等粗糙的材料来说，更容易清洗。设计师选定的材料材质应该适合表现所需要的效果——无论是美学上还是功能上的。

图案

和无装饰设计相对，图案是丰富界面设计效果最简便的办法。它是和材质与形式密切相

图 3.30　怪兽网站咖啡馆通过在墙上绘制图案产生了丰富的界面效果

关的，并且是一种图形的重复（图 3.30）。图案是通过使用线条、形式、光线和色彩产生的。

图案的使用应该可以控制。太多的材质会破坏一个房间，使它看起来很乱、很不舒服。同时，完全没有图案的房间看起来会非常呆板而缺乏个性。房间内所有不同构件的总体设计安排会创造一个整体格调。例如，成组的家具或墙上的绘画会产生一种图案。图案随处可见——在织物和墙纸这样的人造物品上还有像树叶和鲜花这样的自然形式上都可以看到。

图案是一种主观语言，并且暗示装饰性。它可以应用在物体界面设计中或者从它的结构中显现出来。用得好，它可以统一复杂的元素；用得不好，它会破坏一切。但是装饰的成功在于图案的正确选择和摆布。

图案，在本质上是在一个空间内部由相互关联的正负视觉元素并列在一起形成的。它和色彩元素关系密切。当共同作用时，它们就像吸引人眼睛的重点。当图案和颜色混杂在一起的时候，它们和谐地相互作用。图案产生直接的视觉影响和格调。材质可以增加另一个层次的维度和触觉质感的趣味性。图案的基本来源是纺织品、墙壁覆盖物、地板覆盖物（例如地毯和瓷砖），还有大自然。

图案可以强有力地影响房间或空间的外观。例如，一幅带有垂直方向设计的墙纸会使得顶棚看起来更高，而强调水平方向设计的墙纸会使得房间看起来更宽而且顶棚看起来更低。如果墙纸贴在顶棚上也会使它看起来更低。同样，一幅大的强烈图案放到一个狭窄的空间看起来非常不协调，正如一幅非常小的绘画摆在一个大房间里会显得很不起眼。太多的图案会使得一个小房间看起来非常零乱，并且减少了需要摆设的家具数量。图案也经常用来掩饰那些煞风景的设计特色或瑕疵，比如不平整的墙面。

如今，许许多多的墙纸和纺织品制造商在设计制造成套的织物和墙纸的时候都有无穷无尽的图案和色彩可以选择。这对建立统一的、规范的设计是一个很大的推进。某些图案和一定的周期有关。

光

从人类最早期开始，视觉欣赏就成为了人们生命中精彩的一部分。浩瀚宏伟的宇宙奇景本身只能通过眼睛来充分享受。人类接受的信息有 2/3 来自于视觉，在复杂性上，眼睛仅次于大脑。它们是通向宇宙的窗口。

照明为两种需要服务——“照明”一项作业和创造一种气氛。通过高光照射某个区域，而减少其他区域的用光，它形成了人们对一个空间的外观和感受。太阳仍是光最基本的来源，人们喜欢使用自然光因为它柔和且品质富于变化，还能作为天气和一天中时间的参照物。一些光对情感的影响因素如下：

- 黑暗会给许多人带来恐惧感。
- 每个人都能时常感受到蓝色。
- 亮色和明亮的图案能振奋我们的精神。
- 暗色表达沮丧——或是抚慰。

当我们谈到光的时候，在技术上，谈到的是光谱中的可见光。牛顿证明玻璃棱镜可以将白色光化解成为一系列色彩的光谱，如果光通过第二个棱镜的话，它又会再次变回到白色光。心理学上有四种纯色调：蓝色、黄色、绿色和红色。色彩是纯色调加上白色或不饱和的纯色调，比如粉红色。

色彩

走出自然环境进入人造环境的人们有一个逐渐但是固定的运动。人们离开宽广开放的空间——带有玫瑰花园的大房子——搬进一个复杂拥挤的多层公寓群，处于多层方盒子建筑中间的某个位置。随着现代文明日益复杂，需要为人类居住环境负责的建筑师和设计师们必须付出更大的努力来理解人们的精神气质。

色彩是一种有效的心理力量，并且经常被医院和其他特殊研究机构利用。在加利福尼亚大学，旧金山医疗中心医院重病特别护理单元发现，被涂成亮黄色和橙色会使病人感觉好很多，而且带来一种快快康复的希望。另一方面，蓝色用在医院手术后的恢复病房里，因为它是一种在情感上使人镇定的色彩。色彩在教育设施中也有许多应用。

创作色彩计划的大纲

为室内空间设计一个成功的色彩计划，设计师要以与他/她自己个性的一致的方法进行。但是不论设计师选择何种工作方法，都要遵循某种原则。这些原则如下：

分析问题

在室内设计师分析的初始阶段，必须决定下列各项：

1. 如何利用空间？它是不是用来睡觉、休息、读书或是吃饭？它的利用时间是多长？这个空间是在白天使用还是在夜间使用，被谁使用？如果空间的大部分使用者是儿童，你选择的色彩就不能与为老年人设计的一样。
2. 房间和空间的大小和形状如何？设计师必须决定是否需要专门的不寻常的特征，或者是否有像柱子或壁柱等需要削弱处理的构件。顶棚是不是太高，还有房间是不是太狭窄。
3. 房间的朝向如何？如果窗子朝北，将没有任何的太阳光，你需要通过使用暖色对此进行补偿。
4. 业主的色彩爱好是什么？如果是一个家庭设计，他们一家的色彩爱好相同吗？如果不一样，你如何满足那些不相同的口味？这对你的设计方案会有什么样的影响？这和你自己的分析和决定一致吗？如果不一致，哪些修改是必需的？
5. 相邻区域的现存色彩对设计会有什么样的影响？业主有没有他坚持要保留的现存的家具或装饰品需要你去考虑？这对你的设计方案会有什么样的影响？

解决方案阶段一：可行的选项

在设计师们的处理中有很多的色彩协调方案。详细的分析不在这种研究的范围之内，然而几种较常用的色彩协调方法有：

1. 黑白色协调
2. 单色协调
3. 相似色协调
4. 补色色调的相似色
5. 补色协调：
   a. 直接的
   b. 分离的
   c. 两个一组
   d. 三个一组
6. 三个一组的协调色彩
7. 其他色彩方案

在决定以上哪一种色彩方案最适合之前，设计师必须考虑空间中所有的要素，包括墙、地板和顶棚这些结构要素，还有像家具、装饰物、地毯和绘画这些非结构要素。

第四章

交流和制图方法

尽管和过去相比，如今的设计事务所基本已经不怎么再使用手工制图了，但手工准备制图的能力在设计过程中却仍然必不可少，这对于一个设计师的成长来说是最基本的。确实，掌握了制图语言的人很可能会发现自己能够和他们的业主和同行们进行交流，并且具有强烈的自发性、表达能力、自信心和经验。

概述

制图是一个包括对景观透视观察和思考的创造性的和有感知的过程。因此，本章的目的就是鼓励读者，无论是职业的空间规划师还是设计师、建筑师或有抱负的学生，去达到这些目标，并且能够自如地掌握建筑制图语言。

制图工具和它们的用途

尽管归根结底，是设计师自己的手和思想决定最终的图纸，但恰当使用制图工具和材料对最后图纸的质量大有帮助。

制图板和桌子

建筑图纸的型号随任务大小而变化。它们一般是24～48英寸(610～1220毫米）长，24～36英寸（610～915毫米）宽，这意味着需要一块大号的绘图板。制图板的制图表面要光滑平整，并且边缘拐角的T形直角必须平直精确。一个图板的表面对于一幅好的图纸来说非常重要，图板面的倾斜角是10°或者15°时画图是最好的。许多类型的制图板和桌子现在都在市场上销售（图4.1）。许多的设计师喜欢使用带有平行条尺的图板。板子拐角处有纺织线可以保持条尺平行，而且条尺可以在滑轮上运动。

图4.1　使用传统制图板和T字尺以及其他工具的设计师。［穆勒，爱德华·J（Muller，Edward J.）等人，建筑制图和轻型结构，第五节，工程设计。学徒讲堂出版社（Prentice Hall）1999年出版］

钢笔、铅笔、铅笔芯、橡皮、擦图孔板

多数的墨水制图是通过专业钢笔完成的。专业钢笔一般都有寿命很长的钨碳化物或者宝石做顶尖，并且适合在薄膜上使用。它们还能够满足精确的线宽需要，还可以用于徒手画和正式制图。专业制图钢笔有许多顶尖尺寸。初级的配置应该有以下顶尖：

0.1毫米（3×10），0.2毫米（2×10），0.4毫米（1）和0.8毫米（3）。至于非常粗的线条，可以使用一支2毫米（6）的笔。专业钢笔需要精心的养护和保洁，一定要小心不能让墨水阻塞笔端。专业笔的替代品是可以随意调整的绘图笔，它通用于纤细的到宽大的毡制粗头笔尖。

使用铅芯的铅笔和自动铅笔经常选用传统木质铅笔或者专业制图铅笔。木质铅笔需要不断的切削以露出3/4英寸的铅笔头，专业制图铅笔需要更高的使用技巧，但画出的图纸更加精美。自动铅笔有各种顶尖尺寸，能满足精确线宽的需要。一个尖利的铅笔头对于高质量的线条来说是重要的（图4.2）。

铅笔芯，无论是给铅芯支架笔还是给自动铅笔或常见的木质铅笔也有不同等级的硬度，从9H（最硬）到6B（最柔软）。在确定一项作业最适用的铅芯以前，设计师应该确定线条

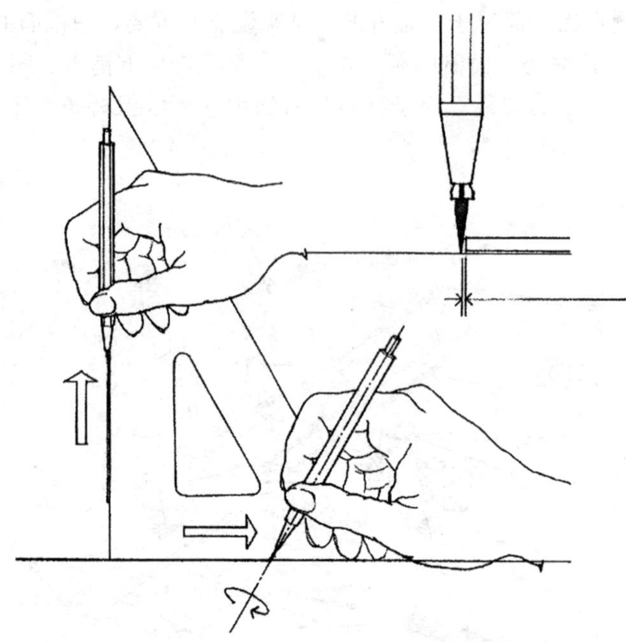

图 4.2 绘制垂直线和水平线的程序。对于垂直线，向上画的同时用拇指和食指缓慢的转动铅笔。对于水平线，和要画的直线方向保持 60°倾斜用笔然后从左向右绘制线条。［引自于钦・弗兰西斯・D・K（Ching FrancisD. K.）和朱若斯斯泽克・斯蒂文・P（Juroszek Steven P.）图纸设计。范・诺斯特兰・莱因霍尔德（Van Nostrand Reinhold），纽约，1998 年出版］

需要的粗细还有对图纸铅芯的不透明程度。最普遍的值得推荐的铅芯有：

- 4H（硬度大且密度大），适用于精确设计，但对于成图不适合，因为它打印起来效果不好。
- 2H（中等硬度），是推荐成图使用铅芯中最硬的。绘图时用力太大不容易擦掉。
- F 和 H（中等），推荐成图和字体书写使用。
- HB（软），适用于浓密的、粗线条作业和字体书写。擦拭很容易，打印效果良好，但是很容易抹去。

橡皮的材料是橡胶或人工合成的，它用来擦去错误来改正图纸。像艺术橡胶、白塑料、软石竹这样的块状橡皮可以从草图纸和薄膜上擦拭铅笔线和塑性铅。而擦墨水橡皮对于图纸表面来说则太粗糙，应该避免使用。电动橡皮擦也可以使用，而且可以节省设计师很多宝贵时间。

擦图孔板是一个薄薄的金属片或者塑料片，上面打了好多不同大小的孔洞，在擦去错误部分时保护那些不应该被擦去的地方。使用擦图孔板时要选取那些孔洞恰好适合要擦拭的线条或者区域大小的，使用时要把擦图板牢牢按在图纸上。然后用合适的橡皮擦掉线条。带有方形孔洞的擦图孔板很受欢迎，因为它们可以让你精确的擦拭掉需要涂改的图纸部分。

三角尺、模板和不规则曲线尺

三角尺是用来画垂直线或者 30°、45°还有 60°斜线的三角形工具，它通常和 T 形尺联合使用。30°/60°的三角尺和 45°/90°三角板是最基本的工具。它们一般都是由透明的丙烯酸塑料制成，大约 0.06 英寸厚，边缘精确平直。它们也有不同的型号，从最小的画细部和写字用的一直到大的画大幅图纸和透视图等用的（图 4.3）。

图 4.3 设计师使用的一些工具、辅助品和材料。［引自于蒙塔古·约翰（Montague John）的《基础透视画法：视觉入门》，约翰·威利（John Wiley and sons. Inc.）出版社，纽约，1998 年出版］

可调节的三角尺是一种非常有用的工具，它用于一般制图中，也可以画斜线和任意角——正如坡屋顶和楼梯起步处的角度那样。它包括一个量角器，刻度调整范围是从水平线或基准线开始的0°～45°，所以在绘制一个任意角的时候就不再需要量角器了。需要的角度可以通过放松或缩紧一个固定螺钉来实现，它还是一个方便的提升手柄。一个可调节的三角尺拥有6～8英寸的边长对于大部分作业来说已经足够用了。

模板是用不同型号和刻度的薄塑料片制成的。模板是一种节省时间的绘图工具，基本上用于绘制建筑设计中的不同的形状。特制模板用于绘制家具、树木、电气设备和管道设备，机械设备，几何图形（圆形，方形……矩形、三角形、橄榄形、六角形），还有标准符号（比如箭头记号、开门方向、电气设备等等）。一些大的卫生设备和家具制造商有和他们自己生产线相对的模板（按不同的比例），这在需要时是免费的。

不规则曲线尺（有时候叫做法国曲线尺）用来绘制那些具有不均匀半径的曲率和不均衡的曲率，经常是用丙烯酸塑料制成的。哪里需要绘制曲线，设计师就要使用一把可调整的曲线尺。可调整的曲线尺包括一个灵活的金属轴，覆盖上一层胶皮或者金属边缘，在画线之前就可以调整到所需要的曲率。

比例尺

多数的工程图纸都要按照特定比例绘制，并且大多数的建筑图纸都是使用建筑师的比例尺完成的。比例尺是一种测量工具，它有好几种不同的刻度校准，可以把大的物体（在这种情况下，建筑物或空间）转化成为小比例图纸。例如，对于大的建筑工程来说，1/8英寸等于1英尺是平面图、立面图和剖面图经常采用的比例。而对较小的建筑如住宅通常使用1/4英寸等于1英尺的比例。大的比例，比如1.5到3英寸等于1英尺这样的比例，经常用在工程剖面和细部图纸中（譬如构造和家具设计细部图纸）。

比例尺需要精密机器分割的刻度，带有锋利的边缘以便于精确测量。建筑比例尺形状经常是平直的或是断面为三角形的，而且长度不等——12英寸（30cm）的三角形最为普遍。下面列出的在建筑师的三角形比例尺上找到的最常用的几种比例，注有近似的米制等值：

- 1/32英寸＝1英尺（1/400米制刻度等值——经常用在总平面图中——实际1/384）
- 1/16英寸＝1英尺（1/200米制刻度等值——经常用在大工程设计和小型总平面图中——实际1/192）
- 1/8英寸＝1英尺（1/100米制刻度等值——实际1/96）
- 1/4英寸＝1英尺（1/50米制刻度等值——实际1/48）
- 3/8英寸＝1英尺（没有精确的米制等值——实际1/32）
- 1/2英寸＝1英尺（1/20或1/25米制刻度——实际1/24）
- 3/4英寸＝1英尺（没有精确的等值——实际1/16）

- 1 英寸=1 英尺（1/12 大小——约等于 1/10）
- 1 1/2 英寸=1 英尺（1/8 大小）
- 3 英寸=1 英尺（1/4 大小）

在准备建筑或技术图纸的时候，所使用比例的精确性对于质量控制和避免可能产生的混乱非常重要。

字体

制图是一种和他人交流信息的方式，通常包括两方面的信息：图形或艺术的信息还有就是以注释、标题、尺寸等形式出现的文字信息。易读性和连贯性是好字体的关键因素。字体应该能够因为理解简便和外形美观而促进一张图纸的质量；它不应该减损图面或是被忽视，更不能难看。

徒手字体的技术会给设计师的作品增添风采和个性，但是无论采用何样的字体风格，统一都是重要的。这包括高度、比例、倾斜度线条力度、字母间距和单词间距。字母间距应该看起来相等，而不是要机械的测量每个字母末端之间的距离（图 4.4）。轻横向标线（使用 4H 这样的硬铅笔）应该用来控制字体的高度，而轻垂直线或倾斜线要用来保持字体全部垂直或倾斜。单词应该适当保持距离，而单词内的字母距离应该紧凑些。

如果你检查一下当今使用的字母和字体，显然绝大多数字母都是下列四种基本类型之一（图 4.5）：

- 罗马式：古希腊和罗马人使用过的，后来在 18 世纪时经过了现代化处理。罗马字母显示了极其优雅和高贵的姿态，它是我们最美丽的字体家族。
- 哥特式：这种字母是我们单划字体的原形，也是如今大多数设计师使用的基本风格。它读起来非常简单并且容易书写，作为商业性用字它已经使用了很多年，即印刷体。它的主要特征就是所有笔划的线宽相等。这种字体的变体很多，包括倾斜的、方性的、圆形的、黑体的、细体的和加衬线的种种。
- 手写体：手写字母本质上是连接式草体，类似于书法。当小写字母用在单词里或句子开头时，都是互相连接的。它们的特征就是自由书写的笔划带来的那种微秒的感觉和个人气质，但它不适用于专业正式图纸。
- 正文体（英格兰旧体）：最初由中欧的僧侣们记录宗教经文原稿所用。这种字母的特征就是不同宽度的笔划使用，由于当初使用的是平整大羽毛笔。这种字母不适合专业正式图纸，因为它难于阅读和绘制，并且在现代作品中也很少出现。

所有上面提到的字样都能够以斜体出现（经过倾斜处理的，细体铅字和曲线特征）。采

TYpogRaphY

abcdefghijklmnopqrstuvwxyz

0123456789

abcdefghijklmnopqrstuvwxyz

0123456789

ABCDEFGHIJK

lmnopqrstuvwxyz

0123456789

SPACING S P A C

正确的均等的字母间距 不正确的字母间距

SERIFS Serifs

图 4.4 当前常用的字样图例

用字样的特征应该和新作的设计相适应。如今有一种极为流行的设计很好的字体，可用于对压力敏感干转换纸型以及电脑字体。还有几本非常出色的书，介绍基本字体实践。

专业图纸绘制和制图技巧

不客气地讲，建筑绘图只有两种类型。第一种类型是专业格式，比如，工作图（也叫做施工图或者成品图）。第二种本质上是绘画图或艺术图，它更具有创造性，比如设计、表现图或概念草图。与艺术图相比，设计图一般含有更多的数据和信息（图 4.6）。这样的信

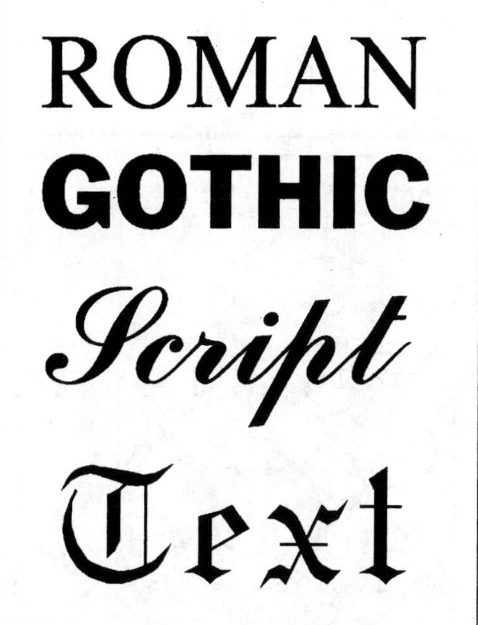

图 4.5 如今使用的大多数字母都可以分为四个基本类型：罗马式、哥特式、手写体和正文体

息一般包括：尺寸、材料和装修数据，室内和室外细部，还有结构上的、机械的、电气的、管道的和其他方面的信息——事实上，就是一个承包人在工程建设过程中需要完成的所有东西。

设计和表现图有着截然不同的用途或者功能，主要是为了介绍方案，在项目开始的设计深化阶段绘制的（为了通过业主的审查或者是为了竞赛）。这些包括色彩、阴影还有任何能使项目吸引业主（或是评判委员会）眼球的东西。设计图片常常包括透视草图或工程渲染图这些能使工程更容易理解或是增加工程吸引力的东西。图 4.7 表现了艾伯特萨姆·沙巴吉（Ibtesam Sharbaji）为一位中东的业主而作的一张周末度假别墅的表现图。墨水绘制的图纸包括建议的家具的布局和向业主展示方案的其他相关信息。

保罗·拉索（Paul Laseau）在他的《建筑表现手册》一书中，正确地指出了惯例在建筑表现领域中起到的基础作用，当然它们是处于具有普遍理解和感受的文脉当中的。它们基本上反映了一种我们可以从思想上组织的可供交流的共同语言。拉索说："惯例来自于历史上设计过程的实际需要，比如建立尺度、比例、维度的能力；在一个环境中穿行的时候所能确定的部分或全部景色；还有在质量上和数量上评价一个建筑设计的需要。立面、剖面、平面和透视图这些术语都是众所周知的，代表了一种设计师和他们工作团体之间共同

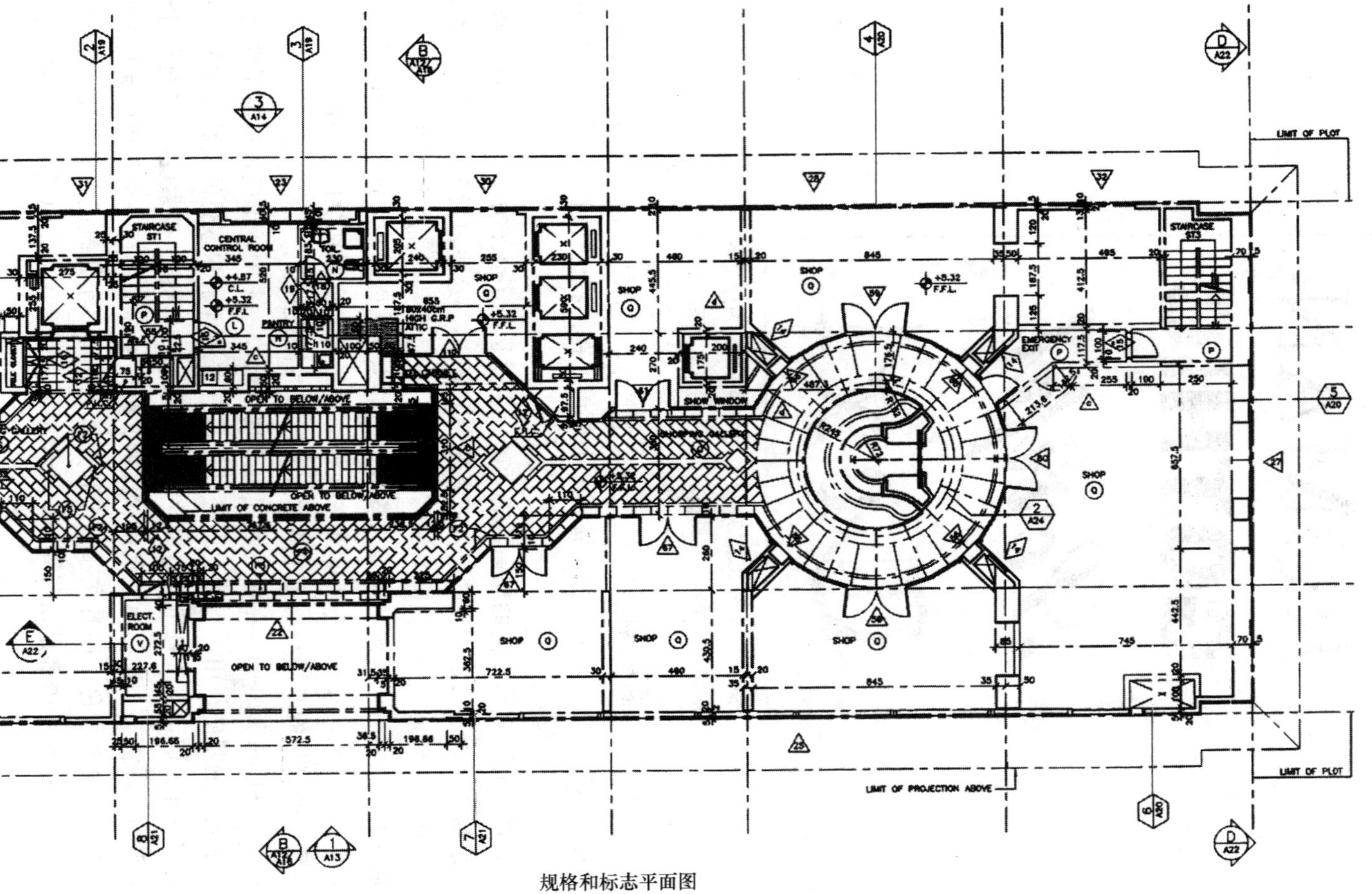

图 4.6 一个商场首层平面的一部分，表现了一些信息——总承包人或建造者在施工文件中必须有这些信息才能建造整个工程

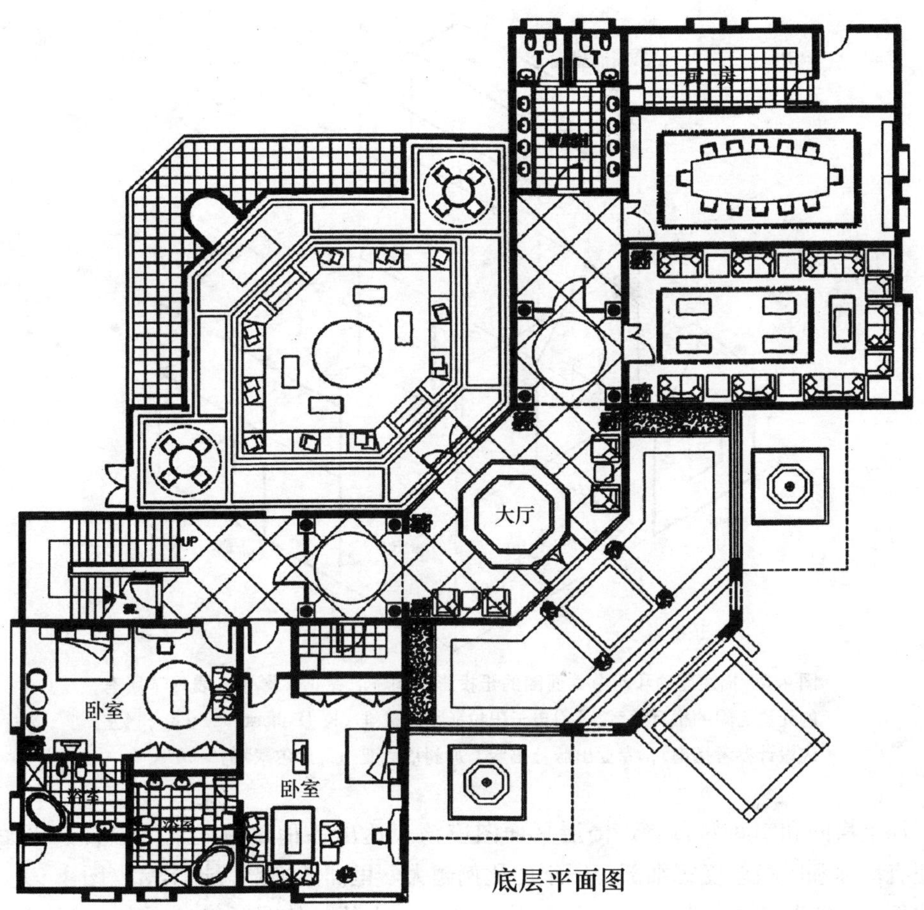

图 4.7　一张设计图纸的例子（和工作图纸相对），是艾伯特萨姆·沙巴吉（Ibtesam Sharbaji）设计的一所住宅的首层平面图

怀有的希望。”有三种类型的惯例：1. 正投影。2. 轴测投影。3. 透视投影。

正投影图和投影（二维制图）

普遍使用的正投影图纸包括平面图、立面图和剖面图。正投影图纸最明显的属性就是它的比例不变，也就是说图纸中所有的部分都不考虑透视或变形，保持它们原有的尺寸、形状和比例。因此，一扇 4 英尺的方窗不论它离我们的视点多远，经常可以画成 4 英尺（图 4.8）。

平面图是一个物体从上方看下去的正向景观投影。楼层平面图是平面图中最普遍的形式，用来描述建筑物的布局。一幅楼层平面图是从窗台水平线剖开建筑看到的建筑整体或

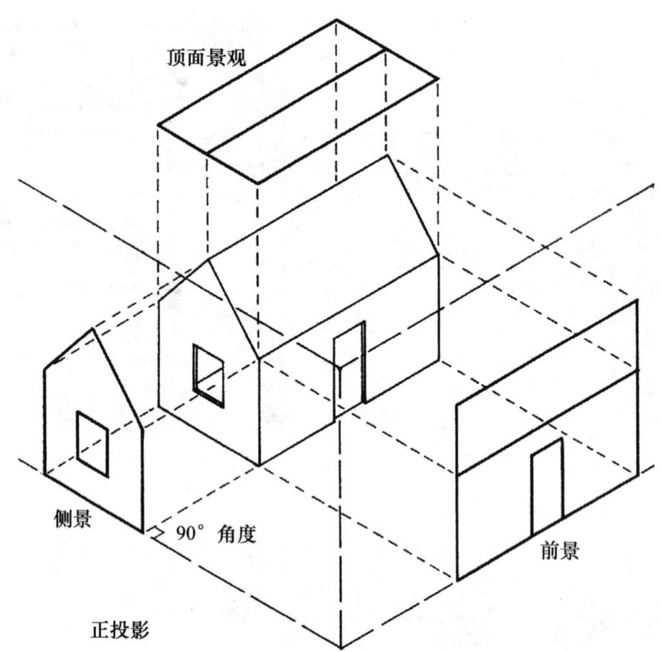

图 4.8 描述屋顶和两个立面图的正投影的例子。在正投影中，表现了所有的元素之间的相互关系。[引自于巴拉斯特·戴维·K（Ballast David K.）《室内设计参考指南》，专业出版社出版，加利福尼亚州，贝尔蒙特]

部分。加上房间和空间的布置，楼层平面图应该表达出各种建筑元素的位置，比如楼梯、门窗还有墙体和隔板厚度等细部。图纸的比例越大，里面的细部就越丰富（图 4.9）。因此，一幅比例为 1/4 英寸=1 英尺的图纸就比 1/8 英寸=1 英尺的图纸信息量大，也更详尽。其他类型的平面，包括表达场地布局的总图和反射顶棚平面图——它用来表示灯具和顶棚设计的特征。

反射顶棚平面图事实上是剖面图的一种变体，它表现了一个房间或空间顶棚的正投影。一般来讲，反射顶棚平面图是和楼层平面图一样的，在理论上都表现了顶棚相接触的构建元素也包括顶棚本身和顶棚上的装置。设计师经常很随便，有时候会表现一些并没有和顶棚发生接触的构件（比如门和橱柜），使承包人更容易按照平面施工。立面图是一幢建筑外观或内部的垂直方向的景观。室内立面基本包括墙面、隔墙的垂直前景等等，并没有使用透视（图 4.10）。立面图是必需的，因为平面图只能表现长度和宽度两个维度，并不能表现高度。立面图也能传达重要信息如材料和装饰类型，以及它们的范围。

剖面图也是一个物体的正投影视图，它补充了关于平面图和立面图的信息。正如这个术语暗示的那样，一张剖面图描述了将一个结构或者它的一部分垂直剖开，提供了详细清

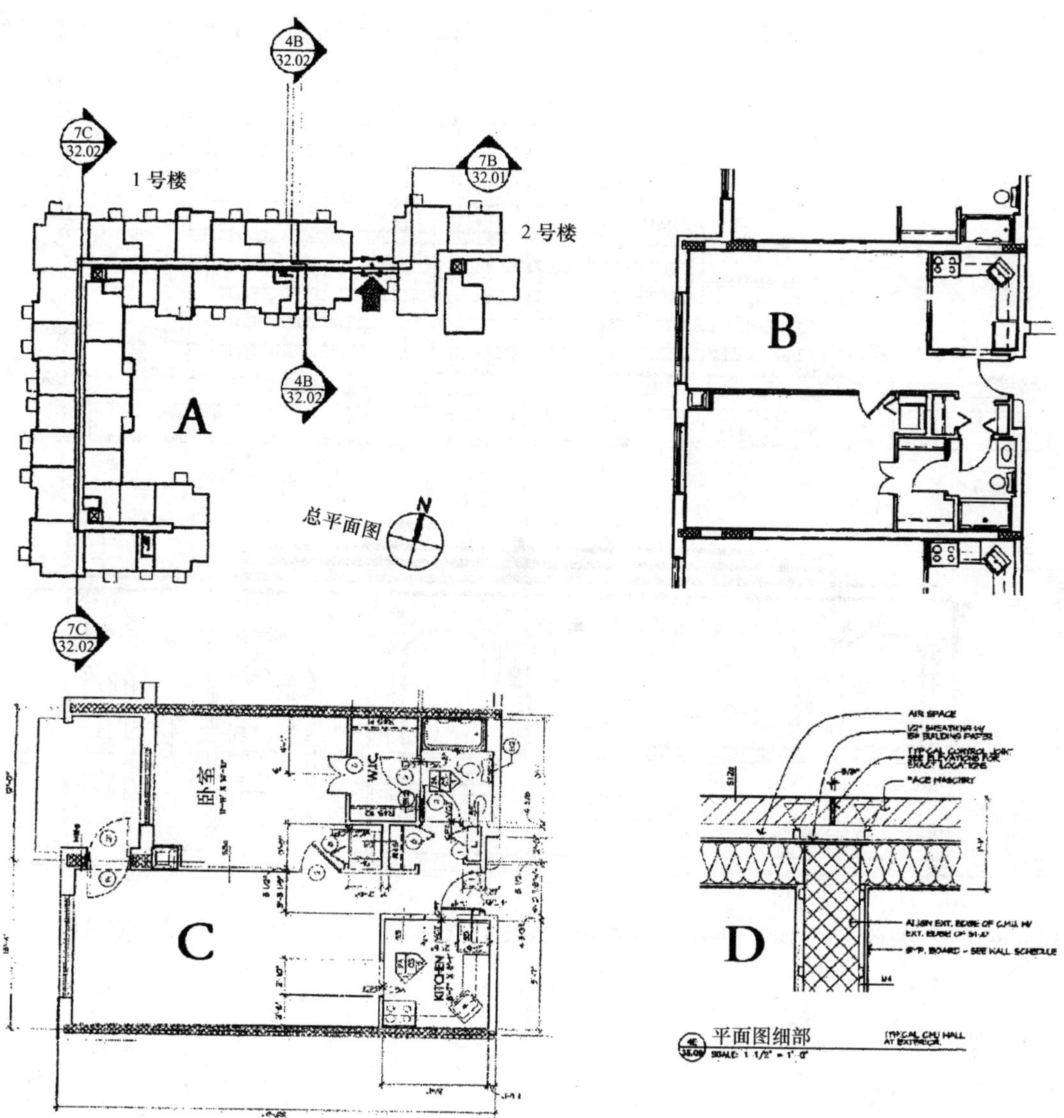

图 4.9　以不同比例绘制的图纸：A. 比例尺：1/500 B. 1/8 英寸 = 1 英尺 C. 1/4 英寸 = 1 英尺还有 D. $1\frac{1}{2}$英寸 = 1 英尺。注意比例尺是 1/500 的图纸大致上就是一个方框平面图，基本没有什么细节，因此不能按图施工，不像 $1\frac{1}{2}$英寸 = 1 英尺的图纸给出了详细表达设计意图的信息

楚的设计外观，加上平、立面图所不能单独提供的那些基本信息，比如门、窗和顶棚的高度，或是地板和基础的构造细部、墙壁凹进去的位置和深度等等（图 4.11）。加上上面的这些，设计师需要经常提供其他类型的具有详细细部和说明的图纸才能保证承包人能够按照

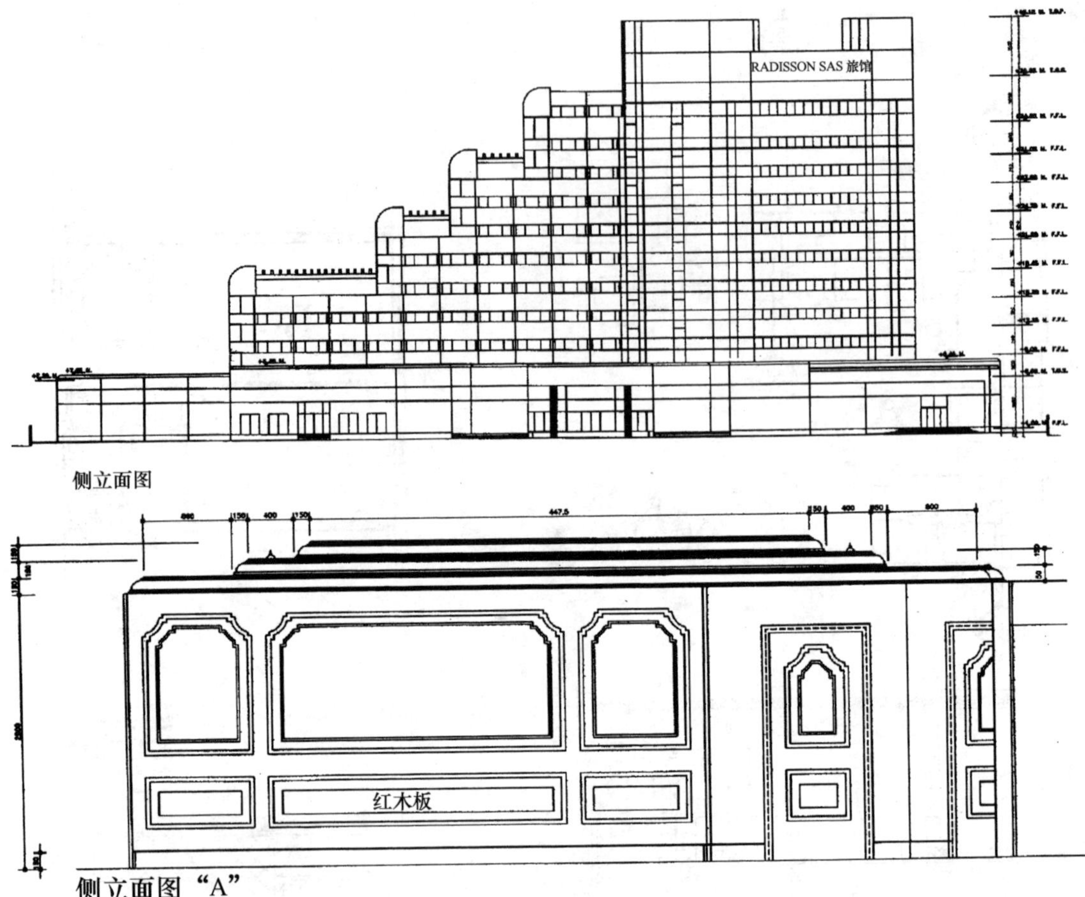

图 4.10 一座旅馆的外观立面图，比例是 1/8 英寸 = 1 英尺，并附有内部设计墙面的立面图，原比例是 1/2 英寸 = 1英尺

原始想法建造工程。

轴测（图示的）制图和投影

轴测制图用在表达三维空间感觉的图纸中进行信息交流。然而，它们和透视图有一个重要的不同，那就是：现实中所有的平行线在轴测图中都是平行的，而在透视图中它们最终会聚于一个灭点。

设计师认为轴测制图是设计并表达一个三维空间时的速记形式，因为它们便于施工，它们在设计师中间作为表现方法使用非常受欢迎。设计师也喜欢使用轴测画法是因为它们有不变的比例，这使得它们尤其适于使用现代技术的革命，包括现代电脑绘图飞速发展的

图例

1. 毕业生办公室
2. 实验室
3. 系办公室
4. 采光天井
5. 主入口
6. 小树林

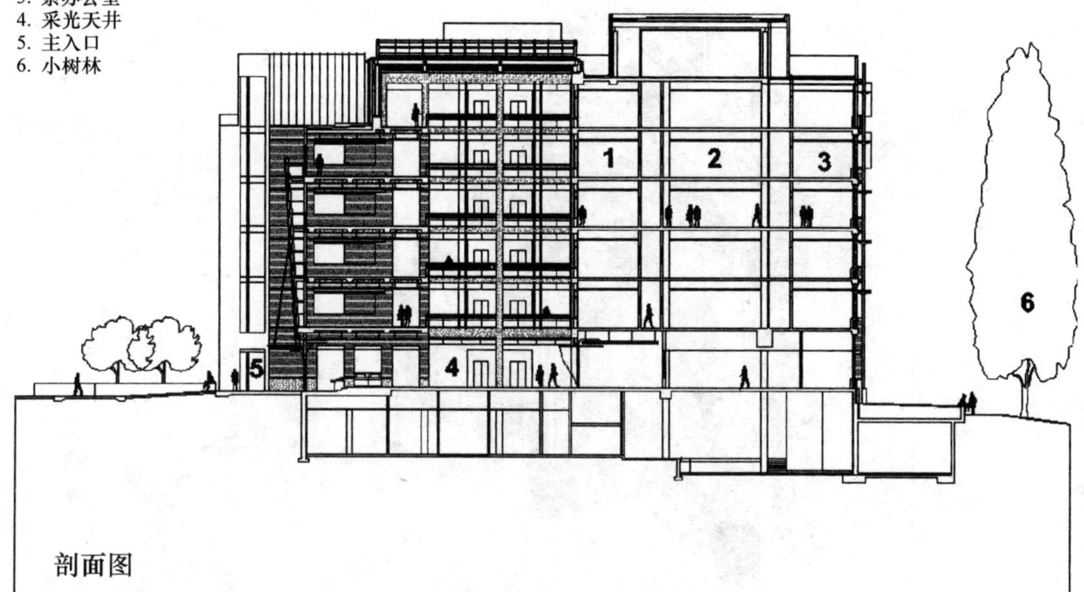

图 4.11　一幢建筑的设计剖面图例子。(由计算机科学和工程学部，华盛顿大学提供)

能力。轴测图在目录编制业、文献销售业还有技术工作等方面也被广泛使用。

有几种轴测制图和轴测投影，每种都有自己的名字，并且都离不开投影的方法。对于空间规划师和设计师们来说，最重要的包括三种基本类型：几何轴测法、平面倾斜画法和立面倾斜画法。

轴测图

轴测图是指一种经过精确测量的画法，描述了物体沿它的轴线进行旋转并且从一个规则的平行位置倾斜到具有三维立体感觉的位置（图 4.12）。轴测画法的主要优点在于你可以利用一张正投影平面开始绘制而不需要重新画什么。这个平面按照所需要的角度稍微倾斜了一下就行。在欧洲大部分地区，轴测图的轴线一般在 45°角上，而对于等角投影图来说，轴线是在 30°/30°或者 30°/60°角上。

轴测图的画法可以有好几种，最普遍的画法就是正等测、斜二测和斜三测画法。图 4.13 描述了不同类型的轴测画法。

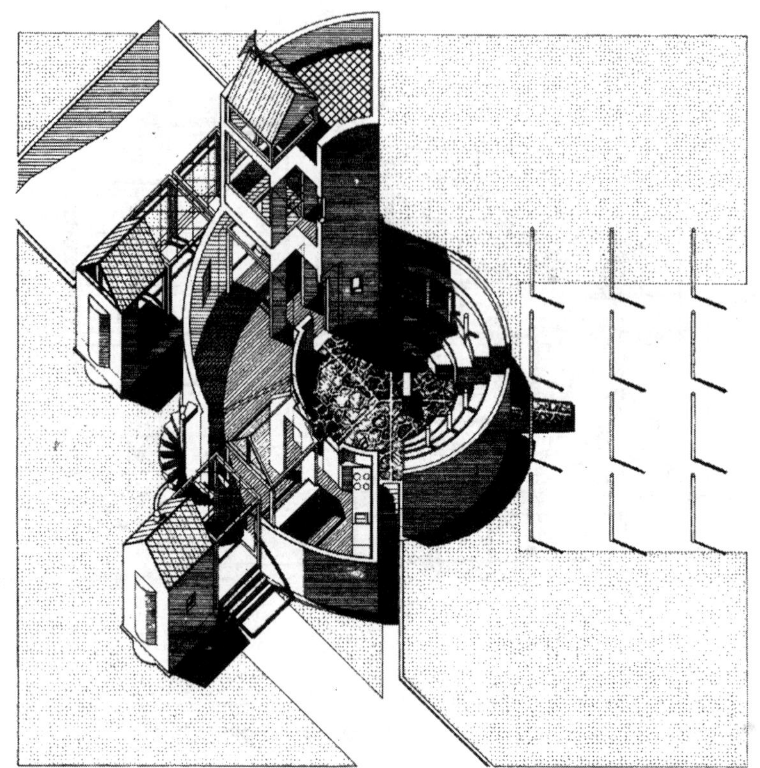

图 4.12 布赖恩·希利（Brian Healy）绘制的轴测图例子。（引自于保罗·拉索编著的《建筑表现手册》，麦格劳-希尔出版社出版，纽约）

正等测投影画法

等角投影画法描绘了一个物体的三维景观，这个物体有两组水平线画出来夹角相等，所有的垂直线画出来都是垂直的。结果画出来以后，所有的三个角都是从一个中心点等分，所有的三个同时看到的平面都是同等重要的。正投影画法不能用于正等测画法。

你可以使用任意角度去绘制一张等角投影图，但是最普遍的是采用 30°角，因为它是一个标准的三角形，使一个物体看起来更加真实。等角投影的绘制方便快捷，并且能够以任何合适的尺度进行测量。

斜二测投影

一个斜二测投影是指物体在下面这种放置情况下的轴测投影：它的两条主轴线和投影平面的夹角相等，而第三条轴线和平面的夹角要不小些，要不大些。

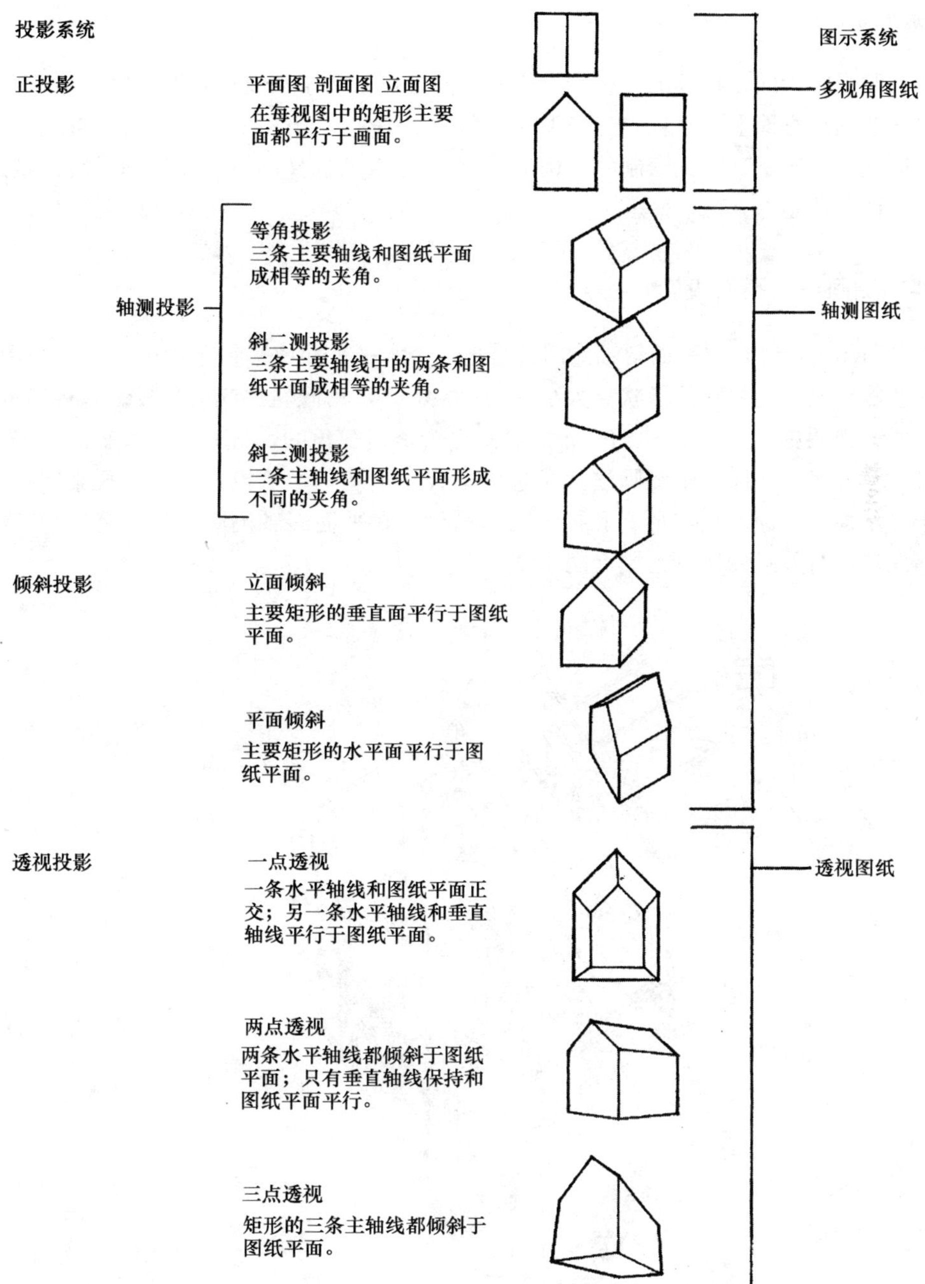

图 4.13　设计师们使用图解来描述不同的图示和投影系统。[引自于钦·弗兰西斯（Ching Francis D. K.）和朱若斯泽克·斯蒂文·P.（Juroszek Steven P.）图纸设计。范·诺斯特兰·莱因霍尔德（Van Nostrand Reinhold），纽约，1998 年出版]

斜三测投影

斜三测投影指的是物体的一种轴测投影，而且任意两条轴线和投影面的夹角都不相等，因此在投射到投影面上的时候，三条基本轴线中的任意一条和平行于它们的直线，分别有不同的透视缩短比例（因此绘制的比例不同）。广角度的选择能够使设计师对图示景观有相当的灵活性和控制力。

平面斜轴测画法（平面投影）

钦（Ching）指出："平面斜轴测图就是把一个水平平面或平行于画面的平面视图倾斜，这样的话能够显示它的实际形状和大小。"一个 45°/45°角倾斜比起等角投影有更高的视角，对水平面的强调更多。一个 30°/60°角的倾斜也会是高视角的，且一个垂直平面上得到的强调比另一个要多。平面斜轴测画法是通过对垂直元素从一个正投影面向上投影得到的。这就便于显示横向平面的真实形式和描绘图形平面。在平面斜轴测图中，所有的垂直线和平行线都保持平行并且按比例绘制（图 4.14）。

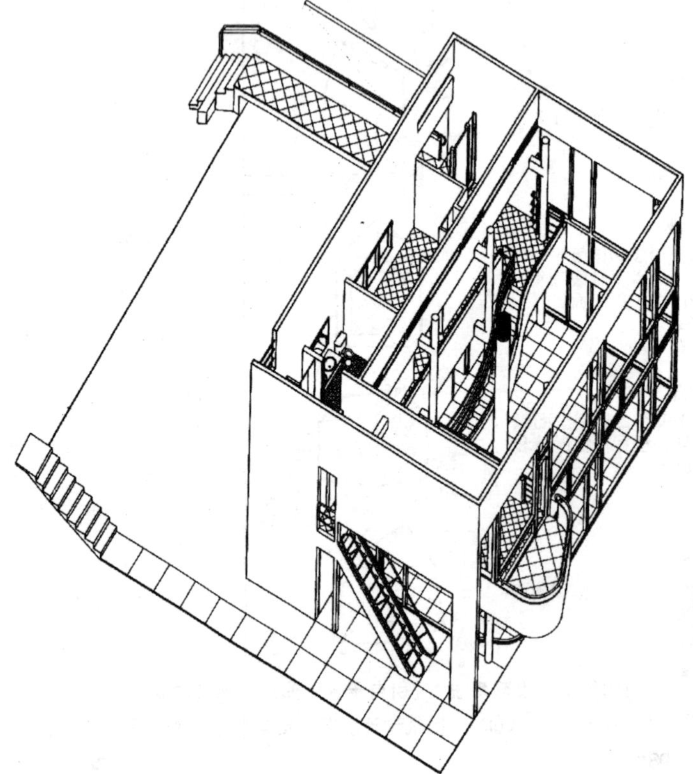

图 4.14 由山姆博格（sham berg）家族的理查德·迈耶（Richard Meier）绘制的一个平面投影图的例子。平面投影是最普遍使用的轴测画法。（来自于保罗·拉索编著的《建筑表现手册》，麦格劳-希尔出版社出版，纽约）

立面倾斜

立面倾斜就是把主要垂直面旋转到与投影面平行，从而显示它的真实形状和大小，反过来，我们可以直接从主要面的立面视图直接创立一张立面倾斜图。这一面通常是物体的最长、最重要的立面。倾斜画法反映了平行于投影面的平面的真实形状和大小，而不是把视者固定在于一个位置，这种画法允许视者有许多观察点选择。

透视图

透视图是一个在平面上表现三维空间的系统。它背后的基本原则很简单，并且和人们对空间及空间中物体的真实感受有关。它基本上依赖于四种相互关联的标准，这几种标准总是会影响最终的绘图结果：我们观察场景时眼睛所在的水平高度，将决定视平线的位置；从图平面到物体的距离，从站点到物体和视锥的距离以及物体和画面的夹角。

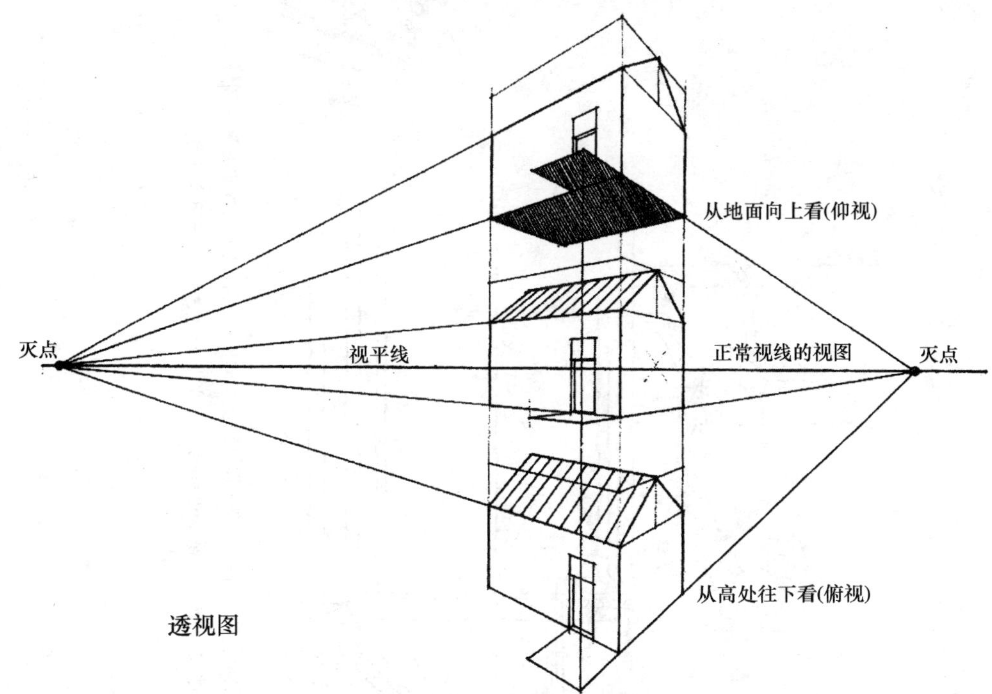

图 4.15　透视图基本上取决于我们观察景观或物体的时候眼睛的水平高度（视平线）以及我们和物体之间的距离。当观看一个低于视平线的物体的时候，它的顶部就可以被看到。当观看被视平线一分为二的物体时，顶部和底部都看不到。当物体高于视平线的时候，物体的底部就会被看到。[引自于钦·弗兰西斯 D. K.（Ching Francis D. K.）和朱若斯泽克·斯蒂文·P.（Juroszek Steven P.）图纸设计。范·诺斯特兰·莱因霍尔德（Van Nostrand Reinhold），纽约，1998 年出版]

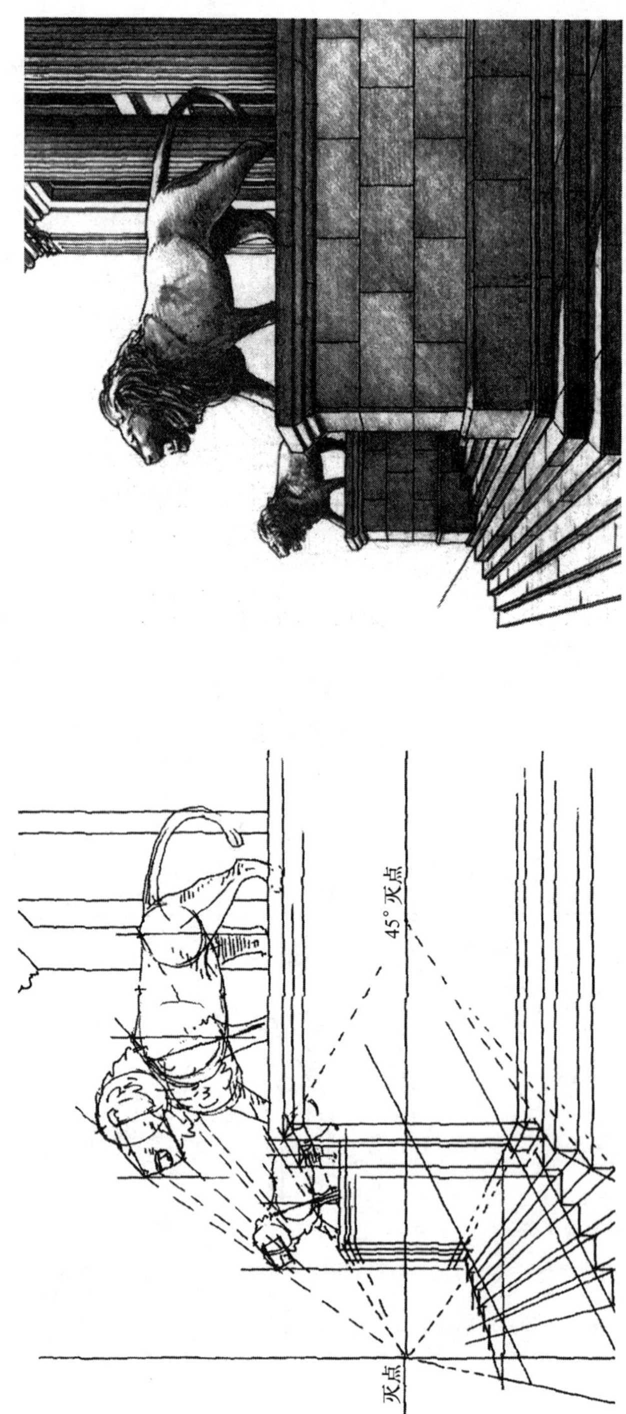

图 4.16 图景中彼此平行的直线都会聚于视平线上共同的一点。这个直线的会聚点叫做灭点。[引自于蒙塔古·约翰 Montague John 的《基础透视画法：视觉入门》，约翰·威利（John Wiley and sons. Inc.）出版社，纽约 1998 年出版]

透视的原理——在同一个平面中的平行线看起来将会会聚于一个在水平线（视平线）上的点。这个表面上看起来的会聚点叫做灭点（VP）。这和我们是不是以某种角度观看物体没有关系，比如从一个拐角处观看建筑物或是窥视一个空间或一个房间。（图 4.16、4.17）大体上有三种基本的透视图形式，它们是：

- 一点透视
- 两点透视
- 三点透视

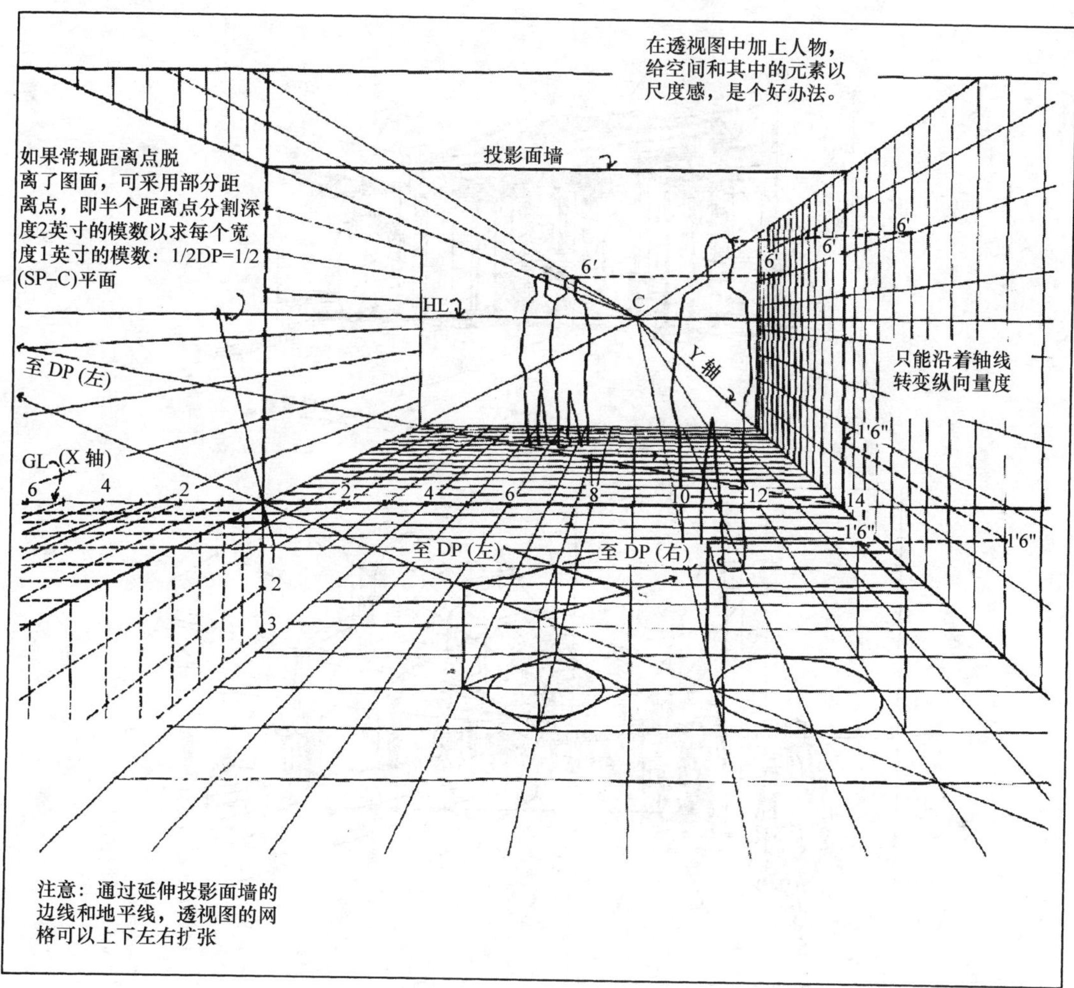

图 4.17　站点的高度决定了一个建筑物或物体外观景象。[引自于钦·弗兰西斯（Ching Francis D. K.）和朱若斯泽克·斯蒂文·P.（Juroszek Steven P.）图纸设计。范·诺斯特兰·莱因霍尔德（Van Nostrand Reinhold），纽约，1998 年出版]

一点透视（平行透视）

一点透视描述了有一条边平行于画面的（和观察者的视线正交）一幢建筑物或一个室内空间。这些平面内所有的垂直线和水平线都保持垂直或平行，同时尺度缩短的平行边由会聚于灭点（VP）的直线确定，灭点经常就在视图之中。图 4.18 和 4.19 中的例子就是对典型地一点透视的图示。

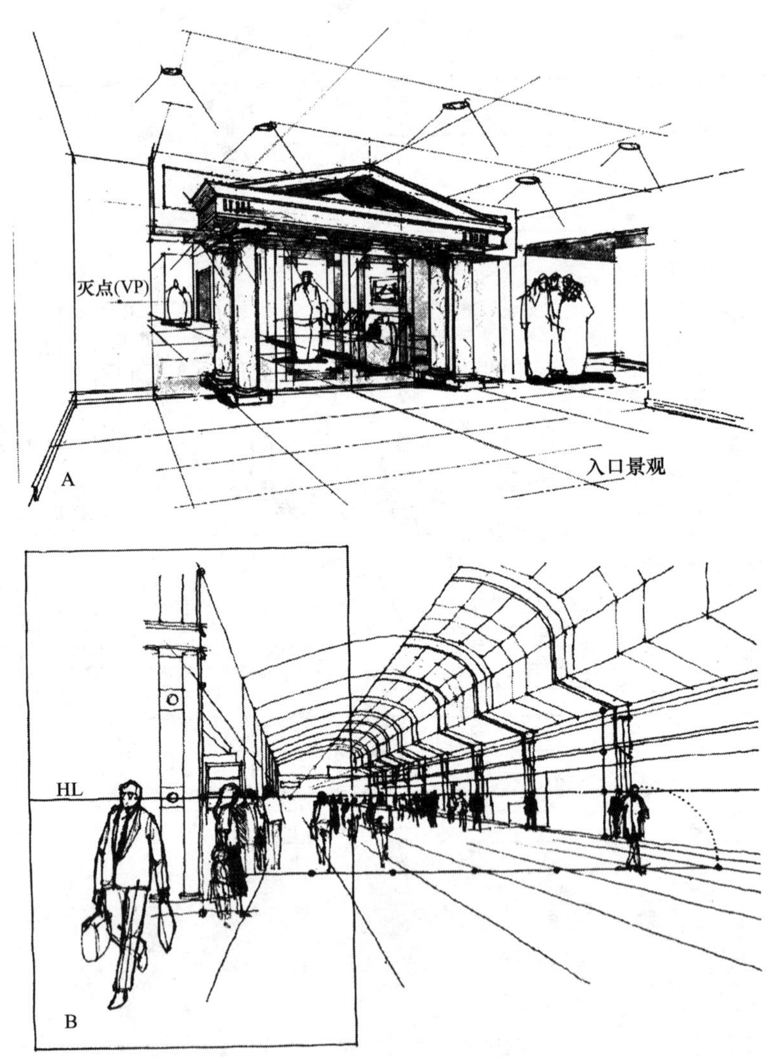

图 4.18 两个一点透视的例子。[图 4.18B 引自于钦·弗兰西斯 D. K. （Ching Francis D. K.）和朱若斯泽克·斯蒂文·P. （Juroszek Steven P.）图纸设计。范·诺斯特兰·莱因霍尔德（Van Nostrand Reinhold），纽约，1998 年出版]

图 4.19　两个一点透视的例子。[由艾伯特萨姆·沙巴吉（Ibtesam Sharbaji）绘制，库贝设计事务所提供]

为了建立一个一点透视，要将立面的拐角点和灭点连接起来，并且利用视线划分出景深感觉。一点透视经常用来绘制室内空间，因为它们除了绘制了两面缩短的侧墙面以外，还对墙面给出了一个精细的描绘。

两点透视

在两点透视中，垂直线维持其垂直状态，但是两组主要的水平线要倾斜于画面了，并且分别会聚于视平线上它们各自的灭点（图 4.20）。我们沿某个角度观察物体，两者之间的距离决定了灭点在视平线上的位置。为了绘制一张两点透视图，连接拐角的高度线和或左或右的灭点并利用平面中的视线会分出物体的景深感觉。画两点透视和一点透视的方法大致相同，只不过前者需要找到两个灭点。阴影在透视图中经常要用到，给我们一个更好的景深感觉和空间或物体的形式感。阴影和映像的绘制都要依据同样不变的透视规则。

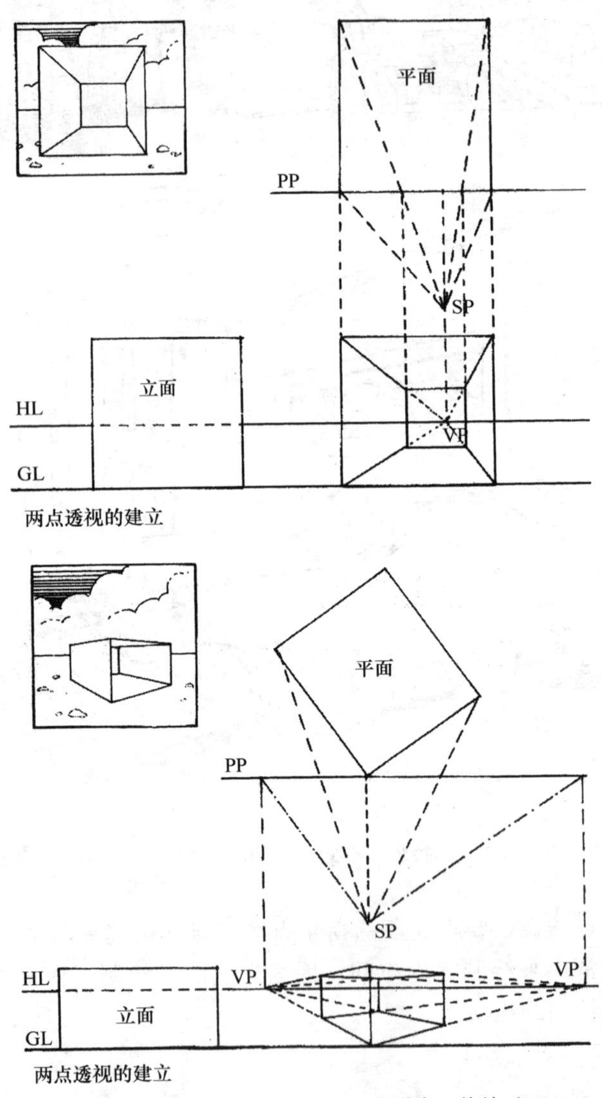

图 4.20 建立一点透视和两点透视的全过程。［引自于蒙塔古·约翰（Montague John）的《基础透视画法：视觉入门》，约翰·威利（John Wiley and sons. Inc.）出版社，纽约，1998 年出版］

三点透视

在一点透视和两点透视中，观察者的视觉中轴线始终是水平的，并且画面始终是垂直的。而在三点透视中，物体或是倾斜于画面，或是观察者的视觉中轴线向上或向下倾斜，同时画面也是倾斜的（图 4.21）。三点透视经常是这样的，观察者离物体非常近，或者物体非常大，它在建筑表现中不经常用到。

图 4.21　保罗·斯蒂文森·奥莉（Paul Stevenson Oles）绘制的室内三点透视图。共和国银行大厦方案。达拉斯（Dallas），TX. 斯基德莫尔·奥因斯（Skidmore Owings）和梅里尔（Merrill）建筑师事务所——芝加哥。[引自于拉索·保罗（Laseau. Paul）《建筑表现手册》，麦格劳-希尔出版社出版，纽约]

徒手草图

将设计概念用草图精确快速地表达出来是一个了不起的创造同时也是一种交流工具，这必须经过坚持不懈的训练。图 4.22 表现了一个带有注解的徒手草图，用于图示一个网络咖啡厅的电脑桌深入设计的实际应用。另外，徒手草图不仅仅对设计师的绘图技术和空间感觉有帮助（见图 4.23），还能在工程的设计深化阶段及其前一阶段便于进行美学的分析，还能向业主展示初步的设计概念。

表现技巧

空间规划设计师和设计师们使用的表现图不是为了说服一个可能的业主委托他们设计方案，就是为了使开展的设计任务尽快通过。在第一种情况下，可能的业主没有与设计师签订合同。这里，表现图在没有合同或任何定金的情况下，主要是为了通过此种途径获得委托。

第二种类型的表现图和业主授权的工程有关，为了它空间规划师或设计师在继续深入工作前先寻求通过其为特定阶段确定的或完成的想法和概念。这种类型的表现图是设计师的工具同时也是交流的方式（图 4.24）。

弗兰西斯·钦，一位著名的教育家和作家，指出一个有效的表现图应该具有几个关键的特征：

- 一个视觉重点：钦说一张表现图“应该和设计主题的中心概念一致——图表/提取/覆盖图是表达设计方案各个方面的有效方法，尤其是当它们和更多的通用建筑图纸有关的时候。”
- 统一：效果好的表现图是和谐的，并且要有一个统一和基本的概念，没有和整体脱离的个体。图纸和画板的开本型号应该相同，纸或板子的色彩和材质应该保持协调一致。字体和标题应该整洁优雅、大方得体而且要贯穿始终。
- 连贯性：琴说“表现图的每一个片断都应该和前后的部分有关系”，因此，一定要加强表现图所有部分之间的关系。
- 高效并且经济实惠：“少即是多”是密斯·凡·德·罗一句有名的格言，而且绝对适用于表现图技巧。好的表现图是经过有逻辑有次序地组织的，为的是清楚明确而且美观。画面不应该看起来很拥挤。

这种表现图有助于业主更好地观察和理解设计意图和设计解决方案。设计过程有了业主的参与是大有裨益的。然而，只有对方案有了深入的理解，业主才能高水平的参与设计。设计表现图一个公司同另一个公司在格式上和复杂程度上差异很大。同样也没有现成的规

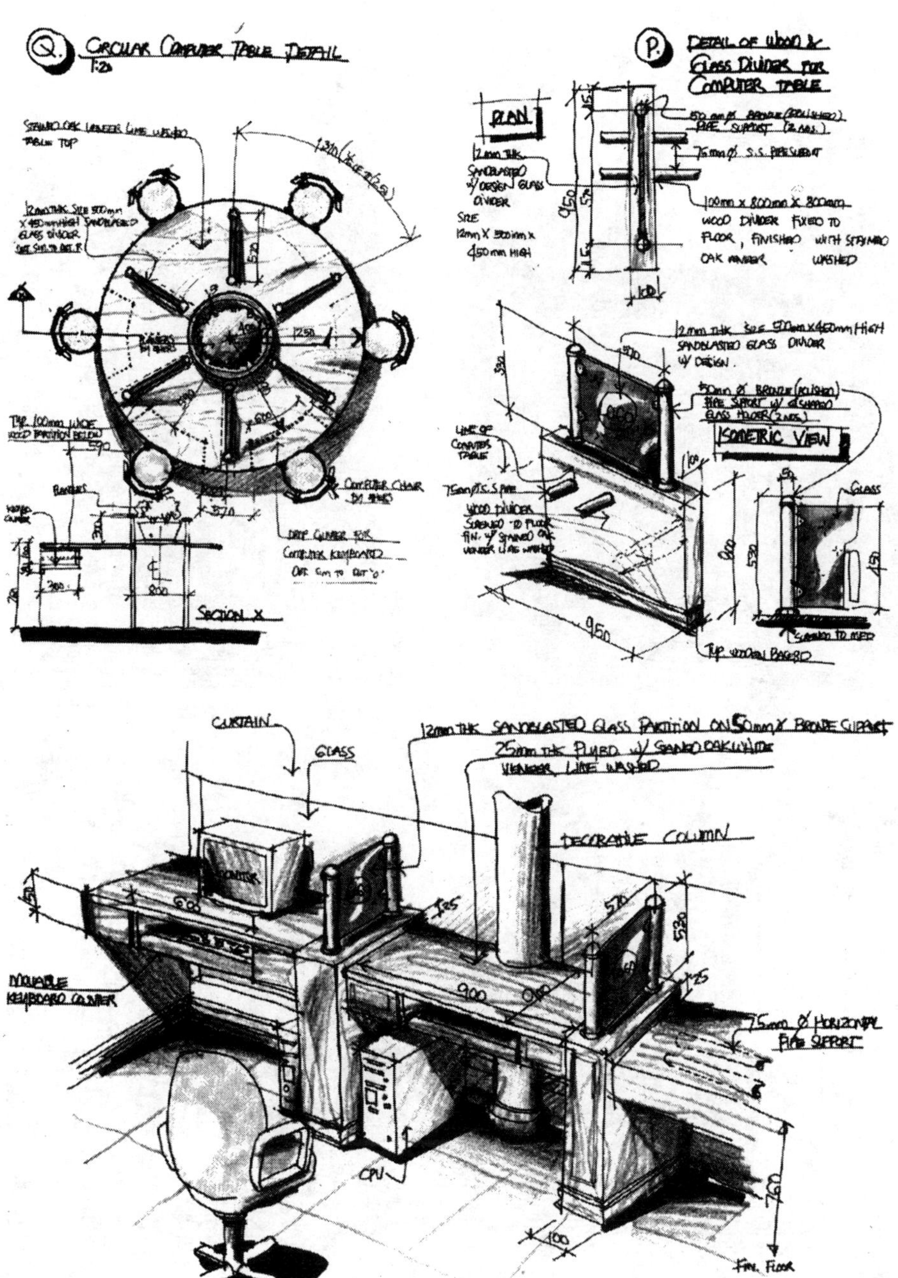

图 4.22　在设计细节深化阶段徒手草图的用途。要注意草图都是足尺的（米制），附有注释，可以直接用来制造产品

保罗·拉索-巴黎沃日广场

迈哈默德·比尔本斯-伦敦圣保罗大教堂

布赖恩·克莱姆里斯-罗马西班牙大广场

图 4.23 由三位不同建筑师绘制的徒手草图例子。[引自于拉索·保罗（Laseau. Paul）《建筑表现手册》，麦格劳-希尔出版社出版，纽约]

政府内阁设计方案——接待大厅

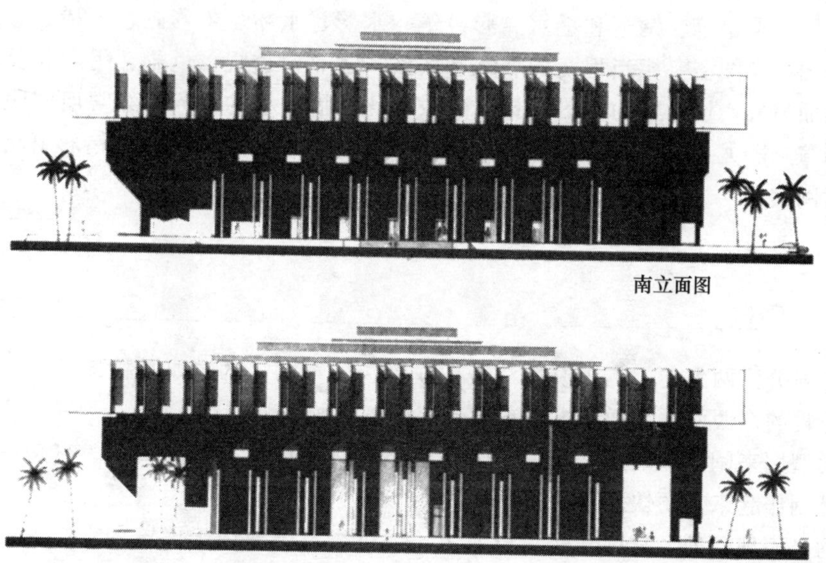

政府内阁设计方案——立面图

图 4.24　表现图在设计竞赛中取胜和说服业主相信设计的优点有着关键性的作用。上面的设计是作者做的，赢得了国际设计竞赛——阿布扎比组织的政府内阁建筑设计的一等奖

则，因此选择的表现图类型会依赖于以下几个因素：包括工程大小、设计意图、是否为个人、公司董事会或是委员会。必须记住一点：表现图仅仅是一种实现结果的手段；它们不应该遮住我们的主要目标和任务，它仅仅是表现设计概念。

渲染

迈克尔·多伊尔（Michael Doyle），在他的《色彩绘画》一书中写道："建筑物是由各种各样的材料搭建而成的，建筑绘画也是如此——无论室外、室内还是园林风景——在我们掌握了如何表现这些材料之后都可以进行表现"（图 4.25、4.26、4.27）。渲染图是交流工具，因此也应该清楚精确地表达设计师的设计意图。

在绘制渲染图之前，设计师应该和相关方讨论（譬如说业主、评审员或是评审委员会），决定哪些信息需要表现，细部表现到什么深度。这个对话将揭示工程特征和细节，关于这些图给谁看，最重要的为什么需有这些图。因为这些因素对绘制什么样的图影响很大，所以这些信息是无价的。

有许多种渲染图的类型和风格，成功的渲染图是利用所有不同类型的艺术媒体进行绘制的。最常用的是铅笔、钢笔和墨水、彩色笔、水彩、水粉、蛋彩画、丙稀、彩色蜡笔还有炭笔。好的渲染图需要相当程度的训练和实践，还有对透视、色彩、阴影和反射最基本的理解。然而另外，设计师的绘图方式正向数字化发展。小的事务所经常雇佣职业高手来替他们绘制渲染图尤其对于重要的表现图来说。有许多关于这个主题的精彩书籍，读者应该多多参考阅读。

建模

模型一般分为两大类：工作模型和表现模型。本章的目的主要是概述模型制作和有关空间规划过程的东西而不是详细讲解它们是怎样制作的。

工作模型用来阐明和确定空间关系，还有建筑物和场地之间的关系。它是一个创造性的工具并且制作起来方便快捷，材料还不贵。

相对的，表现模型经常用来展示给业主、评审委员会或用于展览。它们可以简单或复杂，但是经常都是小心翼翼制成的（图 4.28）。目的是为了推销工程方案。

模型通常在视平线以下，这在某种程度上稍微令人遗憾，因为建筑物看起来不会是那个样子的。这就给了屋顶区域和模型的上部以不成比例的强调。为了补偿这些问题，我们需要举起模型进行旋转（如果可能的话），来从不同角度观看。另外，模型一般是按照一个特定比例制造的，这由工程的规模和模型的表现意图两者决定。例如，一栋房子的模型可

图 4.25　表现同一建筑处理的两张不同渲染图，作者为阿布扎比的旅馆方案所作，并提交给马瑞奥特旅馆评审组。设计师需要提及的往往不止一张图纸

图 4.26 两张使用了不同表现技巧的渲染图。上面的那张渲染图是华盛顿大学的 CSE 大厦。(由华盛顿大学计算机科学和工程系提供)。下面的那张渲染图是亚拉巴马大学谢尔比（Shelby）大厅的室内楼梯。(由 HOK 建筑师事务所提供)

图 4.27　上面的插图是室内照明的示意图。[由科瑞恩（Crane）数码公司，福特·柯林斯（Ford Collins）设计，美国科罗拉多州提供]。下面的渲染图是莫瑞娜（Marina）大厦。[由约翰·斯图尔特·普赖斯（John Stuart Pryce）提供]

上面的模型：纽约布鲁克林区

左面的模型：波兰的韩国大宇集团中心

右面的模型：得克萨斯州的圣安东尼奥 (San Antonio) 的卡勒韦 (Callaway) 住宅

图 4.28 专业表现模型的例子。[由哈沃德（Howard）模型公司，俄亥俄州的托莱多（Toledo）提供]

能是按照 1/32 英寸（1∶400）的比例制造的，那么它所表现的细部内容是很有限的而不是全貌（图 4.29）；建筑模型的比例可能会是 1/8 英寸（1∶100），而房间的比例则是 1/2 英寸（1∶20）。模型比例越小，它所能表现的细部内容就越少，反之亦然。

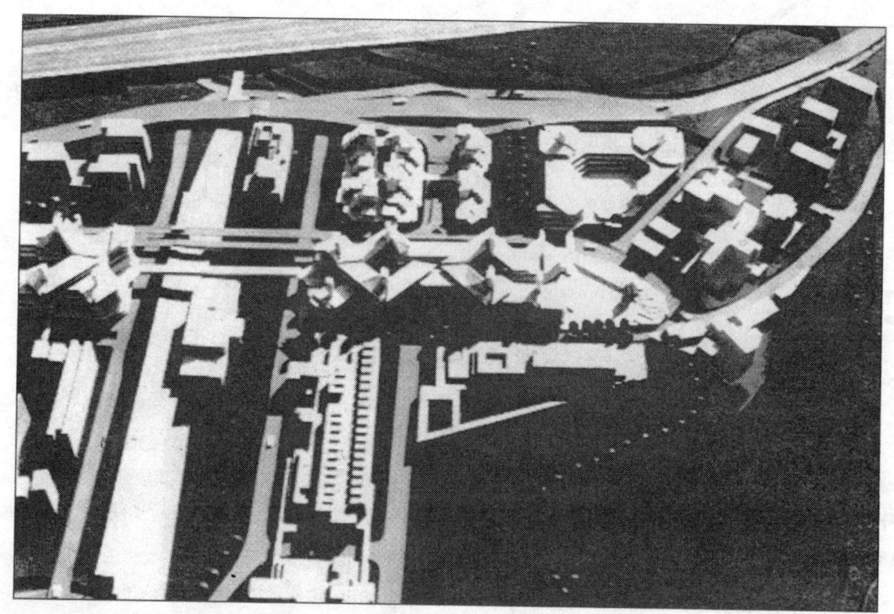

图 4.29　作者为意大利佩鲁贾（Perugia）设计竞赛所做的一个简单的方块模型。设计中的建筑使用了轻质木板制造，道路是涂上颜色的卡片，场地等高线和现有建筑用的是软木材料

模型制造材料和设备

需要的材料和设备取决于模型建造的类型。一些专业的表现模型可能需要特殊的设备，但是对于一般模型来说，下面的可能会用到：

- 有用的器械，可回收刀片的美工刀、手持式切板刀具和斜角曲尺。
- 金属尺、比例尺和两脚规。
- 三角板（30°/60°角和 45°/90°角）和圆模板。
- 胶粘剂——白胶水、橡胶胶水或喷雾式胶粘剂。
- 插图板、优质纸板、轻质泡沫板、轻质木板、椴木和硬纸板。
- 带刻度的物体：比如树木、车辆、人和表面装饰物（砖块、石头等等）。
- 其他材料：包括涂料、砂纸、塑料（清亮的，有颜色的）。

多数建筑模型需要一个基础：这代表场地或场地的一部分。有了场地水平面，模型可以放置在一块平板上，带有街道、小路、人群和景观美化等表现要素（图 4.30）。在空间设

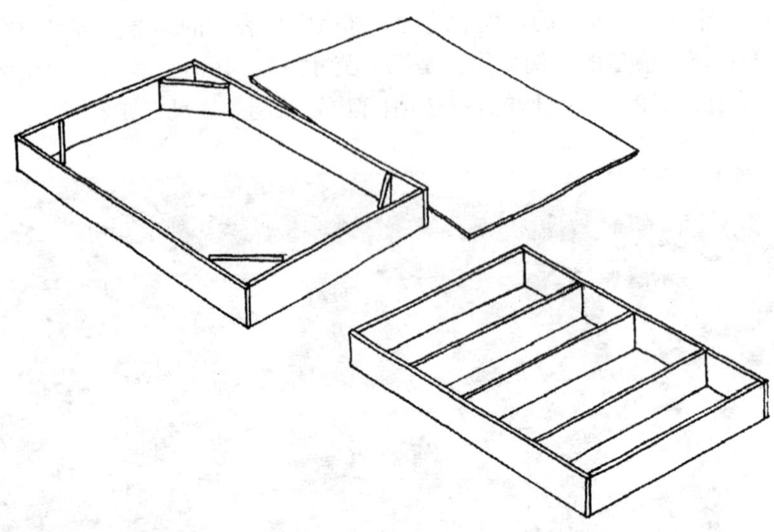

图 4.30 如何制造一个简单的水平场地基础。(引自于萨瑟兰郡的玛撒，模型制造：入门指南。纽约，1999 年W·W·诺顿公司出版)

计模型中，模型可能包括底层布局，因此场地可能不会被看到，因为挡在外面的墙体描述了模型的各项参数。

带等高线的基础比较难制造，这取决于场地地形的复杂性。如果场地地形是一个缓坡，那么斜坡可以融入到基础中来。场地的坡度是指它的斜坡高度（高度单位以英尺或者米来计量）和它的坡道水平长度（水平距离以英尺或者米来计量）。这就是说，一个坡度为 1/10 的场地水平距离每增加 10 英尺高度就升高 1 英尺。在图 4.31 中表现了几种制造坡度场地的方法。复杂的等高线可以用几层图板、硬纸板或者其他厚度类似的材料建起来，等高线的升起高度要合乎比例。因此，一个 1/8 英寸的插图板的厚度对于一个为高度增量 1 英尺或其倍数，比例是 1/8 英寸＝1 英尺的等高线模型来说正合适。等高线要分别按照它们的海拔高度进行标注，计量单位是英尺（或者是米）。这些信息来自于地形图或者测绘。

为了制造一个等高线基础，你需要按比例打印几张按比例的原等高线图纸。这些作为等高线图案使用，像插图中显示的那样制造等高线基础。基础可以是实心的，也可以是中空的。在实心的等高线中，它们可以覆盖整个掩藏在等高线边缘下的基础。这种设计最结实，而且不需要其他辅助物在下边支撑。各个等高层分别按照图案切好，并粘在适当的位置。中空的基础技术有时候为的是降低造价，减轻模型重量，使用的材料要少的多。这种制造方法使用礅子垫在等高板下面，就像插图中绘制的那样。图 4.32 是一个设计师就可以制造的简易模型的例子。

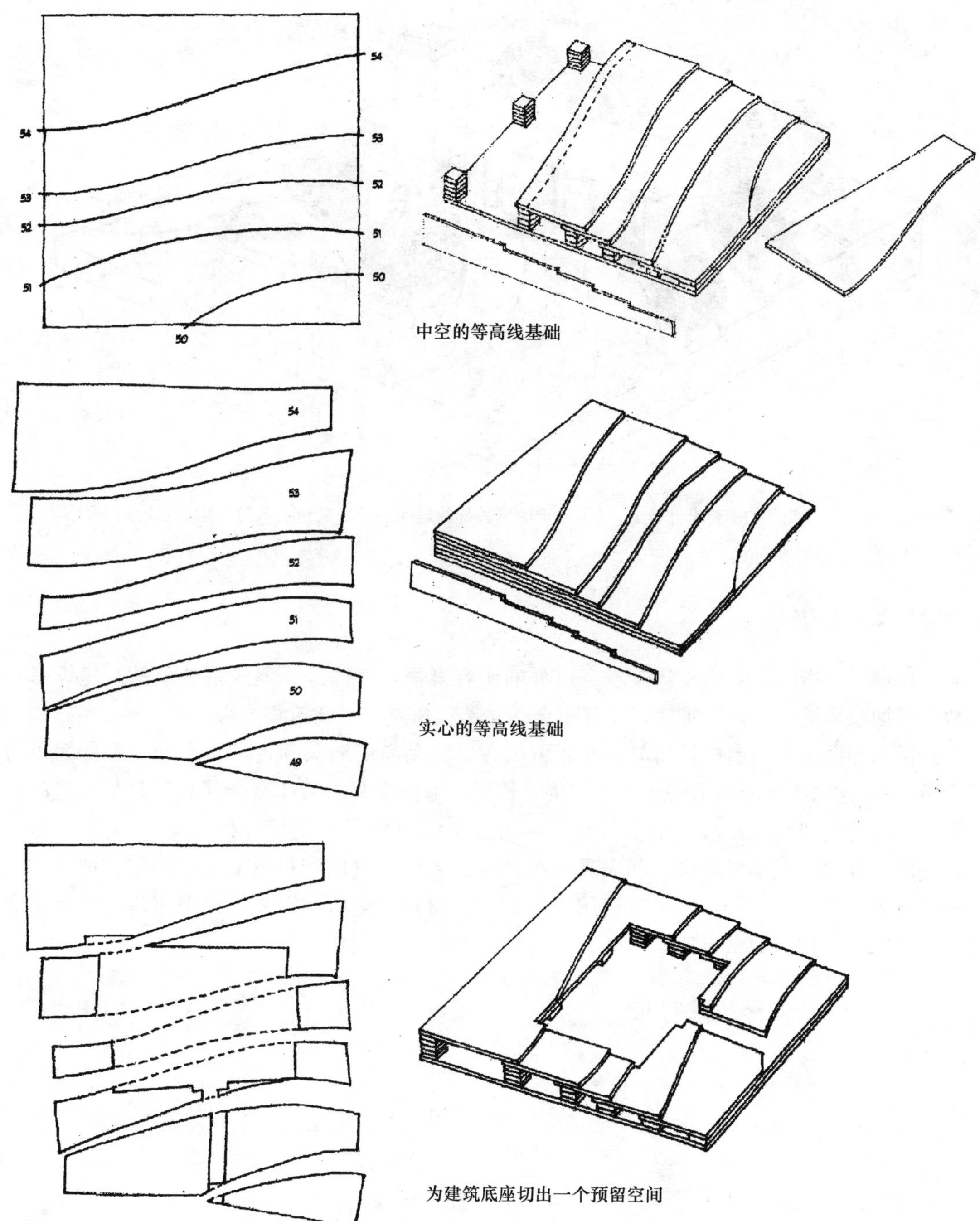

图 4.31　如何制造等高线模型。(引自于萨瑟兰郡的玛撒，模型制造：入门指南。纽约，1999 年 W·W·诺顿公司出版)

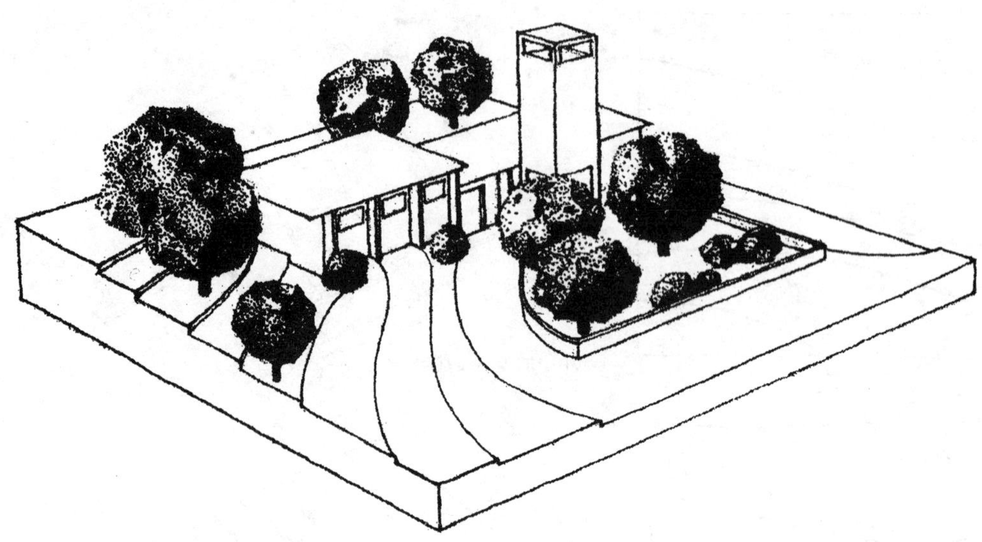

图 4.32 一个简单的参赛设计模型。(引自于萨瑟兰郡的玛撒，模型制造：入门指南。纽约，1999 年 W·W·诺顿公司出版)

环境和其他要素

环境一词指除了陆地或建筑本身以外的所有事物，可以是具象或是抽象的。建筑师一般选择抽象环境来取得连贯性，并且不会转移工程焦点——建筑物本身。

树木和灌木丛的制造很简单（或者可以在工艺品商店购买到各种尺度和类型的缩小仿真模型），这取决于所制造的模型。海绵、棉絮，泡沫聚苯乙烯还有金属丝都是很理想的材料。机动车辆和行人在模型中也很有用，因为它们给出了尺度和一种运动的感觉。此外，最终的选择取决于模型的尺度和表现意图。其他类似于材质和材料变化（例如，玻璃和混凝土或者沥青相对）等元素可以使用染色的材质材料、塑料、镜片等等来实现。还有无数的专业纸张，它们印出来就像木材、石头、大理石和水一样。

第五章

人类、社会和心理诸方面因素

经过最近的几十年，以人为本的设计理念深入人心，它突出了人们的需要，而不仅考虑美观的问题。确实，在过去的几十年里发生了很多变化。如今的工作环境越来越多的是由电脑驱动，同时办公人员面临着更复杂的工作。另外，我们发现工作人员越来越多的是在家里、路上办公，在合作工作环境中从事短期工程。

整体考虑和构想

如今许多办公室和其中的家具不能反映，或者无法充分支持办公室内的工作风格和技术。如果我们找一找如今工作场所中，日益增长的雇员旷工和人员更替的根本原因，我们就会发现员工满意程度和工作履行程度的密切联系。同时，环境行为研究者也已经证明了员工对他们的客观环境的满意程度和他们对工作质量的理解之间有着直接联系。另外，这些研究清楚地显示了办公室的具体环境是关系到对工作满意的程度和工作积极性的一项重要评判因素。

新千年全美面临的新的巨大挑战，根本上是因为工作需求量的变化而产生的，不仅仅需要重新安排工作，还要对社会劳动力进行再调整。人们对新的工作策略和发展需求作出的这种回应，在公司全球市场上可行的竞争能力中起着关键作用。各个公司势在必行，改变机制。而衡量他们成功的标准就在于他们完全适应这不断变化的进程的能力。因此，在决定办公室结构时，最终结果是建立一个能协调这些变化的客观环境。

如今的空间设计师们变得非常谨慎，他们会从社会科学家进行的庞大研究那里受益，然后获得大量的关于空间与环境的心理学和人类学的知识。这也可能预示增添了一个作为环境设计研究者的新的角色。

传统上，室内设计师和空间设计师与他们的业主之间都是保持一对一的关系。然而今天，设计行业突然发现自己被扔到了一个陌生的领域。设计师们再不能按传统程序——先理解公司文化背景然后为其设计——为今天的需求和这些机构形成的生活周期去寻求设计方法，而现在要求他们从解决空间问题的前景和有特定需要必须纳入设计考虑范围的社会组织两个方面来看待一个公司的形象（图 5.1）。在当今的全球气候下，苛刻的企业和设计师们以相同的方式在寻求竞争优势，而且越来越多，设计师们正在开发和调查这些社会问题对设计流程和提出的方案造成的影响。

看起来有魅力的工作场所会吸引人并且把人留住。空间设计基本上是根据人体尺度和他们的生理以及心理的需要来进行的，所有的最终设计方案必须反映这些需要。

图 5.1 许多问题和学科需要考虑，因为它们会对设计流程产生影响。空间设计师在努力对这些问题和规则进行变戏法

环境考虑和人体舒适度

最适宜的舒适度是主观的，而且它的评价标准是随人与人、文化与文化的变化而变化的。不过，这些标准都是相互关联的，而且共有相同的基本环境因素，包括：

- 空气温度
- 相对湿度
- 空气运动
- 声音和噪声控制
- 通风
- 热辐射和环境表面温度
- 坚固的建筑物

空气温度

我们身体的新陈代谢能量是由我们所吃的食物提供的，然后产生的热量需要以某种速度散发掉来保持我们正常的舒适度。体力运动增加了需要散失的热量，然而休止状态会减少它。我们可以通过三种办法来散热：通过对流（热量通过液体或气体流动被带走），通过辐射（通过电磁波从一个表面辐射到另一个更冷的表面传递能量），还有通过蒸发（热量通过排汗被吸收）。空气温度是决定热舒适度最基本的几个要素之一（图 5.2）。

相对湿度

相对湿度是另外一个重要的舒适度参数，它就是空气中湿气含量与空气中湿气饱和时湿气含量的百分比值（在非冷凝的温度下）。如果一个过热的空间湿度太高会引起不舒适。埃斯蒙德·里德（Esmond Reid）在他的书《理解建筑——多学科的方法》中写道："在寒冷的屋子里，潮湿是一个不利因素，它会降低我们衣物的绝缘程度，尽管效果很微弱。更重要的是，我们的出汗能力取决于我们的皮肤表面和周围空气之间存在的蒸汽压差。在21℃，相对湿度是 50％时很舒适，但 80％时就会感到湿冷。"舒适的相对湿度范围是30％～65％，可忍受的范围是 20％～70％。

上面显示了相对湿度与我们出汗和冷却的相关能力在高度过热的环境中非常重要。这就是为什么潮湿的气候比干热的气候更加不舒服并且难于应付的原因。

空气运动

空气运动通过对流增加了蒸发和热损失，在加热下的房间里舒适度会减小，而在过热

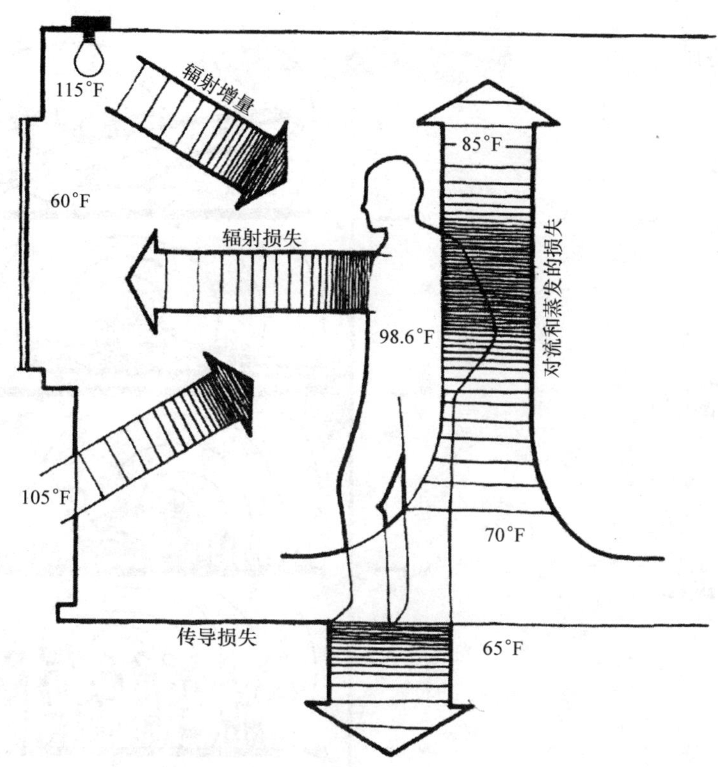

图 5.2　热损失和热增量类型

的房间里舒适度会增加。在太热的房间里，空气运动会通过增加人体皮肤表面热对流速度和促进出汗蒸发作用来维持人们的舒适度。这就是为什么微风会降低有效温度，而且会使人在高温环境下感觉很舒适的原因。

声音和噪声控制

我们经历了传统工作空间的消失，许多公司正在迫不及待地追赶出现的新潮流，譬如：减小规模，外部采办和开放式环境空间。在全美，从传统封闭式办公空间到开放性办公空间的迅速转变对空间设计师们来说，产生了空前的崭新挑战——比如日益加重，而且严重影响工人生产的噪声污染（图 5.3）。事实上，一些工业监察者把噪声污染和不良的办公室声学问题作为改善开放性办公空间的工作积极性的头号问题来抓。降低噪声污染和建立一个舒适的、健康的和安全的工作环境的情感因素有一定程度的联系。限制噪声和令人分心的东西同时会提高私密性，这会促进工作环境的改善从而提高工人的生产效率（图 5.4）。

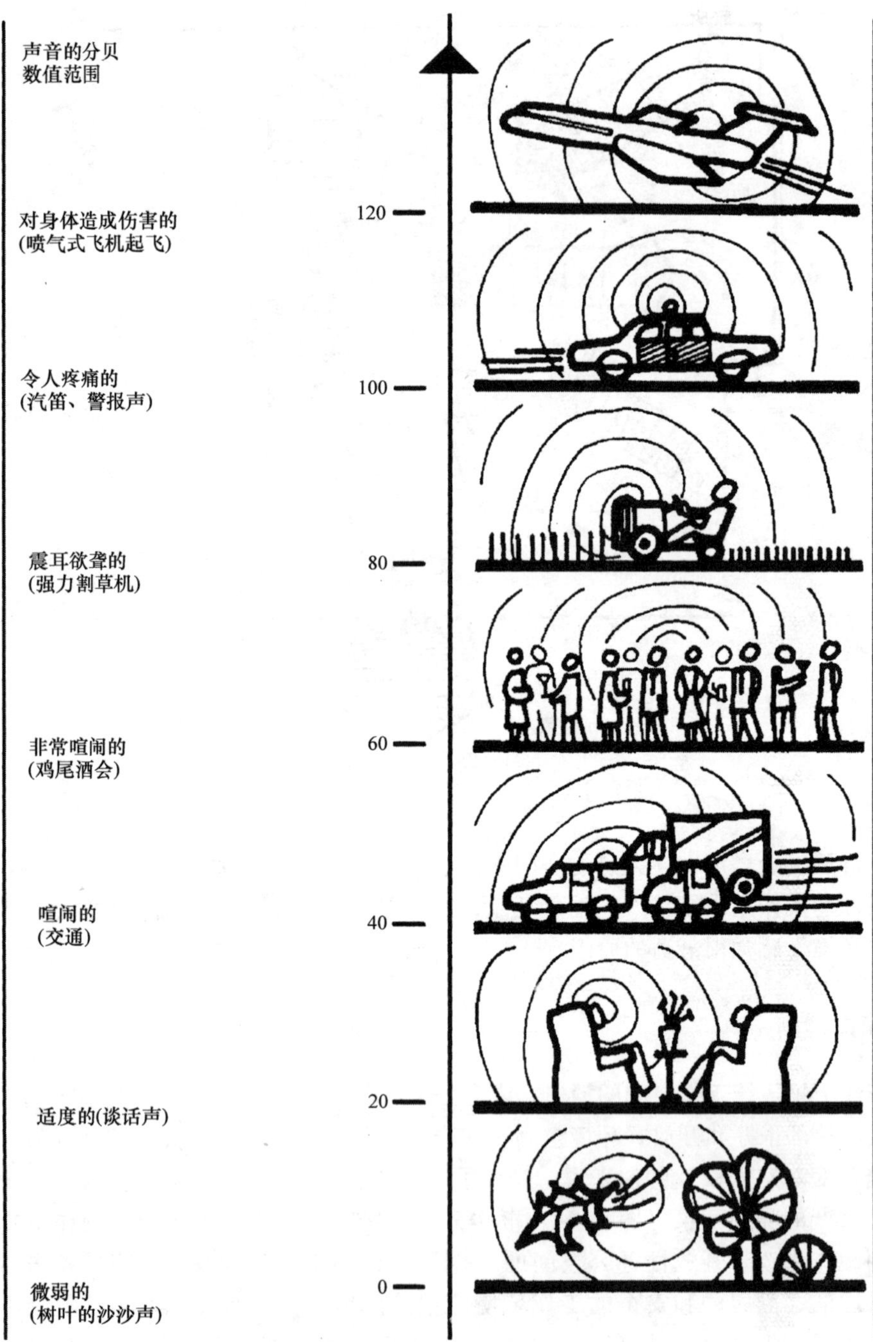

图 5.3 噪声声级的分贝数。[引自于德·柴阿若·朱泽夫，佩内洛·朱利斯合著，《室内设计和空间设计标准一览》，麦格劳-希尔出版社出版，纽约，2001 年]

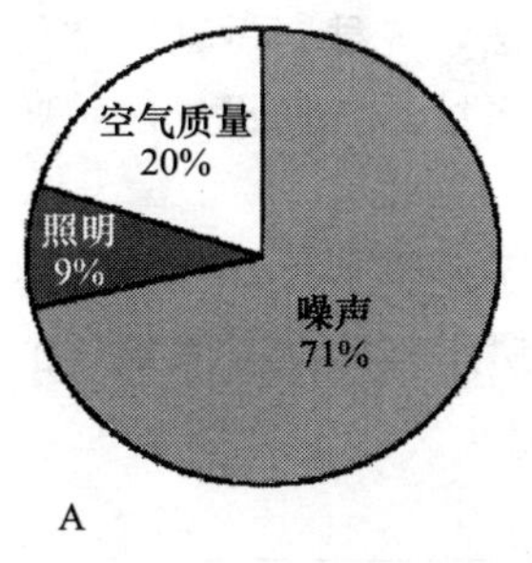

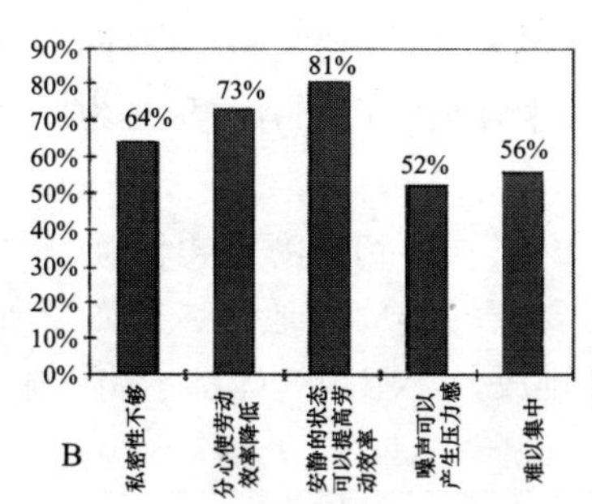

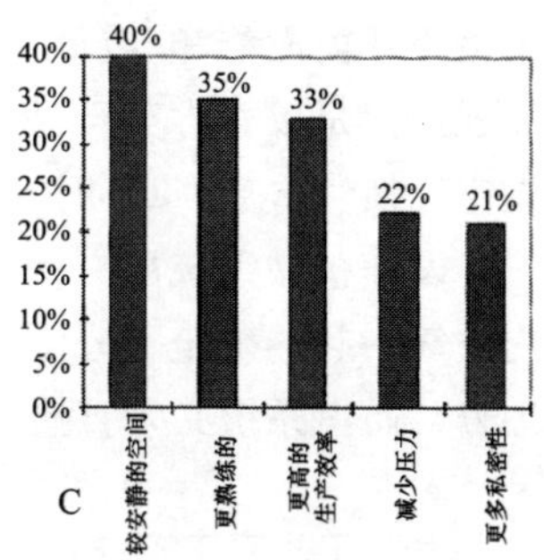

图 5.4　图表显示：A）对工作场所噪声起作用的全面因素；B）工作场所的感觉和状态；C）在降噪技术实施以后，工作场所的感觉和状态。[引自于美国工业设计师学会以及其他，研究论文，声音解决方案，1996 年]

在拥有开放性办公空间的建筑物中努力提高声学的环境，这对一个空间设计师来说会成为一个令人畏惧的挑战。为成功的应对挑战降低噪声污染，人们需要考虑下面几个因素：

1. 修改楼层平面图以减小声学上或者视觉上分散注意力的东西，增加私人空间量。
2. 使用地毯，适当的成套家具和顶棚系统来增加声学控制，减小谈话的噪声和其他听觉杂音。使用声音罩技术和设备可能也起到阻止谈话声成为工作环境的噪声的作用。要根据特定区域的特定工作来确定声学需要。
3. 根据空间任务来设计相应私密性水平的空间，甚至需要提供特殊的房间用来完成增加专心程度和机密性的任务，这需要最高程度的私密性。

来自于美国工业设计师学会（和其他）的一篇专业论文《声学解决方案》中提出："……设计合理的办公室——不论是否封闭、开放或是混合的平面——都可以设计成为满足个人和团队工作场所声学等广泛范围的需要。这样的设计需要注意融合员工们的工种范围，注意使用先进技术的工人们的特殊需要，注意空间规划设计问题，注意建筑装饰和元素的选择，还要注意家具元素的选择和工作场所的环境声。"其中还说道："降低工作场所的噪声的策略和产品相结合将继续成为设计和创造良好工作环境的关键部分——在这里，生产效率得到了支持和提高。"

通风

对于通风的首要考虑，既不是提供氧气也不是减少二氧化碳，尽管它对呼吸至关重要。通风一般是为了降温、降低湿度、除去怪味和污染物。一个房间或空间需要的通风量取决于许多因素，包括房间的大小、功能，还有是否有人在里面抽烟。例如，一个酒吧（经常有人抽烟的地方）比起一个图书馆（禁止抽烟的地方）来需要更高的通风量。人们需要参考相应的建筑规范和条例，当他们为不同功能建筑规定了最小通风量要求时，尤其是规定了最小开窗面积和/或最小机械通风和排气速度。容量有两种计量方法，一种叫做新鲜空气流通量，是以立方英尺/秒的单位来计量的，还有一种是为使用机械系统排气而设立的，叫做空气换气次数/每小时。

设计机械系统用来使受调节的空气得到过滤和再流通，并且引入一个室外空气连同室内空气一起的确定百分比。在需要空气排放的地方，比如厕所、厨房还有存在有害烟气的地方，通风系统必须直接向室外排放；无用的气体都不能再流通（图 5.5）。

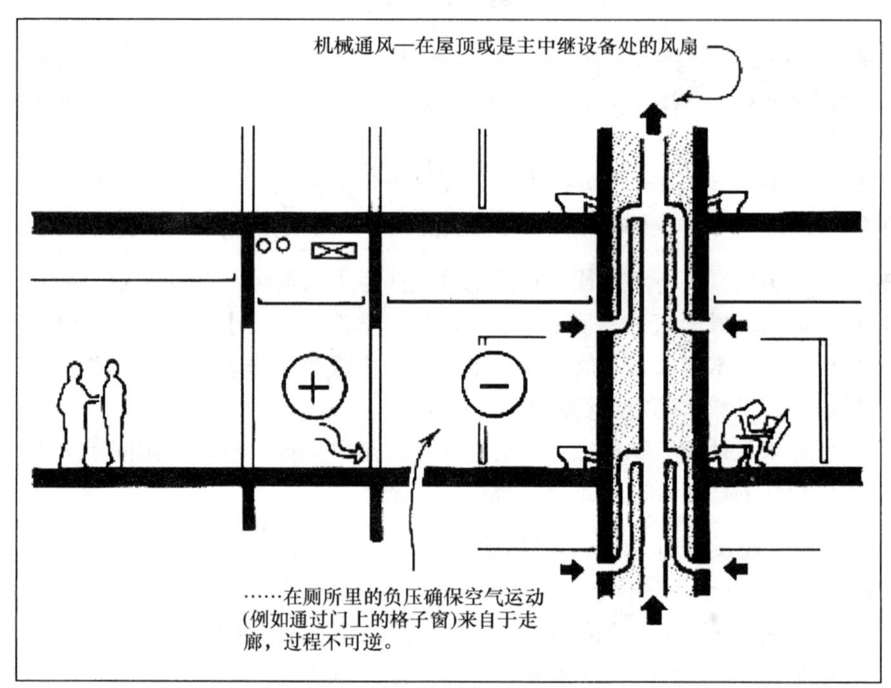

图 5.5 一个典型的细节摘录和自然排水沟应用。[引自于里德·埃斯蒙德（Reid Esmond），《理解建筑——关于多学科的研究方法》MIT 印刷，剑桥，马萨诸塞州，1999 年]

例如，厕所排气风扇会和一个通向室外的输送管相连接，和建筑物的通风系统没有任何连接的通道。应该经常参考当地的建筑规范和条例。每小时空气换气次数的典型例子如下：办公楼层，2—6；教室，3—4；饭馆，10—15；厨房，20—40。类似于礼堂和舞厅这样的公共场所需要经常根据里面活动者的数量进行测量，比如 $30m^3$/人·h。

热辐射和环境表面温度

辐射是指热能通过电磁波的形式进行传递，因此不包括物质本身。所有物体以不同波长发射辐射线，包括可见光和热射线的波长。热辐射密度随着热源的温度变化而增加或是减少。环境表面温度会影响到物体的热损失或者是热增量，如果环境温度低于皮肤表面温度（在华氏温度 85℉左右，约 30℃），身体将会通过辐射散热；如果环境温度高，身体将会吸收热量。例如，房间的窗子温度低的话会减少房间的舒适度，否则房间应该是很舒适的。

平均辐射温度（MRT）反映了探求舒适度这个方面所使用的数值。MRT 是一种加权平均值，描述一个房间或空间中不同表面的温度，居住者相对这些表面所成的方位角度，还有获得的阳光量。MRT 对于使一个温度低的房间或冬天的房间达到满意的舒适度来说，是重要的因素，因为空气温度降低的时候，身体通过辐射的热损失增加，并且温度通过蒸发作用降低（图 5.6）。

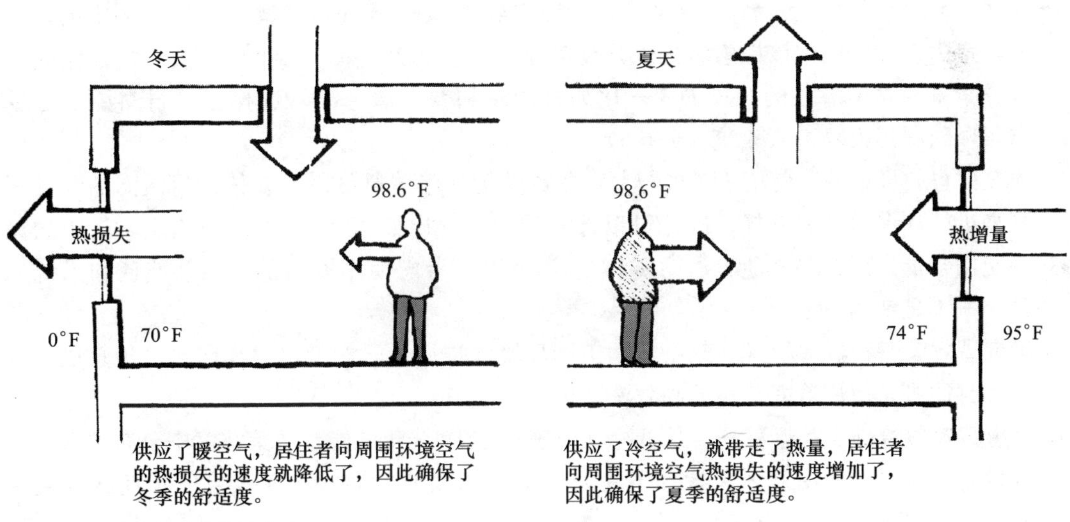

图 5.6 夏季和冬季的热量流动

可持续发展建筑

可持续发展建筑的需要在日益增长，尤其是在存在环境公害的人口中心，这里应该是高效率的建造方法集中的地方。像赫尔穆特（Hellmuth），奥博塔（Obata）和卡萨巴姆（Kassabaum）（HO+K），赫尔曼·米勒（Herman Miller）和科恩（Kone）这样的公司已经在他们各自的专业领域起到了龙头的作用，促进了可持续设计。另外，我们现在拥有了 LEED（在能量和环境设计中的领导阶层）绿色建筑评估系统，赋予了我们另外一种有力的工具来面对新千年以来出现的日益增长的环境挑战。为了让一个可持续设计策略成功，将它的过程变得更平实更简单是很有必要的。

桑德拉·曼德勒（Sandra Mendler），《HO+K可持续设计指南》一书的合著者，列出了10条基本原理来完成这些，目的是实现一个可持续设计策略。它们是：

1. *灵活性设计*。通过设计模数的方法来进行灵活性设计，这样未来的翻新可以减少浪费。考虑未来的需要和设计可拓展性提供了可能，同时也节省了资源。
2. *自然光使用最大化*。制定空间设计来获取最大量的自然光，避免封闭性空间，例如四周是墙的办公室。考虑到使用淡色的装饰品来实现日光分配最大化。还要在窗子上安装内部遮蔽物以实现高效节能和日光照明。
3. *设立高效照明标准*。人们可以使用高效的灯具、反射器、镇流器和作业组合物，减少环境照明，使用灵敏的控制器——比如家用传感器和节能日光灯来降低能耗。使用发光二极管（LED）引出端式日光灯。把日光作为一种环境光来源引入到建筑室内。
4. *良好的室内空气质量设计*。通风量是由建筑物的供暖通风和空调系统设计决定的，然而，室内设计师们应该探索时机来升级系统——这是满足如今标准的需要。制定空间设计方案来独立出潜在的污染源——比如打印室和餐饮服务处。选择建筑材料要小心翼翼，以限制污染物进入建筑（见#5）。
5. *现有材料的再利用，使用更少的材料，尽量使用环保建筑材料*。要估计生活圈的环境影响来进行环保材料的选择。进行可以计量的改进，比如VOC的低水平需求，最小的循环使用含量，还有要避免有毒物质和/或添加剂。考虑使用刷新的家具、地毯和系统家具——不是新的。
6. *确定高效节能和节水用具*。鼓励使用美国环境保护局——能量之星复印机、传真机、电脑和打印机。使用节能节水的高效洗碗机和电冰箱。
7. *使用高效的给排水管道装置*。最低标准应该是在1993年的能量政策法案中公布的低流动性设备的需要。使用通风装置和卫生间自动关闭式或电动式水龙头可以长期减少耗水量。
8. *为保养方便而做的设计以及使用绿色环保的清洁产品*。要选用养护费低廉并且可兼容养护的材料。在深化未来使用无毒、低VOC清洁剂的清洁程序方案的设计阶段一定要咨询清洁专家。还有就是要提供化学药品和设备的合理储存以满足需要。
9. *为建筑物的再循环设备提供空间*。在每层都提供要使用的再循环设备（比如船上厨房和复印室）。在多层建筑中考虑再循环管道的使用。普通的可循环利用的东西是白纸、报纸、玻璃、铝和塑料，其他可能循环利用的包括纸板混合纸和有机废物（食物和废纸）。在装卸台处需要提供预备区，有纸板打包机则更理想。
10. *拆除和建筑废料的再循环*。在拆除中回收利用钢钉，顶棚格栅金属、管道系统、金属框架、门和毯子。可回收橱柜、管道装置、小五金和设备，把它们捐赠给收容所或者其他非营利机构。使用建筑废料有关规范，这个规范颁布了回收再利用混凝土、木料、金属、塑料容器和硬纸板等相关的条例，并且鼓励回收其他材料。

照明

光线是建筑和室内设计的一个基础元素。我们对世界万物的印象80%都来自于视觉，这些印象100%自然都离不开光和照明。照明为两个基本目标服务——照亮环境并且创造一种气氛。它是建立一个舒适的室内环境的基本条件，因为几乎所有的办公作业都离不开视觉。虽然人们一般都喜欢自然光，因为它很柔和并且品质富于变化，但遗憾的是人造光源对于大部分工人来说是标准光源。同时，不要以为所有的照明基本上都是相同的。太多的机关经理都会犯这个低级错误。在办公空间中，适合白纸作业的照明和在同一个空间中进行电脑操作所需的照明完全不同。

研究表明，在一个不舒适的照明环境下工作的累积效果会严重影响工作，产生消极后果。另外，工作场所的电脑带来的独特挑战已经刺激了北美照明工程学会（IESNA）和美国国家标准协会（ANSI）联合起来共同努力发展一种符合电脑办公或者其他的视频播放终端（VDT）系统的工业推荐使用的照明标准（RP）。通过使照明更加有效的方法研究，建筑业主会减少能耗，增加安全性，做更多的工作。

自然光——日光

日光包括所有在白天可以得到的自然光和来自于太阳辐射的可见光。我们所感受到的光其实是电磁波谱的可见部分（由非常狭窄的电磁能量带组成），取值范围大概在380～770纳米之间。只有这个波长范围内的光才能刺激人的视觉系统（有视觉能力的眼睛中的感受器）。这些波长叫做*可见能量*，即使我们不能真正看到能量。当一个光源发射辐射能量由所有可见波长相对均衡组成的时候，就表现为白色。

人们继续向现代建筑中引入自然光的主要理由是因为人们发现它舒适并且对人们有心理调节作用。尽管自然光确实比人工光更难于预见和难于控制，但自然光经常补充人工光源的不足，尤其是在不利气候下或者夜间。在自然光是白天照明的主要来源的地方，它就不可避免的要影响建筑物的外形和朝向。大型建筑物的设计师必须考虑建筑的计划高度和它的附属部分受光面。空间设计师通常应该咨询一位照明与环境工程师，尤其是在设计高度超过一层的建筑物中。

人工光

盖里·戈丹（Gary Gordan），一位照明顾问说过："为空间设计照明的初始阶段就是要为人们的活动建立一个适当的情感环境。照明可以影响宽敞、松弛、私密、隐私、亲切和愉快的印象；它可以产生一种喜庆的、狂欢的气氛或安静沉思的地方（图 5.7）；它可以建立一个冷漠的非个人的公共空间，也可以是温暖的、隐私的、亲切的空间。光线在创造一个适当的心理环境时可以加强或者补充效果，就像是背景音乐带来的那种感觉一样。”

图 5.7 加利福尼亚州立博物馆，萨克拉门托（Sacramento）。照明为活动建立了一种合适的情感意境，能影响宽敞感。（由《美术馆的照明设计》，洛杉矶提供）

照明设计过程的第二步就是估计在空间中的人们活动所需要的光线数量。盖里·戈丹概括地讲道：“当细部的尺寸变小了，视觉观察所需的光线就要增加，因为细部和背景之间的对比减弱了，设计中反射系数也减小了。”我们对空间的视觉感受取决于入射光线和表面装修。因此当设计一个照明系统的时候，理解反射光线的影响和分布是最基本的（图 5.8）。色彩感觉对于视觉设计的评价和施工来说，是另外一个重要因素。光线的色彩性质会明显地改变一个人对物体的感觉。

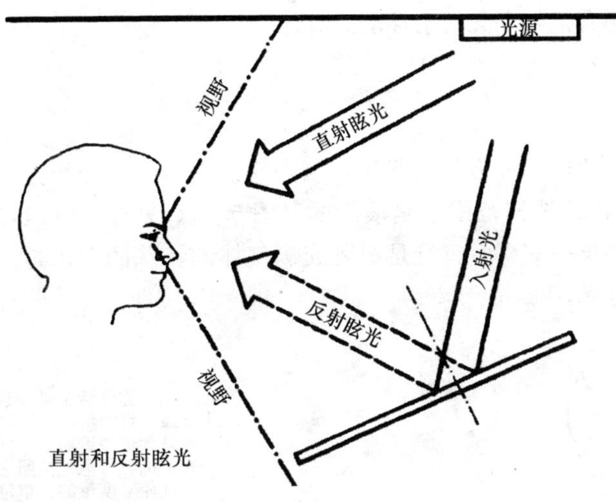

图 5.8 直接的和反射的眩光

在照明设计中，我们使用灯具的色温来分类，分为暖的、中性的或者冷的光源。这些名词和温度没有直接关系；其实，它们描述的是光源看起来感受如何。灯具的色温会影响视觉效果，不光是灯具本身，而且更重要的是整个屋子里的物体。例如，带暖色温度的灯具发出渗透红色和橙色波长的光，它使红色和橙色物体显得色彩更浓，并给白色物体染上淡红色，同时可以使蓝色和绿色的物体发暗。

一位照明顾问克莱格·迪鲁烈（Craig Dilouie）说过："暖色光源一般用在需要暖色调或者泥土色调作为主色调的场景，还有我们想要引入一种舒适的、畅快的、放松的感觉的地方。适用的场所有家庭、饭店、休息厅还有私人办公室。中性光源一般用在我们想要平等增强所有色彩的地方，比如超级市场和商店。冷光源一般用在加强蓝色效果或者刺激使用者机敏度和活动的地方，比如办公室和医院。"

为了照明，美国国家标准协会（ANSI）/北美工程学会（IESNA）推荐使用相当于 50 英尺烛光（500 勒克斯）的最大总光亮照在工作平面上，那里是有纸张和屏幕背景的区域。当工作负担主要是由屏幕背景作业的时候，或者在有为纸背景作业准备的补充灯光的地方，总亮度可以有所降低。

在工作环境下，眩光可以通过合理放置和空间光线有联系的监视器减到最小。如今大多数的指导方针都推荐按照和窗子的正确夹角安装监视器，并且还垂直于线形光源，比如荧光灯管。眩光还可以通过使用和荧屏或光源相连接的偏振滤光片来得到控制。

人工光源

有三种基本类型的人工光源，它们是：白炽灯、荧光灯和高强气体放电灯。除了这三种基本类型以外，还有氖灯和无放射性阴极灯。

白炽灯照明

白炽灯是最古老的也是最常用的光源，因为它的造价低，光线充足（它补充和满足环境要求），型号和瓦特数选择范围也是最广的（图 5.9）。另外，白炽灯发光效率很容易衰减，所以寿命应该再长一些。卤钨灯是一种充满气体的特殊的白炽灯。这种气体可以燃烧发出更强烈更白的灯光。

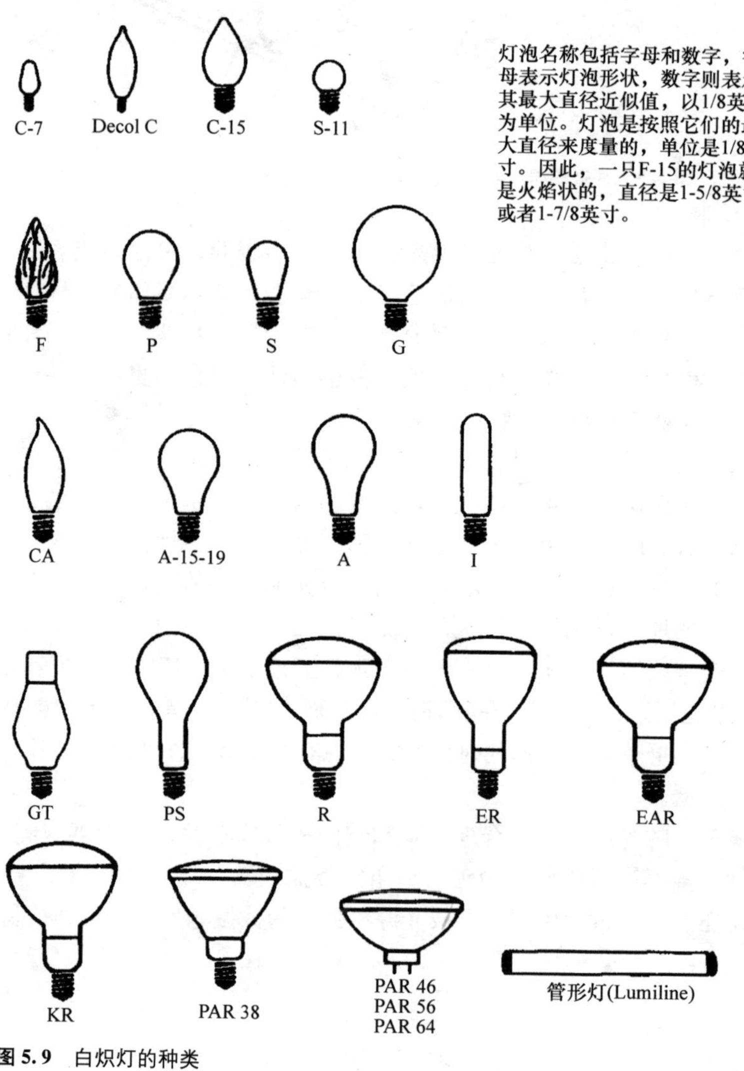

图 5.9　白炽灯的种类

卤-钨灯是白炽灯的一种，它高效节能，型号较小，寿命很长，而且可以一直保持一个白亮的效果。分为标准电压灯（120V）和低压灯。低压白炽灯（它们需要一个变压器）越来越多的被人们使用。它们拥有一般标准白炽灯所不具备的优点，因为它们体积较小，有更精确的光束（灯泡常以聚光灯和探照灯的形式出现），并且灯光色彩更白。

荧光灯照明

荧光灯的效率远比标准白炽灯的效率高，而且寿命要长10～20倍。大多数的荧光灯在没有点亮时是白色的，而且磷光质涂层的不同会使它发出的光线色彩发生变化。基本上，在白炽灯照明空间里，两度白色是做得到的：冷色灯光和日光的环境效果非常协调，但是暖色灯光营造的气氛和白炽灯的很相似。

荧光灯比白炽灯的瓦特数低很多，因而消耗较少的电能。但它们和白炽灯一样亮，因为它们发生的光通量（单位是流明）和白炽灯相等。随着改进后的多彩光色特征的出现，荧光灯在室内照明中的应用日益增多。同样，最近的荧光灯具的工业发展已经彻底消除了眩光，营造出了更舒适更有吸引力的工作环境。

高强气体放电灯照明

高强气体放电灯（汞灯、金属卤化物灯或者高压钠灯）（HID）是一个通用的系列照明术语，这种灯的流明功效比起白炽灯和荧光灯来都要高，并且产生特殊波长光能的不同峰值。光亮的汞灯能发出一种非常冷的白光，主要是蓝、绿色光能。光谱中暖色（红色）结尾部分的缺失导致了特别差的光色渲染效果。

金属卤化物灯在构造上和汞灯很相似，除了可以添加不同的金属卤化物。这些卤化物产生另外波长的光，增加了汞灯的光谱分布范围，这就导致了白色光的出现，而且使得它比汞灯的色彩效果更真实。

氖和冷阴极灯照明

在物理上，氖和冷阴极灯除了大小不同，其他方面的因素都相等。但是当照明系统的基本目的是以很高的效率产生大量的光，氖信号的主要功能就是通过光传递信息。氖和冷阴极灯可以设计成无数的形状，这就是它们为什么被用来作标志和特需强调照明的原因。许多人认为氖只和信号有关，因此没多少人认识到冷阴极或是“大管子”氖灯是一种万能的光源——它有无数的应用（图5.10）。

如今，即使新的照明解决方案给设计师们带来了越来越多的照明系统选择方案，而氖灯仍是许多人的选择，尤其是当它走进人们的夜生活的时候。它能产生无穷的形状、色彩

图 5.10 冷阴极灯照明在一个多层建筑中的使用，这栋建筑位于多伦多的安大略湖。(由阴极灯照明系统公司，马里兰州提供)

和卡通效果的展示，而且照明工程师和电气信号公司在继续寻找新的、创造性的方法，把这种照明手段用于商业。现代冷阴极灯系统利用各种灯具来实现美丽的天衣无缝的效果，为非直接照明服务，进行减光照明，具有长久的寿命、多样的色彩以及渲染白色暗部使用的深色。

光纤照明

光纤照明是另外一种可以为创造性、设计和应用提供新机会的方法。它可以产生热烈的气氛和特殊效果，另外还有功能上和技术上的解决方案。基本上，人们可以以一个光源开始（太阳、灯泡等等）。然后将光导纤维放到光源前方，光就通过光导纤维传导，并且可以按照你的吩咐去任何地方。实际装置的强度和炽热度取决于灯泡的瓦特数和与装置连接的纤维线圈数。可能性几乎是无穷无尽的。

另外，和标准照明不同，光纤照明能使你不换灯泡就改变光的颜色。开关的一个轻打声就会使一个色轮旋转（位于光源和光导纤维之间）并且改变装置中光的颜色，而且不需要更换任何一个灯泡。使用复合光源与使用单个光源相比，将会给你带来更多的选择。

从陈列橱柜照明到室内和室外照明，照明的每一个领域都有可能应用到它。另外，因为光纤照明组件可以传送光（取代了电）所以可以避免着火或电击的危险。此外，通过纤维光缆传导的光是无尘的，不会含有任何紫外线辐射，不会产生热量而且没有可见的照明元件，因为光盒子是隐藏的。

光纤照明的另一个好处就是，除了宽泛的设计种类和安全性以外，它还能保持很长的使用寿命。使用光纤照明，就不会发生在难以接近的光源处更换或检修灯具之类的问题。光源可以安排在一个很容易接触到的地方，在那里它可以给许多灯具供应光源。如果需要的话，仍然只有一个灯可以换。

照明类型

照明设计师具有了不起的杠杆作用和怎样通过选择正确光源去观察空间的力量。光源的摆放和位置很大程度上取决于既定灯具的方向和分布。一个照明方案能够使得表面材质和雕塑形式的视觉感受发生戏剧性的改变。照明能够分成好多种类型，这取决于它的功能。这些包括：

- 作业照明或者局部照明提供了特殊表面或区域所需的照明正确水平，是为了满足视觉作业或活动的广泛需要——从阅读、写作到化妆和刮脸。作业光源经常和作业表面距离很近（或是在其上方或是在旁边），和普通照明相比，使得可到达的瓦特数能够更有效的使用。例如，在一个起居空间中，作业照明可以通过一个台灯或者落地灯完成。在家用厨房里，操作台、水槽和炉子都需要作业照明。作业照明经常和普通照明（周围环境）结合使用，以取得最高的效率。
- 周围环境或普通照明，以相同的方式照亮整个房间。这种照明的分散品质可以有效地减小作业照明与房间环境表面的对比。空间大部分位置要布置环境照明，这通过射向墙壁和装饰品的光线反射来实现。它还有助于把一个空间的各个部分结合在一起，通过各种手法：将阴影柔化，消除或者展开房间的拐角，再就是提供一个舒适的照明水平——它允许悠闲的运动和全面的维护保养。
- 重点照明是一种直接的局部照明的方式，用来实现聚焦光点，方式多种多样：强调一个特定物体，把注意力都集中到空间的一部分，或者使一个空间内的光和阴影产生有节奏的图案。重点照明经常用来缓解普通照明的千篇一律，同时给空间添加戏剧气氛。

照明装置

照明装置经常会根据单个装置（发光体）是如何安装的来进行分类（图 5.11）。包括下列内容：

图 5.11 不同类型的灯具

- 悬挂式或者下垂式灯具装置系指吊在顶棚水平面以下的发光体。它们在设计上、价格上和产生的光质上差异很大。有些灯具向四周均匀散发光线，而另一些（取决于所用的灯罩）的光线是有方向性的，惯常光线向下。它们常常安装在凸出和凸进的装置上。这些可能包括直接白炽灯或荧光灯具、枝形吊灯、活动式投射灯和其他特种灯具。安装应该在顶棚下方足够远的地方，以便让灯光在表面散射均匀，设计师们有时采用悬挂安装，让光源更加靠近周围光线不足的作业区。有时，设计师们出于严格的美学原因，采用特种悬挂式装置。
- 独立式的装置有助于提高照明的普遍水平，同时为阅读或其他活动提供局部作业照明。落地式灯具是最普遍的独立式灯具类型。这些灯具风格种类繁多，而且可以根据需要进行订做（对于一个旅馆或是餐厅设计而言）。把放射出的光线射向顶棚的独立式灯具被称作间接照明落地灯。
- 装在墙上的灯具也有多种风格，它们是可调整的或是不可调整的，而且能提供间接的、直接与间接之间的或是直接的照明。然而，它们最好用于定向照明，把光反射照到顶棚或者墙上，还能用于照亮物体或者表面。对于普通照明来说，壁突式烛台可以用来把大部分或是全部的光线照向顶棚。烛台经常用作装饰元素和光源。穹隆照明是另外一种装在墙上的灯具形式，可以装在顶棚附近，并且要么会间接照射顶棚，要么照射墙面——这取决于它是如何设计的。
- 附属照明设备包括台灯和氖灯，它们主要是用来作装饰照明而不是作业照明或是环境照明。它们也可以有无穷无尽的风格和形式。
- 家具装配照明一般是用在作业环境照明系统中的，在那里灯具可以作为设计的一部分而融入家具，或者换另外一种办法利用家具装配设备。在两种情况下，它们都被安装到工作表面上方来提供足够的作业照明，由装在家具的上半部分的灯具或是独立式的元件来提供向上的照明。

人体测量学

著名的希腊数学家毕达哥拉斯曾经写道："人类是万物的尺度标准。"欧几里得在许多年以后的一个数学公式中重新提到，并且不久以后，由15世纪的莱昂纳多·达芬奇用一幅图解对此进行了描绘，画的是一个人体位于一个圆形和一个方形之中，这被称为黄金规则(图5.12)。的确，如果一个物体、一个环境或是系统是为人的使用而设计的，那么它的设计应该根据使用者的特征而定。这就是人体测量学的由来。

人体测量学是人类环境改造学的一个分支，是对人体的体格特性测量结果进行研究的，尤其是大小和外形。最近几十年所做的大量研究已经建立了人体从脚长到肩宽的尺度范围。

πάντων χρημάτων
μέτρον ἄνθρωπος

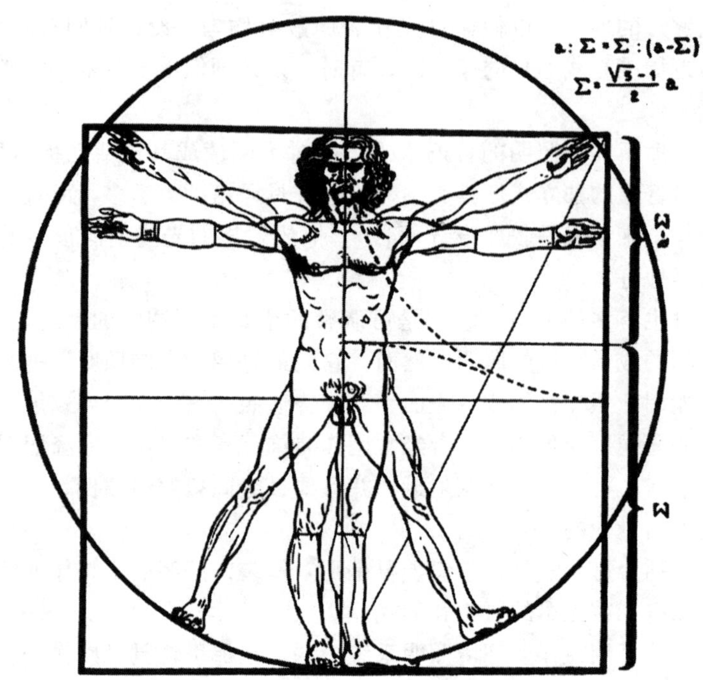

图 5.12 “人类是万物的尺度标准。”［引自于佩内洛·朱利斯（Panero Julius）著，《室内设计师解剖学》，惠特尼（Whitney）设计图书馆，纽约，1977 年］

这些尺度是针对不同的人群、年龄和性别而设置的，并且包括百分位的分布情况，显示出人们归属于不同范围的百分比。

我们现在也掌握了大量的有关一个人进行一般活动所需要的最小或最佳尺度方面的知识，房间的宽度、搁板的高度和家具周围的净空都是空间规划师和室内设计师们提出的样例，而且必须涉及身材大小需要和人们的类属范围（图 5.13～图 5.16）。“平均人”这一谬误显然是由于设计问题的性质而产生的，其解决办法通常应该考虑符合第 5 或第 95 百分位，从而能使人口的最大部分得到服务。

当计划可行性时，空间设计师还应该考虑到 ADA 因素，比如轮椅接近想要物体时的偏位角。前方和侧向的极限距离应该有所计划，还有表示最大高度的立面标识，需要手动灵敏度的控制器同样应该放在这个高度（图 5.17）。

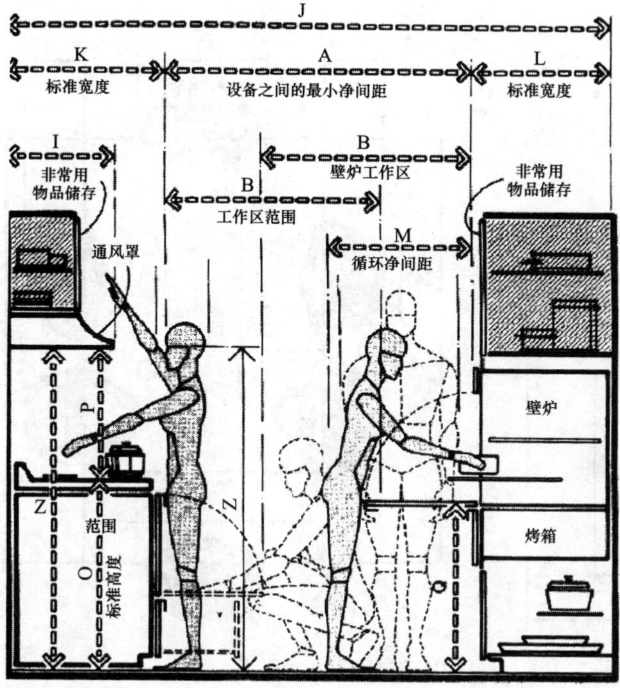

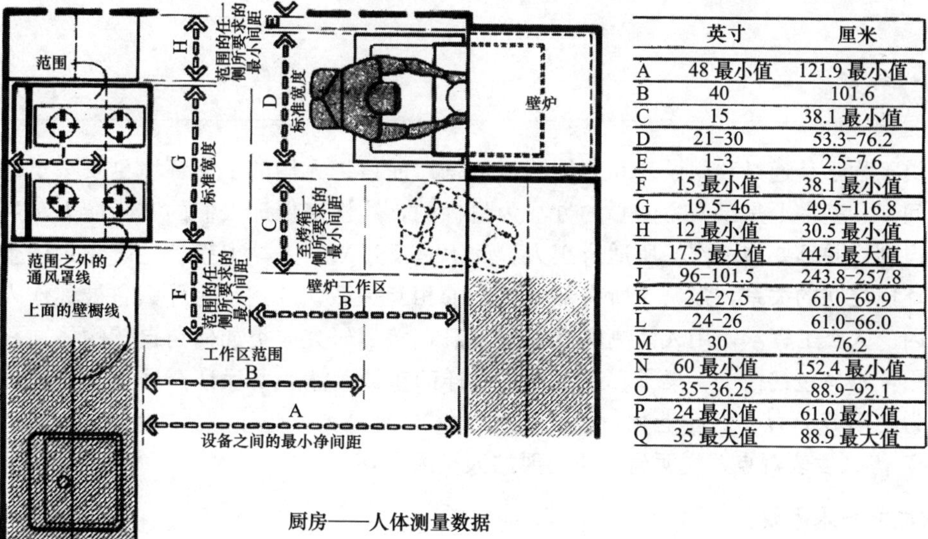

	英寸	厘米
A	48 最小值	121.9 最小值
B	40	101.6
C	15	38.1 最小值
D	21-30	53.3-76.2
E	1-3	2.5-7.6
F	15 最小值	38.1 最小值
G	19.5-46	49.5-116.8
H	12 最小值	30.5 最小值
I	17.5 最大值	44.5 最大值
J	96-101.5	243.8-257.8
K	24-27.5	61.0-69.9
L	24-26	61.0-66.0
M	30	76.2
N	60 最小值	152.4 最小值
O	35-36.25	88.9-92.1
P	24 最小值	61.0 最小值
Q	35 最大值	88.9 最大值

图 5.13　人体测量数据——厨房净空间。[引自于德·柴阿若·朱泽夫（Chiara Joseph）佩内洛·朱利斯合著，《室内设计和空间设计标准一览》，麦格劳-希尔，纽约，2001 年]

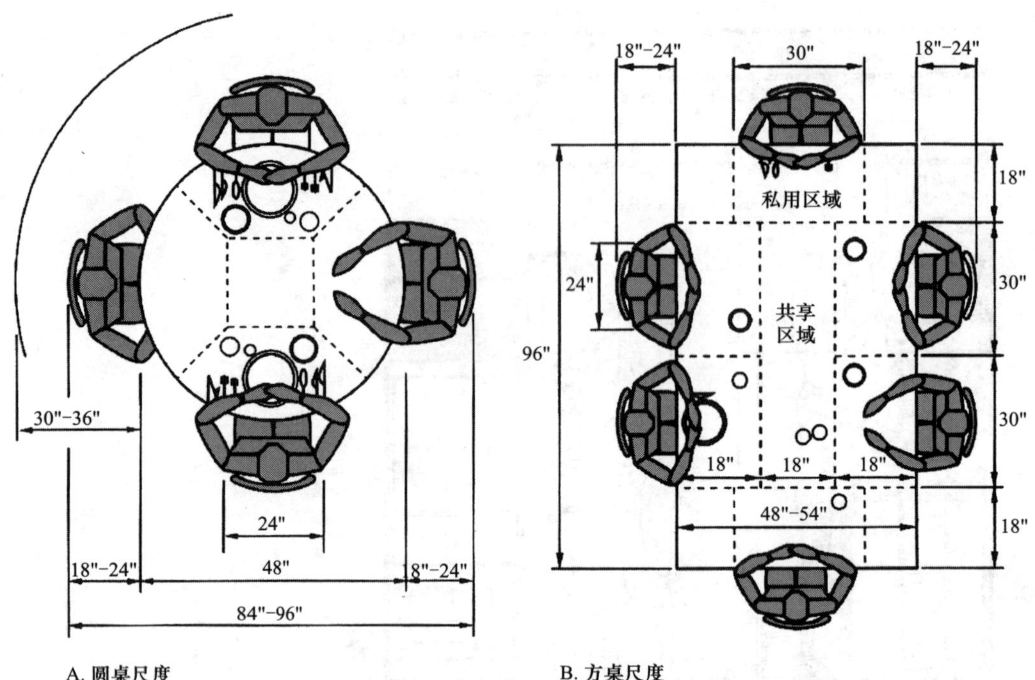

图 5.14 吃饭所需的最小尺度。[引自于巴拉斯特·戴维·K (Ballast David K),《室内设计参考指南》,专业出版社出版,加利福尼亚州,贝尔蒙特,1998 年]

人类工程学

人类工程学是通过利用设计和人体测量数据,使得工人们的工作环境更安全更舒适的一门学问。它基本上是以人为中心的方法为目标的,这样来保证人们的实际能力和局限性需要考虑到,并且要使工作场所适合工人,而不是反过来。人类工程学还研究人体生理学和物理环境之间的关系,强调了所有部分之间的相互关系,这就是为什么它被称作人类因素的原因。人类工程学使用人体测量开发的信息,然后研究人类如何与自然物体在相互影响中应用,物体包括椅子、桌子、控制面板这样的东西,然后要保证产品适合使用者的需要。因为美国劳动力一直在老化,人类工程学需要变得更紧迫了。大卫·吉尔摩(David Gilmore)等人发表观点,说明研究所需要的人类因素:

1. 需求加之技术需要。
2. 被定义为“技术的”和“组织的”问题之间的界限是不确定的,而且需要讨论。
3. 新的技术应用应该看作是永久的辅助系统的深化发展,而不是经过装饰的一次性产品(即技术革新对组织的改变方式需要考虑)。

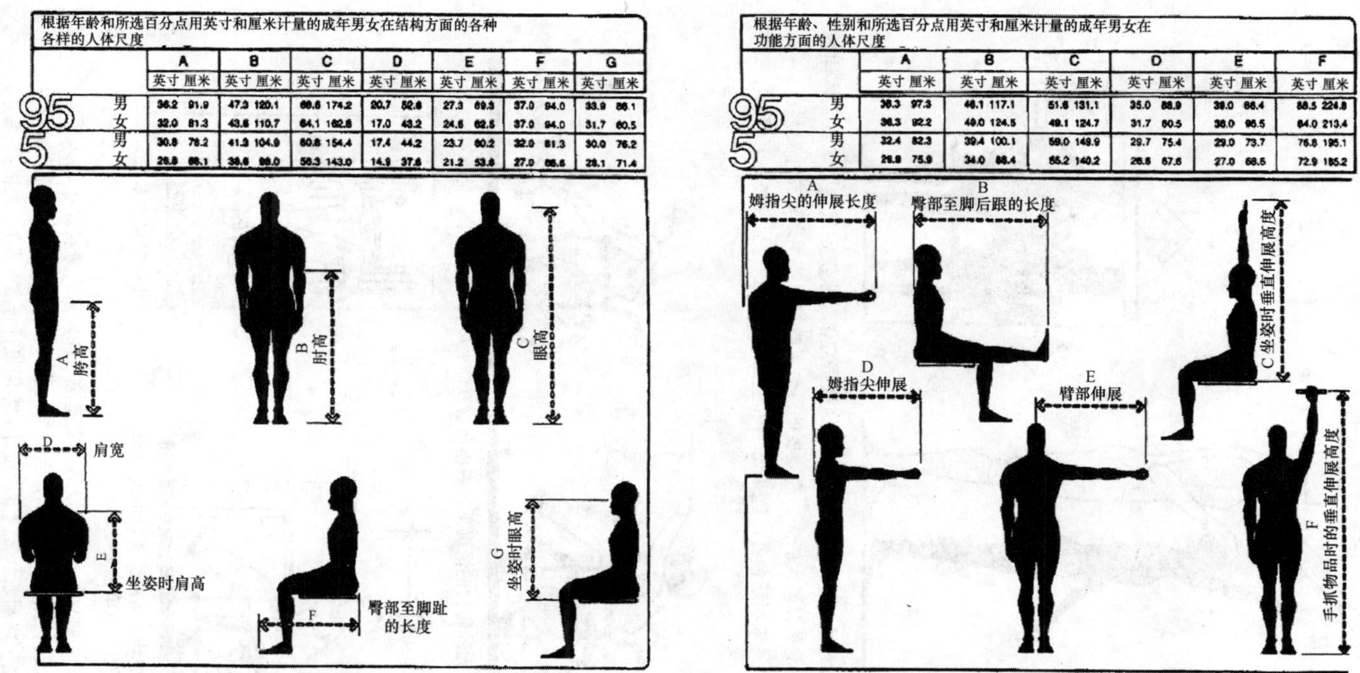

根据年龄和所选百分点用英寸和厘米计量的成年男女在结构方面的各种各样的人体尺度

百分位	性别	A 英寸	A 厘米	B 英寸	B 厘米	C 英寸	C 厘米	D 英寸	D 厘米	E 英寸	E 厘米	F 英寸	F 厘米	G 英寸	G 厘米
95	男	36.2	91.9	47.3	120.1	68.6	174.2	20.7	52.6	27.3	69.3	37.0	94.0	33.9	86.1
	女	32.0	81.3	43.6	110.7	64.1	162.8	17.0	43.2	24.6	62.5	37.0	94.0	31.7	80.5
5	男	30.8	78.2	41.3	104.9	60.8	154.4	17.4	44.2	23.7	60.2	32.0	81.3	30.0	76.2
	女	26.8	68.1	38.6	98.0	56.3	143.0	14.9	37.8	21.2	53.8	27.0	68.6	28.1	71.4

根据年龄、性别和所选百分点用英寸和厘米计量的成年男女在功能方面的人体尺度

百分位	性别	A 英寸	A 厘米	B 英寸	B 厘米	C 英寸	C 厘米	D 英寸	D 厘米	E 英寸	E 厘米	F 英寸	F 厘米
95	男	38.3	97.3	46.1	117.1	51.6	131.1	35.0	88.9	39.0	66.4	88.5	224.8
	女	36.3	92.2	49.0	124.5	49.1	124.7	31.7	80.5	38.0	96.5	84.0	213.4
5	男	32.4	82.3	39.4	100.1	59.0	149.9	29.7	75.4	29.0	73.7	76.8	195.1
	女	29.9	75.9	34.0	86.4	55.2	140.2	26.6	67.6	27.0	68.6	72.9	185.2

图 5.15　与男人和女人有关的第 5 和第 95 百分位人体测量数据。[选自德·柴阿若·朱泽夫，佩内洛·朱利斯合著，《室内设计和空间设计标准一览》，麦格劳-希尔，纽约，2001 年]

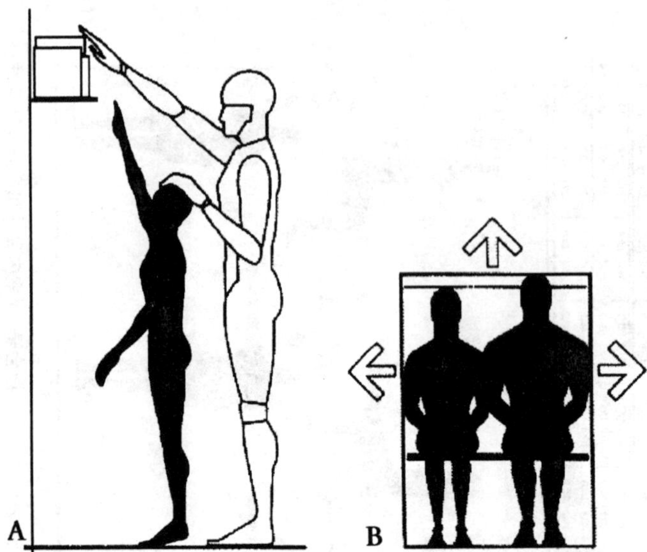

图 5.16 A）对于身材矮小的人，低幅度的百分点数据应该用来决定尺度，这里人体伸手可及的距离是决定性因素；B）对于身材高大的人，高幅度的百分点数据应该用来建立净空尺度。（引自于德·柴阿若·朱泽夫，佩内洛·朱利斯合著，《室内设计和空间设计标准一览》，麦格劳-希尔，纽约，2001 年）

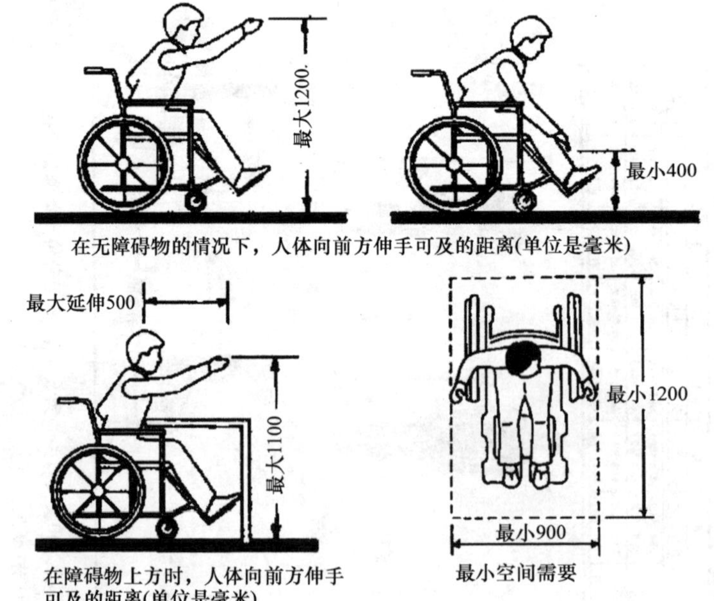

图 5.17 A）确定尺度的时候，伸手可及的范围是决定性因素，身材矮小的人相应地应该使用低幅度的百分点数据；B）确定净空尺度的时候，身材高大的人相应地要使用高幅度的数据。（引自于德·柴阿若·朱泽夫，佩内洛·朱利斯合著《室内设计和空间设计标准一览》，麦格劳-希尔，纽约，2001 年）

4. 人应该被看作是一个信息系统最重要的方面，而且应该被“设计进去”。
5. 信息系统的人物背景必须经过研究理解，因为众所周知，像性别、种族、阶层、权力这些因素会影响人的行为。
6. 员工参与设计的设计。

最近美国政府的职业安全和健康署（OSHA）颁布了人类工程学规则和标准，它的设计是为了在很大程度上引起对有害的工作场地的警觉和增强安全性。标准的主要目标，是要控制由某些工作引起的脊骨骼紊乱症（MSDs），引起此病的方式可以从举重物，推、拉到操纵计算机键盘鼠标。它于 2001 年 1 月 16 日生效。MSD_s 这个术语是用来描述包括腰酸背痛、颈部紧张和腕骨管综合症等在内的一系列身体状况。朱迪·利斯（Judy Leese）是赫尔曼·米勒公司前人类工程学项目部经理，她说：“尽管 OSHA 还没有为办公场所、装配线和其他工作区建立特定的标准，但一旦工作场所出了问题，新的规则就会生效。”几位办公家具制造商的巨头，比如赫尔曼·米勒和豪沃斯（Haworth），把市场指向了包括座椅、可调节高度桌子和其他电脑辅助产品及配件在内的和人类工程学有关的产品。

电脑使用者的正确姿势这一问题并不复杂，也不难达到。双脚应该平放在地板上，双膝弯曲呈 90°角。上身应该弯曲和大腿成 90°角。双手放在键盘上，从手腕到肘应该形成一条水平线，它们应该依次弯曲和上臂成 90°角。在坐姿方面，计算机显示器的顶部应该低于眼睛水平线大约 15°左右，和屏幕保持大约 2 个屏幕宽度的距离。因此，如果一个 15 英寸阴极射线显像管显示器在视域内大约 11 英寸宽，那么需要保持的距离是 22 英寸（图 5.18）。

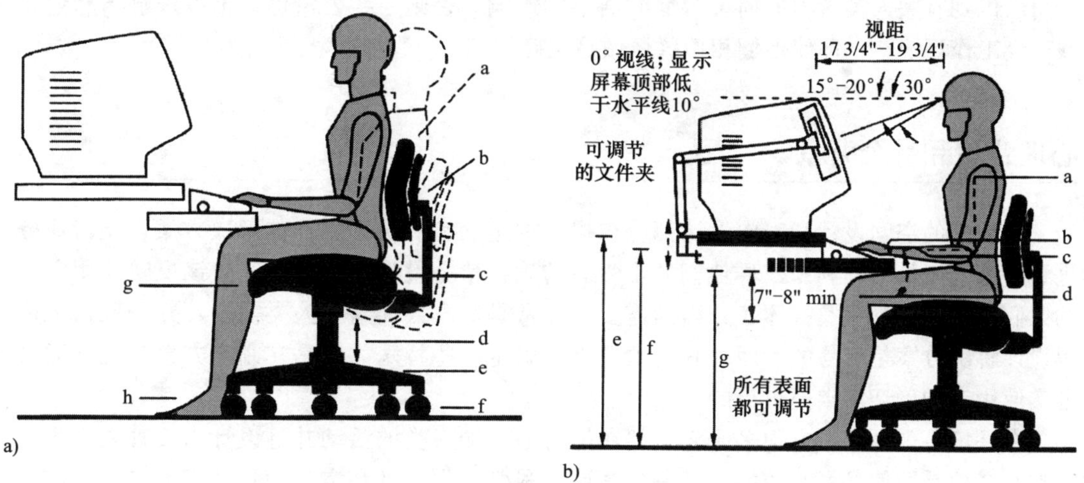

图 5.18　a）为工作场所做的座椅设计标准；b）计算机办公空间尺度。（引自于巴拉斯特·戴维·K《室内设计参考指南》，专业出版社出版，加利福尼亚州，贝尔蒙特，1998 年）

事实是，费用和其根据一直是决定是否对工作环境进行工效改进的一个主要因素。要注意的是，在设计项目初期的人类工程设计成本估计大约是日后总成本的10%。另外，在成本判断过程中的步骤应该和设计过程密切结合在一起，它们是：

- 预测潜在的伤害/疾病。这需要监控和回顾就医记录/美国职业安全和健康署（OSHA）记录日志来寻找其类型然后决定最近几年有多少肌骨骼混乱症发生。
- 估计伤害/疾病的总费用。这也可能不是直向性的并且意味着要跟踪医疗花销、对工人的赔偿和其他非直接的费用——譬如说生产力的损耗。
- 完成适当的人类工程方案并进行费用估计。有好几种确定解决方案成本效率的方法，但是人类工程学专家们最常用的一种是成本/价值矩阵，它基本上是根据他们的实践和专业经历把解决方案费用同解决方案效果进行对比。
- 选择适当的费用论证技巧。三种最常用于论证工作环境里环境变化的方法是根据：1. 利益/成本率（将环境工程造成的损坏的成本和环境改造方案的成本相比较），2. 回收期（收回改进成本所需要的时间长度），3. 损失对比货物销售额（人们需要销售总量来弥补损坏引起的成本；公司应该愿意出钱实施一项人类工程解决方案，这个数额应该提供出来）。
- 工程整个寿命期当中对盈利和成本进行评估计算，要考虑到公司通过处理人类工程学问题而使债务风险减少。
- 过程中最后的步骤是对上面的数据进行分析然后提出一些建议。

豪沃斯公司的集团生物工程学者特里萨·拜林格（Teresa Bellingar）博士说道："除非公司认识到有关人类工程的损害对最终结果的影响，否则一些公司仍然难以理解当然地花钱改变工作环境——即使他们相信这样做是正确的。"

心理背景和社会背景

开创性的空间设计和室内设计都应该提供促进交流和协力工作的解决方案，支持业务进程并改进职员的福利和鼓舞他们的士气。的确，精心设计的室内空间应该反映使用空间的人们在心理、社会及身体各方面的需要。经常是基本判断这些人类需要，并采取措施取得设计解决方案是容易的。而在其他情况下，确定一些特殊需要是在制定方案过程中通过证实使用者的确切需求而进行的。

在环境心理学领域有很多研究，都在努力地预测人类的活动并且设计出改善人们生活的空间。但是即使环境心理学不是一门精确的科学，设计师和空间设计师们也应该尝试着去做一个模型——表现了使用设计环境的人和他们活动的性质。这个模型可以作为许多设计决议确定的基础。下面的概念是一些对设计过程有冲击的较为普遍的心理和社会的影响。

行为背景

人们确定了变化的工作环境中的 7 种潮流，预期是把重点放在人们对未来生活的适应上。它们是：

- 持续的技术发展将会推动人们不同的工作行为的建立。
- 社会化将会成为未来首要的组织目标。
- 默许的知识共享、实践团队和团体将会成长。
- 随着信息量的日益可得，知识的学习和获取将会增长。
- 维持人们彼此的情感联系，将会成为新千年各企业的主要挑战之一。
- 在评价领导层资格时，情感智能将会成为一个重要因素。
- 人们的关系将会在企业成功中扮演重要角色。

空间关系学与领土性质

爱德华·H·霍尔，一位人类学家，空间关系学之父，认为这个分支对于室内设计师们来说尤其重要，因为它探求如何确定控制空间使用的隐藏规律和关于不同活动（比如谈话、工作或者做爱）的未阐明的规律。霍尔观察到人们在和其他人交流的时候有几种特定距离，而且这几种距离随着文化的改变而改变。他进一步说道，有四种领域距离，这决定了在特定情况下我们希望和其他人距离多近或多远（图 5.19）。这些距离有：

- 私密距离（亲近状态和远离状态）：我们身体外可见的球体领域半径大概是 1½英尺（45 厘米）。这反映了我们能够触摸和被触摸的距离，而且这是最亲密关系所需的距离；当其他人侵犯这个区域时，我们会逐渐后退。
- 私人距离：既可以亲近的——1½英尺（45 厘米）到 2½英尺（大约 75 厘米）之间，又可以远到 4 英尺（大概 1.20 米）的状态。亲近的状态仍然是为了满足特殊关系；然而远的状态就有一点正式并且经常在私人感兴趣的对话和事务中用到。
- 社交距离：也分为亲近的——4 到 7 英尺（1.2～2.1 米）和远的——7 到 12 英尺(2.1～3.6 米）状态。这些状态比较正式，用在非个人事务中；亲近的状态经常用于和我们一起工作的人；远的状态是针对其他人。
- 公共距离：根据霍尔的话："几种重要的感觉转换发生在个人距离与社交距离中，这正好跳出了事务的圈子。"

这些距离一般适用于"无接触的美国中产阶级"，比起有着爱接触的文化背景的人们来说就不那么奏效，比如拉丁美洲、中东地区和巴基斯坦。小孩子之间也不太适用。非正式的和友好的谈话经常在近距离内发生，没有任何屏障；经理们的沙发区、咖啡馆和走廊都是私人距离可能出现的地方。理解了领域距离的概念和它们的存在会增强我们设计建筑物

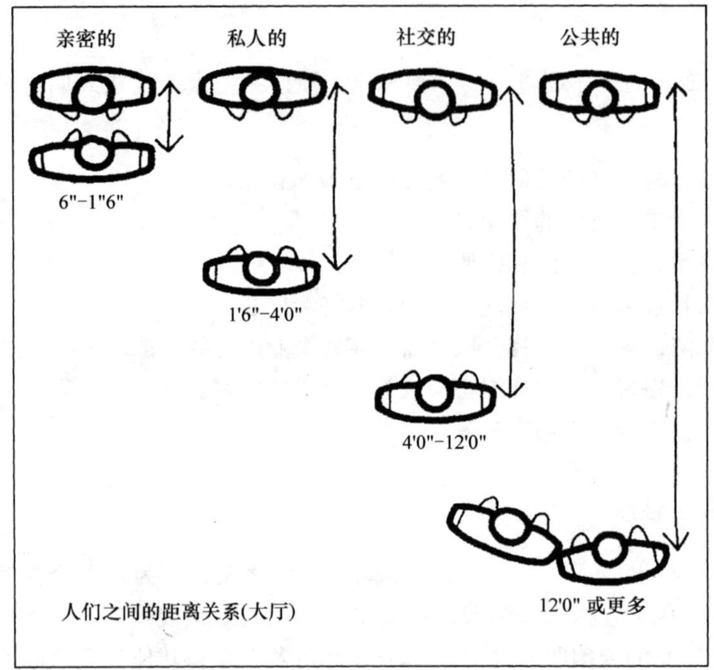

图 5.19 人们之间的距离关系。[引自于德·柴阿若·朱泽夫，佩内洛·朱利斯合著，《室内设计和空间设计标准一览》，麦格劳-希尔，纽约，2001 年]

和空间的能力，因为这些空间环境的优势和/或约束经常能决定事务的气氛格调。

另一种应该考虑到的存在领域距离的区域应该是会议室了。会议室的设计经常为了符合会议桌的尺度，而对潜在使用者的人数没有足够的考虑。在方形桌使用的地方，领导人和其他人领域距离越大，会议就越正式。在一个公司需要最大程度参与会议的地方，当参加会议的团队限于 7 个人或者更少的时候，适宜坐在直径 60 英寸的圆桌周围。当与会者超过 7 个人的时候，这样开会就显得太拥挤了。

人格化

人们几乎经常自觉地或不自觉地修改他们所使用的空间。戴维·巴拉斯特（David Ballast）指出："领域显示自己的一种方法就是空间的人格化。不管这是发生在一个人家里、办公桌上，还是在休息厅里面，人们会经常把环境安排得适合于他们自己出现的气氛和个性。最成功的设计是允许这些空间存在且不会给其他人或整体室内空间带来负面影响。"进入到一个人家里，你会对他们的人格有一个迅速的印象。在办公室里，你几乎经常会发现私人家庭照片和其他私人物品——不是在总经理的桌子上就是在打字员的桌子上。衡量一个设计是否成功的标准就是看它是否适合使用者。

团队互动

在人们交流中，环境是一个重要的因素，并且既可以体现其促进性又可能阻碍交流。一般情况下，团队被预先安排好以特殊方式行动，如果环境对活动没有帮助，人们将会进行修改或者使它能够起作用。在环境和人们活动完全格格不入的地方，肯定会有压力或者其他不良反应就会产生。

座位的安排对于促进团队交流作用很大。人们经常按照与他们周围的人的关系性质相协调的方式坐在桌子周围。图 5.20 展示了三种经典的在桌子周围的座位位置。位置（a）表示了亲密关系的存在，然而位置（b）暗示了正式和可能的竞争，位置（c）则通过避免眼睛直接接触，暗示了一种不希望直接接触。

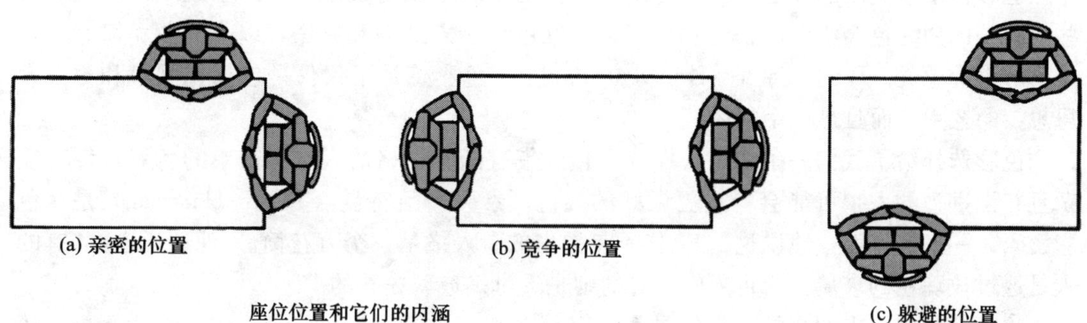

图 5.20　距离关系——桌子的座位。(引自于巴拉斯特·戴维·K，《室内设计参考指南》，专业出版社出版，加利福尼亚州，贝尔蒙特)

当考虑到座位安排的时候，人们发现圆形的桌子容易使人合作并且让人感觉坐在它周围是平等的。方形的桌子更适合正式的环境和更大的团队，这种场合下，资格较老的人会坐在桌子的端头上，因为这被认为是领导的位置。还有，团队交流研究表明对于为正式活动所设计的空间来说，使用为四个人准备的桌子比为大团队设计的大桌子更合理。对于团队交流的基础最基本的理解将会有助于空间设计师实现正确的解决方案。

身份地位

从史前时代起，身份地位就是一个重要的设计考虑因素，在当今很多文化之中，具体环境仍然具有着很多象征意义。有些人喜欢某种风格的房子因为这反映了身份地位。大理石的地板和墙面传统上暗示了身份地位（这大概是因为它们昂贵的缘故），这就是为什么银行和有声望的办公室以及一些海关喜欢采用这种材料的原因。身份地位还用其他无法说明的方式来表达。例如，在美国和许多欧洲国家，拐角处的办公室比起一排办公室中间那一间来说地位要高。在许多文化当中，办公室的大小也会用地位来衡量，桌子的位置距离门越远越好，这就赋予坐在办公桌后面的人更强的心理上的权威感。设计师需要去调查身份地位的需求和暗示然后决定业主在这个方面的目标。

色彩心理学

色彩可以用于装饰、符号或者治疗，而且设计师们不应该低估了色彩对人们心理的影响。实验室测试和实践经验清楚地表明了色彩光线辐射能量的存在。这种辐射能量的力量会影响我们的健康和快乐。它会产生一种良好或是不舒服的感觉、激烈运动的或是被征服的被动性感觉。

色彩科学家们早已知道，色彩会使一个空间看起来振奋或是沮丧，温暖或是冷淡。某些色彩，比如绿色会给人放松的感觉，然而红色会让人鼓舞和兴奋，以及渴望、愤怒、身体不舒服等感觉。B·J·库瓦（Kouwer）说过："色彩感觉不仅仅是包括视网膜和'个人思想'的艺术，而且是一个整体。"

色彩选择给了我们一条线索去探寻人格。带有随和性格的人选择简单的色彩；带有复杂且有识别力的人很可能会喜欢更微妙的颜色。泰勒·哈特曼（Taylor Hartman）是《色彩密码》一书的作者，他说过："人格不是黑白的。人格是一个万花筒。"他还说道："有的人是透过玫瑰色的玻璃去看世界的。有的则是透过黑玻璃去看的。"

哈特曼相信，人的个性决定他是否会轻易沮丧、放松、规矩、小心或是无忧无虑，还有他是被动的还是过分自信的。另外，研究表明性格外向的正常人一般特别喜欢色彩，尤其是温暖的色调，然而性格内向的人则倾向于冷色调。他们一般对色彩不太敏感。

人们进行了很多测试来确定人们是如何对色彩起反应的。心跳、血压和呼吸作用是用不同色彩的入射光线射线来衡量的。我们还知道色彩能够使一个物体看起来更沉重（使用深色或者强烈的色彩）或者更轻盈（使用浅色）。

法博·拜伦（Faber Birren）是一位知名色彩理论家，在他的《色彩和人们的反应》一书中，讨论了人的大脑对色彩如何反应，如下面所列：

生物学反应

可见的电磁波谱的区域从红色一直到橙色、黄色、绿色、蓝色和紫色。总的来说，对于光谱的两端有不同的生理反应，红色和蓝色或绿色，而且根据托马斯·R·C·希森（Thomas R. C. Sisson）博士的话："光不仅仅照亮了人间万物而且还能释放出强大的物理能量，影响体内的和新陈代谢过程中的多种化合物，以及生命和细胞的产生——甚至包括生命的韵律。光是无处不在的，它可以被掌握但不是完全无危害的。”许多科学家总结出环境光可以穿透哺乳动物的头盖骨，并且有效地刺激脑组织中的光电细胞，这使得光成为健康和正常生活的基本条件。

虽然光是人们存在的基本条件，但是光亮和黑暗的交替也是必不可少的。光亮和黑暗引起人体不同的生理反应，比如体温的变化。对于人类，拜伦（Birren）说过：“红色光会提高血压、脉搏速率、呼吸作用和皮肤反应（出汗）以及大脑波的兴奋。还会引起肌肉反应（紧张）和眨眼频率加快。”另一方面，蓝色有着相反的效果，降低血压和脉搏速率。光谱的绿色部分大致呈中性。人们对橙色和黄色的反应和对红色的反应非常相似，但是却没那么显著。

视觉反应

如今的人造环境经常使人们置身于不均衡的光源中。白炽灯的光线几乎完全没有紫外线的波长范围。某些汞灯，富含紫外线波长却缺乏红色和红外线频率。光亮的汞灯照明对于家庭和办公室来说是不适合的，因为光的过度反射以及人体感觉到的色彩失真。詹姆斯·P·C·索撒尔（James P. C. Southall）写道：“好的和可信赖的视力只能通过长期的训练、实践和体验才能达到。成年人的视觉是一种观察和各种概念的积累，因此和未受教育的婴儿的视觉完全不一样，他们还不会用自己的眼睛去注视，也不会调节它们，更不会正确地解释他所看到的东西。我们年轻的生命中的大部分不知不觉地花在了获取和协调大量的环境数据上，我们中的每个人都需要学着使用眼睛去观看，这就和他需要学着使用他的腿来走路、使用他的舌头来说话是一样的。”

眩光不仅仅对视觉是不利的，而且对身体、精神和情感上的舒适感都不利，长时间的眩光还会加重肌肉不均衡，折射困难，近视和散光。一般来讲，眼睛适应光亮很快，而适应黑暗就比较慢。

情感反应

心理学领域的研究总是很困难的，并且经常莫衷一是。一位研究员，库尔特·戈尔德施泰因（Kurt Goldstein）写道：“红色可以刺激活动，对情感引起的行动是有帮助作用的；绿色能产生沉思的环境，能够精确地完成任务。红色适合营造有情调的气氛，从这种气氛中产生概念和行动；在绿色环境下，这些概念将会深化，行动将会被执行。”

颜色和音乐之间有着强烈的情感联系，许多人写了有关的文章。在德国进行的一些实验中，人们发现颜色会刺激机敏度和创造性（淡蓝色、黄色、黄绿色和橙色），能够提高一个人的智商达 12 点之多。

美学反应

人们早期使用色彩时并没有考虑到美学效果，而是更多地考虑其象征主义，目前作为一种美学工具，我们对色彩的态度是从文艺复兴附近开始的。有意思的是，8％的男人色彩感觉存在缺陷，而不到1.5％的女人存在缺陷。这种经常出现的缺陷多是关于红色或是绿色或是以上两者。例如，褐色和橄榄色看起来可能是一样的。

精神反应

精神反应主要是针对可见的或不可见的射线而言，还有光环、星形体、电晕放电、生物原生质体，以及一些现代名词，诸如电动力学、精神药物和生物动力学，这些已经成为正式的科学调查和普遍的开发问题，但是这些都已超出了精神反应这一工作范畴。

第六章

工程造价分析

造价估计是一种最重要的工程管理要素之一，因为它决定了工程造价在不同阶段的基线。在工程初期或者设计过程初期进行预算估计对于整个工程来说必不可少，因为它影响了许多设计决议，并且帮助人们决定工程是否真的可行。

概述

通常阐述建筑工程要有施工费用的最高限额。从一开始，费用可能就是一个预定数量的固定极限，例如来自于拨款或者债券发行的公共建筑资金。要不最高限额可以在技术设计阶段时被确定，那时，业主的项目范围以及施工、设备和材料等质量都和他愿意或能够支付的钱数对比起来加以考虑。这种方法需要预期费用表在不同时间阶段准备出来。这些表的功能就是作为经济控制器来平衡范围、质量和费用这三个相辅相成的因素。两种方法都高度重视空间规划师、建筑师和工程师所作的估价的准确性。

在技术设计的最初阶段，准备一份高度精确的标前造价估算往往很困难。原因是投标时的市场和工业竞争力是决定建议书的水平和质量的主要因素。因为这个很不确定，每当成本的固定极限作为一种职业服务合同环境而被提交的时候，或者当招标以前由业主、空间设计师或设计师达成一致的最终估价包含这样的极限的时候，投标应急费应该确定下来。尽管为投标的应急费所拨的款项会随着环境的变化而变化，通常也不会少于估价的 10%。应急费的百分比可以根据基于投标人提供的报价单的最终估价值酌情减少。

当在工程确定的成本极限之内还没有确定中标者时，明确空间设计师的责任也是非常重要的。许多合同都包含这一条：要求顾问自费修改计划和技术说明书，以便一个可接受的建筑在原先提出的造价限额内进行建造。在私人工程中这一条款会规定，此种服务是顾问在这方面的责任极限。而且还规定，一旦被修改的计划和文件完成时，顾问将被给予在专业合同中发生的费用。

影响工程造价的因素

影响工程最终造价的重要因素有很多，不仅仅是施工造价和装修花费（图 6.1）。业主经常准备一个包括预期造价表的预算。下面是一些会影响工程最终造价的主要因素。

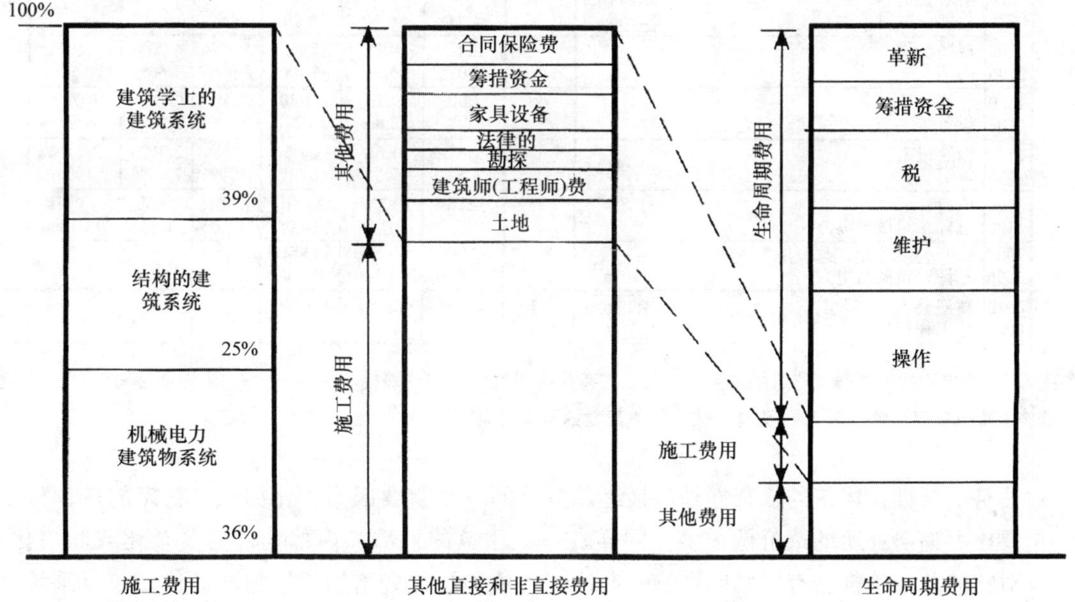

图 6.1 图解分析组成建筑物总造价的不同元素的图表

施工费用

- 建筑类型：建筑的功能类型被认为是主要的造价变量之一。它决定了建筑物很可能具备的特征。例如，一座市镇联立式住宅和一个医院的造价特性完全不同。常用的分类是

1. 居住，2. 商业，3. 工业，4. 教育，5. 公共机构，6. 宗教，7. 娱乐。如果我们使用每平方英尺的造价方法去计算造价的话，这些分类本身没有什么价值（图 6.2）。

17100 每平方英尺(S.F.)、每立方英尺(C.F.)与总费用的百分比

	17100	每平方英尺与每立方英尺费用		单位	单位费用			总费用的百分比			
					1/4	中间值	3/4	1/4	中间值	3/4	
010	0010	低层公寓 (1~3层)	R17100	S.F.	45.50	57	76				010
	0020	总工程费用	−100	C.F.	4.08	5.40	6.70				
	0100	现场工作		S.F.	4.08	5.70	9	6.80%	11%	14.10%	
	0500	砌筑			.84	2.21	3.62	1.50%	4%	6.50%	
	1500	润饰			4.79	6.25	8.05	9%	10.70%	12.90%	
	1800	设备			1.48	2.19	3.25	2.70%	4%	6.20%	
	2720	管道			3.50	4.55	5.75	6.70%	9%	10.10%	
	2770	供暖、通风、空调			2.26	2.78	4.09	4.20%	5.80%	7.70%	
	2900	电力			2.62	3.43	4.68	5.20%	6.70%	8.40%	
	3100	总计：机械与电力			9.05	11.55	14.50	16%	18.20%	23%	
	9000	每一公寓单元，总费用		Apt.	42,000	64,000	95,500				
	9500	总计：机械与电力		″	7,900	12,600	16,500				
020	0010	中层公寓 (4~7层)	R17100	S.F.	59	72	88				020
	0020	总项目费用	−100	C.F.	4.71	6.50	8.90				
	0100	现场工作		S.F.	2.41	4.78	8.60	5.20%	6.70%	9.10%	
	0500	砌筑			4.01	5.55	7.85	5.90%	7.60%	10.60%	
	1500	润饰			7.60	9.70	12.30	10.50%	13.10%	17.70%	
	1800	设备			1.98	2.83	3.70	2.80%	3.50%	4.70%	
	2500	输送设备			1.37	1.68	2.06	2%	2.30%	2.70%	
	2720	管道			3.54	5.65	6.30	6.30%	7.40%	10%	
	2900	电力			4.16	5.70	6.60	6.70%	7.50%	8.90%	
	3100	总计：机械与电力			12	16.25	19.95	18.80%	21.60%	25.10%	
	9000	每一公寓单元，总费用		Apt.	68,000	80,500	133,500				
	9500	总计：机械与电力		″	12,600	15,100	19,100				
030	0010	高层公寓 (8~24层)	R17100	S.F.	68.50	82.50	101				030
	0020	总工程费用	−100	C.F.	5.80	8.15	9.90				

图 6.2 给出不同建筑类型的每平方英尺和每立方英尺费用数据的部分表格。在由 R·S·米恩斯编写的《2002 建筑施工费用资料》中，有 59 个为建筑成本核算建立的不同目录

- 建筑复杂性：建筑的复杂性是其最终总造价的一个重要因素。比如说，仓库的造价肯定要比生物研究所的造价低很多。同样，一座建筑的外部和内部构件的复杂化或简单化，对它的总造价都会有不利的影响。曲线、阴角和悬臂会增加建筑物的造价。建筑系统也随着它们的复杂或简单而变化。例如，复杂的包层外墙系统会比一个简单的毛粉装饰的造价高很多（图 6.3）。
- 建筑质量：建筑材料和系统的质量会在很大程度上影响建筑的造价。大理石比起砖块或灰泥来说要贵很多。某种类型的机械系统比其他的要昂贵。建筑设计的美学质量也会影响它的价值（图 6.4）。

上图：南派望特Ⅰ号办公大楼，弗吉尼亚洲赫恩登，HOK建筑师事务所

下图：Ⅱ号办公大楼，马里兰州哥伦比亚，摩根·基克与阿索建筑师事务所

图 6.3　两种不同类型的建筑物外壳插图。上面的插图所绘制的建筑物的造价会比下面的建筑物高。(由国际验收与评估中心，纽约提供)

单层普通住宅							
低的							
平方英尺数	1500	1750	2000	2250	2500	2750	3000
费用							
框架	39.99	39.19	38.39	38.19	37.23	36.28	35.90
室内	41.80	40.97	40.13	39.92	38.92	37.92	37.53
管理费用和利润	9.09	8.91	8.72	8.68	8.46	8.24	8.16
总计	$90.88	$89.06	$87.24	$86.79	$84.61	$82.44	$81.58
中间的							
平方英尺数	1500	1750	2000	2250	2500	2750	3000
费用							
框架	43.98	43.11	42.23	42.01	40.95	39.90	39.49
室内	45.98	45.06	44.14	43.91	42.81	41.72	41.28
管理费用和利润	10.00	9.80	9.60	9.55	9.31	9.07	8.97
总计	$99.97	$97.97	$95.97	$95.47	$93.07	$90.69	$89.74
高的							
平方英尺数	1500	1750	2000	2250	2500	2750	3000
费用							
框架	45.98	45.06	44.14	43.91	42.81	41.72	41.28
室内	48.07	47.11	46.15	45.91	44.76	43.61	43.16
管理费用和利润	10.45	10.24	10.03	9.98	9.73	9.48	9.38
总计	$104.51	$102.42	$100.33	$99.81	$97.30	$94.81	$93.82

图 6.4 建筑材料的质量和系统对工程最终成本有非常重大的影响，为一所普通的单层住宅编制的表格对此有所描述。(选自“Home Builder's Costbook”，Bni 建筑新闻)

- 建筑大小和形态：很明显，所有的东西都一样，建筑物规模越大，它施工需要的费用就越多。然而，比例上的节约措施会减少建筑的成本，导致了较低的单位成本。单位成本也是当重复循环出现的时候降低的。例如，建造一幢 15 排的城市住宅就比建 2 排要省钱。一幢建筑物的大小是通过估算净平方英尺来决定的，这些尺数是用来满足预先确定的要求和标准的。还有，净平方英尺对所需要围封的总平方英尺的比率就是设计定案，并且会大大影响施工造价。低层建筑采用不同类型的基础、施工和机械系统，这和高层建筑不一样，反过来这又以不同方式影响总造价。
- 建筑位置：有无数的场地和位置因素直接影响施工的成本。场地的大小和外形，它的地形、土壤、地质和气候都是很明显的自然因素，都会影响到施工的成本。设计或施工过程中，形状不规则的场地可能需要特殊的考虑。陡峭的斜坡还有贫瘠的土地或是不坚实的地基情况都将需要更多的工程和基础工作，还有额外的为结构服务的公用事业。直接和非直接的施工成本都会受到场地的影响。同样的建筑施工在不同地区（或者不同国家）进行，将会由于每个地区的劳动工资、材料和服务的差异而有不同造价（图 6.6）。例如，对于一个人口密集的市区来说，材料费用可能会因为交通和场地存储限制而变得很高。
- 其他因素：有无数其他的因素会影响施工造价，包括生产力、天气情况和年度季节，安全需要、环境考虑、可用能源、熟练劳动力和建筑材料等。

家具、装置和设备（FF&E）

在大多数建筑工程当中，家具、装置和设备（FF&E）预算都是和施工预算分离的。这是因为详细说明、购买、安装它们的方法和施工时那些条款方法不同。那些通常构成家具、装置和设备预算的一部分的项目包括：

- 家具
- 器具
- 附件
- 艺术作品
- 毯子和垫子
- 室内植物和培植器皿
- 无支撑物的设备（比如自动贩卖机和图书馆书架）
- 窗子遮盖物
- 灯具

每平方英尺与每立方英尺成本	R171	信息

R17100-100　　平方英尺工程改造者

大小是影响某幢特殊建筑物每平方英尺成本的一个因素。通常情况下，按照相同规格在同一地点建造的建筑物，较大者每平方英尺的成本相对较低。这主要是因为它们的外墙作用在逐渐减弱并且容易形成规模经济所致。面积转换比例表给出了一个系数，该系数能把典型建筑物的成本转换为特殊工程的调整成本。

实例：决定一幢100000平方英尺的中层公寓楼每平方英尺的成本：

$$\frac{\text{计划建筑面积}=100000\text{平方英尺}}{\text{典型大小}=50000\text{平方英尺}}=2.00$$

在面积转换比例表对应2.0的曲线处，水平方向的适用成本乘数为94，基于国家成本的平均值，大小调整成本应为：94×72.00美元=67.70美元。

注：大小系数低于5.0，成本乘数为1.1
　　大小系数高于3.5，成本乘数为9.0

平方英尺基数列出了中间成本，我们的累积资料中最典型的工程规模，以及工程的大小范围。工程的大小系数是根据特殊建筑类型中典型工程的规模，通过将工程区域以平方英尺划分来决定的。有了这个系数，你就可以在面积转换比例表中找到适用的大小系数，从而确定你的建筑物尺寸所适用的成本乘数。

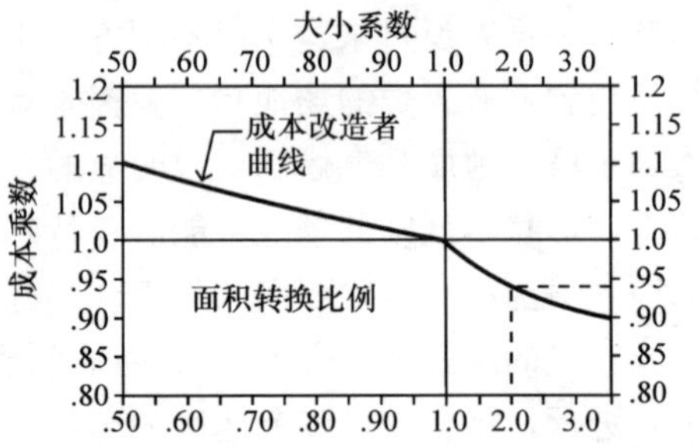

图6.5　平方英尺工程改造者描述了大小对建筑物总成本的影响。[R·S·米恩斯（RS Means）公司，“建筑物施工成本数据”，2002年]

在美国，多数的成本帐簿都使用代表国家平均值的价格。然而，成本将会随着地区和州的变化而变化。为了更接近特殊场地的大致成本，场地因素就要用到了。下面是选自家具建造者的成本帐簿的一个典型例子。

地理学成本修改者

地区	系数
亚拉巴马州	
伯明翰	0.79
享茨维尔	0.77
莫比尔	0.81
蒙哥马利	0.75
塔斯卡卢萨	0.75
阿拉斯加州	
安克雷奇	1.30
朱诺	1.33
费尔班克斯	1.37
诺姆	1.43
亚利桑那州	
弗拉格斯塔夫	0.91
菲尼克斯	0.89
普雷斯科特	0.91
佛罗里达州	
杰克逊维尔	0.80
迈阿密	0.86
奥兰多	0.80
坦帕	0.82
西棕榈滩	0.84
佐治亚州	
亚特兰大	0.83
奥古斯塔	0.75
哥伦布	0.75
梅肯	0.77
萨凡纳	0.79
夏威夷州	
希洛	1.31
火奴鲁鲁	1.25
毛伊	1.28
路易斯安娜州	
巴吞鲁日	0.84
莱克查尔斯	0.82
门罗	0.78
新奥尔良	0.86
什里夫波特	0.78
缅因州	
奥古斯塔	0.85
班戈	0.83
刘易斯顿	0.87
波特兰	0.89
马里兰州	
安纳波利斯	0.92
巴尔的摩	0.90
黑格斯敦	0.88
罗克维尔	0.95

图6.6　同样的建筑在不同地区的施工费用不同。估价时，这些应该被考虑进去

承包人的管理费用和利益

在投标一项工作的时候，承包人被授权附加适量的管理费用和利润。这会作为投标程序的一部分而被提交。管理费用和利益应该分别列出条目，并且每个月这些条目都需要随着工程进行而适当的列出来。否则，这可以通过先付发行费的形式进行提交（这意味着在工作之初提高估价并且在工作完成之后降低估价）。

专业费用

空间设计师和职业顾问给业主提供服务是要收费的，不明智的业主有时会用偏见的眼光去看待这些费用。工程中其他顾问的专业经费会包括建筑师、室内设计师、机械师和电气工程师，还有法律顾问、测试者等等。

虽然在计算顾问服务费用的时候，没有明确的规则。但最常用的一共有四种方法。这些方法经过了长期的发展，满足了许多建筑设计的付款情况。它们是：

- 施工费用的百分比
- 专业费加开支
- 多倍的直接用人费用
- 安装费用（一次性付款）

税金

税金可以定义为由政府向个人或者物品征收费用。人们占有财产或获得收入有法律义务交纳税款。税金的考虑需要包括为家具和其他购买物品所付的销售税。有些地方当局对专业服务课税，在这种情况下空间设计师一般都会将其包括在职业费用目录下的。如果有必要作为单独的排列项出现，它应该放置在税金下面。工程总承包人和转包合同人需要为施工使用的材料交付税金，这些都会在施工总预算中包括。

搬迁费用

相当多的业主喜欢在他们的总建筑预算中加入搬迁费用。搬迁费用由实际搬迁所需要的金钱所组成，并且还会可能包括一些其他开支，比如重新规划、布局以及搬迁时间内需要付出的成本等。在大公司和某种类型的单位中——比如医疗机构，搬迁费用可能为数不少。

电话、资料系统和保安设备安装

因为电话和资料系统（计算机，本地网络之类）都是单独购买的，并且由专门的公司安装，这些系统的费用应该单独记录。业主经常会单独处理这些项目，而不需要空间设计师。然而，设计师需要和提供这些服务的供应商协调工作，以保证设备所需空间，合适的插座位置和管线以及其他需要的机械和电气辅助服务。

保险、保证和执照

保险政策是为特定原因造成的损失进行担保赔偿的政策。有不同类型的保险金，包括火灾、洪水、地震和债务等等。业主要负责购买和定期支付其责任保险、锅炉和机械保险以及财产保险费用。

保证是一种协议，确保一方防止另一方的行为或过失造成的损失。履约保证亦称完工保证，是由承包人提供并由一家保险公司投保来保证合同工程的完工。在承认一项工程合同完成之前，公众权威机关经常履约保证。对承包人和转包人的履约保证一般是由保险公司发行的。业主拥有权力来规定承包人提供一份履约保证书和支付保证金，而且都是按合同中所写的最大数量。这样的保证金应该纳入合同总金额。如果保证金要求是在合同金额已确定后加上去的，那么保险费将会增加到合同总额上去。

执照就是一个文件，由政府制定规章的权力机构发行，它允许持证人采取某些特殊行动，比如建造一所房子。重要的是，合同工程不会在保险金和保证金的有效日期之前，或是对出借人实行置留权之前开始。此外，所有的政府批准和执照都必须在开工之前到位。当这些初步的基本要素都到位以后，业主就应该书面通知承包人要开工了。

应急费用基金

应急费用基金是一项机动费用，用来弥补施工中没有预料到的情况发生时所造成的损失。应急费应经常增加到预算账目中，以应付业主和其他情况所引起的没有预见到的变化，这些都会增加工程的总成本。对早期的工程预算，应急费的百分比应该比晚期的预算应急费要高一些，因为在工程之初有很多未知的东西。拨付的应急费取决于工程的类型而通常变化幅度在总预算的5%～10%之间。例如，对老建筑进行整修比起建造一座低层办公建筑来需要更多的应急费用。此外还需要为施工、家具、装置和设备准备单独的应急费。

估算方法

有很多的方法可以进行初步预算和对工程造价进行估价。但是一定要记住：费用估价仅仅是评估而已。根据相同的合同文件，通常收到的工程施工投标，价格会在5%～10%之间浮动，有时候会更多。估价分级的方法在图 6.7 中有介绍。

平方英尺法或者比较法

平方英尺法或者比较法直接对已知造价的建筑物和被提议的建筑物进行比较。每平方英尺的地面施工造价被削减到了平均价格（有时候使用立方英尺）。按照定义，由于所需细部的有限数量，比起一个细部更多的基于估价的单位造价来说，一平方英尺的估价的精确度相对较低。然而，平方英尺造价是一个有用的出发点，并且在缺乏细部的情况下，在工程的概念阶段是有用的。在投标之后，平方英尺的估价也是有用的，并且成本可以分成适当的单位来寻求信息。然而，一旦工程设计有了细部时，平方英尺法就应该中止，因为那时工程可以根据它的特定组成部分而定价了。

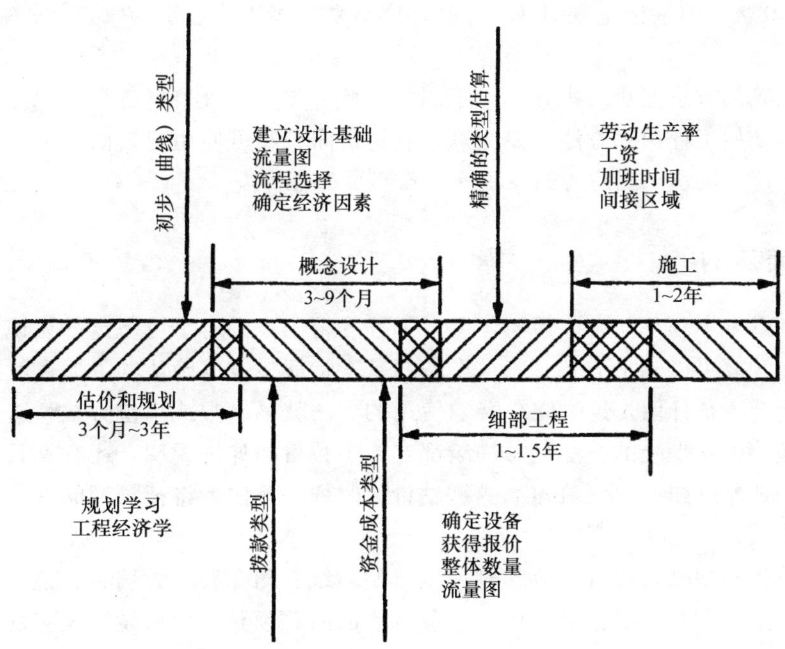

图 6.7 估价分级方法（最后期限）

为了基于这种方法的估价有用，用作造价基础的建筑物必须和被估价所使用的建筑物相同。为了满足相似性测试，选择建筑物的时候应该注意功能一致，大小也要粗略相等，结构上相似，还有施工质量也要非常相似。

每平方英尺基础造价是通过把已知总造价除以总建筑面积平方尺数来计算的。建筑物大小是按照室外尺度来计算的：长乘以宽就得到了面积。建筑物如果不是方形的，就绘制一张带尺寸的地段图，并且把地段图分成几个部分以便计算面积。如果一些墙体不是直角，那就转化成三角形，或者利用其他逻辑流程进行面积计算。

费用必须反映当今的建筑物造价。像R·S·米恩斯公司、克拉夫斯曼书籍公司和BNI建筑新闻公司这样的大公司，都更新了施工成本手册和估算软件系列。在《米恩斯承包人的造价指南——居住平方英尺造价》一书中，把价格组织成为两个主要的估价部分：平方英尺造价——为不同类型的住宅建筑准备30多平方英尺的模型，还有集合造价——大约100种常用的居住建筑系统，有着广泛的可选择的特性和价格。另外，还有广泛的场地因素使你能够为所有的美国地区和加拿大调节材料和劳动力成本。这些出版发行人使用的成本代表了美国国家平均水平，并且用美元支付。场地因素/城市成本指数可以用来更精确的评估要计算成本的工程。例如，如果你为一座小型商业建筑估价，从按照国家平均水平制订的手册上查出来的数据是1 500 000美元，而要是你的工程在纽约的话，由于场地因素你就要在1 500 000美元的基础上乘以1.3。最后算出来这座纽约建筑的修正估价是1 950 000美元。

这种更精确的方法把建筑物分为了不同的区域种类，并且根据各个区域计算成本。这可能是最好的初始工程预算方法。要注意，总建筑面积和可使用建筑面积不同，计算时要减去走廊、大厅、厕所、厨房等的面积（图6.8a、6.8b）。

参数或单位面积方法

随着设计的发展和空间设计师与业主对工程的精确范围有了更坚定的认识，并且细部设计在进行，预算可以确定下来。一旦设备的基本特征是可以确认的，那么就要使用不同的程序来决定成本估计值。这时候最普遍使用的方法就是参数或单位方法，这包括了把工程分类成为适当的水平级的方法，每一级都有施工数量的详细说明，还有家具与分配给这些数量的单位成本（图6.9）。在准备这些估价的时候，评估者将把预期的承包人管理费用和利润包括进去。

例如，墙体和顶棚装修可以分为刷油漆、贴墙纸、陶瓷砖、大理石、镜面等等。每平方英尺的估计成本和总面积相乘就得出了覆盖墙面的总预算。如果设计没有发展到选择单个墙体装修的地步，那么墙面覆盖物的平均成本将会被估计出来并且分配到工程的总面积上。家具也可以用这种方法来估价。例如，如果关于最终制造厂商和座位组团的覆盖物没有作出决定的话，沙发、座椅和咖啡桌的成本，这些取决于评估者的经验，而且可以总计达到某个工作预算数目。

使用这种预算方法，每个建筑构件的价格都可以估计，允许对建筑构件的数量和质量作出决定，以符合原先的预算估价。如果地板装修或者墙面装饰超出了预算，空间设计师和业主可以检查单位成本估价并且决定采取什么措施。例如，业主会决定更换贵重的镜子或者带油漆纹理的大理石构件。类似的决定会用在任何的预算参数之中。

业主的总预算

工程：________________________ **估价日期：**________________

A. 征地、可行性和融资费用

1. 地价　$______
2. 筑路用地　______
3. 产权报告　______
4. 房地产评估　______
5. 融资费用和贷款费　______
6. 保证金和估价　______
7. 社区建设费　______
8. 法律和会计费用　______
9. 地形、界限和场地勘测　______
10. 地球物理调查报告　______
11. 环境影响报告　______
12. 可行性研究　______
13. 销售、租赁和广告费用　______

A. 总计 ………………………… **$**______

B. 设计费用

1. 建筑和工程费　$______
2. 景观建筑费　______
3. 室内设计、绘图和色彩咨询　______
4. 专业工程（日光、声学等）　______

B. 总计 ………………………… **$**______

C. 总建筑施工费用

1. ______平方英尺　单价______每平方英尺　$______
2. ______平方英尺　单价______每平方英尺　______
3. ______平方英尺　单价______每平方英尺　______

C. 总计 ………………………… **$**______

D. 其他施工费用

1. 基地外建设（公用设施、街道、路饰、明沟、人行道、消防栓、街道绿化等）　$______
2. 现场建设（土工修整、挡土墙、栅栏、人行道、铺路等）　______
3. 景观、绿化和灌溉　______
4. 娱乐项目（游泳池、网球场等）　______

D. 总计 ………………………… **$**______

E. 施工相关费用

1. 费用估算　$______
2. 证照费　______
3. 各级政府机构要求的施工税　______
4. 保险和保证金　______
5. 材料测试和检验费用　______
6. 施工期间的财产税　______
7. 施工期间的公用设计费用　______
8. 施工基金支出服务费用　______
9. 施工管理费用　______
10. 施工费用审计费　______

E. 总计 ………………………… **$**______

F. 家具安装

1. 室内装修、地面、遮帘、悬挂织物　$______
2. 家具、设置、器具和设备　______
3. 图画　______

F. 总计 ………………………… **$**______

A, B, C, D, E和F的总和 ………………………… **$**______

G. 估算差误、设计差错和不可预见情况的应急费用 ………………………… **$**______

最新总计 ………………………… **$**______

H. 通货膨胀引起的调整。(日期______) ×______% **$**______

总预算 ………………………… $______

图 6.8a　一个初期施工预算格式，根据平方英尺法计算。[引自于阿瑟·F·奥利里 (Arthur F. O'Leary)，《成功施工指南》，BNi 出版公司出版，加利福尼亚州]

施工范围	面积（平方英尺）	大概费用/平方英尺	扩建费用
现有翻新	17400 SF	$ 12	$ 208800
现存办公空间 更改电力/机械系统以适应要求 较小的改变：更换地毯、顶棚、涂料 费用范围：10～14 美元/平方英尺			
新的封闭区域	4350 SF	$ 30	$ 130500
现存隔墙，必要时重新改装 更改电力/机械系统以适应要求 更换地毯、顶棚、涂料等 费用范围：28～32 美元/平方英尺			
新的开放区域	21750 SF	$ 20	$ 435000
现存隔墙布局 更改电力/机械系统以适应要求 更换地毯、顶棚、涂料等 费用范围：18～22 美元/平方英尺			
自动贩卖机/食品服务	2500 SF	$ 75	$ 187500
计算机房	2000 SF	$ 150	$ 300000
主要的接待/资助/邮寄	1500 SF	$ 45	$ 67500
施工合计	49500 SF		$ 1329300

图 6.8b 一个初期施工预算，描述了现存空间和新建筑的修改引起的估计费用。［引自于朱莉·K·雷菲尔德的《办公室内设计指南》，约翰·威利出版社 1994 年出版］

单位成本或者参数线性条款是基于常用的单元，这些单元是和经过研究的施工要素或者成本项目相联系的。例如，一个石膏的墙板分隔间将会按一个特定的施工类型、业已完成的隔间的每平方英尺或每线性英尺（对一种特殊高度）指定造价，而不是详细说明立筋、石膏板、螺丝和饰面费用。这简化了分隔物的计算线性英尺数的计算程序（甚至当这基于一个初步空间规划的时候），然后乘以单位成本。另一方面，总经理的椅子会以单位成本预算为基础，因为它们的数目很容易就可以确定。在数量账单中，每个要素的单位成本都会进行评估以计算总施工成本。

细部数量浏览或估算法

作概算是一项费力而要求高的专业工作，但是它又不是一门实际科学。进行预算最精确的方法就是测量材料和装饰的实际数量，然后用这个数字乘以确定的引用成本。这些细部估价一直到设计晚期和工程施工文件阶段才会用到。每项工程估算所根据的数量观测或称估算来自工程要求的所有工料图纸和技术说明书。一个好的估计量会显示出需要准备的所有必须的东西，然后计算出一个精确的估价。

CSI	种类	单位费用	数量	估计	数量	限额	数量	差额	预算	预测	差额
10	一般情况										
	限额	500000	1	500000	0	0	1	500000	500000	500000	0
10	小计			500000		0		500000	500000	500000	0
20	现场施工										
	N/A	0	0	0	0	0	0	0	0	0	0
20	小计			0		0		0	0	0	0
30	混凝土										
	限额	100000	1	100000	0	0	1	100000	100000	100000	0
30	小计			100000		0		100000	100000	100000	0
40	砌筑										
	限额	100000	1	100000	0	0	1	100000	100000	100000	0
40	小计			100000		0		100000	100000	100000	0
50	金属										
	限额	100000	1	100000	0	0	1	100000	100000	100000	0
50	小计			100000		0		100000	100000	100000	0
60	木材与塑料										
	限额	500000	1	500000	0	0	1	500000	500000	500000	0
60	小计			500000		0		500000	500000	500000	0
70	湿热控制										
	限额	250000	1	250000	0	0	1	250000	250000	250000	0
70	小计			250000		0		250000	250000	250000	0
80	门/窗/玻璃			1165000		1845000		(680000)	(605000)	(605000)	0
90	修饰			6378445		4190725		2187720	2550000	2550000	0
100	专业			4349875		0		4349875	4730000	4730000	0
120	家具			370000		90000		280000	287500	267500	0
130	特殊工程			250000		0		250000	250000	250000	0
140	传送系统			250000		0		250000	250000	250000	0
150	机械			2425000		1800000		625000	650000	650000	0
160	电力			4892250		1472500		3419750	3622500	3622500	0
170	特殊领域			13276900		0		13276800	13925000	13925000	0
装备总计				34907470		9398225		25509245	27210000	27210000	0
	家具			18127500				18127500	19852500	19652500	0
	设备			7050000				7050000	7640000	7640000	0
家具/设备总计				25177500			0	25177500	27292500	27292500	0
	建筑/工程服务			3450000			0	3450000	3450000	3450000	0
	临时费用			5774300				5774300	6264500	6264500	0

图 6.9　一个基于项目工程需要的变换布置评估预算。(引自于朱莉·K·雷菲尔德《办公室内设计指南》，约翰·威利出版社 1994 年出版)

当和一个被选中的承包人协商项目的时候，这个承包人要带上施工图和说明书，然后准备一个精确的估价，包括管理费用和盈利。有时候，报价单太高，或者比业主预算的要多，在这种情况下，业主要经常和空间设计师以及承包人坐在一起讨论，努力找出一种最好的方法来修改材料的数量或质量，或者修改整个工程范围来满足特定的预算。当一项工程让几位承包人一起投标时，最终的造价报价单一直到投标结束才会知道。在预算编制者缺乏作精确估算的人员时，业主会雇佣一个独立的造价估价者来制订这一预算。

除了其他项目，比如窗帘、艺术品、灯具、装饰物还有任何由设计师/规划师来确定的东西外，室内设计师或是空间设计师会对所要采购的家具类型和数目列出详细的清单，来计算装修的费用。制造厂商和模型的数量都是可知的或者是比较容易确定的，同时色彩、织物选择、适当的折扣、运送费用和税费也一样。在小型工程中，设计师会被邀请去设计家具和其他东西，但是对于大型商业工程来说，家具一般是通过认可的经销商进行采购，他们准备采购订单，并向业主提交准确报价。在这两种情况下，交给业主的最终费用都容易计算出来了（图 6.10、6.11）。

生活周期成本计算

生活周期成本计算（LCC）是一种在建筑设计方案二选一阶段估计所有相关成本的方法，包括系统、构件、材料和实施。这种 LCC 方法首先考虑了成本，包括规划、设计、采购、安装、未来费用，包括了燃料、运转、维护、修理和更换的费用，还有在检查期中间或是结束时恢复的任何的转售或者回收价格。

费用估算控制

为了监控工程并对工程施工加以成本控制，业主和承包人都有必要去采纳一些底线。对于业主来说，为了项目的长期规划经济，预算估计必须足够早的定下来。成本控制有必要为筹集资金建立预算估计，还有在合同以后施工之前的预算后成本估计和施工过程中的成本估计。因此，细部估价经常会作为预算估计而用到，因为它能足够精确地反映工程的范围，并且早于顾问们的估价。随着工作的深入，预算成本需要周期性的进行修订来反应完工时的成本估价。一个经过修订的估价成本很有必要，可能是因为业主订单的变动，也可能是因为没有预料到的成本超支或者节省。

一般情况下，承包人会使用投标估价作为预算估计，它同时还用于控制意图，也为了施工资金筹措规划。预算成本也应该周期性的更新，来反映完工时的估计成本，也为了保证工程施工有足够的现金流。

总部改造工程预算

区域	项目	数量/单位	单位价格	数额	小计
100	拆除				
100.01	隔墙	3600 SF	2.00	7200	
100.02	顶棚	3700 SF	0.25	925	
100.03	地毯	3700 SF	0.25	925	
100.04	重新安置入口	1 容许量	7200.00	7200	
					16250
200	隔墙				
200.01	总高度	225 LF	27.00	6075	
200.02	局部高度	24 LF	21.00	504	
200.03	局部玻璃	44 LF	100.00	4400	
200.04	活动隔墙	50 LF	175.00	8750	
200.05	板墙饰面	124 LF	20.00	2480	
					22209
300	门/窗/硬件				
300.01	入口	6 EA	600.00	3000	
300.02	内部——单	3 EA	500.00	1500	
300.03	内部——双	2 EA	900.00	1800	
300.04	滑坡	4 EA	800.00	3200	
300.05	壁橱——双	5 EA	1000.00	5000	
					14500
400	装饰				
400.01	墙——刷漆	(包括在隔墙里)		0	
400.02	墙——预制粘性板	130 SF	6.00	780	
400.03	墙——墙面涂料	1 容许量	2000.00	2000	
400.04	地板——地毯	450 SY	22.00	9900	
400.05	地板——乙烯基树脂板	140 SF	1.60	210	
400.06	地板——嵌入地毯	1 容许量	1000.00	1000	
400.07	顶棚	3740 SF	2.25	8415	
400.08	窗罩	342 SF	3.25	1112	
500	工厂预制构件				
500.01	厨房壁橱	28 LF	350.00	9800	23417
500.02	邮件柜台与邮箱	14 LF	400.00	5500	
500.03	办公壁橱柜台	130 LF	100.00	1200	
500.04	壁装储藏室	66 LF	150.00	12900	
500.05	总裁办公室	9 LF	250.00	2250	
500.06	工作室	80 LF	200.00	6000	
500.07	陈列	21 LF	300.00	6800	
500.08	搁架	30 LF	50.00	1500	
500.09	行政助理	35 LF	300.00	10500	
					67850
600	电力				
600.01	荧光灯	67 EA	175.00	11726	
600.02	白炽顶棚隐灯	7 EA	125.00	875	
600.03	壁装电源插座	36 EA	150.00	5400	
600.04	专用壁装电源插座	1 EA	250.00	250	
600.05	门装电源插座	4 EA	300.00	1200	
600.06	电话插座	9 EA	100.00	900	
600.07	火灾/安全系统	1 容许量	10000.00	10000	
600.08	升级配电盘	1 容许量	3500.00	3500	
600.09	隐灯	47 EA	100.00	4700	
600.1	出口指示灯	6 EA	100.00	500	
					39150
700	管道工程				
700.01	厨房用洗涤盆	1 EA	3000.00	3000	
					3000
900	供暖/通风/空调				
900.01	附加屋顶部件	1 容许量	5000.00	5000	
900.02	次级分配	1 容许量	3000.00	3000	
900.03	控制	1 容许量	600.00	1000	
					9000
000	设备				
000.01	冰箱	1 EA	600.00	1000	
000.02	微波炉	1 EA	400.00	400	
000.03	垃圾处理器	1 EA	300.00	300	
000.04	快速热水器	1 EA	300.00	300	
000.05	洗碗机	1 EA	400.00	500	
000.06	投影屏/电动机	1 EA	1600.00	1600	
			小计 $	4100	
				199476	
			10%的临时费用	19948	
			10%的承包商管理费和利润	21042	
			总计 $	241366	

图 6.10 一个基于参数方法的初期预算。(引自于巴拉斯特·戴维·K《室内设计参考指南》，专业出版社出版，加利福尼亚州，贝尔蒙特)

家具范围	数量	单位费用	扩建费用
办公家具			
副总裁/主管——私人办公室	9	$ 12000	$ 108000
经理——私人办公室	28	$ 7100	$ 198000
专业人员，9英尺×9英尺——工作站	94	$ 4700	$ 441800
技术顾问——7英尺×9英尺工作站	57	$ 3200	$ 182400
职员——独立式家具	23	$ 5000	$ 115000
档案——横向3英尺宽	150	$ 680	$ 102000
自助餐厅家具			
椅子	70	$ 250	$ 17500
桌子	18	$ 450	$ 8100
接待区家具			
沙发	2	$ 4000	$ 8000
休闲椅	4	$ 1200	$ 4800
临时茶几	2	$ 800	$ 1800
会议室家具			
桌子	6	$ 3000	$ 18000
椅子	72	$ 400	$ 28800
家具总计			$ 1234800

图6.11　一个初期家具预算可以通过数量和单价评估来确定。（引自于朱莉·K·雷菲尔德《办公室内设计指南》，约翰·威利出版社1994年出版）

计算机辅助估算：估算软件系列

自动化操作和控制估价电子数据表的可能性是无限的，并且开发者和承包人有许多的工具进行更有效、更高效的估价。另外，如今有许多计算机辅助评估软件系统投放市场。这些范围非常复杂，从简单的电子数据表计算软件系列到包括设计和价格联合在内的互联网上综合系统。虽然这些专用软件组合需要一些采购、维护、训练（假设你已经有了足够的计算机硬件）方面的投资，但经常可以有重大的功效。特别是，成本估价可能会更精确、更迅速也更省力。下面的列表是更流行的软件包，对于如今的开发者和承包人来说都可以获得：

- ACEIT（自动成本估价综合工具）可以帮助分析者储存、检索和分析数据；建造成本模型；分析风险；时间阶段预算；还有文件成本估计。这是一种一般的、灵活的、基于Windows系统的软件，你可以使用它去对任何项目的任意工作进行实际估价。政府倡导努力的结果就是，美国政府组织可以利用ACEIT系列，并且免费使用。
- 最佳估价：对革新者和改造者，总承包人，设计/建造者，建筑师和设计师的评估者。

- Bidworx（估价软件）：施工管理的估计量和评估软件。
- BSD“软链接”产品，由“建筑物系统设计”推出，使用者可以进行成本管理、成本工程、价值分析还有施工说明书。
- Windows 系统下的 CD 估价软件可以定制价格、描述和排版。包括训练视频和职业成本软件 Job Cost Wizard，这会让你从估价工具那里得到估价并且把它们输出到记事本上或者开列一个自己的账单。
- COCOMO：在 1981 年，建设性成本模型（COCOMO）在《软件工程经济学》一书中公开提出，此书由巴里·贝姆（Barry Boehm）博士撰写。有好几种工具可以帮你在网络上实现模型。
- COSMIC 是最早由美国航空航天局和美国空间程序的承包商开发的 810 多个电脑程序。
- 成本分析策略估价（CASA）是一种生命周期成本（LCC）决策支持工具。CASA 可以根据使用者的选择计算出所有权的总成本，包括 RDT 和 E 成本、产品成本还有操作/辅助成本。CASA 覆盖了整个系统，从最初的研究成本到和年维护有关的成本，还有节余、训练成本和其他花销等。
- 成本估价指南——劳动力和材料成本指南。多部分来自于一张 CD，并且包括一套独立的估价程序，国家估价软件，并附有多媒体使用指南。还包括一个职业估价软件，Job Cost Wizard，它可以帮你把估价转化为发票，并且可以把你的估价数据输出到记事本上。
- 成本专家软件工具计算包括工程成本、进度表、任务、供应、维护和辅助服务等等在内的信息。
- COSTIMATOR：成本估价和制造过程规划的计算机化操作。
- CostTrack 是一个综合估价/工程管理软件组合。
- Crystal Ball——为电子数据表中的每个不确定值选择一个范围。Crystal Ball 使用这些信息来进行数百次假设分析。这些分析会整理成一张曲线图，显示每种结果的可能性。
- DeccaPro 活动基于成本估价软件。
- ECOS 欧洲空间代理（ESA）成本计算软件。
- ECOM 欧洲空间代理（ESA）成本模型软件。
- EMQUE 的精确工程综合账目，可用于建筑工业的估价、成本和工程管理软件。
- 生活周期成本（D-LCC）是一个关于自动生活周期成本估价和成本有效性分析的软件包。
- Decision Tools Suite（@RISK，PrecisionTree，TopRank，BestFit 和 RISKview）提供了一套综合的决定分析程序，安装在微软 Excel 软件的普通的工具条下。
- D4COST 是一个概念性的成本模型系统，可以提供建筑成本评估的工具。它包括 900 多个建筑工程的数据库，包括总建筑成本、材料和劳动力、合同要求，总要求和场地成本。

- DOD 工具和模型索引：这个索引包括抽象的工具和模型，是目前在美国防卫部门正在使用的，具有潜在的广泛应用价值。
- ForecastX，可以支持 Active X、跨平台以及 Java，并基于客户端添加以下的网络应用，如：商业预测、时间系列预测、需求和存货规划、数据采矿、销售预测、最优化和统计学运算法则等。
- JPL 的工程设计中心工具和模型：包括许多在设计和航天器发展中用到的工程学、成本估价和管理工具。
- KAPES（知识辅助规划和估价体系）使一个以知识为基础的计算机系统，它可以用来控制采购和外购成本，投标成本估价的产生和商店楼层效率的改进。
- Means Demosource 方法可以使你免费下载估价软件示范产品和产品信息，你可以使用它们来开发建筑施工估价软件，来帮助企业进行决策。
  - G2 估价软件：工程估价和管理以及控制系统。
  - Timberline 软件公司对估价软件的精确收藏，覆盖了整个估价程序，从概念估价一直到最终所有的材料账单。提供者分析能力，建造前数据库和与 Auto CAD 和进度表的链接。
- 微型估价系统公司。
  - Machine Shop 估价系统是一项以工程学为基础的计算机辅助估价系统。
  - FabPlan 是一项以工程学为基础的，计算机辅助的规划和估价系统。
- 国家建筑施工估价系统是一项为居住、商业和工业建筑的成本而设计的系统。提供人工时间、被推荐的全体工作人员，还有安装的劳动力成本。
- 优化使得经理们可以预测成效，面向对象所需要的成本和资源以及基于构成的软件开发。优化是基于 UML 的，而且可以单独使用，或者可以与 CASE 工具和微软工程联合使用来把建模数据转化为调度信息。
- PACES（参数成本工程学系统）是一个军用的建筑施工成本估价系统。
- PCM 参数成本模型是来自于参数顾问：这个模型中的成本计算是由一系列复杂因素所驱动的。复杂的因素是由于利用已知成本的类似设备进行逆向运算而引起的。ECOM 是利用文件进行数据转换的办法和这些不同参数模型相联系的。因为使用者没有对规则入门，这种方法可以认为是一个黑盒子方法，供应者需要对内部计算程序的维护负责。这需要一个很有经验的估价者来获取可信赖的成本数据。
- Primavera 系统公司。
  - TeamPlay：整个企业对信息技术和应用开发项目的工程文件管理。
  - Concentric Suite——管理人、团队和工程的综合方法。
- Pulsar，是一种基于 PC 的建筑施工成本估价软件包，使用 R. S. Means Cost Data 软件。它是为商业、政府和设备估价而设计的。
- R. S. Means Cost Data 软件是一种参数性质的资源，基于来自于遥感的资源，R. S.

Means 允许使用者们在美国的任何位置（和加拿大的 33 个位置）选择大约 60 种建筑类型，并且获取建筑项目的市场成本估价。对于已注册的使用者来说服务是免费的（注册也是免费的）。

- 为自动估计元件数量，从计算机辅助设计软件中输入实用程序。或者通过专门的使用者界面可以输入几何性描述以允许自动复制数据。
- 输出实用程序来把估价传送给成本控制和进度安排软件。这有助于施工期间的成本管理。
- 版本控制允许不同施工程序或者设计改变的仿真，来满足跟踪预期成本的变化的意图。
- 对于由成本估价系统产生的成本元素进行人工的回顾、检查和编辑。
- 灵活的报告格式，包括电子报告的供应而不是在纸上简单打印的成本估价。
- 有了过去工程的存档文件，按照相似的工程进行快速的成本估价更新或者修改。
- RACER（补救行动成本工程和需求系统）将会为研究、补救设计、补救行动和环境恢复项目中的相关场地工作提供成本估价。
- RAPIDCOST：Windows 系统下的制造成本体系。
- 资源计算公司（RCI）：为软件开发管理服务的软件工具。
- Success4：基于 Windows 系统的商业性估价和成本管理软件系统。
- Timberline 软件提供了复杂的分析能力，预建数据库和与 AutoCAD 的进度同步的链接。
- TRACES（三角服务自动化成本工程系统）给成本工程师们提供了成本工具来准备预算，政府评估，和在 DOD 军用程序和土建工程公司程序支持下目前的工作评估。
- 视频估价可以使用绘制图片的方法来给材料估价。它综合了 CAD 里的元素，电子数据表格和数据库软件，把这些加入到了成本估价程序当中。
- 可视估价软件：建筑施工成本估价和 Windows 下的投标系统。
- Welcom
  - Cobra 是一种为管理和分析预算、获取的价值、录音记载和预测的情况的成本管理系统
  - Open Plan 是一种全范围企业工程管理软件系统，支持多种多样的工程。
  - Spider 是一种基于 Web 的状态工具，用于遥望和更新 Open Plan Welcom 的全企业工程管理系统的工程数据。
  - WelcomHome 是一个虚拟工程办公室，它为分布式的团队成员提供了程序驱动方法。它既可以单独使用，又可以和进度安排以及成本管理工具（比如微软工程和 Welcom's Open Plan、Cobra）相联系进行使用。
- WinEstimator 公司是几种基于 Wiondows 系统的成本估价软件产品的生产商，它应用于建筑工业。
- WinRACE：为总施工和加工车间施工而服务的快速成本估价软件。

大部分计算机估价软件所具有的共同特征包括：

- 为单位成本条目而建立的数据库，比如工人工资等级、设备租金额、材料价格等等。这些数据库可以适用于任何需要的成本估价。
- 关于不同构件类型、设备和施工过程的预期的生产率数据库。

第七章

家具和陈设品:评估与采购

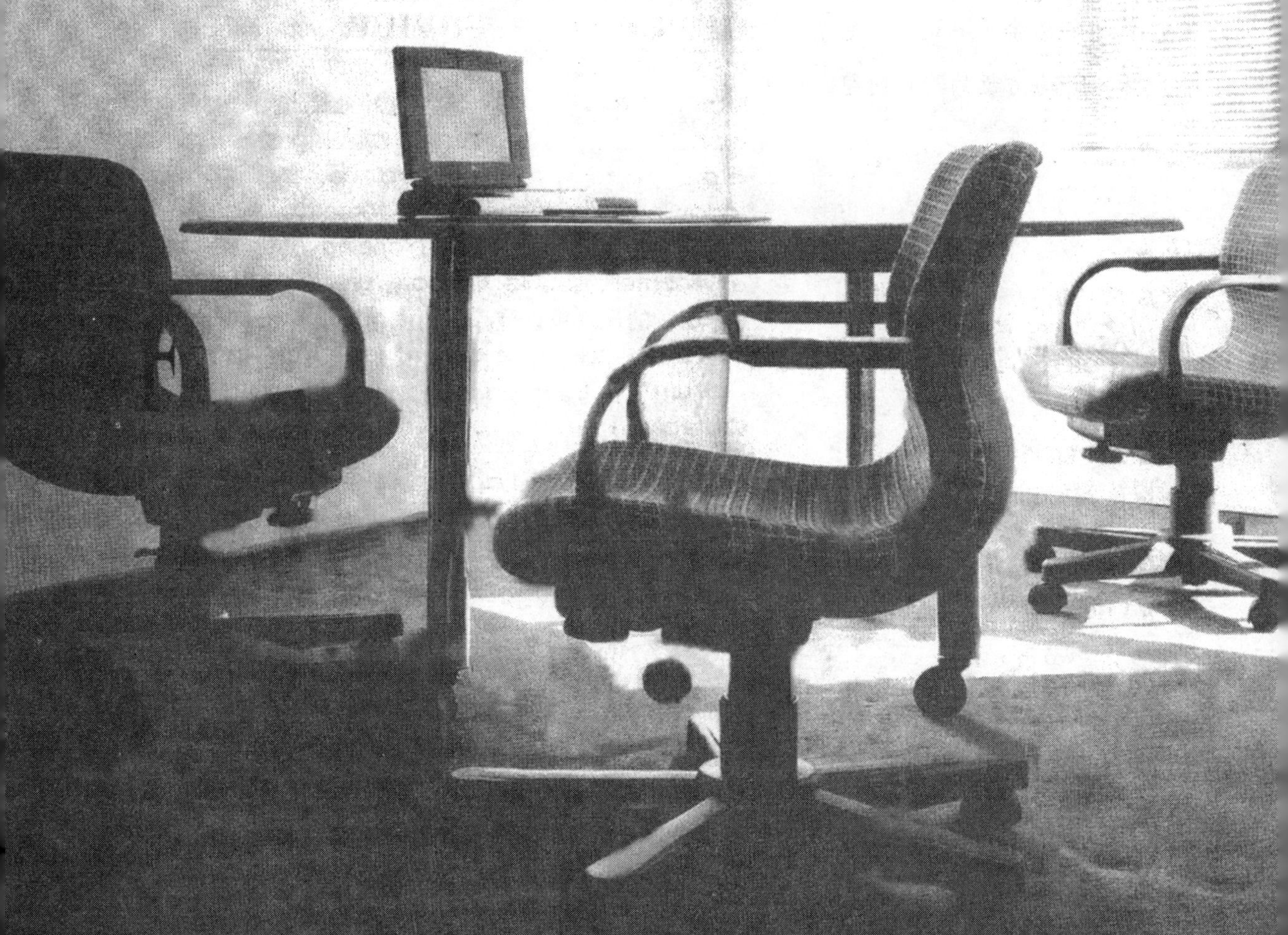

劳动力在现代科技的冲击之下发生了改变，相应的，办公室的景象也随之变化。随着我们进入信息时代，白领职员人数的增长持续超过其他部门的劳动力。而职员旷工和更替的增长显示出这些高层职位需要更高水准的训练。这样的状况开始对全世界造成了经济和生产力方面的严重问题。

概述

现在，很多设计师寻求那种支持在不断发展的工作场所中融入技术的办公室体系。今天确定的东西，明天可以推倒重来，然而并不损失数据。总体而言，对于工作场所的规划设计应该促成工作人员和他们的支持机构间更好的互动。空间规划应该避免仅由家具或人决定设计布局。相反的，设计师应该对客户的目标有战略性的认识，结合目标去创造一种革新的、可变通的、有效的解决方案，一种可以增强交流、团队合作，有利于商业操作，提高员工效率和士气的解决方案。

主要家具样式

经过数个世纪，无论建筑还是家具，各种文明都见证了众多的时期和风格。今天，和从前一样，设计师们会用一种特别的式样来回应顾客所渴望的或个人或公司的形象。因此，为了更好的服务于客户，空间规划师、建筑师和室内设计师对于这些式样的主要属性和特征需要有一个基本的认识。要注意，风格的确定判断并非总是边界清晰，一件家具（或者就此而言的建筑）经常会呈现多种的影响（图 7.1～7.3）。接下来的是一份主要相关风格和家具对应时期的简要提纲。

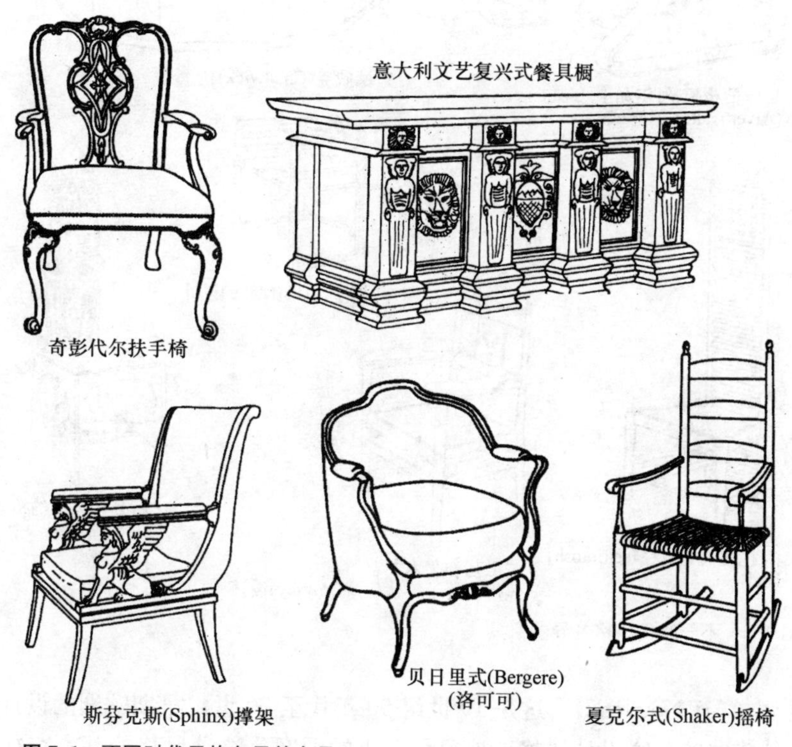

图 7.1　不同时代风格各异的家具

- 亚当式（Adam Style）：大约 1760～1790 年，一种在家具和室内装饰上的英国新古典主义风格，以它的创造者和首要倡导者，当时重要的建筑师和设计师罗伯特·亚当（Robert Adam）命名。这种风格以在比例纤细优雅的直线形体上自由运用绘画和镶嵌装饰中的古典主题为特征。在那个时期，大多数的家具都用椴木制造。亚当式和赫普尔怀特式（Hepplewhite）、谢拉顿式（Sheraton）、法伊夫式（Phyfe）、帝国式（Empire）、路易十四式（Louis XIV）以及齐本德尔式（Chippendale）家具配合的很好
- 装饰派（Art Deco）：20 世纪 20～30 年代流行的装饰风格。名称取自 1925 年巴黎世界博览会的标题——“艺术装饰在工业化的现代”国际博览会，这种风格的作品在那儿首次展出。装饰派以拘谨的、形式化的运用装饰，简单的家具形式，对于精细手工艺的强调和对奇特贵重材料的丰富运用为特征。装饰派的出现是对它的前辈——新艺术运动（Art Nouveau）的过度运用产生的反应。

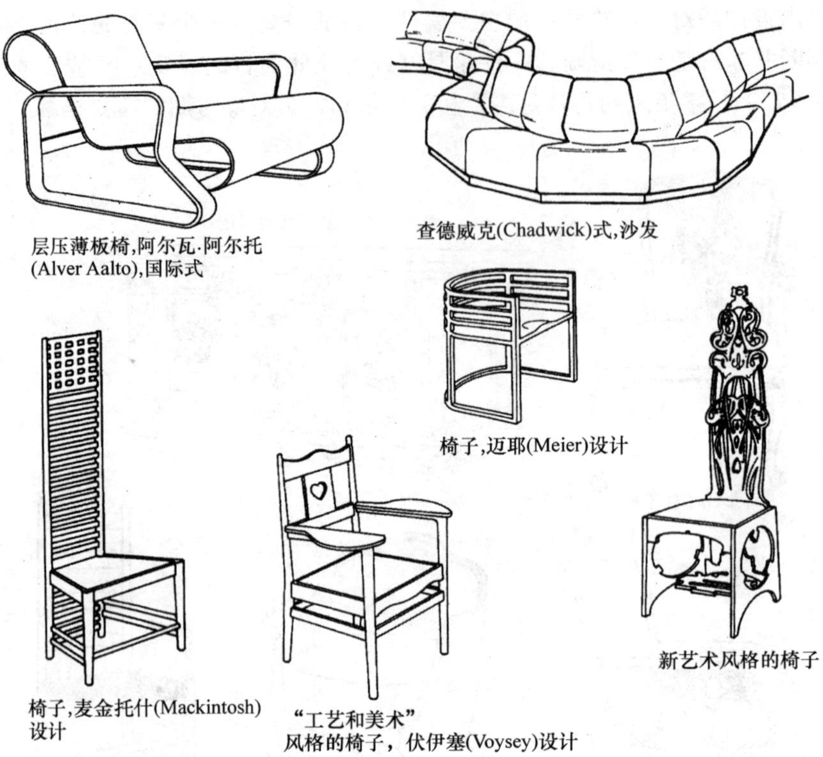

图 7.2 不同时代风格各异的家具

- 新艺术运动（Art Nouveau）：这是 19 世纪 90 年代至 20 世纪早期欧洲的设计改革运动发展出的一种精致的曲线设计风格。抽象和有机的图案是这种风格的基本特征。对于新艺术运动，欧洲各个国家都有着不同的解释。
- 工艺美术运动（Artsand Crafts Movement）：以约翰·拉斯金（John Ruskin）和威廉·莫里斯（William Morris）的观点为基础，强调简单、功能性的设计，减少过多的装饰并且使用传统材料。
- 巴洛克（Baroque）家具：17～18 世纪早期，以醒目的细节和高度装饰的大量曲线为特征的欧洲家具。路易十四风格（the Louis XIV）是巴洛克（Baroque）的法国版本（参见第一章）。
- 贝日里式（Bergère）：最初是一种 18 世纪的法国家具式样，贝日里式有时采用翼状靠背椅式样或者采用和扶手融和在一起的低靠背。它最初以路易十五风格为基础制造出来。
- 比德米尔式（Biedermeier Style）：从大约 1800～1850 年间风行于北欧的家具式样，以功能主义、简洁的形式以及有限的装饰为特征。比德米尔式同法国地方和美国的式样以及 18 世纪的正规式样都能配合的很好。

图 7.3　外观造型多种多样的家具。从插图中可以看出很多类型已经有了确定的名称

- 中式家具（Chinese Furniture）：中式家具的历史延伸至几千年前，以它自身的保守主义为特征。传统的中式家具也以在构造上依靠精巧的连接件，完全杜绝钉子和螺丝，仅偶尔使用胶粘和榫钉为突出特色。座位下的立方框架是中式家具后期的多数椅子的特征，由椅子腿和底端的前部杆件作为搁脚板使用的方形撑架组成。椅子的上半部分是多种多样的。明朝的真漆工艺技术精湛。
- 奇彭代尔式：奇彭代尔是英国的洛可可家具制造师，他的作品可被划分为三个主要阶段：法式、中式和哥特式。家具通常华丽、优美、精致、坚固但并不沉重。早期奇彭代尔的作品有着弯曲的家具腿和18世纪早期家具的其他常见特征。同叶形装饰、贝壳、橡果、玫瑰、海豚和漩涡形等图案一样，浮雕工艺也被广泛使用。奇彭代尔式同早期乔治王式、赫普尔怀特式、谢拉顿式和亚当式的作品搭配起来很好。中式奇彭代尔也可以同当代风格、中式现代和瑞典现代的家具配合使用。
- 当代风格：20世纪50年代的英式家具风格。当代风格以有着修长低平外形，轻盈优雅的作品为特色。它本质上是20世纪30年代国际式的衍生物。在美国，这个术语的用法更为宽松，用来描述战后表现出简洁、轻盈、优雅的线条流畅的家具。
- 埃及式（Egyptian Style）：18、19世纪的欧洲装饰风格，运用取自古代埃及家具和艺术的图案（包括斯芬克斯、莲花、绽放的花朵、飞盘、方尖碑等等）。它最初是同19世纪早期的法兰西第一帝国、英国摄政时期的式样联系在一起的。
- 帝国式（Empire Style）：19世纪早期的法国新古典主义风格，和拿破仑·波拿巴（Napoleon Bonaparte）统治下的法兰西第一帝国联系在一起。
- 联邦时期式样（Federal Period Style）：基本上覆盖了从18世纪80年代～19世纪30年代的时间，以新古典主义风格为特征。
- 哥特家具（Gothic Furniture）：以在结构中强调强烈的竖向线条和装饰元素中显著的自然主义为特征。
- 赫普尔怀特（1770～1786年）式：18世纪乔治王时代的式样。赫普尔怀特的书《家具木工和装饰业者指南》强烈地影响了英国、北欧和美国的细木工艺。赫波怀特的传统体现了新古典主义风格，以优美、精确、纤细的线条和比例为特征。桃花心木是最常选用的木材，椴木、白桦木、枫木、蔷薇木也是时常使用的。
- 国际式（International Style）：20世纪20～30年代间发源于欧洲的式样（由包豪斯引发），以结构的清晰、线条的简洁和装饰的最少化为特征。其重要执行者为沃尔特·格罗皮乌斯、马塞尔·布鲁尔、路德维希·密斯·凡·德·罗和勒·柯布西耶。
- 路易十五式（Louis XV Style）：代表了大约1730～1765年间的法国家具式样，洛可可家具的第二阶段。家具变得华丽、奢侈和更为女性化。它的尺度更小，而术语“洛可可”则变成了路易十五式的同义词。花朵是最受宠的图案。弯曲的线条是家具的特征，仅仅在必须时才使用直线。材料涵盖多种木材，包括橡木、蔷薇木、桃花心木、胡桃木、山毛榉木、黑檀、冬青木、郁金香木和枫木。

- 路易十六式（Louis XVI Style）：被认为是“细木工艺的黄金时代”，路易十六式既是对在路易十五统治时期达到顶峰的洛可可式样的反应，也是对于正苏醒的对古典形式兴趣的反馈。这种式样以强调直线和几何形以及克制的使用古典主义灵感激发的装饰符号为特征。路易十六式和亚当式、谢拉顿式、赫普尔怀特式及执政内阁时代的式样融合的很好。
- 中世纪风格家具（Medieval Furniture）：从5世纪持续到16世纪，和拜占庭风格的家具大致是同时代的，但是在设计和构造上相对粗糙了许多。家具形式的范围十分有限，而且倾向于简单实用。由于拱廊和壁柱的使用，中世纪家具经常采用小型建筑的形式。
- 新古典主义风格（Neoclassical Style）：英国的亚当式和法国的路易十六式是18世纪晚期——和术语“新古典主义”联系最紧密的时期——新古典主义家具的主要式样。
- 邓肯·法伊夫式（Duncan Phyfe）（1768～1854年）：19世纪上半叶纽约最重要的细木工匠。美利坚帝国式样的创造者和执政内阁时期的代表。
- 波普艺术家具（Pop Art Furniture）：20世纪60年代由绘画和雕塑上的波普艺术运动引发的风格潮流。这是对20世纪50年代的流行品味的回击。
- 后现代主义家具（Post-Modern Furniture）：这种风格出现于20世纪70年代晚期，和后现代主义建筑是联系在一起的。它反映了对于很多信奉功能主义的建筑师和设计师对欧洲国际式的总体不满。它的形式、外观和装饰是从各历史时期的风格中抽取出来的，特别是新古典主义时期。
- 安妮女王式（Queen Anne Style）：这个阶段的家具起源于威廉和玛丽统治时期，发展至早期乔治王时期。迷人的简朴、微妙的比例、优美的曲线和镶嵌胡桃木面板是它的标志。雕刻的装饰被减到最少，忍冬、玫瑰花饰、果壳也作为装饰图案，但首要的装饰主题还是贝壳。安妮女王式家具和当代风格以及18世纪的胡桃木家具搭配起来很好。
- 摄政时期风格（Regency Style）：英式家具的后期新古典主义风格，流行于19世纪的前40年。这种风格以显著的折衷主义为特征，本质上是一种考古学上的复兴，受到埃及、希腊、罗马和中式家具混合因素的强烈影响。摄政风格综合了单纯化和功能主义，家具成品按比例缩小到更小、更亲切的尺寸。桃花心木是最常选用的木材，蔷薇木和椴木也经常使用。这种风格和亚当式、赫普尔怀特式、谢拉顿式、法国帝国式（French Empire）、比德米尔式、邓肯·法伊夫式、美国帝国式（America Empire）都配合的很好。
- 文艺复兴家具（Renaissance Furniture）：家庭使用的家具依然体积庞大，但变得更加精密复杂，加上了更多的精雕细刻。
- 洛可可家具（Rococo Furniture）：路易十五的工匠推行了洛可可风格，很大程度上应归功于东方艺术的影响。对曲线过度的使用、关于岩石、贝壳、海浪的不对称的表面雕刻是这种风格的特征。

- 现代斯堪的纳维亚式（Scandinavian Modern）：20 世纪斯堪的纳维亚设计制造的家具的风格。这种风格的家具以运用传统材料和精湛的制造工艺为特征。
- 夏克尔家具（Shaker Furniture）：由夏克尔派——美国的一个宗教团体——设计并制作的家具，最初在 19 世纪 60 年代成为风尚。他们的家具价格不高、简单、无装饰，以“美存在于实用”这种哲学为基础。
- 托马斯·谢拉顿式（Thomas Sheraton）（1751～1806 年）：座椅的设计在这段时期到达了顶峰，他在 1791～1794 年发行的《家具木工和装饰业者的制图手册》填补了新古典主义和摄政时期之间的空白。谢拉顿主要使用桃花心木为工作材料。
- 西班牙殖民式家具（Spanish Colonial Furniture）：17 世纪至 19 世纪，西班牙的美洲殖民地制造的家具。在结构和形式上大体是欧洲式的，但装饰方面受到当地传统的影响。早期的家具跟从西班牙回教式样和复杂花叶形装饰风格，但到了 17 世纪中期就发展成为截然不同的殖民式样。到 18 世纪，本地图案和设计的使用日益频繁，尽管家具仍然在很大程度上受着西班牙巴洛克的影响。

如今的家具工业状况

在如今高度竞争的商业环境之下，领头的家具制造厂商在不断寻找创新之路，以处理工作场所标准的复杂界限和发展迅速的办公空间的挑战，包括支持人和技术的一体化、促进生产力以及创造灵活的、环境富于吸引力的工作场所。对多数人来说，这确实是个充满挑战的时期。

很多家具制造商，比如赫尔曼·米勒，为以现代科技为支持的办公室提供精致的产品。以下所讨论的这些公司都已具有跨国性质，雇佣为数众多的员工并开办遍布世界的办事处。在更为卓越的家具和办公系统制造商中，当今市场上的竞争者有：

赫尔曼·米勒

以密歇根州芝兰市为基地的赫尔曼·米勒有限公司是一家领导性的全球供应商，提供办公家具和维护工作环境的服务。从 1946 年开始，当公司的设计主管乔治·纳尔逊（George Nelson）招募了查尔斯·埃姆斯（Charles Eames）米勒公司在制造逐步改良的原创家具方面跨入了公认的国际性领导行列。这家公司在过去的 30 年中一直是国际家具市场的一支主导力量之一，对今日现代设计的普遍流行贡献良多。

赫尔曼·米勒被认为开发了世界上第一个开放式办公家具系统——“行动办公室”（The Action Office），这改变了办公室的设计和人们的工作方式。基于一种“设定的不过时”观点，系统的组成部分定期更新以适应工作场所需求的变化。今天，很多美国公司都使用开放式的办公室，赫尔曼·米勒公司有这个产业最大的装配基地（图 7.4）。

图 7.4　“行动办公室”系列 2，有着曲线型的工作界面和挡板，有“阿埃隆椅”和“子午线”文件夹。“行动办公室”最初是由罗伯特·普罗普斯特设计的，他是赫尔曼·米勒研究中心的前任主管。（由赫尔曼·米勒公司提供资料）

另一个赫尔曼·米勒长期生产的产品是“埃索空间”（Ethospace）系统（1984 年）——办公室建筑系统中的又一项第一。这个独特的框架——板材系统是比尔·斯顿夫（Bill Stumpf）、杰克·凯利（Jack Kelley）和赫尔曼·米勒内部的一个设计小组开发的，主要是为了适应复杂并变化的工作环境的显著需要（图 7.5、7.6a、7.6b）。

赫尔曼·米勒的座椅产品也显示了他们在通过设计解决问题方面的领导地位。在“尔刚椅”（Ergon chair）（1976 年）的设计上，赫尔曼·米勒将现代人体工程学设计应用于办公座椅（图 7.7）。紧接着设计的“依科椅”（Equa chair）（1984 年）同样为舒适性和人体工程的支持树立了新的典范。在 1994 年，赫尔曼·米勒在工作椅的设计上引入了一个重要突破。“阿埃隆椅”（Aeron chair）（图 7.8），因其创新性的设计受到广泛赞誉，现在已经成为世界各地博物馆的永久藏品。

依科椅和阿埃隆椅分别被授予了声名显赫的头衔。20 世纪 80 年代，《时代》杂志称依科椅为“十年最佳设计”；90 年代，《商业周刊》和美国工业设计师协会授予阿埃隆椅“十年最佳设计”金奖。（更多信息参见 www. hermanmiller. com.）

赫尔曼·米勒还设计了“决心”(Resolve),这是另一个突破性的系列产品,在1999年的NeoCon上推出,获得了系列产品的金奖和“最佳竞赛”奖。由设计师埃斯·伯赛尔(Ayse Birsel)设计的全新“决心”办公系统,据说来自自然和几何学的启发。然而却是广泛的研究和测试帮助协调完善了“决心”,并确定了这项赫尔曼·米勒称之为“自1968年以来办公系统的最大突破”的发展价值。当时他们推出了罗伯特·普罗普斯特(Robert Propst)的“行动办公室”——原创的以面板为基础元素的家具系统,最早确立了开放式办公设计。

图7.5 赫尔曼·米勒的“埃索空间”系统,于1984年首次推出

图 7.6a　赫尔曼·米勒的“埃索空间”系统

图 7.6b　赫尔曼·米勒的“埃索空间”系统

研究的结论大体确定了“决心”办公系统的定位——作为传统小房间式办公体系之外的另一个可承受的选择，特别是针对在协作的、高科技环境中运作的公司。测试的几位参与者认为，“决心”系统基本构架中的开放性促成了一个“更自由、更轻盈、充满活力和创造力的工作环境”。这表明了该系统鼓励日益增多的员工间的协作，尤其是以电脑为中心的合作。这巩固了“决心”设计研究小组的观点——这套系统对于当今很多高科技的、团队导向、等级弱化的公司是十分理想的（图 7.9a、b、c）。

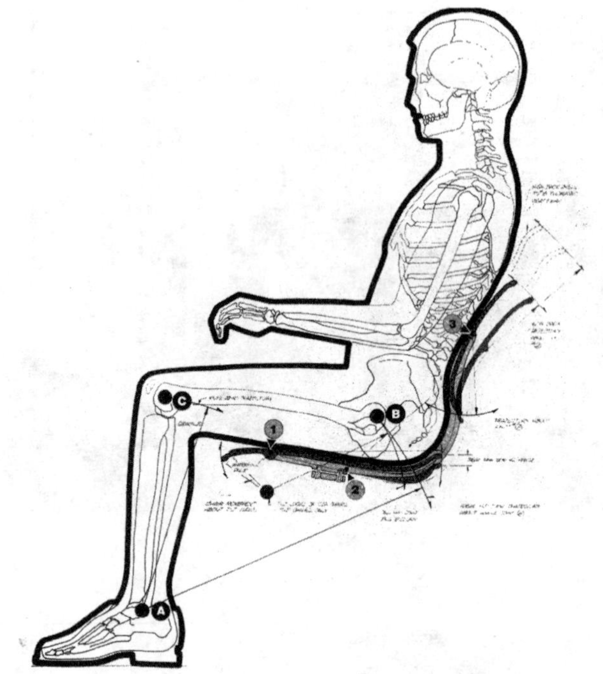

图 7.7 赫尔曼·米勒公司对于人体工程学和人体测量学的研究

图 7.8 赫尔曼·米勒的阿埃隆椅

“决心”系统是一项独创性的新产品，是为了迎合一类公司的需要而设计的，这些公司技术先进、快速运转，通力合作。这个系统的设计也有助于公司快速和节省地对高速变化作出反应，减少房地产开支，适用新的技术潮流以及在雇员中培育集体感。然而，“决心”系统并不适合所有的工作场合。

图 7.9a　赫尔曼·米勒的“决心”办公系统

图 7.9b　赫尔曼·米勒的“决心”办公系统

图 7.9c 赫尔曼·米勒的“决心”办公系统

诺尔

诺尔有限公司，是在办公家具的设计和制造方面的另一位全球性领导者，为办公和家用提供构思一流、富有创造性的产品。诺尔寻找20世纪最好的居室设计师，获得了完全的信任和特许权以生产他们的设计作品。诺尔取得了生产密斯·凡·德·罗设计的“巴塞罗那”Barcelona、MR和“布尔诺”Brno的特权，以及布鲁尔Breuer开创性的“瓦西里椅”Wassily椅的特权。在这张杰出设计师的名单上，他们加上了瑞瑟姆（Risom）和诺古奇（Noguchi）这样的知名艺术家和著名的芬兰建筑师埃罗·沙里宁。作为建筑师，沙里宁（1910～1961年）在20世纪50年代开创性的现代主义设计为当代设计做好了准备，后者成为了60年代的鲜明标志。

在改变战后时期的美国商务工作环境方面，“诺尔策划小组”承担了关键角色。作为一个内部部门，“诺尔策划小组”和客户一起工作以确定他们工作场所的需求，并量身订制室内建筑和陈设的解决方案，他们遵从弗洛伦斯·诺尔的设计哲学——和美学一样，功能性和工作流程也参与塑造了建筑和室内设计。（更多信息参见 www. knoll. com）

诺尔的设计哲学是将可靠的对工作空间的研究和原创性的思维结合在一起，以创造与众不同的、高性能的工作环境，从而满足商务活动独特而经常改变的需求（图 7.10～7.13）。

图 7.10　“诺尔互动工作台”（Knoll Interaction Table），配置“莫里森隔板”（Morrison Panel）。（由诺尔公司提供资料）

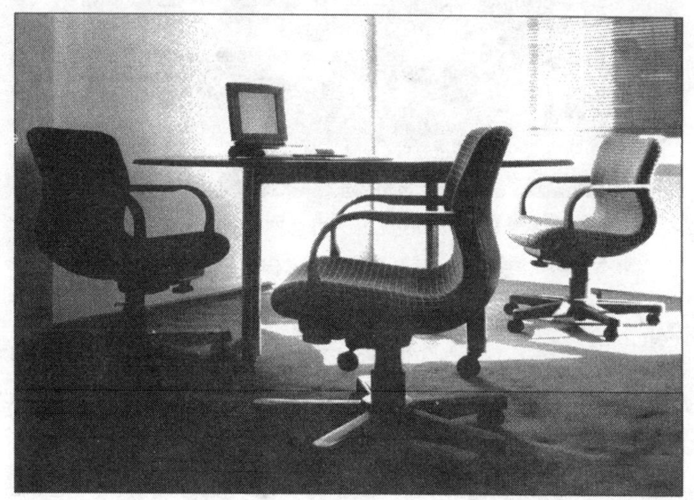

图 7.11　“诺尔斗牛犬”办公椅（Knoll Bulldog Management Chair），配置“推进者”办公桌（Propeller Table）。可选配置包括：装软垫外壳、扶手、无扶手、滑轨、座椅高度可调节支柱。（由诺尔公司提供资料）

图 7.12 “诺尔平衡系统”（Knoll Equity System），配置曲线形玻璃隔板；以及相邻的工作空间。（由诺尔公司提供资料）

图 7.13 诺尔独立式“瑞夫”私人办公室（Reff Private Office），浅色枫木饰面、悬臂办公桌和办公高柜。（由诺尔公司提供资料）

斯蒂尔克斯（Steelcase）

“斯蒂尔克斯”是另一家密歇根州的家具制造商，是从一家势微的小公司起步的。现在，它已经成为上市公司，超过 2000 名员工遍布世界各地。从 20 世纪 50 年代中期开始，这家公司着手于扩张的策略，发展至今日则变成了系统办公家具全球最大的制造商和供应商。它的产品和服务是为了让消费者和他们的顾问能够创造一个和谐的融汇了建筑、家具和科技的工作环境。

通过引入新产品“路径”（Pathways）——一套组合产品，结合了家具、工作设备、科技产品和室内建筑制品——斯蒂尔克斯开辟了新的领域。“路径”被认为是公司 86 年的历史中推出的最有野心的新产品（图 7.14～7.21）。“路径”组合系列由多种元素构成，包括一组模数化的梁柱结构以构成开放环境、一组墙面处理工具以增加现有墙面的表现力和特色以及一套入口门和侧灯系统以提供到达封闭区域的入口、通道和安全性。斯蒂尔克斯还有一系列令人印象深刻的办公系统、室内建筑系统、座椅产品、书桌和工作台。（更多信息参见 www. steelcase. com/en/findex. jsp.）

图 7.14 斯蒂尔克斯的“跳跃”椅（Leap Chair）“教练版”（Coach Edition）。（由斯蒂尔克斯公司提供资料）

图 7.15 斯蒂尔克斯的“路径”（Pathways）梁柱体系细部。（由斯蒂尔克斯公司提供资料）

图 7.16 斯蒂尔克斯的办公桌（Werndl EmergeTM Desk）由维克塔（Vecta）设计。（由斯蒂尔克斯公司提供资料）

图 7.17 斯蒂尔克斯的“路径”系列，“联合”(Conjunction) 团队区域。(由斯蒂尔克斯公司提供资料)

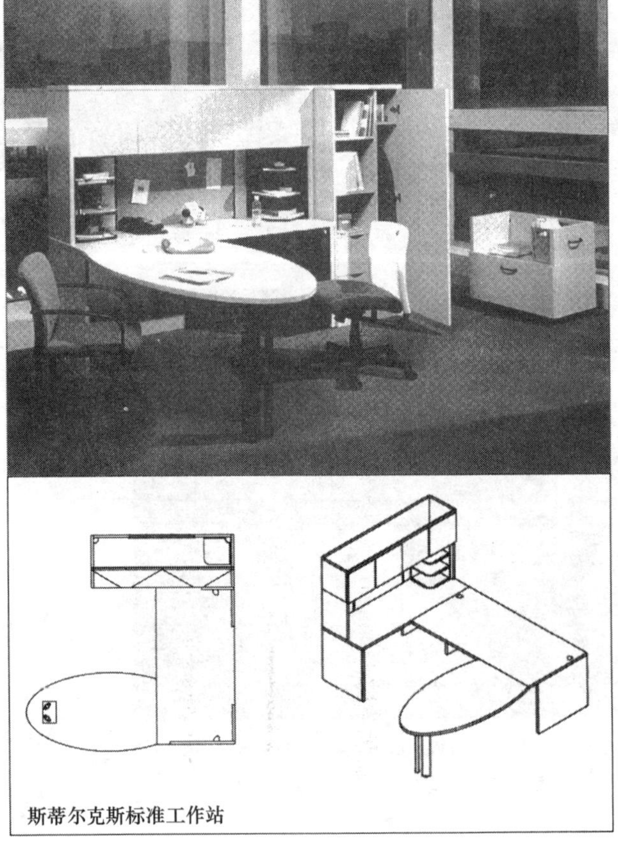

图 7.18 斯蒂尔克斯的“回应”(Reply)，由特恩斯通 (Turnstone) 设计的可适应办公桌系统。(由斯蒂尔克斯公司提供资料)

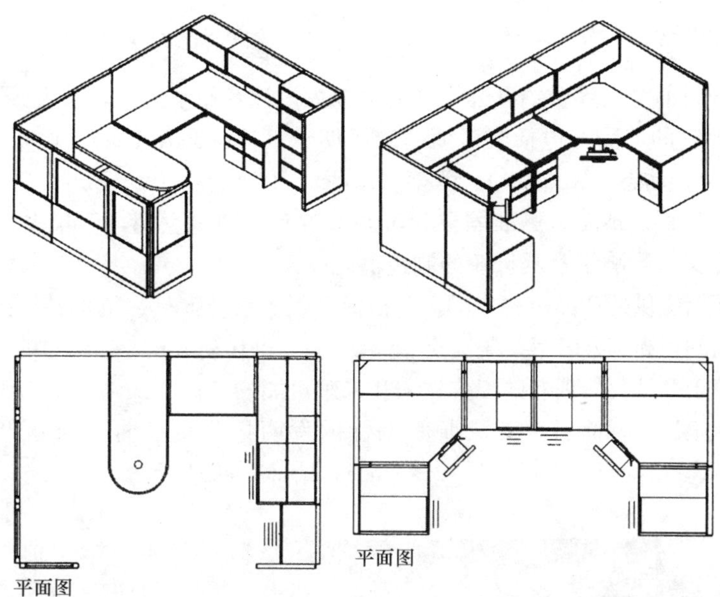

图 7.19　斯蒂尔克斯的“9000 系列”（Series 9000），管理人员工作站的线条图。尺寸是 12 英尺 10 英寸长、9 英尺 2 英寸宽。（由斯蒂尔克斯公司提供资料）

图 7.20　斯蒂尔克斯的“9000 系列”个人工作站。尺寸是 6 英尺 6 英寸长、7 英尺 8 英寸宽。（由斯蒂尔克斯公司提供资料）

图 7.21　斯蒂尔克斯的“路径”系列，“正切”（Secant），相邻的工作站。（由斯蒂尔克斯公司提供资料）

豪沃斯（Haworth）

豪沃斯——目前全世界合约办公家具的第二大设计者和制造商，在大约 20 个主要品牌之下制造和销售它的产品，包括豪沃斯、豪沃斯十（Haworth Ten）、城堡（Castelli）、康福特（Comforto）、动态（Kinetics）、罗德（Röder）和联合椅子（United Chair）。因为通用面板铰链、声学挡板、预应力标准隔板和可调节键盘托架等发明，多年来，豪沃斯成为了少数几家重新定义和影响了家具行业的制造商之一。

今天，豪沃斯提供的产品范围广泛，包括标准隔板系统家具、工作和休闲椅、供储存产品、木制和金属的柜橱（办公桌、餐具柜、储藏间），可移动家具、工作台的全线产品和辅助办公设备。着眼于今日我们现有的工作方式和未来可能的工作方式，豪沃斯为它的顾客提供了“领先一步的家具”。而且，豪沃斯原创性的发明把公司推向了国际市场（图 7.22～7.28）。更多信息参见 www. haworth. com/index fhome. asp。

图 7.22 豪沃斯的“轮廓”（Profile）产品线，适用于会议区。（由豪沃斯公司提供资料）

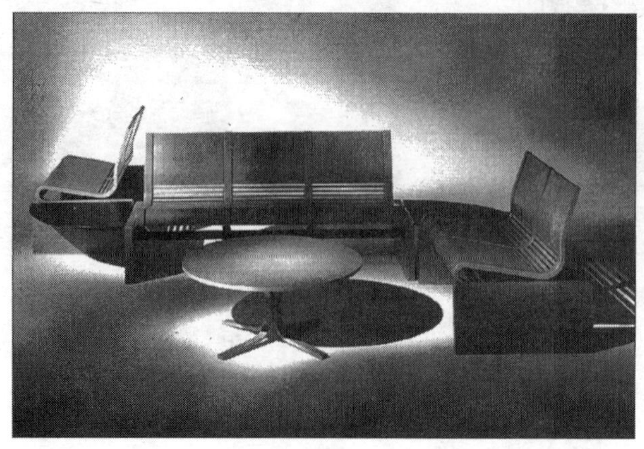

图 7.23 豪沃斯的“联合”（Alliance）带有欧式长椅轮廓的座椅，配有独立式咖啡桌。（由豪沃斯公司提供资料）

图 7.24　豪沃斯的 X99 是一套完善的座椅系统，结合了先进的人体工程学特点。（由豪沃斯公司提供资料）

图 7.25　豪沃斯展示以一体化为前提的办公系统的应用。（由豪沃斯公司提供资料）

图 7.26　豪沃斯的“K 系列”（Series K）会议桌。（由豪沃斯公司提供资料）

图 7.27 豪沃斯的“城堡”(Castelli) 三维立体系统，提供了快速地展开、组装和重新组合。(由豪沃斯公司提供资料)

图 7.28 豪沃斯的“前提”(Premise) 是一套综合系统，包括橱柜、文件夹和储存部分。(由豪沃斯公司提供资料)

海利康 (Helikon)

海利康家具公司主要制造橱柜和工作台，1996 年被 ICF 集团 ICF Group 收购。马克·罗根（Mark Logan），海利康的设计和发展主管，开始通过詹斯勒（Gensler）和斯基德莫尔、奥因斯、梅里尔（SOM）设计的系列产品扩充产品的选集。最近，他同斯蒂文·爱普金（Stephen Apking）和沙什·卡恩（Shashi Caan）（SOM）组成的设计力量，正在合作设计一个全新的行政办公家具系列——“行板”（Andante）［最初的名称是“新纪元”（Epoch)，但据说是由于商标注册的问题而更改了名称]。海利康的这套系统使用了综合技术和经典的建筑线条，这是为了适应今日对无等级工作环境的需求（图 7.29～7.31)。

图 7.29　海利康的“行板”系统。工作台面的第一个要素是可以像公文包一样打开，配有电子设备的插座连接容易，同时水平台面可以分成独立的部分，这样膝上型电脑和其他设备就可用以支持谈话毫无阻碍的会议或者讨论。电线暗藏在凹槽中。“行板”系统的第二个要素是精细的技术平板，平板包含有交互式的整体协调技术，比如纯平显示器、远程电话会议系统和白板。技术平板可以放置在办公室的墙壁上，也可以用于分割空间。第三个要素是储藏塔，可以提供专业化和个人化的储存空间。(由海利康家具公司提供资料)

图 7.30　海利康的“塔夫维拉”（Taftville）行政办公 1 号，纹面桃花心木的 U 型办公桌。(由海利康家具公司提供资料)

图 7.31 海利康的"要塞Ⅲ"(Presidio Ⅲ)工作站——配有壁橱、办公挡墙、有条理的附属品、可移动支架和正切的工作台。(由海利康家具公司提供资料)

开发这个系列是基于对私人办公室、共享办公室、开放平面和会议讨论的重视，系统由三个基本要素组成——水平工作台面、储藏塔和技术平板。其中技术平板可以容纳个人电子设备、纯平等离子显示器和互联网接入，预见了当前的需求和家具科技的发展。(更多信息参见 www. helikon-furniture. com)

泰克尼昂 (Teknion)

泰克尼昂的产品适合于相当广泛的工作场所适用标准：支持人与科技的复杂结合，促进生产力，并为全世界数以百万计在泰克尼昂办公环境中工作的人们创造富于吸引力的工作场所。泰克尼昂不断引进新产品，用来支持逐渐发展的以科技为引导的办公室，这些产品可以组建完整独立的工作站和组群，或者加强已有家具系统的功能。比如，通过加入"能力"(Ability) 系列可移动家具，工作场所的各部分可以组合出不同类型的工作站，并支持转变了的办公职能。除了办公系统家具和"能力"系列的可移动家具，泰克尼昂也提供全面的储存和收纳产品、工作和休闲座椅、餐柜和行政家具，以及全套工作所需的附件。(更多信息参见 www. teknion. com/home. asp。)

科技产品密集的环境需要智能电线管理解决方案和有效率地分配电力和数据资料。为满足客户特定的要求，并让行业能应付科技的迅速变化和不断发展的工作程序，泰克尼昂开发并植入了一套先进的电力系统解决方案 (图 7.32～7.36)。

图 7.32　泰克尼昂的“达摩椅”（Dharma Chair），可同使用者一同移动，增强承托和舒适性。（由泰克尼昂公司提供资料）

图 7.33　泰克尼昂的 XM 家具系统，在私人办公的环境中。（由泰克尼昂公司提供资料）

图 7.34 泰克尼昂的 T/O/S 挡板系统，在团队合作区域使用。(由泰克尼昂公司提供资料)

图 7.35 泰克尼昂的“前哨”支柱 (Outpost Column)，提供照明以及电力和数据的连接。(由泰克尼昂公司提供资料)

图 7.36 泰克尼昂的非模数化系统——“转变”(Transit)，展示了私人办公室的配置。(由泰克尼昂公司提供资料)

纽卡夫特家具公司（Nucraft Furniture Company）

纽卡夫特成立于1944年，是一家私人持有的高品质木质办公家具的制造商。以密歇根州的大急流为基地，纽卡夫特制造和销售为会议室、培训室、接待处和私人办公室特别设计的家具。他们的产品线十分宽泛，包括会议桌、运动员餐桌、餐橱柜、音响架、视觉板、接待台、临时茶几、标准化搁架、书柜和长椅。（更多信息参见 www. nucraft. com）相对于它所服务的特定市场，纽卡夫特强调一种以统合设计为导向、由科技驱动的设计哲学。比如，公司提供三套截然不同的会议室家具系列，每个系列都有自身独特的设计美感。纽卡夫特结合了一些时下最新的设计元素，诸如混合使用木头、玻璃和金属材料，这让它的产品同其他的木质家具制造商区别开来。会议室和培训室家具的设计是为了适应今日办公环境变化的科技需求，并提供一些现有的最具革新性的科技整合。此类创新性的产品包括“奥德赛”办公桌（Odyssey Table）——组装会议桌，在其中心之下可随意接入电源、声音和数据连接。这种办公桌，连同纽卡夫特会议室系列的几个其他产品，完全适用于如今会议和报告多种多样的形式，包括视频会议、音频会议和电子演示形式（图7.37～7.41）。

图 7.37　纽卡夫特的“起源”(Origin)，获得 2002 年 NeoCon 世界商品交易会家具系统的金奖和最佳竞赛奖。(由纽卡夫特家具公司提供资料)

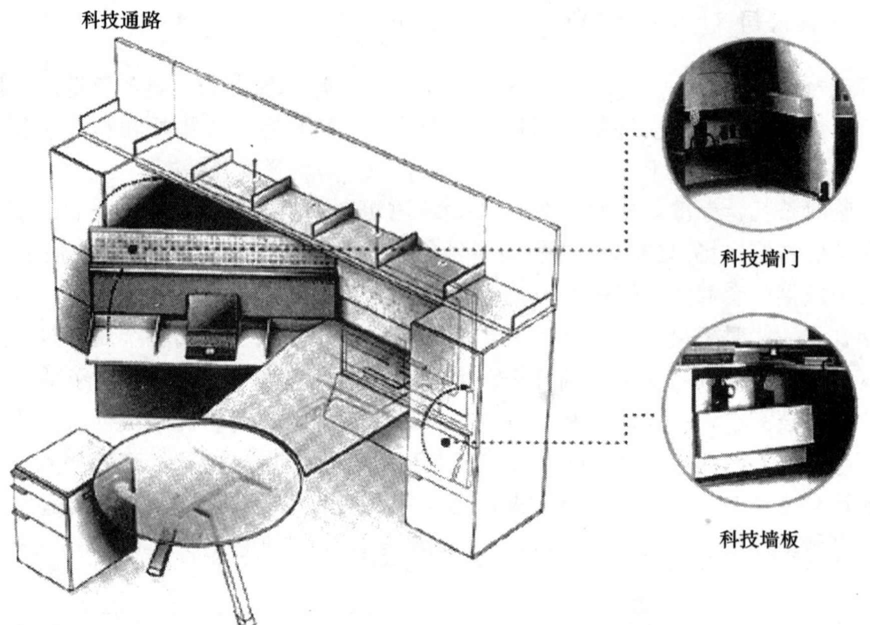

图 7.38 纽卡夫特的“起源”（Origin）行政办公家具系统，显示出了科技的整合。（由纽卡夫特家具公司提供资料）

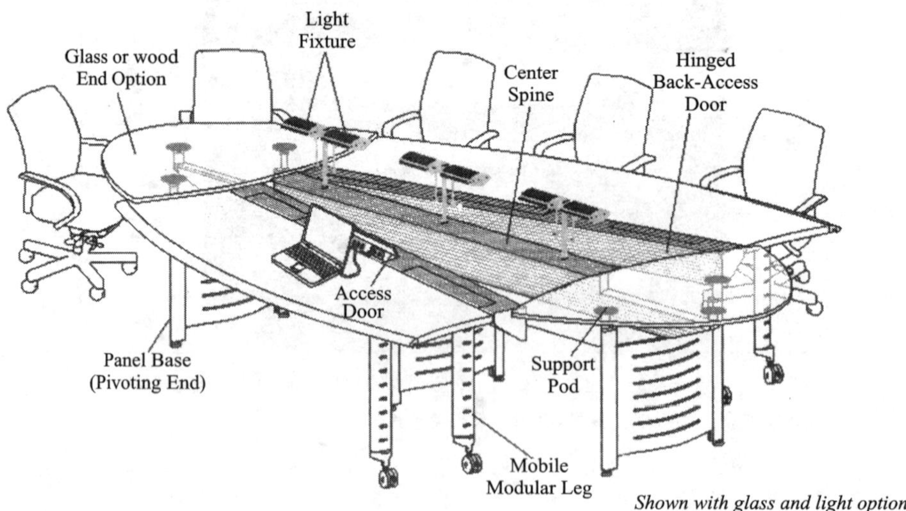

图 7.39 纽卡夫特的“奥德赛”（Odyssey）办公桌透视，表明了材料的可选项和构造。（由纽卡夫特家具公司提供资料）

办公桌清晰度为25

办公桌长度	折叠宽度	打开宽度
149	70°	96″
198	79°	123°
259	87°	150°

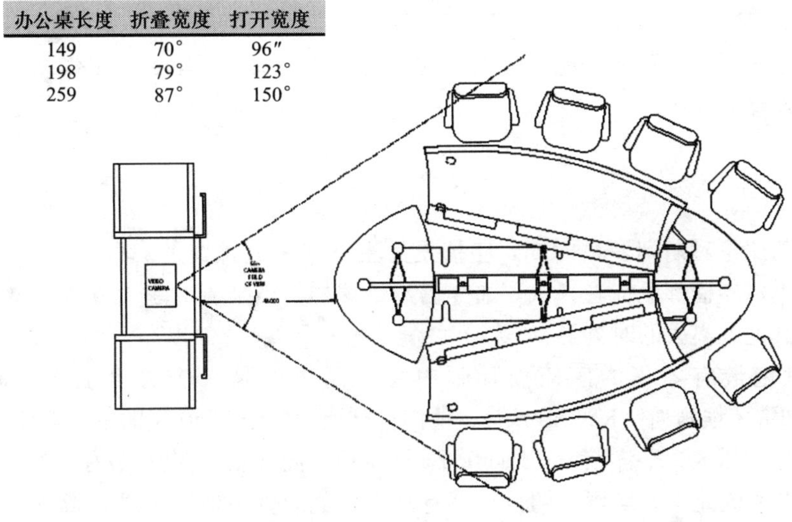

图 7.40　纽卡夫特的“奥德赛”办公桌的平面图，表明了办公桌的联接方式。(由纽卡夫特家具公司提供资料)

主干的电力剖面图

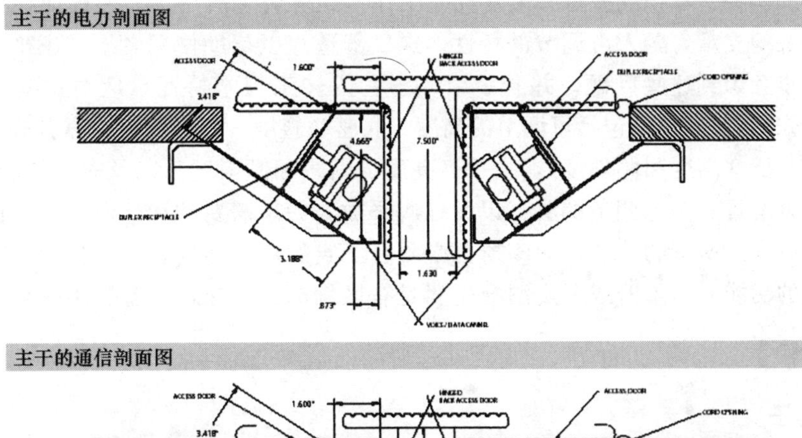

主干的通信剖面图

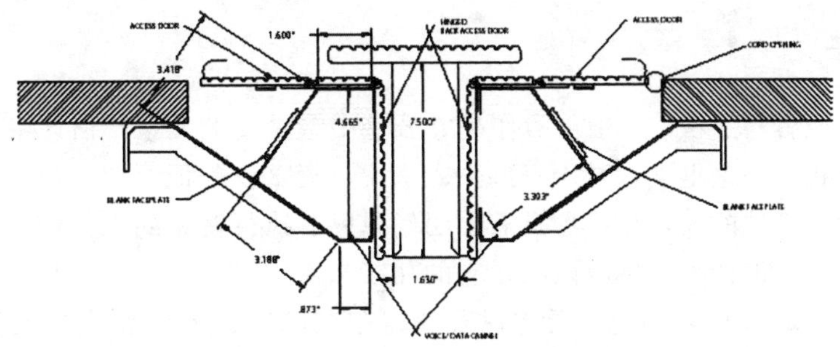

图 7.41　纽卡夫特的“奥德赛”办公桌细部，表明了电力和通信的装配。(由纽卡夫特家具公司提供资料)

家具类型

家具通常根据它的服务功能来分类。这其中包括座椅、写字台（工作站）及桌子、办公室系统、储藏间和床。

座椅

从早期巴比伦时期到罗马时期，座椅是为皇室和贵族预留的。平民直接坐在地面上。追溯整个历史，座椅都象征着权威，如今仍然是这样。当坐着的主人或者是总经理起身的时候，就是其他人离去的时刻了。

在 20 世纪最有才华的座椅设计师中身居高位的是一个夫妻工作团队，查尔斯（Charles）和雷·埃姆斯（Ray Eames）。他们自己建的位于 1949 年的钢框架住宅和工作室，位于加利福尼亚州的太平洋断崖（Pacific Palisades），同样是 20 世纪最有影响力的住宅设计之一。以工艺为立足点，埃姆斯的设计具有高度的创新性。他们将胶合板弯曲成复杂的曲线，将玻璃钢用于椅子的外壳和连接处的橡胶减震装置。

随着科技的高速发展，越来越多的人发现他们坐着的时间更长了。这带来了潜在的危险——不良的坐姿、累积的疲劳和重复性的工作导致了背痛的增加。座椅应该保证脊椎和侧向得到良好的支承，融入可调节的特性，提供舒适感以帮助使用者维持正确的姿势。制造商已经逐步意识到这些问题，并着手引入多种人体工程学特性以应对这些挑战（赫尔曼·米勒是先行者之一），包括可调节的高度、底座倾斜度、靠背高度、靠背倾斜度、腰部支持、头部支持（高度和倾斜度），扶手（高度、间距和倾斜度）以及完全的旋转和斜倚。使用者也可以配置一个可调节的脚凳以便让脚平放，如果需要的话。但是没有任何一种类型的座椅可以满足所有的功能，而座椅也必须合于它的使用需要。一把整天不间断使用的工作椅，它的功能同休闲椅或者是酒吧坐凳是有区别的。同样，儿童使用的桌子和成人使用的特性也是不一样的。

写字台和桌子

工作站，或者写字台，一般被看作是办公室中最重要的元素，估计多数工作人员大半醒着的时间都花费在这里了。对于一部分人来说，写字台是他们在公司等级中的身份和职位的象征。对于其他的人，写字台是需要明确思路、执行指令的工作台。当思考一张写字台的设计标准时，设计师显然应该联系它的功能来考虑尺寸问题，但是其他的因素也要纳入思考范围，比如风格、颜色、质地以及获得耐久的工作界面和执行工作所需的光线反射率。

和人一样，桌子的外观和形式五花八门。会议桌是公司主要的地位象征之一，这可以从前面章节所举的实例看出来。一些会议桌非常大，而且分成好几个部分，但其他的会议桌就比较小，也不那么正式。你需要规划足够的空间，换算下来每人大概需要 24～30 英寸，这样人们才不至于感到局促。咖啡桌是非正式会谈的好选择，在允许人们以更亲密的社交距离聚会的同时，也可以放置杯子和文书。实用的桌子还服务于其他的功能，可以核对报告，或者容纳办公设备，或者作为餐桌使用。

标准化和办公系统

今天我们有日益扩大的信息数据库和可供使用的资源，对照这些，个人可以比较现有或预期的工作站配置的适用程度。比如开放人体工程学有限公司（Open Ergonomics，Ltd）提供一套免费的 78 项产品的在线互动工作站评估测试。此外，他们还运营一个全面的人体尺寸数据库，涵盖男性和女性成人的 280 项尺寸（范围覆盖 8 个不同国家的人口——美国、中国、法国、德国、荷兰、意大利、日本和英国）。

如今，当我们目睹了目前市场上充溢的大量设计，以至于为特定的工作选择一套合适的系统都不是一件易事时，可能难以想像一个开放平面系统不存在的年代。系统家具本质上是一系列标准化组件，可以以多种方式组合在一起，创造出办公工作区。通常办公系统由分隔工作站并确定范围的挡板、工作界面、存储单元以及照明和电线管理设备构成。这些元素的配置是十分值得的，它们让空间可以经济地重新改装，允许每平方英尺容纳更多的人，节省封闭办公室在中层管理上的开销，因此它们节省了金钱。

戴维·巴勒斯特（David Ballast）将系统家具大致分为三类：他将第一类描述为使用独立式的挡板和惯用的独立式家具。第二类，他认为是“使用不同长度和高度、连接工作界面和悬挂在其上的存储单元并为它们提供支持的挡板。”第三类，基本上由包含了工作界面和其他所需的组件的设备齐全的 L 型或 U 型的工作台构成。系统家具用在迫切需要一种不同办公室礼节的开放办公环境中，这将视觉和听觉的私密性问题纳入了考虑因素。近年来在这些领域中都开展了大量的研究。

在今天的开放平面办公室中实现一个适宜的工作环境，对空间规划师提出了巨大的挑战。为了应对这样的挑战，有几个条件需要得到满足，这包括：

- 提供私密性
- 促进交流
- 促进生产力
- 防止噪声干扰，特别是谈话噪声

研究表明大多数开放办公室中常见的声学设计问题，都可以通过综合规划得到解决。

储藏间

储藏间是空间规划中的重要因素，而且其空间好像永远也不够。为了估算储存所需的空间，空间规划师首先需要确定所存储物品的类型、尺寸和数量，需要存储单元的位置和需要使用物品的频率。

床

大部分的床由一或两个床垫、支持框架、床踏板和床头板组成。其他类型的寝具有水床、双层床、沙发床和简易的地板垫。在一些欧洲国家，床有时是结合了照明和存储单元的墙壁系统的一部分。

家具采购

今天，大多数流行的合同家具商提供信息通道和自动化的电子订单处理，还具有在线订单追踪和在线价目表之类的特点。这对于采购人员和设备管理人员是尤其具有吸引力。走在扩展电子商务最前沿的是赫尔曼·米勒和斯蒂尔克斯这样的制造商。

赫尔曼·米勒向电子商务的首次出击是在 1998 年，通过它的 SQA 程序，用互联网联接起所有销售和购买的操作。之后，“轻松连接”（eZconnect）成形了，这是一个私人所有的、基于互联网的采购程序，适合中到大型的公司，将顾客、经销商、制造工序和供应商联系在一起。

通过使用“轻松连接”，终端用户可以选择、设计、订购、组建、运输、安装并搬进去，一切都能在线进行。这解放了设备管理人员和其他采购人员的大量时间。赫尔曼·米勒稍后又引进了“开放通路”（Open Access），其中加入了对非赫尔曼·米勒制造产品的支持，从而扩展并加强了“轻松连接”的 B2B 电子订购和交付平台。“开放通路”是对公司顾客的反馈——关于如何能更有效地服务——的直接回应。现在，“轻松连接”能使顾客提交和追踪订单，从写字台和座椅到整个系统，任何时间都可以。

2000 年，斯蒂尔克斯公司跟随潮流，发布了自己的在线软件采购程序——“调协”（Ensync）。该程序可以让顾客进入一个根植于网络的电子产品目录，这极大的减少了处理订单所花费的时间。只有经过认证的斯蒂尔克斯经销商才能使用这套程序。大量产品的交付可以在 7～12 天内完成。

和其他很多的竞争者一样，豪沃斯引进了“世界资源”（World Resource）——一套通过用户友好界面，在网络上提交顾客的标准计划的在线订购系统，从而节省了顾客花费在交通上的时间和金钱。豪沃斯还引进了一种新的经销商电子工具，称为“订单线”（Orderline）这是一套基于互联网的系统，通过在经销商进入在线订单时给予他们即时的反馈，将会帮助豪沃斯防止错误的订单。

除了节省设备部门在订购过程中花费的大量时间之外，这些新型的基于网络的工具也省去了设计一套家具系统所需要的时间。比如“轻松连接”，一旦选定了一套家具系统，就可以进行实时三维设计。

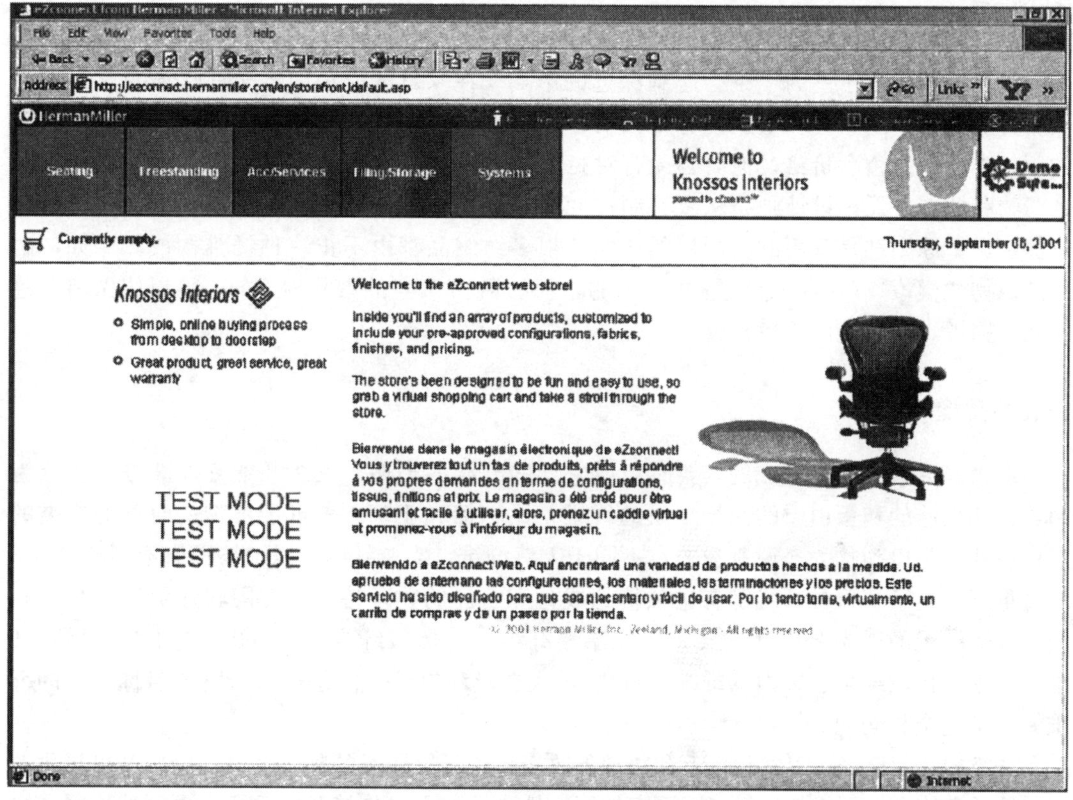

图 7.42 诺索斯室内系列（Knossos Interiors），使用赫尔曼·米勒地“轻松连接”电子订购和交付平台。（由赫尔曼·米勒公司提供资料）

尽管如此，一些公司仍旧忠于传统的订购方式，特别是做住宅家具生意的公司。办公家具制造商纽卡夫特通过经销商提供的购买订单工作，订单被批准后就进入时序安排系统，制造过程就开始了。标准订单从订货到交货通常需要5～6周，特殊的订单则大致需要7～8周，这要视材料的可用性和项目的复杂程度而定。很多家具制造商，包括纽卡夫特，使用CAP［计算机辅助规划 Computer Aided Planning］——斯威兹小组（Sweets Group）的一项采购产品，该小组是麦格劳-希尔公司的下属部门。

“CAP 工作室”是特别为了增进工作环境性能的室内设计师和设备规划师而开发的一套综合软件系统。这组现代化的应用软件是交互式的，且彼此配合的天衣无缝。它可以随时随地让你访问制造商的产品目录、选择商品、指定家具、进行平面设计和 3D 设计、分配选项、创建工作表和实施方案。(更多信息参见 www. cap-online. com)

织物

织物的选择对于室内气氛会起到深远的影响。在家具的应用中，配有软垫的家具也对其自身的外观、耐久性和安全性有很大的影响。因为空间规划师或室内设计师要面对众多的织物类型、颜色和价格，他们必须有对材料的基本理解，才能够为特定的用法选择正确的织物和填料。无论设计师是从家具制造商提供的织物中进行选择，还是确定客户特有的材料，这个原则都是适用的。同样的，如今很多纺织品都由不止一种纤维构成。比如，诺尔的织物“模拟”(Analogy) 是由 48％的聚氯乙烯和 52％的聚酯构成的，可以用做墙壁遮盖物、挡板，或者室内装潢材料。

织物的类型

织物是天然的还是合成的，要看组成它们的纤维的类型。天然纤维可以被进一步分为两类：纤维质的和蛋白质的。纤维质的纤维，比如棉和亚麻，来自于植物；而羊毛之类的蛋白质纤维是以动物为来源制造的。不同于天然纤维，人造纤维可以被挤压成不同的厚度。

重要的是了解每种纤维都有它独特的成分和自己的物理特性。美国联邦贸易委员会确定了人造纤维的属类名称和定义，比如醋酸纤维、丙烯酸纤维、lyocell、改性聚丙烯睛纤维、尼龙、聚酯纤维、聚丙烯纤维 (石蜡)、人造丝和氨纶。但是，同一属类名称之下的纤维并不是完全相同的。

纤维制造商已经可以在化学上和物理上改变每个纤维属类的基本成分，以生产可提供改良特性的变体——更柔软的触感、更高的舒适性、更亮泽或更持久的颜色、更好的饱暖或冷却、水分转移或吸收，以及和其他纤维更良好的混合性。这些经过改良的纤维一般都会获得一个商标名称，纤维属于它的制造者并由他们进行推广。目前市场上最常见的纤维包括：

- 羊毛通常取自绵羊的羊毛，被认为是所有类型的纤维中最好的天然纤维之一。羊毛还能抵抗灰尘，同时有很多的编织方法可以防止磨损和撕裂。它具有极佳的恢复力和弹性。尽管羊毛接触火焰时会燃烧，但当火焰移走时就会自己熄灭。羊毛很好染色，也容易清洗。
- 棉是纤维质纤维，来自棉株的种子荚。棉很透气，相对来说比较便宜，还有中等程度的抗磨损能力。但是，棉的弹力和恢复特性很差，长期暴露在日光下会引起品质的退化，还会受到霉变的影响。丝光棉的处理方法是持久的拉直棉纤维，之后棉纤维就变为光滑的棒状纤维且具有相同的高光泽的外观。棉经常和聚酯纤维、亚麻、羊毛之类的其他纤维混合在一起，以便融合纤维各自最好的属性。

- 亚麻纤维来自于亚麻，一种取自这种植物茎部的韧皮纤维。它是强度最大的植物纤维，比棉纤维的强度高 2～3 倍。但是，亚麻很少用于室内装饰，因为它缺乏顺应力和弹性，并且易受磨损的影响。另外，亚麻也不是很容易印染。
- 真丝是一种天然蛋白质纤维，取自桑蚕的茧。它强度很大，而且有很好的顺应力和弹性。真丝的完美和光泽得到很高的评价，但是它非常昂贵，阳光和汗水还会使它变得脆弱。
- 醋酸纤维是一种人造的纤维质纤维，由木质纸浆这种天然的可再生资源和醋酸制造而成。它是一种再生的纤维质纤维，可燃且耐久性差。和人造丝一样，在未经改造时醋酸纤维抵抗阳光的能力很差。抵抗光线和火焰的能力都可以通过对纤维的处理得到改善。改良后的配方（比如，加入抗菌成分抑制产品中细菌、霉菌和真菌的生长）包括：赛拉尼斯（Celanese）、“庆祝”（Celebrate）和“微安”（Microsafe）。
- 尼龙纤维是最流行的合成纤维之一。它具有超常的耐久性和拉伸强度，以及高顺应力和弹力。尼龙质量很轻，可以抵抗多种化学品、水和微生物。一些第一代的尼龙纤维不能抵抗阳光，而且外观过分闪亮，但这些问题现在可以通过化学配方设计来弥补。尼龙可以很好地单独使用，也可以与其他流行的合成或天然纤维结合，以获得双方更好的优势。主要的尼龙纤维制造商包括：联合信号（Allied Signal）、BASF 公司、库克逊纤维（Cookson Fibers）、杜邦（DuPont）和瑟路提亚（Solutia）。
- 丙烯酸纤维因为其外观，而经常作为羊毛的替代品。它具有中等程度的强度及弹力，对阳光的抵抗力极佳，但是易燃。改性聚丙烯睛纤维有相似的特性，但对热和火焰的抵抗力要好的多。因为其较低的比重，丙烯酸纤维也用于生产没有额外重量但体积更大的织物。最新引进的丙烯酸纤维是“气候抵御”（Weather Bloc），有很多有趣的特性。它可以抵抗气候的变化，对于必须在户外使用的织物来说足够坚韧，不会受到紫外线降解的影响，是极好的印刷基底，能抵抗真菌和霉菌，保持明亮的颜色不褪，可以制造出缝纫容易、拼合美观、具有良好空间稳定性的织物。一些较为著名的商标有：“微-至”（MicroSupreme）、克瑞斯劳夫特（Cresloft）、克瑞斯纶加强版（Creslan Plus）、“新鲜物”（BioFresh）、“气候抵御”（WeatherBloc）、达纶（Dralon）、阿克利纶（Acrilan）、“反射”（Bounce-Back）、杜拉斯邦（Duraspun）、皮尔-特尔（Pil-Trol）、斯诺-布赖特（Sno-Brite）、“漂亮纱线”（The Smart Yarns）和“老式穿着”（Wear-Dated）。
- 石蜡（聚烯烃纤维或聚丙烯纤维）价格低廉，能够高度抵御化学药品、霉菌和微生物。它有很好的色彩保持力，弹性很高且不吸水。在做地毯织料和地毯衬背时石蜡的品质令人满意，但是它对阳光、热和火的抵抗力很低，不是多数室内装璜织物的理想选择。一些较为著名的商标包括：萨卢斯（Salus）、特勒（Telar）、α 石蜡（Alpha Olefin）、伊瑟拉（Essera）、克密尔（Kermel）、伊诺瓦（Innova）、伊诺瓦-安培（Innova AMP）、马维斯（Marvess）、瑞顿（Ryton）和“痕迹”（Trace）。

- 聚酯纤维有很多合意的特性，包括良好的顺应力和弹力，对溶剂和其他化学药品的高抵抗性，还能很好地抵挡日光。它缺乏光泽和可燃的特性可以通过处理来补偿，使之更能抵抗火焰。聚酯纤维容易吸收和留存油性材料。杜邦是聚酯纤维的主要生产商之一，其他还有库克逊纤维、韦尔曼（Wellman）和科莎（KoSa）。
- 人造丝是为制造一种较为便宜的替代品——可代替珍稀且昂贵的真丝——所作努力的产物。即使人造丝被看作是一种人造纤维，但实际上是由树木的纤维素制成的。它对阳光的抵抗力很差，顺应力也不好。人造丝还容易燃烧，这是它不常用在室内装修上的原因。人造丝的一个常见商标是“方式”（Modal）。它有很强的吸收力，柔软而舒适，容易染色且垂感很好。人造丝通常和其他纤维混合在一起使用，以发挥每种纤维最好的特性。

织物的选择

为一件特定的家具或墙衬选定最适合的织物，需要在功能需求和美学需求之间进行平衡，也要考虑花费和实用性之类的其他因素。餐馆选择的织物和儿童房选择的织物是不同的。以下列出一些织物选择中的决定性因素：

- 外观：一件设计很好的家具经常因为选择了错误的颜色、质感或图案，而变得完全不合时宜。设计师应该确保家具的颜色和图案融入其他部分的设计。
- 耐久性：这包括对于磨损、褪色和其他不适当使用的抵抗力，以及它的清洁能力和抗污能力。尼龙和羊毛这类的织物比人造丝要耐用得多。
- 可燃性：这是一项非常重要的考虑因素，特别是对于礼堂、医院和餐馆这样的公共空间。某些织物天然地比其他织物的耐火性要好，但是在今天，大部分织物可以用多种化学药品进行处理，以加强它们抵抗点燃和闷燃的能力。许多州和多数联邦机构有对于家具可燃性的标准要求。这些将会在关于法规的那一章中进行讨论。
- 养护：有些种类的织物需要比其他织物更多的养护。如果家具倾向于受到较多的磨损，那么应该选择一种适当的织物。
- 舒适性：戴维·巴勒斯特曾说：“人们与家具之间的直接接触比任何其他的室内空间元素都要多，所以舒适程度必须合于预期的使用和人体工程学的要求。等候室的座椅并不需要和办公室职员的座椅一样舒服。”设计师应当选择一种适宜的触感舒适的织物。多孔的织物比较透气，在气温高的地方和长时间的保持坐姿时更为舒适宜人。同样，平滑的织物也比纹理粗糙的织物要舒服许多。

在进行织物的选择时，设计师还有许多其他的因素需要纳入考虑，比如织物的耐用度、它的触觉特性、图案或纹理的比例，还有其他等等。

室内地面

无论是在家里、办公室，还是在购物中心，地面往往确定了室内的基调。尽管审美在任何设计方案中都充当重要的角色，但在目前的环境下地面一定是要实用的。如今的设计师在地面的类型、颜色和图案的选择方面范围十分广阔。地面可以使设计成为一体，也可以在视觉上分裂它。使用一种延续的材料可以增加流动和匀质性，暗示区域分享相同的重要性，且有均等的可达性，反之，引入特别的地面则暗示特殊区域的存在。重点区域可以由一种不同的材料组成，也可以仅仅是颜色或图案上的变化。地面材料本身往往对场所中的活动给出了暗示，因为它是惟一始终与使用者保持接触的材料。因此，橡胶地面和乙烯树脂弹性地砖使人联想到繁忙的通行区域——承受磨损、变脏，而且不需要高度保养。

木材

木材是被广泛使用地地面材料，几个世纪以来一直保持着它的普及性。木材在功能上和美学上都很实用，在大多数环境中都可以使用。它温暖柔和的品质、柔软的触感和适于保养使它成为住宅使用最好的选择。木材经久耐用，形式多样，是装饰地毯极好的基底。

木材通常有硬木条、木块、镶木地板或木板等几种形式。最常见的种类有山毛榉、枫木、白蜡木、桦木、松木和橡木。多数类型的条状地板以舌榫接合，这样板条就能够不留缝隙的拼合起来。镶木地板是由以特定图案组合的小块硬木构成的。在老式住宅里，木质地板是很典型的，通常以水平方式排布横跨房间，搁置在从前到后的房屋的龙骨上。

地毯

地毯代表一种更为随意的、沉思的、层次更高的区域，因为它使脚下更柔软，也因此而更加安静。此外，设计师可以结合地毯不同的颜色、肌理和图案，来创造视觉兴奋、划分特定的工作区，或者指引走廊和公共区域的交通。企业还可以在他们的地面设计上加入产品的颜色和公司的标识。和其他商用地面包覆材料相比，地毯的维护费用也较低。

地毯固有的减震和防滑特性，通过降低摔倒的可能性和将潜在伤害最小化，有助于形成舒适而安全的工作环境。这些特性也可以帮助降低商业公司的保险开支。另外，地毯的绝缘性在冬天保持地面温暖，在夏天让地面凉爽，这样有利于减少供暖和制冷的消耗。同样的，通过吸收空气传播的声音、减少表面噪声的产生以及帮助阻隔声音向下一层传播，地毯也带来了听觉上的益处。当前地毯织料的潮流是尼龙纤维地毯的规格逐渐增多，这是因为它们长期的卓越表现，包括和其他纤维相比经过改良的抵抗染色、污垢、纠结、起皱、纹理损失和磨料磨损的能力。

乙烯树脂和漆布

乙烯树脂可以有无数种颜色和图案，经常用于模仿其他种类较为昂贵的地面，比如木材、瓷砖和大理石。乙烯树脂是纯粹的合成材料，所含不定百分比的 PVC 令它具有一定的弹性。同时它还很便宜，有整片和块板两种形式。

漆布也有整片和块板两种可用形式，颜色和图案范围广阔。近来对漆布的重新发现很大程度要归因于其改良的性能，也因为它全部由天然配料制造而成。

硬地砖和马赛克

包括陶瓷、陶瓦和毛面地砖在内的硬地砖基本上都是机械制造——这使它们具有精确的尺寸，而且特别适合厨房和浴室之类经常有水的区域。烧硬的陶土地砖，比如流行的毛面地砖，同砖石材料很相似，需要坚实的底层地板。马赛克的小尺寸使之具有一种近乎温软的外观。它们由陶瓦、大理石、陶瓷或石头的小方块组成，镶嵌在灰泥中。马赛克最好限制在像浴室这样的小空间中。

大理石、花岗石和水磨石

比起美国，大理石和花岗石在中东国家、希腊和意大利运用更为广泛。两种材料都以内涵底蕴而享有声望，主要用在银行、商务楼的大厅和一些定制的住宅中。

就美国国内的情形而言，水磨石是相对的新产品。但在地中海国家从很早时候就开始流行了。水磨石是一种将大理石或花岗石碎料混入水泥砂浆的混凝料，可以现场浇筑，也可以制成平板或地砖。这种混合物制成后，就可以研磨抛光，使其表面平滑。在美国，现浇和预制两种形式都很贵，需要专业的安装。

其他材料——石头、砖、混凝土、橡胶、软木、金属、毛毯

在全世界的很多国家，石头是一种已经使用了上千年的传统材料。它可以为室内或室外带来丰富和个性中无比的深度。天然石材的形式、颜色、花纹和肌理多种多样。但不管怎样，较厚较大的石板或石砖都非常沉重，需要坚固的底板来负担它们的重量。板岩和石灰石是设计师最常使用的石材。

有好几种耐磨砖可供室内使用。砖需要放置在混凝土上，还要密封以便更加坚实和防止灰尘等等。砖也可以用作室外的铺路材料，用于餐馆和住宅的天井中。在与其他材料连接时，砖有时候作为一处重点或者分隔。

混凝土基本上是结构材料，当用在商业或住宅设计中时可以唤起强烈的反应。它可以用抹刀抹成平滑的表面，也能用多种方法进行处理以改变它的肌理和颜色。混凝土需要进

行密封和磨光，或者用特殊的地面涂料油漆。尽管混凝土大体上被认为只能应用于一些生活区中，正确的使用却可以让这种材料具有相当的阳刚之气。

随着高科技的来临，颗粒橡胶地面被引入住宅应用并享受了短暂的爆发式流行。如今这种材料再度出现，可提供多种多样的颜色、片材或地砖的形式，表面可以平滑光洁也可以如浮雕一般。软木是一种温暖的材料，触感柔软。它以砖或片材的形式制造，以聚氨酯密封。软木在欧洲比在美国使用的要多。金属地面是另一种有特定用途的材料。它用于高架地板和一些商业场合。

术语“毛毯”用于一组可活动的地毯，通常比所放置的房间要小。毛毯有很多的尺寸、颜色和图案，它们可以是手制的或是机制的。装饰性小块地毯用于在较大的空间中组织家具物件。

墙面处理

在任何设计策划中，墙体都是重要的元素，因为它们确定空间、分割行为活动、在家里或办公室中划定个人的领域。通过现有的将注意力引到墙面上的众多处理方法，墙体的重要性变得更为显著。除了显眼的涂料之外，市场上充满了全部类型的墙体覆盖材料，包括织物、皮革制品、地毯以及过去的纸张和乙烯基墙面涂料。在交通要道中，墙体材料还有陶瓷和黏土砖、金属面板、塑胶板和橡胶以及稍微粗糙一些的空心砌块、砖和玻璃砖。

涂料

颜色是多数当代室内设计中的关键元素，而涂料是对于家庭、办公室或商店可行的装修中最简单、最廉价的方式之一，这显然是涂料最为广泛使用的原因。不久之前，企业的墙壁还都是涂上灰泥，然后刷成白色，因为对任何事物它都是中性的背景。遗憾的是，白色反射率很高，对眼睛不好，因此现在很多场合都选择了更为柔和的颜色。特殊的颜色可以由技术好的漆工现场调配出来。

壁纸

壁纸提供多样化的纹理、图案和影像，这使它成为涂料外的另一种可行的选择。传统的壁纸是由纸张、布料或纸基的 PVC 制成。乙烯基纸张可以防水、防热气，耐洗涤且比一般纸张坚韧，因此适于在厨房、浴室和生活区中使用。壁纸能够保持流行是因为它是一种遮盖表面瑕疵的实用方法。乙烯基类的壁纸既用于家庭，也经常用于商业用途。

大理石、石头和砖

大理石广泛使用于纪念性的空间和银行之类需要威望的空间。大理石也有不同的颜色和岩脉纹理。

覆层

墙壁覆层在很多情况下具有实际意义，在当代墙面装饰的环境中可以让原料的特质得到开发。木材是经典的覆层材料，往往表现出一种华贵的感觉。朴素的松木覆层——由成品企口板提供，可以刷上油漆或者保持天然状态仅以亚光清漆涂层密封木材。胶合板和胶合镶板如果使用巧妙，也可以让墙面拥有令人印象深刻的外观。

经过验证，在磨损严重或者很大程度暴露在水和热的区域中——代表性的有厨房、浴室和游泳池的周边地区，瓷砖是可靠的解决方案。瓷砖的颜色、形状、纹理、图案和尺寸非常之多，既有微小的马赛克，也有宽大的正方瓷砖和长方瓷砖。镜子对需要在感觉上增大空间的狭小地区是十分理想的材料。

其他材料

虽然织物是传统上流行的墙面包覆材料，颜色和纹理也多种多样，但乙烯树脂和其他的塑料板材却越来越受欢迎，现在被广泛地用作墙面装饰材料。这类材料多是模仿其他的材质，比如草或布料。

第八章

建筑法规和标准

建筑法规是设计过程中的一个重要部分。在美国，它们就是地方政府实施的土地法。而在加拿大，则由省和地方政府负责实施执行，执行法规以统管建设，并以此保护人民的健康、安全和福祉。

概述

在美国，没有统一的建筑法规，因此各个辖区的建筑法规不同。各个城市（县或人口稀少的地区）执行自己的一系列法规，大部分辖区采用本章稍后略述的主要示范法规中之一的全部或部分内容。然而，现今有一种要把多种地方法规在全国统一起来的总趋向日占上风。为了响应建筑行业一再要求制定一个统一的在全国范围使用的建筑规范制度，许多州已经朝这一方向行动起来。有鉴于此，三家主要示范法规组织联合起来成立国际法规联合会（ICC），它的使命是要把规则制度统一，并制定出第一套综合性建筑法规，以便应用于美国任何地方。

建筑可能是一个十分复杂的行业，而任何建筑工程的第一步都是获得建筑执照（图 8.1）。在颁发执照前首先需要向有关部门提交规划和详细说明以及申请书以供审批。按规定，法规部门应在一定时限内（通常是 30 天）批准或拒绝这一申请。尽管大多数法规非常晦涩，用户很难读懂，但积极的态度、良好的交流以及精湛的专业知识经常对大多数与检查官成功会见的结果起支配作用。建设期间，要进行定期检查以确保建筑是否按批准的图纸进行建造。

建筑许可证申请表
（费尔法克斯郡建筑法规执照申请服务中心制）

请适当填写此栏所有内容
（打印或打字）

工作场所
地址____
界定场地#____ 建筑物____
楼层____ 套间____
分块土地____
居住人姓名____

业主情况　自有☐　租用☐
姓名____
地址____
城市____州____邮编____
电话____

合同情况　和业主情况一样☐
（承包人必须填写以下栏目）
公司名称____
地址____
城市____州____邮编____
电话____
州承包人执照#____
县 BPOL#____

申请人
____

工程简述
____
____
房屋类型____
预计建筑造价____
建筑面积（平方英尺）____
建筑物使用群体____
施工类型____
下水道　公用☐　污水井☐　其他☐
供水　公用☐　水井☐　其他☐
如为“其他”，请详细说明____
委派留置权代理人（只限住宅建筑）
姓名____
地址____
非委派☐　电话____

新 SFD、TH 公寓单元式套房和自有公寓的特征

#厨房	____	外墙	____
#浴室	____	内墙	____
#无浴缸浴室	____	屋顶材料	____
#卧室	____	地面材料	____
#在所有房间中	____	完成的地下室比例	____%
#楼层	____	供热燃料	____
建筑高度	____	供热系统	____
建筑面积	____	#壁炉	____
地下室	____	____	____

此表格中所有资料和背面的印章都是申请书的一部分，而且必须一致。因此，我保证具有委托人权限提出此申请，其资料完整无误，建筑和使用将符合建筑法规、分区法规以及其他有关主权的应用法律条规。

____　____
委托人或代理人签字　日期
（如果委托人作为承包人在表中列出，在提出正式申请时又不在场，签字时就需要进行公证）

许可证#____
查证电话　703-222-0455（详情见背面）

不要在灰色处（限用于县）填写
计划书#____
税务图#____

程序安排	日期	批准人
批准		
分区		
场地许可证		
卫生部门		
建筑复查		
卫生设备		
消防署长		
石棉		
提供		

费用　$____
资料费　$____
总税款＝$____

建筑规划复查
复查人____#房屋____
复查费用 $____
消防署长费 $____
卫生器具单位____平面位置：I☐　R☐

建筑许可证批准颁发
由____日期____

分区复查
用途____
区划市区
分区区划____历史区划____
分区状况#____
承租空间建筑总面积

庭院：
前院____
前院____
左侧____
右侧____
后院____

车库　1☐　2☐　3☐
买卖权　有☐　无☐
附注____

地形和排水复查
土壤　#____　A☐　B☐　C☐
受扰面积（总平方英尺）____
不透水面积（总平方英尺）____
规划#____批准日期____

印章

（见申请书背面）

附言____

公证书（如果需要）
州（或地方，或区）____
县（或城市）____
我，____
作为州县公证员，兹证明在上述地区生效的书面陈述的州县里曾经见过此申请书上的签名。
由本人亲笔签名订立于X年X月X日的这份____
我的使命于X年X月X日终止。

图 8.1　建筑许可证申请表样式

计算机正在实施法规和收集信息中日益起着关键作用，各种软件包和计算机化的法规出版物时下正流行于市场。通过提供探索技能和其他功用，帮助我们了解各种适用的法规。今天，计算机也正在扩大应用的研究，力图使用计算机模型和别的手段去进一步详细阐述建筑法规。

建筑法规和标准历史概述

古代

从历史初期人们第一次学会读书写字起，建筑法规就伴随着我们。在古巴比伦汉谟拉比国王统治期间（公元前1792～前1750年），我们看到了建筑法规的起源。这些法典对不负责任的建筑者给予严厉的惩罚，它表明建筑行业已经成为一种专门职业。根据国王的法令，如果一位建筑师为一个自由民建造的房子倒塌了，砸了房主，那么这个建筑师可能要被处死——“以眼还眼，以牙还牙”的信条。圣经上有关法典类规定的资料也可在旧约全书条文上找到，如《申命记》22—8就有一例说：“在建造新房子时，你应该给你的屋顶建女儿墙，以防有人从屋顶掉下而酿成流血罪过”。这一法典时过多年，变化甚微。而现今形成了《统一建筑法规》（UBC），其中的第1716节说：“所有不能关闭的楼层、屋顶开口以及除了供修建用途以外的屋顶都须用护栏加以防护。”

希腊和罗马的建筑法规由一系列支配合同关系的详细规范组成，而不是一个真实的法律条文。和今天一样，要求对修建中的建筑物进行定期检查。海因里克·拉特曼（Heinrick Lattermann）在修复刻在一座约公元前341年建的石头上的文献时发现，刻文详细记载了建筑程序、要放置的石料方式规范以及要使用的铁榫钉的数量，所有这一切都是在建筑师的监督下进行的。

也许现代建筑法规的最重要先例是亨利·菲茨埃尔温的（Henry Fitz-Elwyne）1189年在伦敦出版的《建筑物条令》，学者们认为这一文献是英国最早的建筑条例和市政立法机构的代表性样本。

根据这一法规，个人有权中止建筑，除非市长对它裁决干预。

有关现代建筑法规理念的有记载的最早文献是重建1666年大火后的伦敦的1676议会法案。法案主要是应对1666年伦敦大火造成的破坏和死亡。建筑物被分成两类，相应地使用于恢复建设的建筑材料详加要求，而许可证费用则用于工程检查。此顶建筑条例经过好多年的更新，直到1844年的大都市建筑法才制定了一部新的建筑法规。它包括通过建筑物类型、高度、面积和居住占用等由政府仲裁人负责实施的条例规定。

近代历史

为了处理火灾、疾病和自然灾害等问题，美国起先效法英国法律，并慢慢采用它们。第一部美国法规重点强调防火，而第一部有记载的建筑法规可追溯到1625年的新阿姆斯特丹（现在的纽约）的地方法规。美国的建筑法规的演变是不稳定的。19世纪许多重要的美国城市经历了火灾、不断发生的黄热病、斑疹和天花的伤害，部分原因是由于当时流行的各自为政的建筑条例导致过度拥挤；采用没有防火墙的易燃的构建法。到那个世纪末，许多大城市已经开始认真对待建筑条例以保护民众和改进加强实施他们自己的城市建筑法规。

在这方面的先驱，要算西雅图建筑法和1875年的芝加哥建筑法。然而，市政府为了制定有效的建筑法律所作的许多努力，在1904年巴尔的摩火灾后引起了人们的怀疑。大约就在此时，出现了把不同城市的建筑法结合起来的尝试。在有远见的F・W・菲茨帕特里克（Fitzpatrick）的领导下，一个叫作"国际州市建筑委托检查协会"的组织成立起来。即使这个组织把菲茨帕特里克的想法归入一个全国性的统一建筑法规里，但这一理念始终未能实现。相反，在19世纪中期成立的全国性火灾保险商委员会制定了1905年全国建筑法。这第一部示范法规主要是从保险业的立场出发，为了减少火灾风险写成的。对这一法规明显的偏袒性的关心推动了城市、县和州建筑官员们按地区制定他们自己的示范法规。依据这一体制，选择和实施建筑条例仍然限于州和当地政府管辖范围内。

1915年在康涅狄格州的哈特福德（Hartford），"建筑官员和法规管理人员国际联合会"，即BOCA成立。BOCA实际上是保险利益的产物。从1938年以来，一直与之合作，现如今，这一法规被称之为BOCA全国建筑法。1922年13个建筑官员聚集在旧金山，成立了太平洋海岸建筑官员联合会，同样也是旨在制定一部示范建筑法规，这个组织后来称之为"国际建筑官员联合会"，即ICBO，主要面向美国西部地区，并在1927年出版了他们的第一版《统一建筑法》。在1940年，一群相同的建筑官员聚集在亚拉巴马州，成立了南部国际建筑法规协会，亦即SBCCI。他们的第一部标准建筑法于1945年出版。

现况

第二次世界大战后，联邦政府在州和地方事务中的积极作用，使之对现存的建筑法规和标准进行了更加深入的审查。美国建筑法规和标准最混乱的现象之一在于，它和欧洲、加拿大以及世界许多其他地区不一样，在联邦专业机构和州、县及市之间缺乏完全的统一性。然而，应该说，近几年来，为了在全国范围内统一法规作了很大的努力，目前85%以上的州已经接受了示范法规。

当我们涉及县和市时，还面临其他一些问题。例如，像休斯敦这样的城市有很大的炼油厂，会产生某些危险物。而像芝加哥和纽约这样的城市需要有关高层建筑和人口稠密的专门法规和标准。加利福尼亚州也已决定不采用IBC法规，而决定继续以1997年统一建筑法为基础，作为2001年的加利福尼亚标准法规。

另一方面，常遭暴风雨的城镇也许会需要专门的暴风雨防护标准。因此，毫不奇怪，有些法规，迫于特殊的地理和人口需要，已经通过修改而逐步演变。图8.2显示了重叠交错的法规结构和管辖权限，它们可能在地方一级相遇。

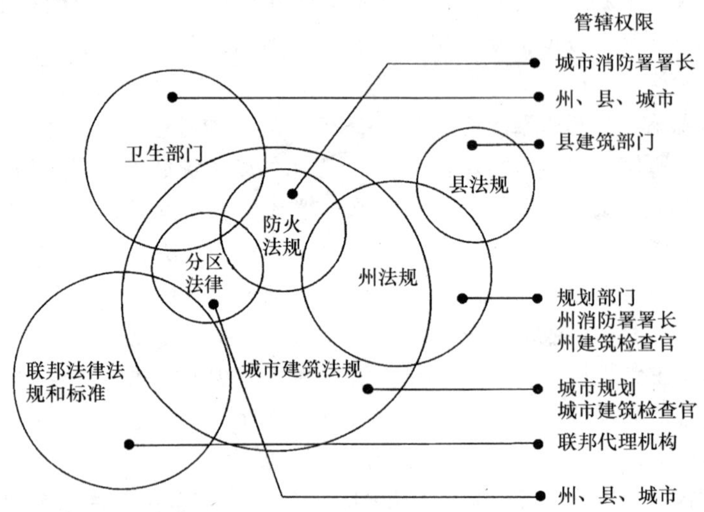

图8.2 现时管理状况的重叠交错法规结构图。[引自S·C·雷兹尼科夫（Reznikoff）的《商业用房室内细则》]

虽然9·11恐怖袭击和俄克拉何马事件还在影响着法规推行，但有一点已达成共识，强令建筑物能经受恐怖分子恣意策划的毁灭性撞击和火灾是不可行的。新的科学证据显示，对建筑物状况的详细分析正在被评估，建筑法规、火灾法规、紧急策划和应急程序日益受到重视。图8.3是一份检查表，表示工程项目是否符合法规。

几十年来建筑行业一直在大声疾呼，要求专门的统一的在全美国应用的建筑管理制度。1944年国际法规委员会（ICC）作为一个非营利组织成立起来，旨在制定一套专门的综合的和协调的全国性示范建筑法规。

示范法规组织

ICC（国际法规委员会）

按照ICC的任务说明，成立该组织旨在"通过一贯实行而有效的适用的能满足政府、行业和公众需要的规章条例，颁布一套综合协调的建筑环境管理制度。”通过材料研究、设计和建筑实践以及对建筑物和构筑物内人们的危害因素的科技应用状况而推进经济发展的同时，ICC的主要目标之一是保护公众健康、安全和幸福。ICC也通过只采用单独一家的有一贯性和协调性同时又一直符合国际联邦和地方层次要求的法规而寻求简化现存的建筑管理制度。

室内工程核对表

1. 确定按哪种法规要求

——建筑法和其他公布的法律

——标准和检测

——政府法规

——地方条规

2. 居住要求

——确定房屋分类类型

——计算居住负荷

——复查专门的房屋要求

——对比法规和检修要求

3. 最小类型建筑

——确定施工类型

——确定结构构件的定额

——计算最大建筑面积（如需要时）

——计算建筑高度

——检查所有实施的标准

4. 出口通道要求

——确定每处出口通道的数目和类型

——计算移动距离

——计算最小宽度

——确定所要求的标志系统

——对比法规和检修要求

——检查所有执行的标准

5. 防火要求

——确定挡烟火墙

——确定穿透式开口防护法

——复查防火测试类型和等级要求

——对比法规和检修要求

——检查所有执行的标准

6. 消防要求

——确定自动烟火警报装置

——确定自动灭火装置

——复查可用的消防喷洒器协调情况

7. 复查管道工程要求

——确定所需固定装置类型

——计算每种所需固定装置的数量

——对比法规和检修要求

——同工程师协调（需要时）

8. 复查机械要求

——确定通道和净空要求

——标出分区和恒温装置的位置

——确定配气系统的类型

——检查相应检修状况

——同工程师协调（需要时）

9. 复查电气要求

——确定电源插座开关和设备安装的位置

——确定应急电源和照明要求

——确定通信要求的类型

——检查相应检修状况

——同工程师协调（需要时）

10. 家具装修要求

——复查测试和所需规格的类型

——确定专门装修标准

——确定专门家具标准

——对比法规和检修要求

——检查所有执行的标准

注：无论何时有问题可咨询权威的管辖部门。

图 8.3　用于确定一般法规执行情况的总核查表。[引自S·K·哈曼（Harman）和K·G·肯农（Kennon）的《室内法规手册》]

把现存的各个法规组织的努力协同起来，制定一套统一的法规，好处甚多。它不但会促使建成更安全、更适用和更坚固的房屋，而且还会在整个美国使执法的官员、建筑师和其他设计专业人员工作起来有一套统一的连贯的标准和规范。此外，还会使制造商集中精力进行研究开发，使得他们在国内外销售自己的产品时更具竞争力。ICC 在 2000 年迈出了一大步，出版了它们的第一套法规：国际建筑法规（IBC）——一套统一的在全国范围内采用的法规。在 IBC 法规推广流行时，现存的地区和本地示范法规有望被逐步停止使用。

ICC 是在三家主要的示范法规组织的支持下成立的，他们是：

- 建筑官员和法规管理人员国际联合会（BOCA）
- 国际建筑官员联合会（ICBO）
- 南部建筑法规国际联合会（SBCCI）

[美国建筑官员联合会（CABO）也在 1998 年加入了 ICC]

自从 20 世纪初期以来，成立了 ICC 的这三家主要的非营利示范法规组织已经在全美提供了不同的几套供采用的示范法规。虽然那些地区制定的法规一直有效，且配合了国家的需要，但制定一套统一的法规的时机已经成熟。今天，绝大多数（97%）采用建筑和安全法规的城市、县和州正在使用由国际法规协会和其成员单位出版的文献。和其先行者一样，IBC 将每 3 年加以更新，并逐步替代现存的示范法规。BOCA、ICBO 和 SBCCI 业已同意把他们各自的组织合并成一个示范法规组织，这将形成统一的对国际法规恰当的解释，培训和其他业务的立场。下面是一些主要的赞成采用国际建筑法规的全国性组织的部分名单：

- 美国联邦应急管理处（FEMA）
- 美国住房和城市发展部（HUD）
- 美国建筑师学会（AIA）
- 美国建筑设计协会（AIBD）
- 美国规划协会（APA）
- 房产主和管理员协会（BOMA）
- 商业和住房安全协会（IBHS）
- 全国公寓协会（NAA）
- 全国住房建筑者协会（NAHB）
- 全国多层房屋协会（NMHC）

ICC 国际法规的影响继续扩大。近来，国际法规至少已经在 37 个州的部分地区以及哥伦比亚特区、波多黎各和美国海军部被采用。

ICC 业已制定和出版了许多可行的有关建筑节约能源、防火、燃气、机械、管道安装、住宅、房地产维护、私人污水处理与排放、分区和电气法规管理规定等出版物以及 ICC 建筑和设施施行法规。所有上述法规都是综合性的，且彼此相关联。

BOCA（建筑官员和法规管理人员国际联合会）

建筑官员和法规管理人员（BOCA）示范法规一般在美国东部被采用。BOCA在1938年合并而成，是美国资格最老的建筑法律官员专业协会。正如前面所说，它也是国际法规协会的共同创始人。这个组织曾制定了一套供美国和全世界使用的统一的示范管理法规。BOCA是为了提供一个有关建筑安全、建筑管理信息和专业技能交流的论坛而特别成立的。BOCA现在完全支持ICC法规。

BOCA是示范法规的主要出版者之一，并且保存着收集到的一整套有关法规和法规实施的文字资料的国际资源，其中包括ICC国际法规和BOCA全美法规。BOCA陈述条例规则时，只要可能，总是用恰如其分的言辞而不是对资料刻板赘述。它还提倡引进能按国家标准进行检测和评估新建筑材料的方法。确定材料性能和建筑制度时，法规采用国家承认的标准作为评估最低安全限度的准绳。

ICBO（国际建筑官员联合会）

总部设在加利福尼亚惠蒂埃的ICBO成立于1922年。在1927年出版了它的第一版UBC《统一建筑法规》。ICBO的主要目标是公布、维护和推广《统一建筑法规》和它的相关文献。《统一建筑法规》主要应用于西海岸，但它也已经被译成多种语言，且在世界许多国家用作国家法规的根据。此外它已经成为美国陆、海、空三军的设计基础。

SBCCI（南部建筑法规国际联合会）

南部建筑法规国际联合会（SBCCI）是在1940年由政府官员们成立的非营利组织，其目的是制定和执行一套示范建筑法规，供地方管辖区使用。《标准建筑法规》（SBC）原为《南方标准建筑法规》实施起来有基础，它起先在1945年出版过。SBC应用于美国南部大部分地区。

总部设在亚拉巴马州伯明翰的南部建筑法规国际联合会（SBCCI）负责建筑法规的管理和实施，向政府部门和派出机构提供技术、教育和行政管理方面的支持。SBCCI也向其他建筑设计和建筑企业部门提供同样的支助。SBCCI于1994年同BOCA和ICBO一起成立国际法规委员会，该组织出版了一些国际法规。

CABO（美国建筑官员联合会）

第二次世界大战后出现了强烈的改革要求和用较统一的法规制度替代现行规章条例的呼声，这就导致成立了美国建筑官员联合会（CABO）。它是由三家全国认可的示范法规组织BOCA、ICBO和SBCCI于1972年共同创建的。它的明确目标是要在华盛顿特区建立起一条在建筑官员国会、联邦以及行业的组织之间的交流渠道。CABO 的《一两户住宅法规》就是 BOCA、SBCCI 和 NFPA 三家汇编的。《国际一两户住宅法规》(IOTFDC) 原先由 CABO 制定，但在 1996 年被引入 ICC。该法规是用于单、双户住宅建设的标准法规，该法规的最新版本（2000 年）已改名为《国际住宅法规》(IRC)。

对法规要求的全国统一性一直是 CABO 的一个主要目标。1998 年它加入了 ICC。CABO 成立了 BCMC（示范法规协调委员会），以提供一个论坛，使大家参与并提出建议，来消除三个示范法规同全国防火协会（NFPA）101 生命安全法规及其他全国性标准之间的矛盾。后来，CABO 制定了《国家评估服务办法》(NES)，作为一项全国性评估创新的建筑材料、产品和制度的规划。CABO 也制定了《建筑官员认证规划》以促进建筑法规实施专业化。

条规和标准汇编组织

概述

现有数以百计的编写和维护条规标准的组织，商贸协会、政府代理机构或标准编写组织构成了这些组织的大多数。除了被司法部门接受的一项特殊法规中规定的以外，这些标准和法规不同，没有法律效力。在制定一项许多法规可接受实行并被采用的参照标准时，建筑标准作为建筑师们可贵的设计指南而起作用。当规定一项标准时，随之要求制定标准的组织的缩写首字母和标准编号，例如：NFPA101 就是《生命安全法规》，它提出了对新的和现有建筑物的最低要求，以保护房屋居住人免受烟、火灾和有毒气体侵害。这些对空间规划者和设计者最重要和最有关的组织是：

- 美国国家标准协会（ANSI)：1918 年，作为美国工程标准委员会由 5 家工程学会和 3 个政府代理机构共同组成，旨在制止浪费、复制以及在非官方的标准制定活动中引起的矛盾冲突和对标准可接受性的误解。该组织是一家致力于美国标准的私营的、非营利的、非政府的编汇中心，它负责协调制定标准的各组织共同努力并提供评估制定标准的必要性的方法以及保证合格的组织承担标准制定工作。

  就室内设计者和空间规划者来说，最重要的全国性条规就是 ANSIA117-1，它是最易接受的在全美通用的准则之一，其最新版本是和 ICC 及通行委员会（Access Board）共同制定的，并经过修改以便同 ADAAG 准则更加衔接。

  ANSI 的使命是“通过提高，促进和保护非官方的标准化制度的完整性来强化美国全球竞争性和美国生活方式。”此外，ANSI 主张把其标准作为美国国家标准并提供信息资料，和世界标准接轨，它也是世界主导标准组织中包括国际标准化组织（ISO）的正式美国代表。它提供和负责管理在美国制定标准的惟一被承认的系统。
- 美国采暖制冷和空调工程师协会（ASHRAE)，一个其分会遍布全世界的国际性组织。它的惟一目标就是为公众利益推广采暖、通风、空调和制冷的科学技术。协会中，由 75 位专业人员组成的技术学会是于 1894 年作为美国采暖和通风工程师学会成立的，为的是处理出现的制冷技术问题。另一群技术人员和工业家在 1904 年成立了美国制冷工程师学会。这两个学会协同工作，并随着空调的发展，他们于 1959 年合并，改名为 ASHRAE。

ASHRAE 提出的目标是编写“其专业领域内的标准和准则，以便指导为公众提供产品和服务的行业。”ASHRAE 标准和准则包括检测和分类的标准方法、要点，并详细说明设计和安装设备的首选程序以及提供其他行业指导的情报信息。此外，ASHRAE“还为住户舒适、建筑委托和建筑自动化控制网络详细说明制定设计标准。”

美国联邦政府已经批准 ASHRAE 标准 90-1 作为建筑能源法规的最低标准。所有的联邦政府建筑物必须遵从 90-1 能源规定。这涉及照明、建筑机械制度、水暖和建筑围护结构，包括隔热、隔声、墙体和窗户。

- 国际 ASTM（以前称之为美国检测和材料学会），是世界上最大的非官方的标准制定组织之一。它是一个非营利组织，成立于 1898 年。现今，它为具有国际认可质量和适用性的材料、产品、制度、服务制定及出版非官方的统一标准提供一个全球论坛。全美和加拿大的建筑法规通过参照业已采用了大部分 ASTM 国际标准作为检测规程的源点、确定材料和建筑物可接受的质量的依据。
- NSSN。起先，NSSN 是《美国国家标准制度网络》的首字母组合。随着在性质上变成了全球性，名称就改成了 NSSN。它的主要使命是向广大支持者传播标准信息并起着便捷信息库的作用。由于全球商业逐渐形成有组织地做生意，通过技术解决，便于进入国外市场就变得很重要了。基本上，NSSN——一个供全球应用的国家标准正在变成世界性网站，它拥有最多的正在制定的和业已批准的全国、地区以及国际的标准的综合资料及管理文献的数据库。它的主要目标是在推行重大的标准化的世界舞台上成为提供技术资料和情报的领导者。
- 美国防火协会（NFPA），一个自 1896 年以来向公众提供防火、用电和人身安全知识的世界性领导组织。NFPA 在 1930 年扩大合并成一个非营利性国际组织，其宗旨是“在世界范围内提供、提倡科学的公认的法规和标准，通过研究、培训和教育，从而减轻火灾和其他影响生活质量的事故带来的世界性负担。”他们的检测要求范围是综合性的，从门窗到灭火设备和通道设计方式。NFPA 通过全面的、公开一致的过程已经出版了 300 多项法规和标准，而且新的 NFPA5000 法规不使用标准的团体名称，它和国际法规对立并存，因此各个行政管辖区将不得不选择自己要实施的法规。
- 美国保险商实验室（UL），成立于 1894 年。UL 实质上是一个认可产品的检测代理机构。UL 在全世界设立和经营实验室，负责检测和审查设备、系统和材料，以确定它们的性能，它们和生活、火灾、伤亡事故以及预防犯罪的关系（图 8.4）。UL 的调研结果在全世界得到公认。

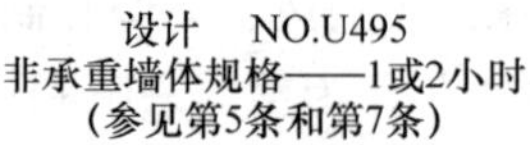

设计　NO.U495
非承重墙体规格——1或2小时
（参见第5条和第7条）

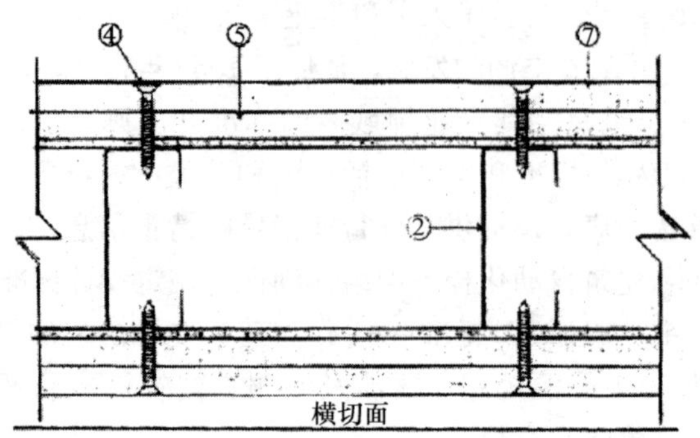

1. 地面和顶棚横龙骨——（未显示）——槽形横龙骨，3-8/8 英寸宽（至少），1-1/4 英寸支柱，用 NO. 25MSG（至少）镀锌钢构成，用紧固件连接到地面和顶上，在中心间距 24 英寸（最大）。
2. 钢立筋——槽形钢 3-5/8 英寸宽（至少），1-1/4 英寸支柱，3/8 英寸返折转延侧面，用 NO. 25MSG（至少）镀锌钢构成，在中心最大间距 24 英寸。
3. 沥青质叶岩和绝热毡层——（任选，未显示）——用矿棉或玻璃纤维部分或全部填充筋中空。

   参见沥青质叶岩和绝热毡层类（BZJZ）分类公司名称。
4. 螺钉——S 型自攻螺钉 1-1/4 或 2 英寸长（1 小时）和 2-1/2 英寸长（2 小时）。
5. 建筑单元——供 1 小时规格——正常 5/8 或 3/4 英寸厚，4 英尺宽，内墙中空用石膏墙板，光面朝上，用螺钉固定于壁骨上、地面及顶棚横龙骨上。沿嵌板边缘，在中心间距 8 英寸，嵌板内中心间距 12 英寸，纵向接缝，在组装件的反面接缝交错进行。

   总电器公司

   硅酮产品部——型号 Core Guard

   国家石膏公司——型号，Gold Bond Fire-shield，型号 X

   高冲力墙板或 Gold Bond Fire-shield，型号 X Kal-Kore

   高冲力抹灰底层
6. 粘缝带和合成物——（未显示）用乙烯，干的或预拌连续合成物，给接缝和螺钉头施加两层 2 英寸宽纸带，埋置在所有接缝上的第一层合成物中。
7. 墙板、石膏——按 2 小时标准——任何类型均为 5/8 英寸厚（至少），4 英尺宽。墙板应用于建筑单元外墙上（第 5 项），墙板要竖向，接缝 24 英寸交错，并用中心间距 8 英寸螺钉固定于立筋、地面及顶棚横龙骨上。

   参见墙板、石膏（CKNX）类制造商名称。

* 带有 UL 分类标志

图 8.4　UL 耐火组件样品检测

规章

概述

各种联邦机构和部门都和行业协会、私营公司以及普通民众协作以制定联邦建筑法律。联邦代理机构也采用规则和规章去实施国会通过的法律。这些规章经常是取代或补充地方性法规的全国性法令，各个联邦代理机构都是它自身的在联邦规章中（CFR）影响工程项目的建筑规章的政府机构：

- 通行委员会（Access Board）（以前叫“建筑和运输设障管理委员会”）。国会于1968年制定“建筑设障条例”（ABA），以便残疾人能完全进入联邦各种设施。ABA成了法律。几年后，国会决定成立一个中心机构以执行ABA，并在1973年制定了“建筑和运输设障管理委员会（ATBCB）”，后来又改名为“通行委员会”。

  这个委员会是一个独立的联邦管理机构，负责保证某些自1969年9月以来用联邦资金设计、建造、租用或改造的设施，符合在ABA框架下订出的标准。委员会订出了使用准则，用作执行ABA标准的依据。其最终准则，也叫“可接受的设计的最低准则和要求”，用作行使的设计标准的依据，公布于1984年，有了“1998年的康复修正条例”，要求联邦机构购买易于使用的电子和情报技术，但在会引起“不应有的负担”的地方例外。
- 美国能源部（DOE）。“1997能源部条例”，把主要的联邦能源职责合并成一个内阁级的机构，即“能源部”（DOE）。从1977年开始，能源部的工作重点已经转变，因为人民的需要已经改变。DOE的主要目标是通过协调和行使联邦政府的能源职能，为综合和平衡的国家能源计划提供框架。
- 美国环境保护局（EPA）。EPA是在1970年根据国会保护人类健康及维护自然环境、国土、空气和水源的法令而建立的。它为各种环境规划，为派到州和部族负责颁发许可证及监督执行的代表制定了国家标准，它确定的目标是“组织和采取行动，促使人类活动同支持、养育生命的自然规律之间的和谐均衡”。它也寻求极力减少或消除不管在空气或水域还是在固体废物、噪声、放射和有毒物质方面的污染。这一任务要通过科研、监督、建立和执行标准等活动去完成。
- 联邦应急管理局（FEMA）。它是按总统的行政命令于1979年建立的，旨在协助处理各种从自然灾害到核战争的紧急事件。该局和“美国本土安全局”协同行动。
- 美国总务管理局（GSA）。它是在1949年按照“联邦财产和行政服务法令”建立的。其目的是“最有效地通过提供高档工作场所、专家解决和获取服务及管理策略以协助联邦机构更好地服务公众”。
- 美国住房和城市发展部（HUD）。它是在1965年由国会通过建立的，但它的历史可追溯到1934年的“国家住房法”。HUD是主要的联邦机构，负责有关住房和社区发展、住房机遇均等以及改善、改革全国的社区规划。1998 年国会批准了公共住房改革，以减小种族和收入差异，能让更多的劳动家庭享用公共住房。

- 美国标准和技术协会（NIST），原先作为“全国标准局”成立于 1901 年，后来改名为 NIST。NIST 提出的目标是要在发展技术和提高产品质量、产量、信赖度的过程中支持工业以及推动新科技产品的迅速商业化。NIST 设有好几个部门负责实施其目标。
- 美国职业安全和健康署（OSHA）。1970 年国会通过了“职业安全和健康法”以保护劳动者。OSHA 的使命是通过对建筑物和人们工作的室内工程的设计管理保证在美国有安全健康的工作场所。这些条规针对职业健康和安全，并配合其他法规及标准共同执行。OSHA 是美国劳动部的一个分支机构。

全国性组织

概况

有许多全国性组织，它们支持制定法规和标准的单位。这些单位对法规制定很必要，但它们本身却不直接对其制定的法规负责。有两家这样的组织，是“全国州建筑法规和标准联合会（NCSBCS）”及“全国建筑科学学会”。

- 全国州建筑法规和标准联合会（NCSBCS），是一个非赢利组织，成立于 1967 年，旨在美国国内加强公共安全和维护建筑法规的影响力。NCSBCS 的主要目标是促进各州之间的合作，协调政府间对建筑法规及标准的改革。此外，NCSBCS 还向州建筑管理部门提供多方面的技术资料和其他服务。
- 全国建筑科学学会（NIBS），这是一个非政府的、非赢利的组织，它依照国会法令成立于 1974 年。主要宗旨在于改善建筑管理环境、传播国家认可的技术、管理信息情报，以便在建筑过程中协助引用、吸收新的以及现有的产品和技术，并在政府和私营部门间起联络作用。

房屋要求、分类及荷载

大部分法规对防火防烟要求是根据房屋的分类情况。房屋分类是指一个建筑物或室内空间的使用类型，例如家居、办公室、学校、餐馆。居住负荷是一个术语，用来详细说明建筑法规设定将要占用一个特定的建筑物或其中一部分的人口数量。居住负载计算是根据这样的假定：某些类型的房屋具有更大的人口密度，现有的条文应该恰当地反映这一点。

例如，同一地区的剧院比办公室要求更多的出口，以便安全疏散。图8.5就是“标准

表 1003.1 最低居住负载

用途	每个居住者面积 2.3（平方英尺）
不带座位的集合场所	
集中的（除了别的，还包括礼堂、教堂、舞池、寄宿舍、检阅台、体育场）	7 净
等候处空间	3 净
非集中的（除了别的，还包括会议室、展览室、体育馆、客厅、滑冰场、舞台、站台）	15 净
带固定座位的集合场所	注 1
保龄球场，每个球房可容 5 人，包括 15 英尺的走道和此表列出的其他相应空间	7 净
商业区	100 毛
不带固定座位的法庭	40 净
带固定座位的法庭	注 1
教育（包括用于 12 年级以上教育场所）	
教室面积	20 净
商店和其他业务用面积	50 净
工业用面积	100 毛
公共机构	
供睡眠用面积	120 毛
住院治疗及有关使用面积	240 毛
门诊用面积	100 毛
住房面积	120 毛
图书馆	
阅览室	50 净
书库面积	100 毛
林荫大道	地块 413
商业用	
向公众开放的地下室和有坡度的楼层	30 毛
向公众开放的其他楼层面积	60 毛
不向公众开放的堆放、贮存、装运面积	300 毛
停车库	200 毛
住宅	200 毛
餐馆（没有固定座位）	15 净
餐馆（有固定座位）	注 1
机械堆放面积	300 毛

国际制：1 平方英尺＝0.0929 米^2

注：

1. 安装固定座位的面积的居住负载要由固定座位数量来确定。没有隔离扶手的座位容积应为每 18 英寸（457 毫米）一人。分隔间则每 24 英寸（610 毫米）一人。
2. 毛量和净量建筑面积的定义参见 202。
3. 建筑物的建筑面积的居住负载要依据建筑物的具体的房屋分类来计算。存在混合性房屋的地方，每一房屋面积的居住负载应按具体房屋情况来计算。

图 8.5　是表示最低居住负载的《标准建筑法规（SBC）表 1003.1》。其他法规也有类似图。（经许可从 1999SBC 上复制）

建筑法规（SBC）”中的一种图表，其他建筑法规也有相同的图表。NBC 采用表 1008.12，“每个居住者的最大建筑面积限额”；UBC 则采用表 33A，“居住者最低出口要表”。应该注意，有些负载因素在总平方英尺中描述过，其他则见之于净平方英尺。

用于确定房屋负载的公式是：房屋负载＝建筑面积（平方英尺）÷居住系数。因此，作特定用途的室内空间的平方英尺面积是按法规中的房屋用途除以居住负载系数。在 UBC 中，居住负载系数在图 8.6 里有详细说明，这个表格描述了出口通道要求，提供了两个出口和无障碍通道。

居住负载系数有助于确定某个空间和建筑物所要求的居住负载，其范围低至接待室每人 3 平方英尺到堆放场地高达每人 500 平方英尺。为了评估现有的目标要求，这些数字意味着平均一个人占有的平方英尺数量，它列在表格中的居住负载系数栏内。要确定居住负载，常常假定建筑物的各部分将同时被占用，在一座建筑物或建筑面积提供多种用途的地方，居住负载是由反映最大人口密度的用途决定的。

房屋类型

房屋是指建筑物或室内空间的使用类型。例如住宅、写字楼、商店或学校。任何建筑或空间必须进行住房分类，而且确定房屋类别是制定法规过程中的一个重要部分。房屋分类的真正理念是，某些建筑类型的使用比另外的风险更大。例如，一座容纳数百人的大剧院比独户住宅更危险。

根据空间里发生的活动，存在的相关等级的危害性和预定的在任何特定时间里占用空间的人员数量，法规出版物把房屋分成不同类别。图 8.7 给出了房屋分类的简要对比。典范法规常用的十大最普通的房屋分类为：

1. 集合场所
2. 业务用
3. 教育用
4. 工厂和工业用
5. 有危害性的
6. 机关单位
7. 商业用
8. 住宅用
9. 堆放贮存
10. 公用设施和其他

表 10. A——最低出口通道要求[1]

用途[2]	除了住户所需的电梯外，至少两个出口	居住负载系数（平方英尺）×0.0929＝米²
1. 飞机棚（完好）	10	500
2. 拍卖室	30	7
3. 集合场所，集中使用（无固定座位）	50	7
礼堂		
教堂和小教堂		
舞池		
集体使用房屋的门廊		
寄宿房间		
检阅台		
体育场		
等候场地	50	3
4. 集合场所，较少集中使用	50	15
会议室		
餐厅		
酒店		
展览室		
体育馆		
门厅		
舞台		
5. 保龄球房（假定球道无居住负载）	50	4
6. 幼儿之家和老年之家	6	80
7. 教室	50	20
8. 集合住所	10	200
9. 法庭	50	40
10. 集体宿舍	10	50
11. 寓所	10	300
12. 健身房	50	50
13. 车库、停车场	30	200
14. 医院和疗养院——保健中心	10	80
托儿所		
卧室	6	80
治疗室	10	80

（续）

表 10. A——最低出口通道要求（续）

用途[2]	除了住户所需的电梯外，至少两个出口	居住负载系数[3]（平方英尺）×0.0929＝米²
15. 旅馆和公寓	10	200
16. 厨房——商务	30	200
17. 图书馆阅览室	50	50
18. 衣物间	30	50
19. 林荫道（参见第 4 章）	—	—
20. 生产场地	30	200
21. 机械设备间	30	300
22. 托儿所（日托）	7	35
23. 办公室	30	100
24. 学校商店和业务室	50	50
25. 溜冰场	50	池面 50 平台 15
26. 堆放贮藏室	30	300
27. 商店——零售室		
地下室和底层	50	30
楼上	50	60
28. 游泳池	50	池面 50 平台 15
29. 仓库	30	500
30. 所有其他	50	100

1. 供残疾人的建筑物应提供进入和外出通道，详见第十一章。
2. 附加条款有关从 H 组和 I 组房屋以及从内有油料点火设备或硝酸纤维的房间的外出通道数量分别参见 1018、1019 和 1020 节。
3. 此表不用于确定每人的工作空间要求。
4. 按 5 人用的每个保龄球房的居住负载，包括走道 15 英尺（4572 毫米）。

图 8.6　UBC 出口通道要求。（经“国际建筑官员协会”许可，从 1994 年版的《统一建筑法规技术手册》复制）

房屋分类对比

I. C. C 国际建筑法规	B. O. C. A 美国建筑法规	S. B. C. C 标准建筑法规	I. C. B. O 统一建筑法规	N. F. P. A 人身安全法规
A-1 集合场所、剧院（固定座位） A-2 集合场所、食品和饮料消费 A-3 集合场所、宗教、娱乐、休闲 A-4 集合场所、室内体育活动 A-5 集合场所、室外活动	A-1 集合场所、剧院等（带舞台） A-2 集合场所、公共场所，无舞台 A-3 集合场所、娱乐、休闲 A-4 集合场所、宗教场所 A-5 集合场所、室外	A-1 集合场所、大而带工作台 O. L≥700 A-1 集合场所、大不带工作台 O. L≥1000 A-2 集合场所小、带工作台，O. L≥100<700 A-2 集合场所小、不带工作台，O. L≥100<1000	A-1 集合场所、有舞台，O. L≥1000 A-2 集合场所、有舞台，O. L<1000 A-2-1 集合场所、无舞台，O. L≥300 A-3 集合场所、无舞台，O. L<300 A-4 集合场所、体育场、检阅台、露天游乐场	A-A 集合场所 O. L>1000 A-B 集合场所 O. L>300≤1000 A-C 集合场所 O. L≥50≤300
B 业务	B 业务	B 业务	B 业务	B 业务
E 教育（包括某些日托幼儿园）	E 教育	E 教育	E-1 教育 O. L≥50 E-2 教育 O. L<50 E-3 教育、日托幼儿园	E 教育
F-1 工厂和工业中等危害 F-2 工厂和工业低危害	F-1 工厂和工业中等危害 F-2 工厂和工业低危害	F 工厂——工业	F-1 工厂和工业中等危害 F-2 工厂和工业低危害	I-A 工业，一般 I-B 工业，特种 I-C 工业，高危害
H-1 危害的爆炸、危害 H-2 危害的、爆燃危害或速燃 H-3 危害的、自然或易燃危害 H-4 危害的、身体危害 H-5 危害的、危害性生产材料（HPM）	H-1 高危害、爆炸危害 H-2 高危害、爆燃危害或速燃 H-3 高危害、自然或易燃危害 H-4 高危害、身体危害	H-1 危害的爆炸、危害 H-2 危害的、爆燃危害或速燃 H-3 危害的、自然或易燃危害 H-4 危害的、身体危害	H-1 危害的、高性能炸药 H-2 危害的、速燃或中等性能炸药 H-3 危害性、高火险或自然危害 H-4 危害的、汽车修理厂 H-5 危害的、飞机修理、机库 H-6 危害的、危害性生产材料（HPM） H-7 危害的、身体危害	（如 I 组所包括的）

图 8.7 图表综合了“国际建筑法规（IBC）”、“BOCA 美国建筑法规（NBC）”、“标准建筑法规（SBC）”、“统一建筑法规（UBC）”和“人身安全法规（LSC）”上的资料。上述组织并不对此表的准确性和完整性承担责任。[引自 S·K·哈曼（Harman）和 K·G·（Kennon）肯农的《室内法规手册》]

I. C. C. **国际建筑法规**	**B. O. C. A.** **美国建筑法规**	**S. B. C. C.** **标准建筑法规**	**I. C. B. O.** **统一建筑法规**	**N. F. P. A.** **人身安全法规**
I-1 公用的、监管的个人护理 O. L>16 I-2 公用的、健康护理 I-3 公用的、有限制的 I-4 公用的、日间护理场所	I-1 公用的、家庭康复所和集体宿舍 I-2 公用的、健康护理 I-3 公用的、有限制的	I-U 公用的、无限制的 I-R 公用的、有限制的	I-1-1 公用的、健康护理、永久性的 I-1-2 公用的、健康护理、非永久性的 I-2 公用的、家庭康复所和集体宿舍 I-3 公用的、有限制的	D-I 拘留/感化所，自由出口 D-II 拘留/感化所，分区出口 D-III 拘留/感化所，分区有障碍出口 D-IV 拘留/感化所，有障碍出口 D-V 拘留/感化所，被控制的 H 健康护理 DC 日间护理
M 商业的	M 商业的	M 商业的	M 商业的	M-A 商业的>3级或>30000平方英尺 M-B 商业的、楼层高于或低于分级标准，或>3000 ≤ 30000平方英尺 M-C 商业的、一层和≤3000
R-1 居住的、暂时性 R-2 居住的、多户居住单元 R-3 居住的、一两户居住单元 R-4 居住的、护理和公助居住场所 O. L>5≤16	R-1 居住的、旅馆、公路旅馆、供膳食的寄宿舍 R-2 居住的、多户居住单元 R-3 居住的、多户、一户或两户居住单元 R-4 居住的、独立的一两户住所	R-1 居住的、多户居住场所、暂时的 R-2 居住的、多户居住场所、永久的 R-3 居住的、幼儿园、一两户住所 R-4 居住的、护理和公助居住场所	R-1 居住的、旅馆、公寓等 O. L>10 R-2 未用过的 R-3 居住的住所、出租宿舍等 O. L≤10	R-A 居住的、旅馆、公路旅馆、宿舍 R-B 居住的、公寓 R-C 居住的、寄宿或出租宿舍 R-D 居住的、一两户住所 R-E 居住的、食宿和照理场所
S-1 贮放场所、中等危害 S-2 贮放场所、低危害	S-1 贮放场所、中等危害 S-2 贮放场所、低危害	S-1 贮放场所、中等危害 S-2 贮放场所、低危害	S-1 贮放场所、中等危害 S-2 贮放场所、低危害 S-3 贮放场所、汽车修理厂	S 堆放场
U 公用设施及其他	U 公用设施及其他	特殊房屋	U-1 公用设施、私人汽车库、停车场、货棚等 U-2 公用设施、围栏超过 6′-0″、蓄水池、水塔等	特殊建筑和高层建筑物

图 8.7　（续前）图表综合了“国际建筑法规（IBC）”、“BOCA 美国建筑法规（NBC）”、“标准建筑法规（SBC）”、“统一建筑法规（UBC）”和“人身安全法规（LSC）”上的资料。上述组织并不对此表的准确性和完整性承担责任。[引自 S·K·哈曼（Harman）和 K·G·肯农的《室内法规手册》]

按建筑类型分类

建筑类型表示构件的耐火性能，诸如，防火界墙、楼梯、电梯围栏、内外承重和非承重墙、柱子、升降井围栏、防烟隔板、地板、顶棚和屋顶。耐火率是根据一个建筑构件在受到火焰、高温和炽热气体的不良影响前的耐火小时数量。

所有的建筑物都被分成五或六类建筑中之一。图 8.8 是根据不同的法规对各种类别进行比较：1 型建筑物具有最高的耐火率，通常为 2～4 小时；5 型建筑物（在 SBCCI 法规里为 6 型）只有最低耐火率，通常为木架构筑。

建筑类型比较

B. O. C. A. 美国建筑法规	S. B. C. C. 标准建筑法规	I. C. B. O. 统一建筑法规	I. C. C. 国际建筑法规	N. F. P. A. NFPA220 标准
IA 型 有防护的	I 型	I 型 耐火的	IA 型 有防护的	I（443）
IB 型	II 型		IB 型 无防护的	I（332）
2A 型 有防护的	IV 型 一小时防护	II 型 耐火的	IIA 型 有防护的	II（222）
2B 型	IV 型 无防护的	II 型 一小时防护	IIB 型 无防护的	II（111）
2C 型 无防护的		II 型 无耐火性		II（000）
3A 型 有防护的	V 型 一小时防护	III 型 一小时防护	IIIA 型 有防护的	III（211）
3B 型 无防护的	V 型 无防护的	III 型 无耐火性	IIIB 型 无防护的	III（200）
4 型 耐火木结构	III 型 耐火木结构	IV 型 耐火木结构	IV 型 耐火木结构	IV（2HH） 耐火木结构
5A 型 有防护的	VI 型 一小时防护	V 型 一小时防护	VA 型 有防护的	V（111）
5B 型 无防护的	VI 型 无防护的	V 型 无耐火性	VA 型 无防护的	V（000）

图 8.8 所示图表系 BOCA、SBCCI、ICBO、ICC 和 NFPA“建筑类型对照”表。（引自 S·K·哈曼和 K·G·肯农的《室内法规手册》）

就室内设计和空间规划者说来，最要紧的一个建筑构件通常是内墙，尽管其他构件也会起作用。普遍认为的四种基本的不易燃烧的材料是铁、钢、水泥和砖石。相反，易燃材料是那些会着火的和火焰熄灭后还会继续燃烧的材料。因此，在一个新的或现存的空间内作业时，了解建筑类型以确保最大的容许面积不超标是很重要的。

建筑法规附件

建筑法规通常都有相伴的支配建筑其他方面的附加法规和标准（电力法规除外），它们通常由出版样本建筑法规的同一单位出版。例如《国际法规协会》也出版“国际机械法规”（IMC）和“国际管道法规”（IPC）。由“美国防火协会”（NFPA）出版的“美国国家电力法规（NEC）”是在美国通用的主要电力法规。ICC 于 2000 年出版了“ICC 电力法规——管理规定（IEC）”。

示范法规经常采用由行业协会、政府机构和标准起草机构制定的产业标准，例如“美国检测和材料学会（ASTM）”、“美国国家标准学会（ANSI）”和“美国国家防火协会（NFPA）”。建筑法规参考引用了这些标准的名称、编号和最新修改本的日期，而当一个法规被政府当局所接受，就成了法律。

此外，可能有些地方当局执行能源保护法规、卫生和医院法规、易燃织物管理条例以及管理建筑和装修的法规。

检测评定和耐火材料及装修

大致上所有法规的 75%是处理火灾和人身安全问题的，而防火法规的首要目标就是把大火限制在原发处以减少其蔓延和防止闪燃。要做到这一点，建筑法规中提到的所有准用的材料和建筑装备都要求按标准化程序进行评定。对某项装备的确定是通过试运转情况和测试其耐火性能来进行评定，对建筑材料和建筑装备有几百种标准化测试方法。

任何经过审定的检测实验室只要遵循标准化程序都可以承担对建筑材料的检测。“美国试验与材料学会（ASTM）”、“美国国家防火协会（NFPA）”、“美国保险商实验所（UL）”同“美国国家标准学会（ANSI）”协同一致，它们是人所共知的最好的组织，已经制定了大量的标准化测试和测试程序。

检测类型：对室内设计构件的材料的防火测试基本上分两大类。

1. 评估施工装备防烟火从一个空间到另一个空间扩延的能力的测试；
2. 评估装修材料的易燃性的测试（图 8.9）。

最常用于第一类的测试是 ASTM E119，即“建筑结构防火试验的检测方法”。类似的试验还有 ANSI/UL263，NFPA251 和 UBC 标准 43-1，ASTM E119 评估和检测一个装备的

一般试验名称	标准名称/数量	评估类型
墙角试验（应用于装修）	NFPA 265 UBC 42-2 NBC “房间/墙角防火试验” SBC “评估因纺织品墙面装修材料引发房间着火的标准检测方法”	通过或失败
（装饰材料）	NFPA 286	分级
钢筋网	NFA 267 ASTM E 1590 CAL 129	分级
	FF 4-72	通过或失败
皮尔（Pill）试验	DOC FF1-70 DOC FF2-70	通过或失败
辐射板试验	ASTM E 648 NFPA 253 NBS IR75-950	分级
抗冒烟试验（应用于装修）	NFPA 260（以前是 260A） CAL 116 ASTM 1353	通过或失败
（实体模型）	NFPA 261（以前是 260B） CAL 117 ASTM 1352	分级
烟浓度试验	ASTM E 662 NFPA 258	分级
斯坦纳（Steiner）地道试验	ASTM E 84 NFPA 255 UL 723 保险商实验室建筑材料防火试验 或 UL 992	分级
毒性试验	LC 50 皮茨试验	分级
座位装饰试验（全部）	NFPA 266 CAL 133 ASTM 1537 UL 1056	通过或失败
（小规模）	NFPA 272（以前是 264A） ASTM 1474	分级
纵向火焰试验	NFPA 701 ASTM D 6413	通过或失败

注：

1. 由于房屋和其在建筑物中的位置，某个管辖区会要求上表中某一数字。
2. 可能还有别的试验和试验名称上表中未列入，但对某一管辖区是特需的。

图 8.9 试验综合表。（引自 S·K·哈曼和 K·G·肯农的《室内法规手册》）

阻止火灾和保持结构完整的性能。

“斯坦纳（Steiner）地道试验（ASTM E-84）”是用于确定建筑材料的表面燃烧特性的主要试验，其结果就是一种材料同玻璃纤维增强混凝土板（所定任意率为0）和红栎木地板材料（指定任意率为100）相对比的火焰扩延率。

“辐射板试验（ASTM E 648、NFPA 253、NBS IR75-950）”评估室内地板装修，并以每平方厘米为单位来进行测量，数字越大，材料抗火焰扩延性越强。

另一项试验是关于地毯易燃性的，叫做六亚甲基四胺皮尔（Pill）试验。在美国生产的所有供销售的地毯都要求做这项试验，从而对固体材料着火冒烟和不着火冒烟（闷火）进行测量。

“烟浓度试验（NFPA 258、ASTM E 662）”则确定一种固体材料是否能阻止火或烟以及它的冒烟量。这种试验从0～800测出光密度，许多法规要求装修材料的冒烟等级为450或更小些。

“纵向火焰试验（NFPA 701、ASTM D 6413）”通常用于纵向处理物，例如帘子、帷幔、遮光窗帘、挂毯和墙帷，这些东西遮盖的面积并不特别大，在这种情况下，也许还要求作斯坦纳（Steiner）地道试验。任何两面露于空气中的纵向装修都被认为是一种纵向处理，纵向火焰试验包括NFPA 701和ASTM D 6413。

在墙上或顶棚上使用起绒的、簇饰的、环状的织物或有地毯的地方，必须进行“墙角试验”（这个名称可能各个法规不一样）。这种试验有助于评估室内装修材料的等级，这种材料会增加着火的可能性（包括热和烟），促使包括气体在内的制品燃烧并引起火灾向原发地点以外蔓延。

“抗闪燃试验”，亦称“香烟燃烧试验”，用于分析一种饰面材料的抗闪燃性。这种试验主要通过对各种织物和饰面材料（NFPA 260、ASTM 1353、CAL 116）以及家具实模（NFPA 261、ASTM 1352、CAL 117）的检测来确定家具装修的可燃性。

材料和装饰面的分级和耐火标准：材料接受一项标准试验后，它就依据其在试验中的性能被进行分级评估。以ASTM E 84试验为例，材料依其被测火焰扩延特性被划入三组中的一组。这三组和它们的火焰扩延指数列表如下，一级是最耐火的。

级别	火焰扩延指数
I（A）	0～25
II（B）	26～75
III（C）	76～100

有关墙体和顶棚装饰面的A、B、C分级名称被用于“人身安全法规（LSC）”和“标准建筑法规（SBC）”，它们直接和I、II、III分级名称相对应，而被用于“美国国家建筑法规（NBC）”和“统一建筑法规（UBC）”。有时，当自动喷水消防系统被采用时，建筑法规将允许对装修材料的级别要求降一级，然而，这一点不可应用于某些关键性地区，如在某些

封闭式纵向出口通道或在某种房屋内。某些城市和州（如波士顿、加利福尼亚、马萨诸塞、新泽西和纽约市及纽约州）都有它们自己的消防法规，这些法规甚至比 LSC 要严格得多。

按照 ASTM E 119 对施工装备的试验作出的评估是按照时间而定的，也就是说，要看一项装备能耐火多久，保持其结构完整性多久或者两者兼有。试验评估一项施工装备的性能是指该装备的保护面的温度升高情况、起烟量、穿透装备的气体或火焰以及装备置身火中的结构性能。这些评估为 1 小时、2 小时、3 小时和 4 小时；20 分钟、30 分钟和 45 分钟评估也适用于门和其他开口装置。室内设计者和空间规划者必须注意的装备包括防火墙、防火分隔墙、竖井式围栏（如楼梯出口和电梯）、地板（顶棚）结构以及门和耐火等级玻璃镶嵌等。

建筑法规通常有许多表格，它们规定了符合各种按小时评估的建筑类型。因此，当一项建筑法规提出要求在出口通道和相邻住户空间之间有 1 小时等级的隔断装置时，设计者就应该选择并详细说明一项相应的 1 小时结构要求的设计。

出口通道方式

出口是建筑法规最重要的要求之一，它基本上由三个主要类型组成：出口引道、出口和出口疏散（图 8.10）。

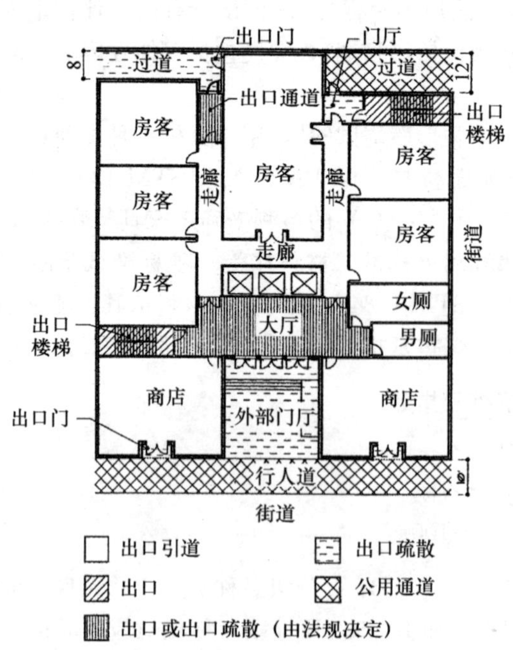

图 8.10 常见出口通道的建筑样品。(引自 S·K·哈曼和 K·G·肯农的《室内法规手册》)

出口安排

法规对出口安排有详细说明。它们彼此应该尽可能远地隔开，以便一旦一个出口在紧急状态下被堵塞，其他的仍然能到达。（图 8.11）法规规定，要求两个或两个以上出口，必须隔开一段距离配置，这一距离不少于建筑物内或要服务的地区内的最长对角线尺寸的 1/2 的长度，它由两个出口间的直线测出，这就叫做半对角线规则，如图 8.12 图解所示。

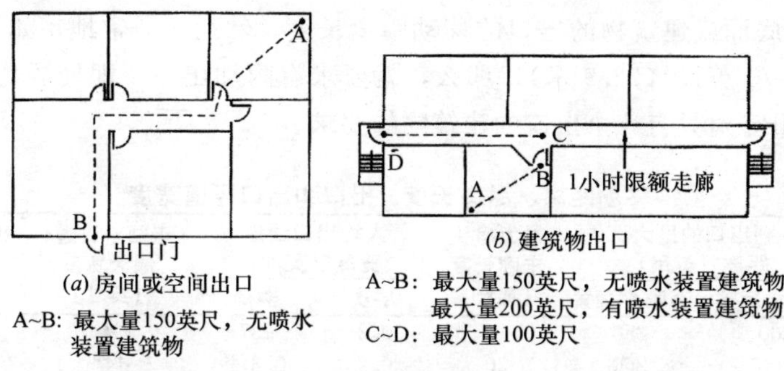

图 8.11　描述出口要求的最大的可接受距离。（引自戴维·K·巴拉斯特《室内设计参考手册》）

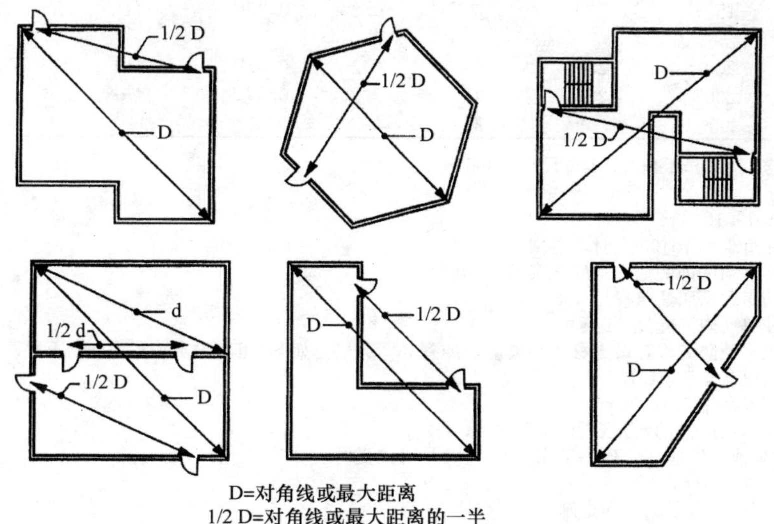

图 8.12　描绘了半对角线规则。（引自 S·K·哈曼和 K·G·肯农的《室内法规手册》）

最大移动距离

法规限定了在单一空间内到出口引道走廊的移动距离的长度，这叫做最大距离。在无喷水消防装置的建筑物内，它不能超过 200 英尺（61 米）；而在有喷水消防装置的建筑物内不超过 250 英尺（76.25 米）（图 8.13）。但这项规则也有例外，例如当移动距离的最后部分完全在 1 小时限额出口走廊范围之内。基本上法规把移动距离分成两种类型：第一类，指在单一空间内到出口引道走廊的移动距离的长度（亦称平常通道）；第二类规定在建筑物内从任何地方到底面或建筑物的出口的移动距离长度。然而，通常地，如果在住户空间内的移动距离超过 75 英尺（22.9 米），那么，就要求有附加出口，即使居住负载并不要求。图 8.14 概述了 IBC 对只有一个出口的建筑物的要求。

移动距离、尽头长度、出口和出口通道宽度

房屋分类	到出口的最大距离（英尺）		最大尽头走廊长度（英尺）	人均出口通道宽度（英寸）		走廊（过道）最大宽度（英寸）	出口门净空最小量（英寸）	楼梯最小宽度[10]（英寸）
	无喷水装置	有喷水装置		层次[12]	楼梯			
A组	200	250	20	0.2	0.37[14]	44[1,10]	32	44
B组	200	250	20	0.2	0.37[14]	44[10]	32	44
E组	200	250	20	0.2	0.37[14]	72[2]	32	44
F组	200	250[7]	20	0.2	0.37[14]	44[10]	32	44
H组	NP	100[13]	20	0.4	0.7	44[10]	32	44
I组 限制的	变异[11]	变异[11]	20	0.2	0.37[14]	48	32	44
I组 无限制的	150	200	20	0.2	0.37[14]	44[3]	36[9]	44
M组	200	250	20	0.2	0.37[14]	44[4,10]	32	44
R组	200	250	20[8]	0.2	0.37[14]	44[5,10]	32	44
S组	200[6]	250[6,7]	20	0.2	0.37[14]	44[10]	32	44

换算公式：1 英寸＝25.4 毫米；1 英尺＝0.305 米

注：

1. 参见 1019.10.2
2. 对居住负载小于 100 人时，可用 44 英寸
3. 在需要移动床铺的地方，应该提供 96 英寸。
4. 有顶的走廊商店建筑参见 413。
5. 在居住单元内，允许 36 英寸。
6. 如无喷水消防装置，最大移动距离应增加到 300 英尺。如 S2 组有喷水装置为 400 英尺。
7. 例外情况参见 1004.1.6
8. 例外情况参见 1026.1.1
9. 在需要移动床铺的地方要求 44 英寸。
10. 如楼梯或走廊居住负载小于 50，36 英寸是可接受的。
11. 参见 1024.2.6。
12. 适用于楼梯弯子、门和走廊。
13. 对 408 中界定的大功率机械的最大移动距离应为 100 英尺。
14. 楼梯有踏板深度 11 英寸或更大的梯级竖板高度最大量在 4～7 英寸之间时，用 0.3。

图 8.13 “标准建筑法规（SBC)”表 1004：移动距离、尽头长度、出口和出口通道宽度。（经允许，引自 1999 SBC，南部建筑法规国际联合会）

只有一个出口的建筑物

房屋	地平面上建筑物最大高度	每层最多居住者（或居住单元）和移动距离
A，B[d]，E，F，M，U	一层	50个居住者，移动距离75英尺
H-2，H-3	一层	3个居住者，移动距离25英尺
H-4，H-5，I，R	一层	10个居住者，移动距离75英尺
S[a]	一层	30个居住者，移动距离100英尺
B[b]，F，M，S[a]	两层	30个居住者，移动距离75英尺
R-2	两层[c]	4个居住单元，移动距离50英尺

换算公式：1英尺=304.8毫米

a. 对露天停车场建筑的出口要求数量参见1005.2.1.1

b. 对机场交通控制塔的出口数量要求参见412-1节

c. 按照903.3.1.1或903.3.1.2节全部配备自动喷水消防系统，按照1009节提供紧急出口和救助通路的被划分为R-2组的建筑物应有地面上3层的最大高度。

d. 按照903.3.1.1节的B组房屋全部配备自动喷水消防系统的建筑物应有100英尺的最大移动距离。

图8.14　"国际建筑法规（IBC）"一个出口的1005 2-2——建筑物表"经"国际法规联合会"允许"

通过邻近房间的出口

假如一个房间有直接的、无阻碍的通向出口走廊或其他出口的移动方法，只要不超过整个规定的最大移动距离，那么，法规通常允许它只有一个通过相邻或穿插的房间的出口。注意，路线不允许通过厨房、贮藏室、厕所、卫生间或类似用途的空间。和走廊一样要求建有1小时定额墙体的门厅、大厅和接待室通常被法规归类为穿插性房间，因此允许它们作为出口。

出口宽度

对地面或空间的居住负载的确定，其得出的数字乘以按法规提出的特定的宽度变量，对出口楼梯采用0.3的宽度变量，对平面出口的居住负载乘以0.2以确定所需要宽度。按照大多数法规，以英寸表示的出口为最低总宽度，宽度的确定对于楼梯是用居住负载乘以0.3，对其他出口则乘以0.2，这个总宽度必须由单个出口大致均分。

走廊旨在从一个房间或空间向建筑物的出口或另一个核定的出口通道（如楼梯）提供一个安全外出的方式。在需要两个出口的地方，走廊的安排要允许同时从两个方向向一个出口移动，万一有一个通道被堵塞，居住者仍然能够从另一个预备的通道逃出。在示范法规里，只有一个出口的走不通的走廊的长度被限制于最大为20英尺。一条走廊的最小宽度（按英尺计）由其所承担的居住负载再乘以0.2来确定。在走廊承担居住负载50或更大的地方，最低宽度必须不小于44英寸（1.12米），如居住负载小于50，最低宽度为36英寸（0.91米）。一条走廊的宽度必须保证通畅无阻，但扶手和全开式门可以凸出最大总量7英寸（17.8厘米）。在某些房屋中，如教育和社团类建筑中，法规可能会要求设计更宽的走廊。

通常，在R-1和I类房屋里，居住负载为10或更大时，在其他房屋中，居住负载为30或更大时，走廊构筑必须为1小时限额走廊，必须通过顶棚延伸到定额楼层或屋顶以上，除非整个楼层都是1小时限额的。在管道贯穿耐火限额走廊的地方必须提供防火门，此门在发现高温或浓烟时会自动关闭，以便阻止火焰通过。

门及其组成部分（门、门框、小五金和门道或墙体开口）法规都有规定，而且取决于它们所在墙体的防火等级。其他门类装置也许包含的组件比上面列出的四大组成部分更多。下面是一些较常用的门窗类型：

规定防火等级门	规定防火等级窗
• 通道门	• 间接采光窗
• 双拉门	• 玻璃窗
• 传送系统门	• 双悬窗
• 滑运门	• 固定窗
• 两截式门	• 玻璃块窗
• 折叠门	• 铰链窗
• 卷扬门	• 旋转窗
• 横拉门	• 侧窗
• 旋转门	• 天窗
• 卷动钢门	• 倾斜窗
• 服务台式门	• 气窗

- 双开式弹簧门
- 竖拉门
- 观察板条窗

出口通道门通常应该为侧铰链门：出口门应该朝外旋开，即朝向出口通道。安装在一小时防火额定的走廊里的门也应该额定，即至少有20分钟的额定。门的装置应包括审定的在门四周的控制烟雾和通风的封闭器，门应该通过闭门器自身关闭或用烟雾探测器自动关闭。IBC要求防火等级门通过正压试验加以检测。此外，门和门框必须刻有检测代理机构认证标志，例如“保险商实验所（UL)”。图8.15表示不同的防火等级门的分类。

防火等级门分类

小时额定	等级	门的类型	门框类型	用途
20分钟	无	木质或中空金属	木质或中空金属	隔墙上的1小时走廊门
3/4小时	C	木质或中空金属	中空金属	1小时走廊门和出口通道门
1小时	B	中空金属	中空金属	低层建筑楼梯和疏散走廊
3/2小时	B	中空金属	中空金属	楼梯2小时竖井式
3小时	A	中空金属	中空金属	3或4小时墙

图8.15　防火等级门分类。（引自戴维·K·巴拉斯特的《室内设计参考手册》）

楼梯有各种类型，包括直行、曲线、斜踏步螺旋、剪式等等。大多数楼梯类型出于某种安全考虑，如房屋分类、居住者数量、楼梯用途和踏板尺寸等。在限定条件下，要得到法规准许，所有楼梯必须符合特定的法规和检修要求。

出口楼梯应该有足够宽度，可容两人在移动通道上并肩下楼而不会突然跌倒。楼梯在某种程度上也应该符合特定法规和检修要求，采用和房屋建筑类型相适应的材料。示范法规通常要求楼梯踏步高度不超过12英尺，就要有一个中间平台，而且还须在顶部和底部各有一个平台。一般说，新楼梯要求有至小44英寸宽度，11英寸踏板深度，最大踏步竖板高度7英寸（图8.16a、8.16b)。扶手和护栏同样也有规定。

电梯，无论是载客还是载货的，通常不容许考虑用作出口通道，在任何出口要求中都是被排除在外的。然而，在某些情况下，电梯可以被考虑用作出口。在这种情况下，它必须配有备用电源，并必须遵守紧急操作和信号设置规则。

自动扶梯、自动人行道和电梯一样，通常不允许用作出口通道，因此在评估出口中也应予以考虑，尽管也许会有某些例外情况。

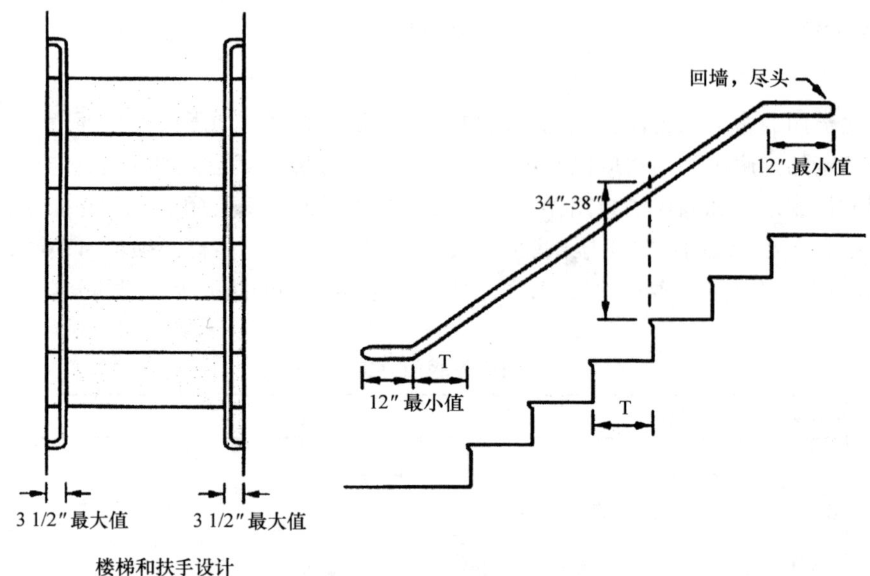

图 8.16a 对楼梯和扶手的法规要求。(引自戴维・K・巴拉斯特的《室内设计参考手册》)

防火系统

室内防火法规的制定旨在保护房屋居住者，使他们在火灾中有时间撤离，并为消防人员及设备提供进入通道。统计显示，房屋着火时，烟和有毒气体是致死的主要原因。若无阻挡，烟和火会迅速纵横蔓延，这就是为什么要采取行动防止此种现象发生的原因，因为控制烟火是事关生命安全的大事，所以在法规中有几方面涉及到防止烟火扩散。法规和标准对用于修建房屋的材料提出了严格要求。根据建筑物的分类，1 小时耐火限额，普遍用于建筑物的构件，包括墙体和地板设置（图 8.17）。法规其他部分则对室内所有建筑材料提出了限制，从门窗到管道设施、电线和铅管工程，法规和标准也规定了室内装修和家具。

能让预防系统在建筑物内控制烟火扩散的重要方法是通过采用分隔理念，亦即在建筑物内创造独立区。这些区域由限额材料通过其耐火性（取决于所用材料）反过来阻止火灾快速向建筑物的其他部分扩散。除了规定建筑物或空间内的材料外，法规通常要求旨在促进防火安全的不同系统成为建筑物的整个生命安全和防火战略的基本部分。这样的系统有四大类。

预防系统

预防系统的设置是为了禁火防火（例如墙体、地板和顶棚一类的烟火隔离物；门、窗

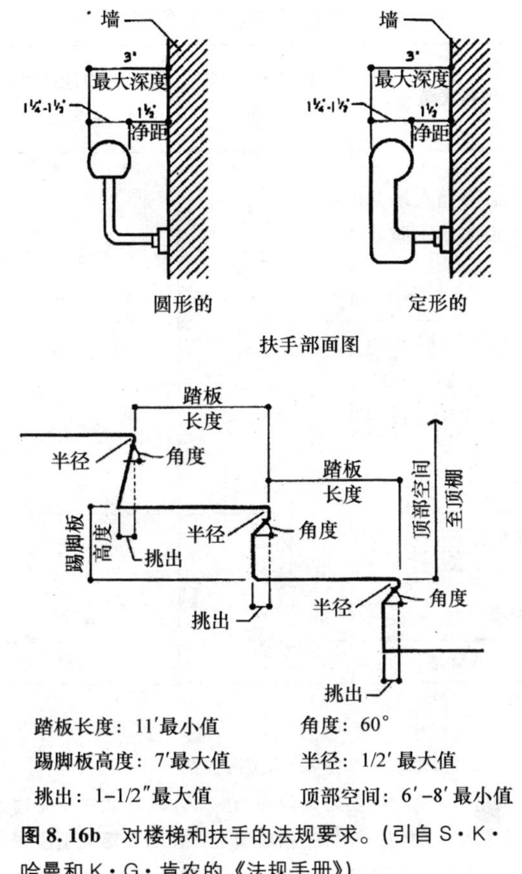

图 8.16b　对楼梯和扶手的法规要求。(引自 S·K·哈曼和 K·G·肯农的《法规手册》)

和挡火物一类的开口和穿透防护手段以及通风调节系统)。挡火墙是防火的主要手段，由防火额定的建筑部件组成。挡火墙主要分三大类：

1. 防火墙（也叫共享隔墙），具有最高的防火等级，通常作为建筑外壳的一部分而修建。
2. 防火分隔墙用来“隔离那些在同一座建筑物里的分类不同的房屋的地区”，且通常具有一两小时防火等级的性能。走廊墙通常同样需要防火等级，因为它们构成出口通道的一部分。其他经常要求防火等级的挡火系统包括住户隔离墙、横向出口和纵向井式围墙。
3. 地板（顶棚）设置同墙体、隔墙相同。对地板（顶棚）设置和楼层（屋顶）设置的防火额定由建筑物的结构分类及设置周围的墙体来决定。

防护性开口防火等级

设备类型	所装设备的额定（小时）	最小开口的防护设备（小时）
防火墙和挡火墙具有要求的耐火限额大于1小时	4 3 2 3/2	3 3[b] 3/2 3/2
1小时耐火限额建筑的挡火墙： 竖井式和出口围墙 其他挡火墙	 1 1	 1 3/4
防火隔墙： 外出引道走廊 围墙	 1 1/2	 1/3[a] 1/3[a]
其他防火隔墙	1	3/4

注：

a. 关于试验要求，参看714页第22节。

b. 两扇门，每扇门的防火限额为3/2小时，装在一个建筑物分隔墙上的同一开口的相对墙上，在防火等级上应视为和3小时的防火门相等。

图8.17 IBC 714-2表——防护性开口防火等级。(经国际法规联合会允许)

探测系统

探测系统由各种给住户和消防人员报警的装置组成（例如烟雾探测器和火警预报器）。大多数法规要求把烟雾探测器装进火警系统里。烟雾探测器对探测未产生足够热度以启动自动喷水消防系统的闷火特别有效。火警预报系统由人工或自动启用，它们必须非常醒目，装在应急出口的自然通道里。音响装置和触手可及的报警系统同样在别的环境里也有必要，例如，一些房屋和建筑形式就需要一个和火警系统连在一起的音响装置。同样，ADAAG要求：当法规要求在公共或商业建筑里有应急警报系统时，它就应该是既听得见，又看得清的。

灭火系统

灭火系统包括灭火方法和控制措施（例如灭火器、救火皮带和自动喷水系统）。自动喷水器是阻止火势的最普通的灭火系统，基本上分四类：

1. 最普通的湿管系统。
2. 用于不热空间防结冰的干管式消防喷水系统。
3. 人工喷泉系统，即喷射泡沫控制烈火的头部闭合的泡沫系统。
4. 火警预报机械装置系统，它结合湿、干两种系统，普遍用于房地产等所有怕水的地方。

自动喷水消防系统的安装通常和报警系统在一起，实际上，现今的高层建筑都要求安装。NFPA 13：自动喷水消防系统的安装标准是法规有关自动喷水器要求参考最多的依据。

灭火器是便携式的，不要求靠近管道线路。灭火器可以安装在墙面上，或者存放在凹进的壁柜内。消防水管和水带通常在建筑物修建期间就安装好了。

出口系统

出口系统便于撤离外出（包括信号标志和应急照明）。值得注意的是“美国残疾人通行准则”（ADAAG）和其他通行标准就防火而言并不起什么重要作用，尽管许多耐火构件（如防火门）仍要求符合通行要求。

其他问题

出口照明

由于各个行政管辖区有轻微差异的规定，因而我们必须回顾一下实施中的地方法规。如果发生停电，必须有充分的照明以供建筑物内居民撤离，这通常在地层上发出1英尺烛光。在有两个或两个以上出口的地方，要求有出口照明（有时亦称之为应急照明）。一般说，在使用中的建筑物里疏散出口通道要求有人工照明，但对家居房屋说来，有些例外。在所有的出口和走廊、过道、楼梯转弯处、通道以及门厅应有出口照明和出口标志，它们必须设置好，照明好，以便居住者安全走出建筑物。在防火额定的顶棚和墙体设置中，只有某些类型的灯光装置才允许使用。

玻璃应用

法规规定在有危害的地方，如门道、透明护墙板和人们可能偶然要行经门窗玻璃的地方，要求用安全玻璃（钢化夹丝或夹层玻璃）。通常在室内使用核定的分级玻璃材料的地方是走廊墙体、房间隔断和防烟挡板中。当玻璃产品用于防火额定墙上时，假如总面积不超过它所分隔的房间的墙体面积的25%，它们必须符合NFPA 257要求（图8.18）。防火额定玻璃基本上有三种类型：

1. 夹丝玻璃，由夹在两层玻璃间的金属网格而成。夹丝玻璃经常用作透明护墙板、保护楼梯围栏、防烟挡板以及防火门。
2. 玻璃砖块通常有45分钟的耐火等级，但新产品已有60～90分钟等级性能。
3. 防火额定的玻璃包括新产品，如钢化玻璃、隔热玻璃和多层夹层玻璃，多层夹层玻璃是作为夹丝玻璃开发出来的替代物。这些新材料给规划者和办公系统的制造商提供了新的潜在的使用前景，使其可能使用更大片的玻璃。

当法规规定一个防火等级窗户装置时，它应该含有刻划在玻璃上的永久性标记，保证其防火等级（图8.18）。

管道系统

管道和机械法规是处理有关保健福利方面的问题，而不是生命安全的问题。起初，主要法规组织出版各自的管道和机械法规，接着“国际法规协会”（ICC）于1997年出版了第一部《国际管道法规》（IPC），又于1998年出版了“国际机械法规”。这些法规现在都在使用中。示范法规都很详细地说明应该如何设计管道系统或机械系统。管道法规还详述了根据房屋类型要求的卫生器皿的数量。虽然规划师参与了初期规划（图8.19），但通常在大的

室内防火等级门和玻璃

等级	耐火额定	位置和用途	玻璃允许尺寸		
			面积	高度	宽度
A	3小时（其他）	防火墙分隔建筑或建筑物内各防火区 3—4小时防火墙	无规定	无规定	无规定
B	3/2小时（HM） 1小时（其他）	竖井和围栏，如楼梯井、电梯和垃圾装卸槽 2小时防火墙	100英寸	33英寸	10-12英寸*
B	1小时	低层建筑中的竖井和疏散走廊 1—3/2小时防火墙	100英寸	33英寸	10-12英寸*
C	3/4小时	出口引道走廊和出口走廊 1小时防火墙	1296英寸	54英寸	54英寸
N/A	20分钟 （1/3小时）	出口引道走廊和房间隔断 1小时防火墙	无限制	无限制	无限制

* 最终尺寸依所用法规版本而定。

图8.18 室内防火等级门和玻璃。（引自S·K·哈曼和K·G·肯农的《室内法规手册》）

表 403.1 管道设备的最低数量[a]（参看 403.2 和 403.3 节）

<table>
<tr><th colspan="2" rowspan="2">房屋</th><th colspan="2">厕所（参看 419.2 节）</th><th rowspan="2">盥洗室</th><th rowspan="2">浴缸
(淋浴)</th><th rowspan="2">喷泉或饮用
自来水
(参看 410.1 节)</th><th rowspan="2">其他</th></tr>
<tr><th>男</th><th>女</th></tr>
<tr><td rowspan="8">设置</td><td>夜总会</td><td>1 每 40 人</td><td>1 每 40 人</td><td>1 每 75 人</td><td>—</td><td>1 每 500 人</td><td>1 洗涤槽</td></tr>
<tr><td>餐馆</td><td>1 每 75 人</td><td>1 每 75 人</td><td>1 每 200 人</td><td>—</td><td>1 每 500 人</td><td>1 洗涤槽</td></tr>
<tr><td>剧院、大厅、博物馆等</td><td>1 每 125 人</td><td>1 每 65 人</td><td>1 每 200 人</td><td>—</td><td>1 每 500 人</td><td>1 洗涤槽</td></tr>
<tr><td>露天剧场、表演场（3000 座位以下）</td><td>1 每 75 人</td><td>1 每 40 人</td><td>1 每 150 人</td><td>—</td><td>1 每 1000 人</td><td>1 洗涤槽</td></tr>
<tr><td>露天剧场、表演场（3000 或 3000 以上座位）</td><td>1 每 120 人</td><td>1 每 60 人</td><td>男 1 每 200 人
女 1 每 150 人</td><td>—</td><td>1 每 1000 人</td><td>1 洗涤槽</td></tr>
<tr><td>教堂[b]</td><td>1 每 150 人</td><td>1 每 75 人</td><td>1 每 200 人</td><td>—</td><td>1 每 1000 人</td><td>1 洗涤槽</td></tr>
<tr><td>体育场（少于 3000 座位）、游泳池等</td><td>1 每 100 人</td><td>1 每 50 人</td><td>1 每 150 人</td><td>—</td><td>1 每 1000 人</td><td>1 洗涤槽</td></tr>
<tr><td>体育场（3000 或 3000 以上座位）</td><td>1 每 150 人</td><td>1 每 75 人</td><td>男 1 每 200 人
女 1 每 150 人</td><td>—</td><td>1 每 1000 人</td><td>1 洗涤槽</td></tr>
<tr><td colspan="2">事业（参看 403.2，403.4 和 403.5 节）</td><td colspan="2">1 每 50 人</td><td>1 每 50 人</td><td>—</td><td>1 每 100 人</td><td>1 洗涤槽</td></tr>
<tr><td colspan="2">教育</td><td colspan="2">1 每 50 人</td><td>1 每 50 人</td><td>—</td><td>1 每 100 人</td><td>1 洗涤槽</td></tr>
<tr><td colspan="2">工厂和工业</td><td colspan="2">1 每 100 人</td><td>1 每 100 人</td><td>(参看 411 节)</td><td>1 每 400 人</td><td>1 洗涤槽</td></tr>
<tr><td colspan="2">旅客车站和运输设施</td><td colspan="2">1 每 500 人</td><td>1 每 750 人</td><td>—</td><td>1 每 1000 人</td><td>1 洗涤槽</td></tr>
<tr><td rowspan="7">公共机关</td><td>家庭式疗养所</td><td colspan="2">1 每 10 人</td><td>1 每 10 人</td><td>1 每 8 人</td><td>1 每 100 人</td><td>1 洗涤槽</td></tr>
<tr><td>医院、流动疗养所病人[c]</td><td colspan="2">1 每个房间[d]</td><td>1 每个房间[d]</td><td>1 每 15 人</td><td>1 每 100 人</td><td>每层楼
1 洗涤槽</td></tr>
<tr><td>日间托儿所、疗养院、非流动疗养所病人等[c]</td><td colspan="2">1 每 15 人</td><td>1 每 15 人</td><td>1 每 15 人[c]</td><td>1 每 100 人</td><td>1 洗涤槽</td></tr>
<tr><td>雇员，而非家庭式疗养所[c]</td><td colspan="2">1 每 25 人</td><td>1 每 35 人</td><td>—</td><td>1 每 100 人</td><td>—</td></tr>
<tr><td>客人，而非家庭式疗养所</td><td colspan="2">1 每 75 人</td><td>1 每 100 人</td><td>—</td><td>1 每 500 人</td><td>—</td></tr>
<tr><td>监狱[c]</td><td colspan="2">1 每囚室</td><td>1 每囚室</td><td>1 每 15 人</td><td>1 每 100 人</td><td>1 洗涤槽</td></tr>
<tr><td>收容所、教养院等[c]</td><td colspan="2">1 每 15 人</td><td>1 每 15 人</td><td>1 每 15 人</td><td>1 每 100 人</td><td>1 洗涤槽</td></tr>
<tr><td colspan="2">商业（参看 403.2，403.4 和 403.5 节）</td><td colspan="2">1 每 500 人</td><td>1 每 750 人</td><td>—</td><td>1 每 1000 人</td><td>1 洗涤槽</td></tr>
<tr><td rowspan="5">住宅</td><td>旅馆、公路旅馆</td><td colspan="2">1 每个客房</td><td>1 每个客房</td><td>1 每个客房</td><td>—</td><td>1 洗涤槽</td></tr>
<tr><td>小旅馆</td><td colspan="2">1 每 10 人</td><td>1 每 10 人</td><td>1 每 8 人</td><td>1 每 100 人</td><td>1 洗涤槽</td></tr>
<tr><td>多户住宅</td><td colspan="2">1 每个居住单元</td><td>1 每个
居住单元</td><td>1 每个
居住单元</td><td>—</td><td>每个居住单元 1 个厨房洗涤槽、每 20 个居住单元 1 台自动洗衣机接户管</td></tr>
<tr><td>集体宿舍</td><td colspan="2">1 每 10 人</td><td>1 每 10 人</td><td>1 每 8 人</td><td>1 每 100 人</td><td>1 洗涤槽</td></tr>
<tr><td>一、两户住宅</td><td colspan="2">1 每个居住单元</td><td>1 每个
居住单元</td><td>1 每个
居住单元</td><td>—</td><td>每个居住单元 1 个厨房洗涤槽、每个居住单元 1 台自动洗衣机接户管[f]</td></tr>
<tr><td colspan="2">贮存场（参看 403.2，403.4 节）</td><td colspan="2">1 每 100 人</td><td>1 每 100 人</td><td>(参看 411 节)</td><td>1 每 1000 人</td><td>1 洗涤槽</td></tr>
</table>

a. 列出的安装数量是按 1 个安装量为所表示的人数的最低要求，即所示人数的分数形式，居住者的人数应由“国际建筑法规”来确定。

b. 属教堂所有或受其控制的邻近建筑物内的安装量，在教堂被占用期间应适用此表。

c. 雇员用的厕所设备应和住院病人用的分开。

d. 带一个厕所和一个洗漱间的单个住户的卫生间服务面积不超过两个相邻的病室是允许的，这样的房间从每个病室有直接通道，且具有私蔽性。

e. 对日托托儿所应最多要求一个澡盆。

f. 毗连一两户住所要求每 20 个居住单元有一个自动洗衣机接户管。

图 8.19 “国际管道法规”(IPC) 表 403.1——管道设置最低数量。(经国际法规联合会允许)

室内工程里满足要求是机械工程师和建筑师的责任。这些以及其他技术问题将在第十一章里详加讨论。

消声等级

示范建筑法规有时要求使用隔声手段以控制声音通过墙体和地板设置传播。而墙体和地板把住宅中的居住单元或客房彼此隔开，并同公共区隔开，隔声装置能极大地影响声音传播。防止或减少声音在空间中的传播与所用材料，它们的数量以及它们的刚度有关后者影响程度稍弱。法规通常详述了墙体的最低声音传播等级（STC）或地板冲击嘈声隔离层等级（IIC），这样就能设计好建筑细部以满足这些要求。音响问题将在第 11 章里详加讨论。

住宅出口

对住宅出口要求（独立住户单元和独户住宅）不像对商务建筑那样严格，法规通常有专为居住单元的附属分类，但有关此事的最佳法规仍为“国际住宅法规”（IRC），它是专门为一两户独立住房制定的。设计人员必须弄清何种法规适用于哪种特定工程。

IRC 要求每一住所有一扇符合规定的外用门，其最低尺寸为 3 英尺 6 英寸宽，6 英尺 8 英寸长。楼上的卧室通常要求有一个应急出口，它可以是个可开启的窗户，只要它离地面不超过 44 英寸。楼梯和转弯的尺寸也有规定，但不像商务建筑那么严格，通常在住宅楼梯和转弯处要求有一道扶手。

第九章

无障碍设计——美国残疾人条例要求

就提供给残疾人可通行的建筑环境来说，毫无疑问，美国处于世界领先地位。

最新两件有关通行设计的法令是“美国残疾人条例”（ADA）和“1988 公平住房修正条例”。后者把公平住房条例的无歧视保护扩大到残疾人和有家眷的人。

概述

ADA 是于 1990 年 7 月 26 日由乔治·布什总统签署生效的禁止歧视残疾人的联邦民法。英国有“残疾人区别法”（DDA），它仿效 ADA，在 1995 年 11 月正式生效。荷兰有“通行要求条例”，而欧盟则颁布了“欧洲通行手册”。

ADA 是一项范围广泛的法规，旨在使残疾人更易融入美国社会。现在所有的建筑物，不管是现存的还是新建的，必须遵守“美国残疾人条例”（某些例外情况以后论及）。而且因一些规章条例的修改以改进通道或使实体更容易遵守 ADA 准则，ADA 上的要求可能会有所变化。

当新的要求被提出时，就要启用正式程序：在提议最终决定前，征求公众意见。然后是政府专业部门审查。对现有要求的修订或新要求首先要作为提议加以公布并刊载在“联邦注册”上。ADA 由下列 5 个标题组成：

（标题 I）**雇用**

企业在招聘雇用各方面必须提供合理的条件以维护有残疾的人员的权利。合适的变化可以包括调整工作，变换工作岗位布局或改造设备；招聘方面可以包括申请步骤、雇用、工资、福利和其他各方面。健康检查受到高度制约。

（标题 II）**公共服务**

标题 II 的规定适用于州和当地政府提供的公共服务，包括公共学区、国家铁路客车公司、港口管理机构以及其他政府单位，不管它们是否吸纳了联邦资金。为了使提供的服务设施便于残疾人接近利用，新的和改建的建筑物都要求体现无障碍设计。此外对现有建筑的检修计划也需要调整改变以提高其现在的通行等级。

（标题 III）**公共设施**

法律有关这一部分主要适用于商业设施，禁止私人拥有和开办的商业拒绝向残疾人提供商品、信息或服务。所有新的和改建的商业设施要遵从标题 III 的规定要求，而且，它已经被纳入"美国残疾人条例通行准则"（ADAAG）。此准则是由"建筑和运输障碍设备委员会"（ATBCB 或"通行委员会"）制定的，然而，某些实体，诸如由宗教实体拥有和开办的设施、一两户独立住所、私家俱乐部以及某些政府机构可以不遵守 ADA 准则。

美国宪法说，美国有充分的信仰自由，国家不得干涉。这就是说，如果一个教堂开办了一所日间托儿所或私人学校，那么所占用的建筑物将不一定遵从 ADA 准则。但另一方面，一所私人住宅可以合法地被用作公用设施的场地，这样它就归属于 ADA 所定的 12 类场所之一，这样的情况例如一个专业办公机构设在私人住宅里。住宅被办公机构占用部分，按照 ADA 就被视为公共设施的一个场所，而且必须遵从 ADA 准则。

如 ADA 所指，一个公共设施的场所，它为私人所有，且牵涉到商业经营，因此，它至少属于下列 12 类情况之一：

- 住宿处：例如旅馆、小客栈（不包括房主自己居住的和租出的不到 5 间的房屋）；
- 提供食品和饮料的房屋：例如旅馆、小吃店和酒吧；
- 展览或娱乐场所：例如剧院、体育场以及音乐厅；
- 公共集会场所：例如大礼堂、会议中心和报告厅；
- 买卖或租赁场所：例如商店、面包房和购物中心；
- 服务性房屋：例如干洗店、旅行服务社、煤气站、律师事务所、医院、诊所；
- 用作特定的公共运输的车站：例如私营公司客车站和停车场；

- 公共陈列或收藏场所：例如博物馆、图书馆和美术馆；
- 娱乐场所：例如公园、动物园和露天游乐场；
- 教育场所：例如私有部分的教育机构；
- 社会服务中心机构：例如日托中心、老年设施和流浪人员收容所；
- 健身和娱乐场所：例如减肥温泉疗养地、体育馆和高尔夫球场。

新的建筑和对现有建筑的改造通常必须便于对残疾人开放。由于结构的、物理的或场地的限制，在技术上不可能完全开放的地方，也要尽最大可能提供开放通行。就现有设施说来，如果容易做到，应排除各种服务障碍。当一处现有的公共设施场所进行结构改变时，按 ADA 规定，必须遵从其准则。

(标题 IV) **电信**

这一部分是针对向广大民众提供服务的联邦管辖的电信公司和联邦资助的公共服务电视。向广大民众提供服务的电话公司必须向聋人及他们的装置利用电信设备（TTYS）提供中继服务。此外，专为听力障碍观众的闭路字幕信息也应该适用于公共服务信息。

(标题 V) **其他**

包括一项禁止强迫、威胁、报复残疾人或那些要援助残疾人维护自己在 ADA 中的权利的人的条文。

对空间规划者和设计人具有特别重要性的是 ADA 的标题 III 和标题 IV。美国司法部（DOJ）和美国交通运输部（DOT）在全美执行条例中制订了标题 III 和标题 IV 这部分以推动社会向残疾人更加开放。

可通行准则

对残疾人的开放原则的实现由 ADA 和其他适用的法规以及州、地方的条例所规定，基本上有 3 种有关开放通行的空间规划者和室内设计人最常采用的也应该熟悉的文件，这些是：

- ANSI A117-1 是由“美国国家标准学会”（ANSI）制定的，也是在美国应用的第一批开放通行的准则之一。ANSI A117-1（ICC）的最新版本是 1998 版本。它是和国际法规协会以及“通行委员会”共同制定的。此版经过修改，和 ADAAG 更加协调一致。

- 《美国残疾人通行准则》（ADAAG）是由美国“建筑和运输障碍设置委员会”（ATBCB 即通行委员会）作为 ADA 立法准则而制定的。它的基础是 1986 ANSI A117-1，但增加了附加要求后，它就变得比 ANSI 更严格了。“通行委员会”负责对 ADAAG 进行修订，最近正在致力于 ADAAG 的更新。
- “美国统一联邦通行标准”（UFAS）的基础是 1980ANSI 标准，主要通用于政府建筑物和接受联邦经济资助的组织。这些建筑物当前尚不要求遵守 ADA 要求。

虽然在它们之间不存在很多差异，但了解哪个文件适用现行的工程是很重要的。详细论述上面有关通行开放文件的所有规定超出本书的范畴。然而，本书辅以清晰的插图，讨论了相关问题，以帮助读者广泛理解和综览通行开放的规定要求。

ADA 规定，新的建筑和对现有设施的改建必须遵守 ADAAG，重要的是，在一个现有建筑里的租户空间被 ADA 认为是新建筑，应该遵守 ADAAG。对现有建筑的变更和改造所要求服从的规定有时是很复杂的。依照 ADA 中的标题 III，改建的房屋如果容易做到，应该使其开放通行。对标题 III 规则的解释是根据 21 种障碍排除例证表，这些障碍排除被认为是易于做到的。然而，当主要条件妨碍障碍排除时，那么，公用设置就必须通过变通的方式，如拆迁到可开放通行位置，以使其服务适用可行。

当前，州和地方政府仍可选择是否采用 ADA 残疾人通行准则（ADAAG）还是 1984 “统一联邦通行标准”（UFAS）。然而，ADAAG 并未阐明所有建筑类型，例如，住宅建筑、监狱和教养所就未涉及。这些由 UFAS 准则来规定。问题是 UFAS 作为设计标准正在选择分阶段逐步停止使用，有些联邦机构已经开始修改他们的规定以遵从 ADAAG，但电梯也不例外。

通行路线

ADAAG 把通行路线规定为“一条连续不断的、畅通无阻的连接一座建筑物或设施内所有可以到达的单元的通道”。这包括过道、走廊、门道、地面、楼梯、电梯和装好的净楼层。安全和无障碍通道对残疾人很重要，对提高他们的生活质量来说，扩大其活动范围至关重要。通行路线标准主要是为使用轮椅的人设计的，但它们也应该适合其他残疾的人使用。良好的标志设计和恰当的放置给模仿其形象的人指点方向是十分重要的，这些人包括在视觉、听觉和移动等方面残疾的人。移动距离，特别是给那些体弱或使用移动装置的人设计时也应该加以考虑。

适当的走廊宽度对有残疾或视力障碍的人的通行很重要。ADAAG 在有关进入和出口通道的条文中大加强调，而且清楚地描述了其长度、空间、照明标志和安全措施。例如，走廊最低理想宽度应为 42 英寸（1065 毫米），不超过 75 英尺（22.9 米）长。它们应该采用直接充分照明，以防止耀眼。墙体装修应该包括各种对比色以增加视觉敏锐性。图 9.1a 显示了笔直过道的最低宽度和长度要求。

构成通行路线一部分的开口应该不小于 32 英寸（815 毫米），供两把轮椅用的最低通道宽度为 60 英寸（1525 毫米）（如图 9.1b 所示）。如果一条通行路线小于 60 英寸（1525 毫米）宽，那么，每隔不超过 200 英尺（61 米）就必须提供至少为 60 英寸×60 英寸的通行空间。图 9.2 显示了在障碍物周围拐弯的情况下走廊的宽度要求。

ADAAG 规定，要求容纳一台固定轮椅的最小地面空间为 30 英寸（762 毫米）×48 英寸（1220 毫米），为移动方便起见，要求有直径 60 英寸（1525 毫米）的圆圈空间以供一台轮椅进行 180°的转动。在这样的场所也许就要提供一种丁字形的空间，如图 9.3 所示。

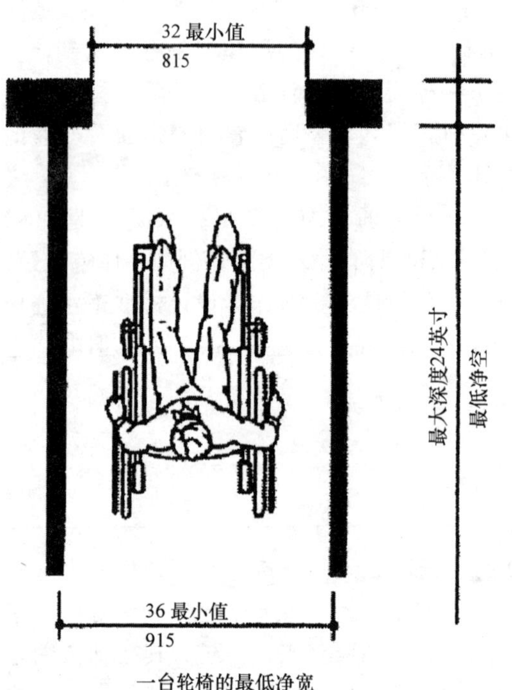

图 9.1a 直线过道的开口应不小于 32 英寸（815 毫米）宽。（引自“联邦管理法规 28”第一章第 36 节附录 A 图 1，7-1-94 版本）

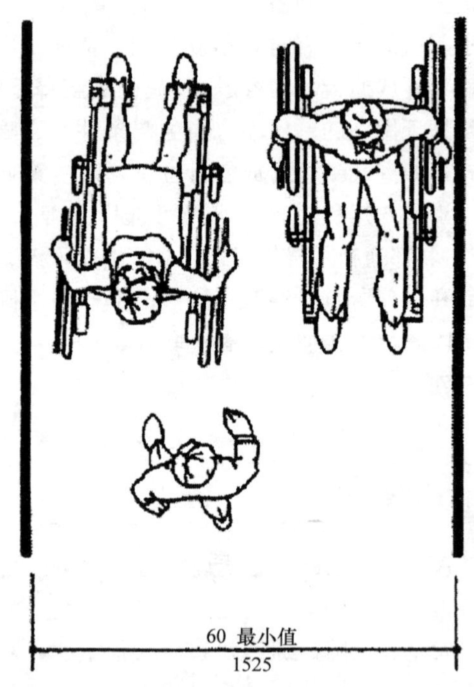

图 9.1b 当通行路线小于 60 英寸（1525 毫米）宽时，每隔不超过 200 英尺，即 61 米，就必须提供至少为60英寸×60英寸的通行空间。（引自 28CFR 第一章第 36 节附录 A 图 2，7-1-94 版本）

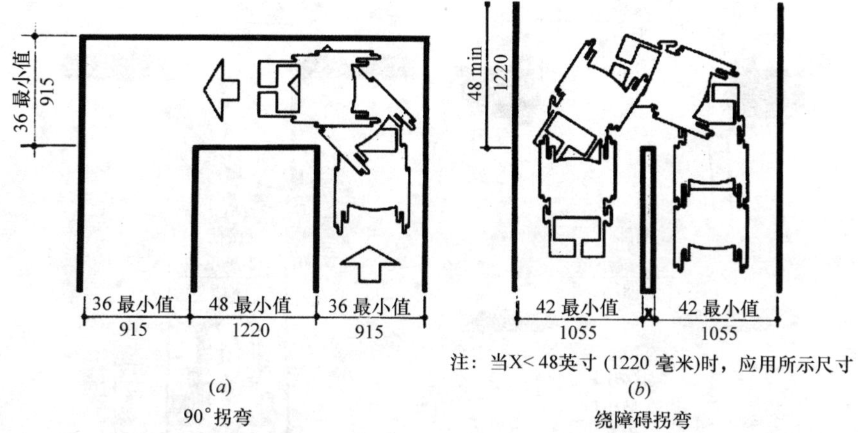

图 9.2 在绕障碍物拐弯的情况下，通行走廊要求的最低净宽。(引自 28CFR 第一章第 36 节附录 A 图 7a 和 7b，7-1-94 版本)

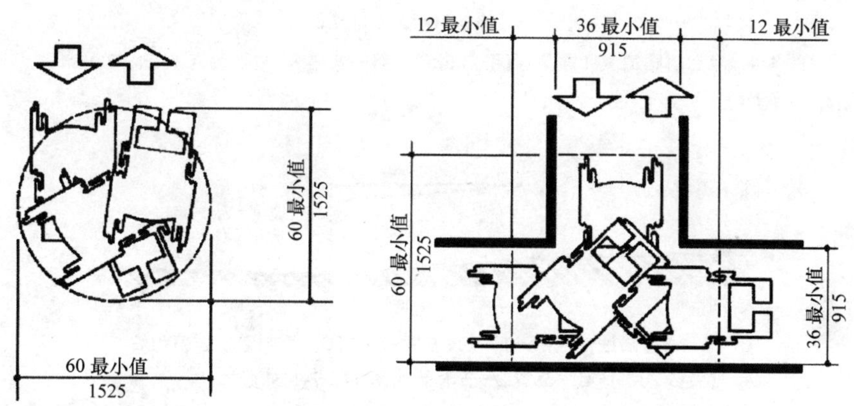

图 9.3 轮椅转动空间。(引自 28CFR 第一章第 36 节附录 A 图 3，7-1-94 版本)

门和门道

当一扇门以 90°角度打开时，此门应该有一个完全的开口宽度，在 32～36 英寸（815～915 毫米）之间。一条 32 英寸（815 毫米）宽的门道的最大深度为 24 英寸（610 毫米），如图 9.4 所示。如果深度超过此限，则其宽度应增至 36 英寸（915 毫米）。门槛高度不应超过 1/2英寸（12.7 毫米），且不应有任何急剧坡度或变化，应该是斜面的，因此，门槛坡度大于 1∶2，闭门器不应妨碍残疾人对门的使用。

一条通行路线的任一部分不应有超过 1∶20 的坡度［每 20 英寸（508 毫米）距离升高 1 英寸］。任何大于这个坡度的就归类为斜坡道，且必须满足不同的要求，包括提供扶手（图 9.5）。

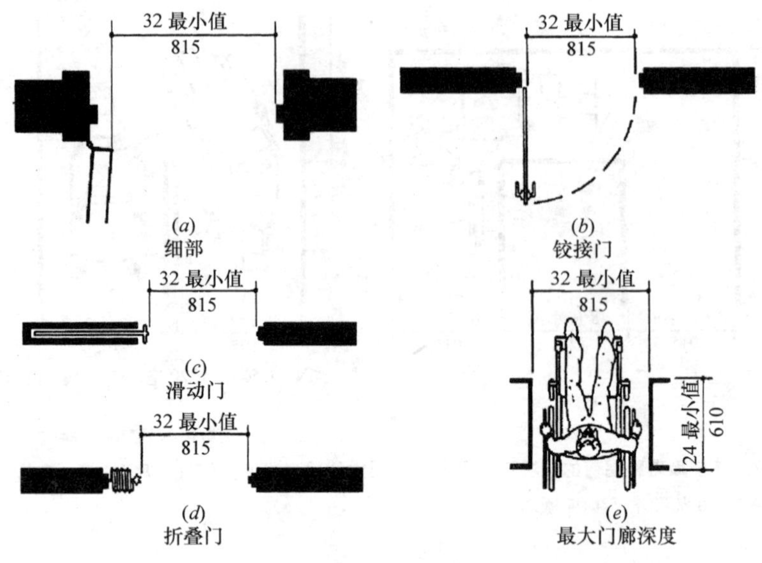

图 9.4 净空门廊宽度和深度。(引自 28CFR 第一章第 36 节附录 A 图 24，7-1-94 版本)

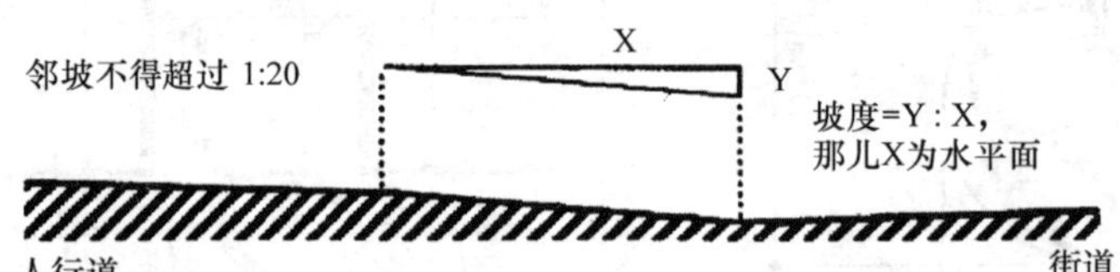

图 9.5 通行路线任何部分的最大坡度为 1：20，否则它就划归为坡道。(引自 28CFR 第一章第 36 节附录 A 图 11，7-1-94 版本)

在标准的弹簧门口（不是自动的或借助动力的）要求满足供轮椅活动的最低净空，以便轻易操作门锁，能自由旋动（图 9.6）。地板或地层面积应该平坦、无障碍，朝门开启的地方至少要有 5 英尺远的距离。当门口留有不合适的活动净空时，残疾人和使用轮椅的人会发现开门时非常难堪（图 9.7）。最理想的是，朝里开的单扇门的开启能通过留有朝门拉手一侧约 30 英寸（762 毫米）的无障碍的墙体空间进行，如图 9.7d 所示。对双铰式连续旋转门来说，最小空间是 48 英寸（1220 毫米），加任何门旋进空间的宽度（图 9.8），连续门要朝或逆各门之间的方向旋动。

装有闭门器的门应该加以调整以延缓关闭时间。要求的推拉以打开内门的压力或开启力应不超过 5 磅（2.27 千克）。带推门板的凹门更可取，因为它们的弹开方向不朝轮椅使用人。当开门压力过大或门的一侧或两侧的活动净空不足时，自动开门器对开门就很有用。使用这种自动或借助动力的门时，应当遵从相关法规（图 9.9）。

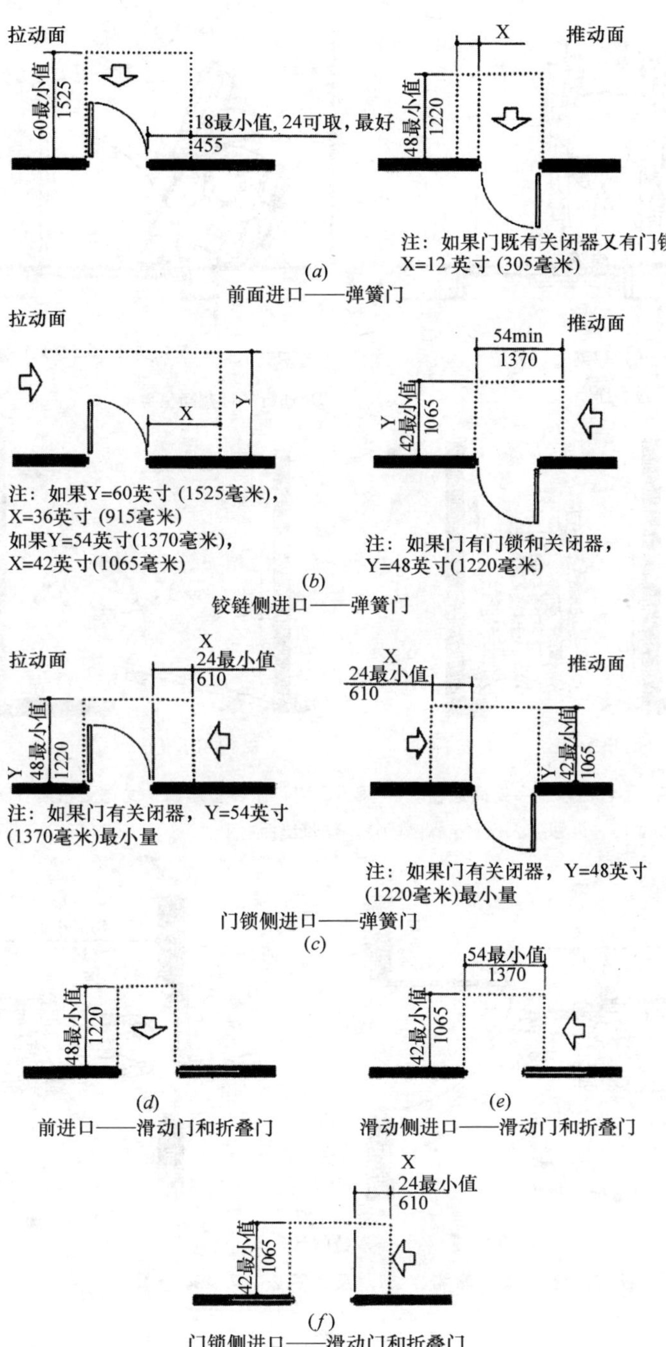

图 9.6 门旁最低活动净空。(引自 28CFR 第一章第 36 节附录 A 图 25，7-1-94 版本)

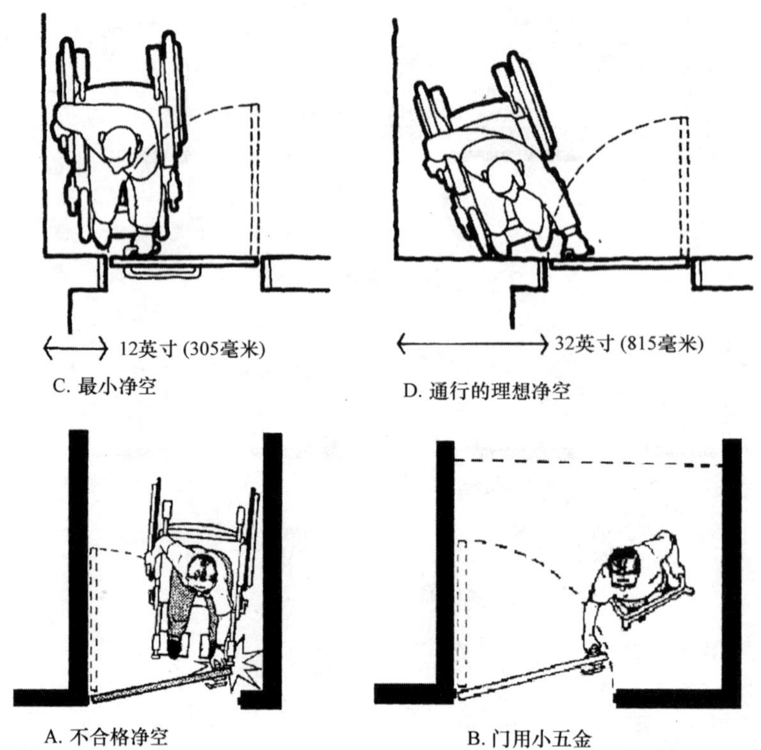

图 9.7　不合格净空会妨碍通行。[图 9.7C 和 D 引自塞尔温·戈德史密斯 (Selwyn Goldsmith),《为残疾人设计：新范例》, 建筑出版社]

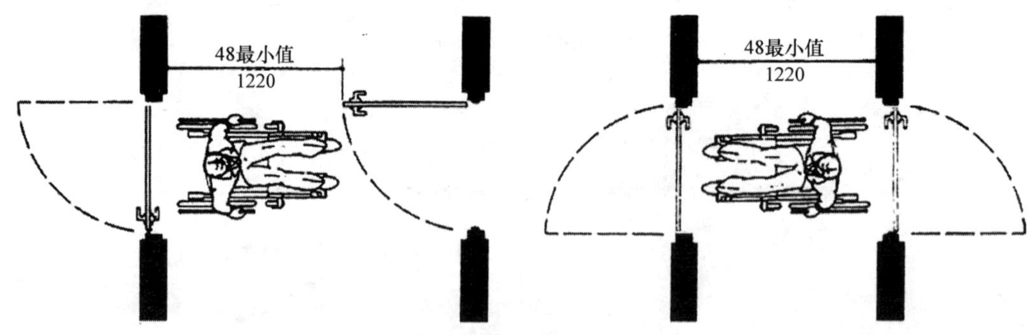

双铰门系列

图 9.8　双铰门系列。(引自 28CFR 第一章第 36 节附录 A 图 26, 7-1-94 版本)

无障碍法规也要求门用小五金符合某些规定。供残疾人用的门上弯把执手通常是合算的。所有门、柜和窗户上的小五金硬件都应该便于一只手抓握操作，而且转动时不需要很大握力，这包括把手操作和推式机械结构以及U形把手（图9.10）。标准的球形门拉手是不允许的。

控制系统应该显而易见，触手可及。还有很重要的是对灯光、热力、火警、窗户等的开关和调控器应当安置在离地面不高于48英寸（1220毫米），也不低于15英寸（381毫米）的地方，如图9.11所示。

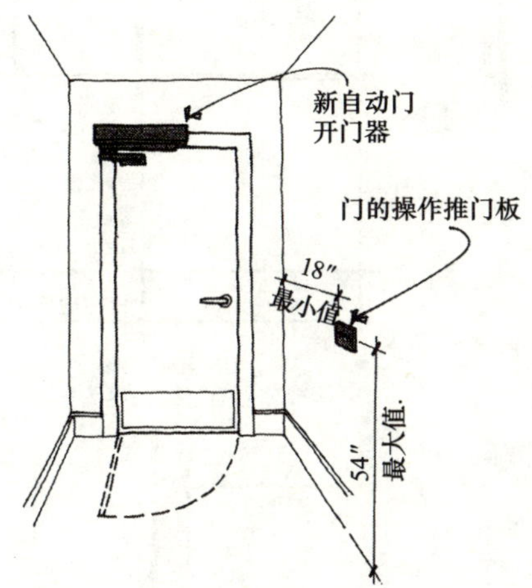

图9.9　自动门。[引自米恩斯（Means）《ADA标价指南》，R·S·米恩斯公司]

图9.10　杠杆式把手式样，门用小五金也须符合ADA法规。[引自德博拉·S·卡尼（Deborah. S. Kearney）《实施中的ADA》R·S·米恩斯公司]

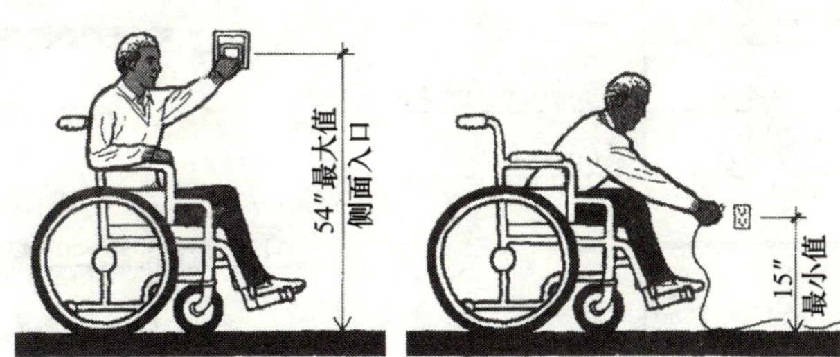

图9.11　调控器安置要触手可及。[引自米恩斯，《ADA标价指南》，R·S·米恩斯公司]

管道安装和公共盥洗室

厕所分隔间

图9.12显示了对厕所分隔间门的要求。如果进入厕所分隔间是从分隔间门的门闩一

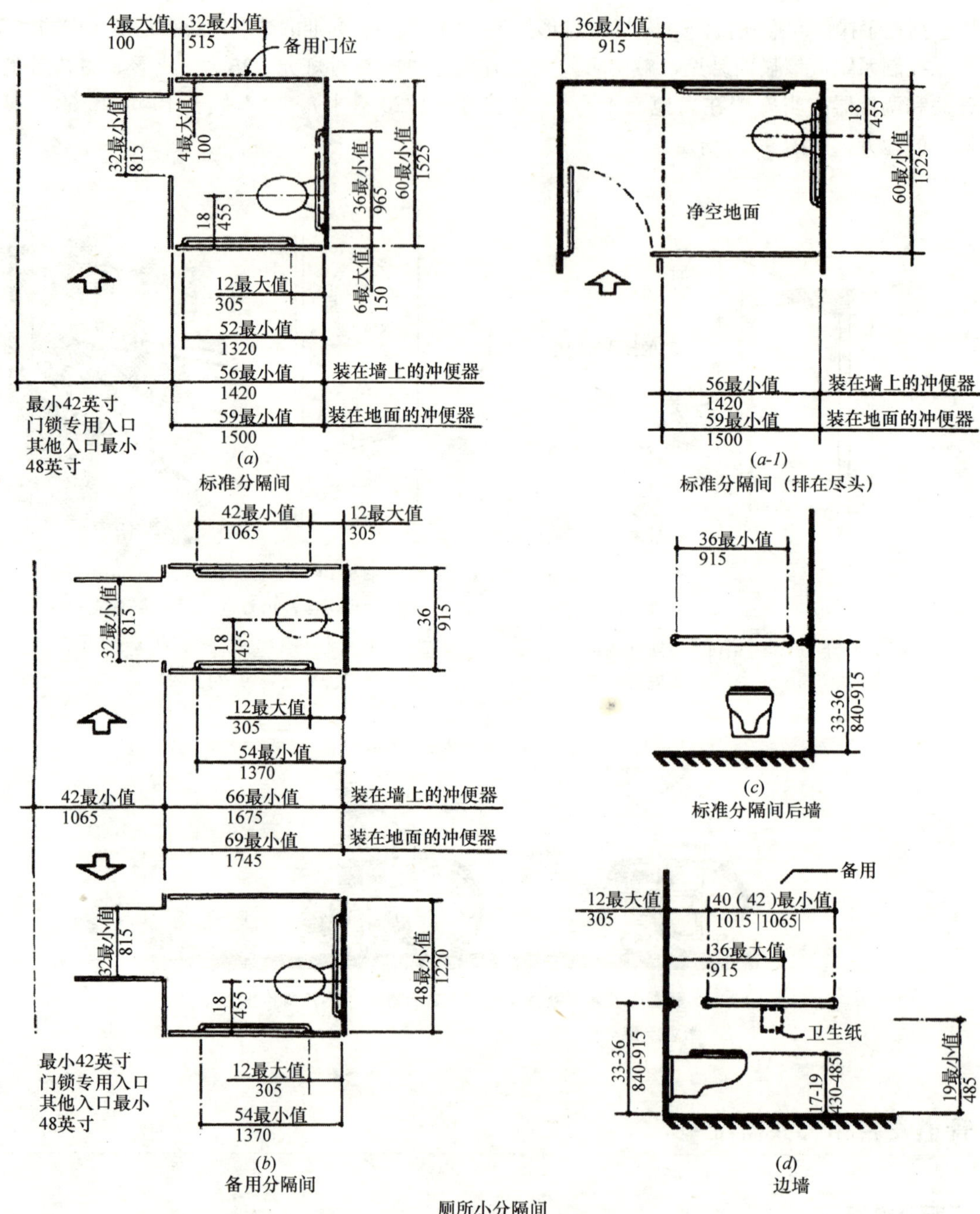

图 9.12 各种厕所小分隔间布局。(引自 28CFR 第一章第 36 节附录 A 图 30，7-1-94 版本)

侧，那么，分隔间门边和任何障碍物之间的净空可降至最低 42 英寸（1605 毫米）。许多厕所分隔间位于分隔间排列和墙体之间的行进通道的尽头（图 9.13）。使用开放分隔间尽头厕所的好处是把手可以安在墙上而不安在分隔断上，隔断就会有更强的固定性以满足强力要求。在分隔间有附属活动空间的地方，有时就可能用越过行进通道向对面墙扩延的办法而形成一个可用的隔离间，直出直入。在现有的建筑物里都有带有多个分隔间的盥洗室，通常带有难以进入的小分隔间，这可以通过拆掉一个冲便器使两个分隔间的空间连起来来创造一个开放分隔间，只要它仍然符合当地管道法规对一个特定建筑密度要求的某个安装数量的话就可以（图 9.14）。

有好几种符合 ADA 要求的厕所分隔间布局。对标准的分隔间的最小净空见之于图 9.15a 和 9.15b，盥洗室以及厕所分隔间应该至少有 60 英寸（1525 毫米）纯粹的内部转身空间。然而，装在墙上的洗涤盆下面的固定装置和调控器旁的无障碍的地面空间可以扩展到 19 英寸（483 毫米）。净空深度的不同取决于是否使用挂在墙上的或装在地面上的冲洗式便器（内部净尺寸最低为 60 英寸×56 英寸）。多数情况下，厕所门应该有最小净开量 32 英寸（815 毫米），而且应当朝外开，即背离分隔间围栏。如果分隔小于 60 英寸（1525 毫米）深，就要求在分隔断下方有 9 英寸（225 毫米）的门梃底部净空。在规划盥洗间时，应该考虑有一个直径 5 英尺（1525 毫米）的净空。

如图 9.16 所示，也应该装有把手，安装在完工的地面以上 33 英寸（838 毫米）到 36 英寸（915 毫米）处。在侧墙边的把手最小应为 42 英寸（1065 毫米）长，在后墙的把手最小应为 36 英寸（915 毫米）长。把手应有 1 ½英寸（38 毫米）的直径，而且离墙不得超过

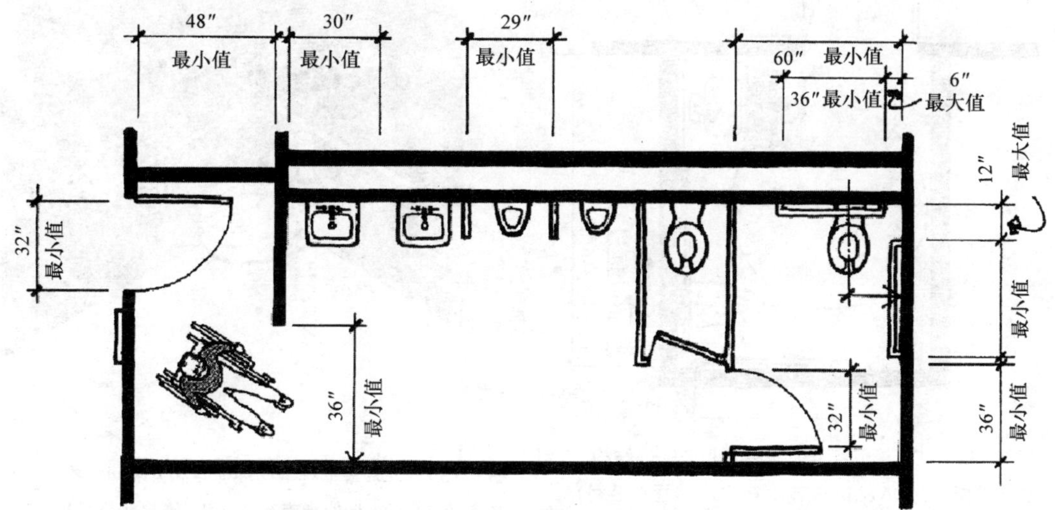

图 9.13　普通尽头厕所分隔间样式。（引自米恩斯，《ADA 标价指南》，R·S·米恩斯公司）

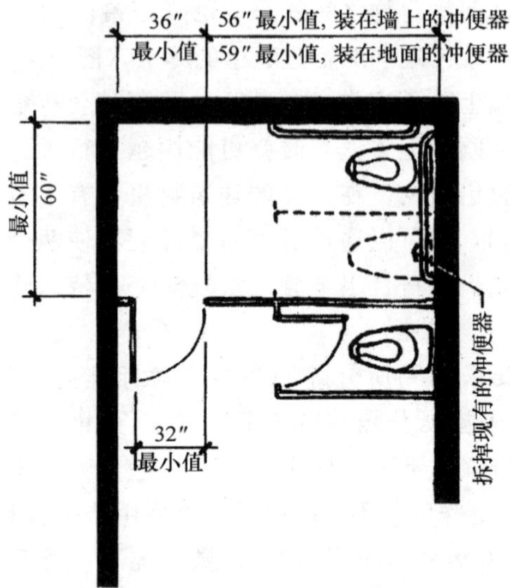

图 9.14 拆除一个冲便器腾出空间以创造一个通行小分隔间。(引自米恩斯,《ADA 标价指南》,R·S·米恩斯公司)

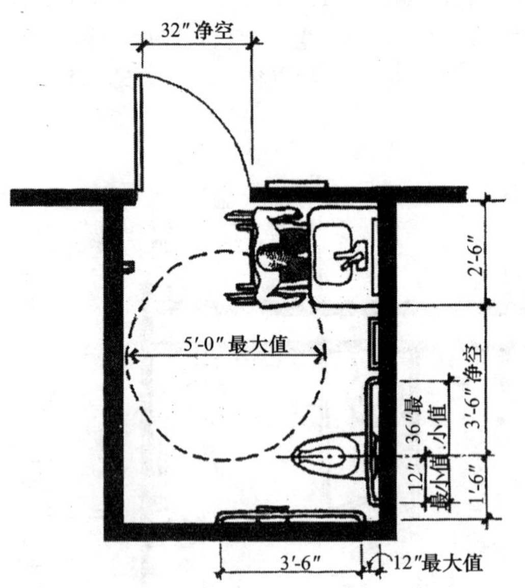

图 9.15a ADA 最低标准的冲便器和分隔间结构。(引自米恩斯,《ADA 标价指南》,R·S·米恩斯公司)

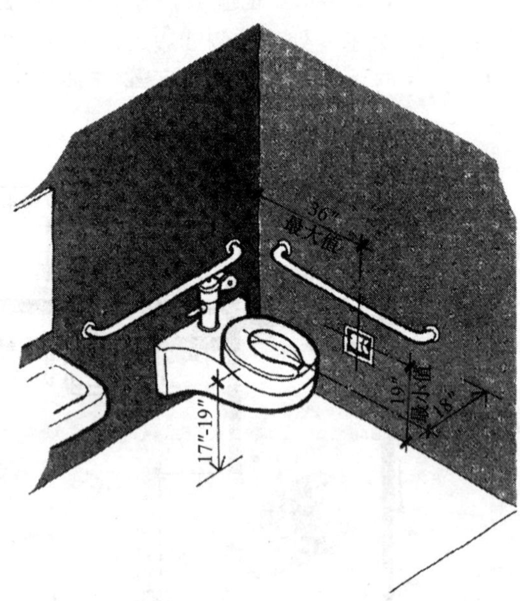

图 9.15b ADA 最低标准的冲便器和分隔间结构。(引自米恩斯,《ADA 标价指南》,R·S·米恩斯公司)

1½英寸（38毫米）。研究表明，在为残疾人的专用的厕所里，有3根护栏很重要：靠边的横档、下放式护栏和侧墙上的竖档。在许多厕所中，在冲便器一侧有一个侧面空间，它是专为侧面横档提供的。卫生纸存放器要位于把手以下，至少高于完工的地面19英寸（483毫米）。

没有厕所分隔间，厕所的中线仍然应距墙体18英寸（455毫米），并配有后面和侧面把手。在露天厕所的前面和侧面应有无障碍空间。如果一所现有厕所属于可通行场所，但不符合ADA要求，且经费或其他困难妨碍达到完全的ADA标准，那么仍然可以对一些构件进行改造以改进其开放性能，这些包括彻底改换冲泄阀，增加座位高度填料或重新安置卫生纸架和把手。

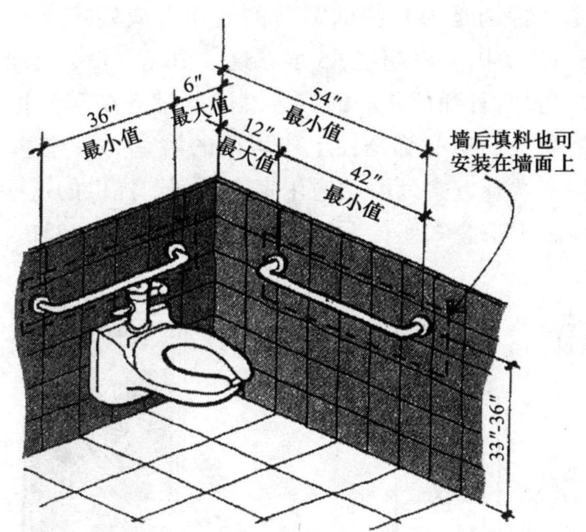

图9.16　把手位置。（引自米恩斯，《ADA标价指南》，R·S·米恩斯公司）

小便池

在装小便池的地方，应该使用分隔间型或墙装式小便池，并有高于地面不少于17英寸（430毫米）的延伸边围。在小便池前面应有30英寸（762毫米）×48英寸（1220毫米）的地面净空（图9.17），这一空间可以接邻或就在通行路线上。

盥洗间

公共盥洗间在洗涤盆下应能容纳轮椅移动并便于使用水盆和用水调控器（图9.18和图9.19）。注意，由于这些净空，当考虑通行性时，装在墙上的盥洗盆是可用的最佳形式。任何在盥洗盆下外露的管道都必须绝缘或有别的防护措施。ADAAG 对盥洗盆（即洗手用洗盆）和洗涤盆（即其他类型的水盆）作了区别划分。水龙头必须是用一只手而易于操作的，不需紧握或用手腕使劲拧。杆式操作、推压形和自动控制机械装置都是可接受的。在图 9.20 里，我们看到如何处理水盆以使之方便可行。

至少要有一面适用的镜子，镜面底边装在墙上，高于地面不超过 40 英寸（1015 毫米），而且最好应该倾斜一点以利反射。

住宅浴室

虽然私人住宅通常不遵从 ADA 要求，但空间规划者和室内设计者应该熟悉这些要求，以便更好地为他们的顾主，特别是为有特殊需要的老年人或残疾人服务。美国人口统计局估测，到 2050 年，25%的美国人将超过 65 岁，这一情况对设计标准的潜在后果是有实际意义的。在图 9.21 里，我们看到预制好的一套淋浴器带有结实的把手安装在不同的高度上，相搭配的还有淋浴喷头。这些都是住宅中可用的浴室的一些基本要素。在图 9.22 里，可看到一些可行的浴室选择方案，由“通用家庭系列”提供的这些都是为显示多种浴室特征而设计的：标准浴缸配折叠式座位、浴缸带转换面、漩涡浴缸、3 英尺方形转换淋

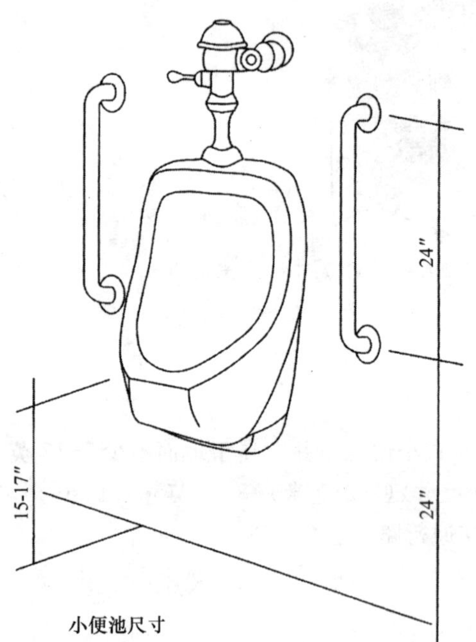

图 9.17 常用小便池尺寸。（引自德博拉 S · 卡尼，《实施中的 ADA》，R · S · 米恩斯公司）

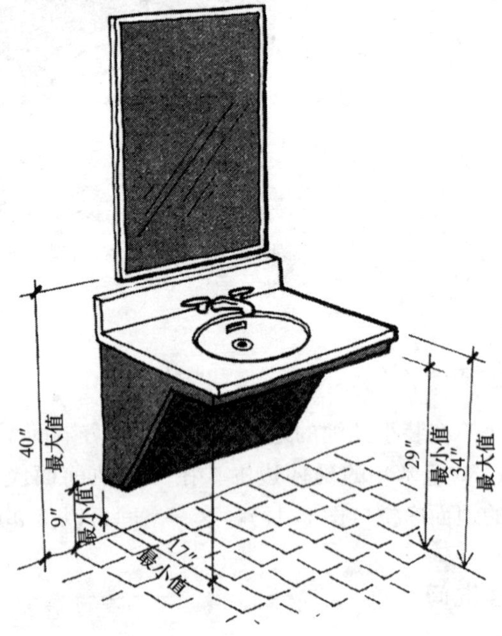

图 9.18 常用便捷墙挂式盥洗盆尺寸。（引自米恩斯，《ADA 标价指南》，R · S · 米恩斯公司）

浴和 5 英尺方形转入式淋浴。壁阶控制器使开动洗澡水和调节浴缸或淋浴外边的温度轻而易举。

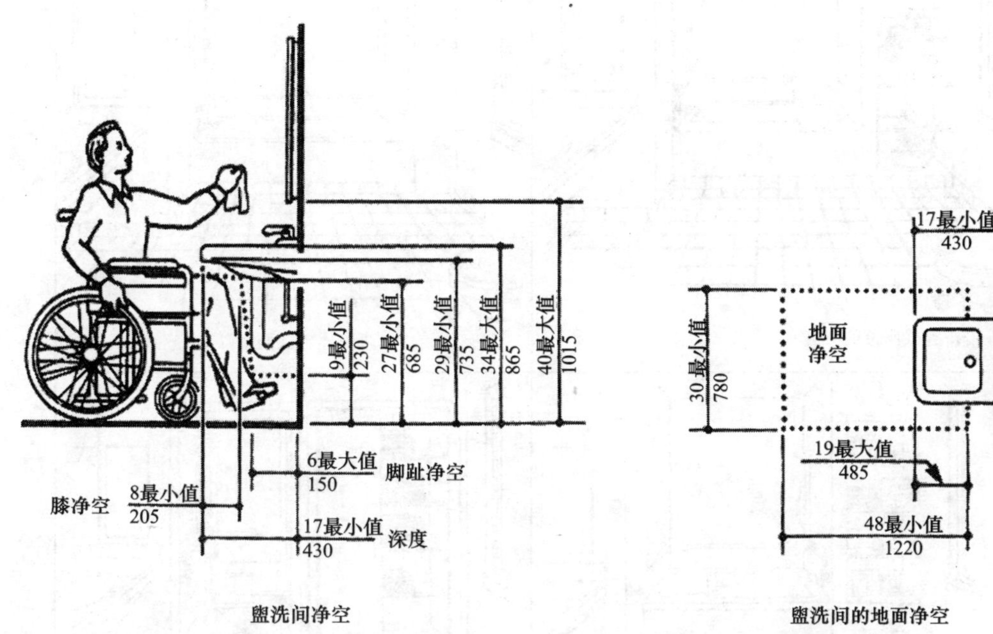

图 9.19　常用方便的盥洗间尺寸。[引自 28CFR 第一章第 36 节附录 A 图 31（32），7-1-94 版本]

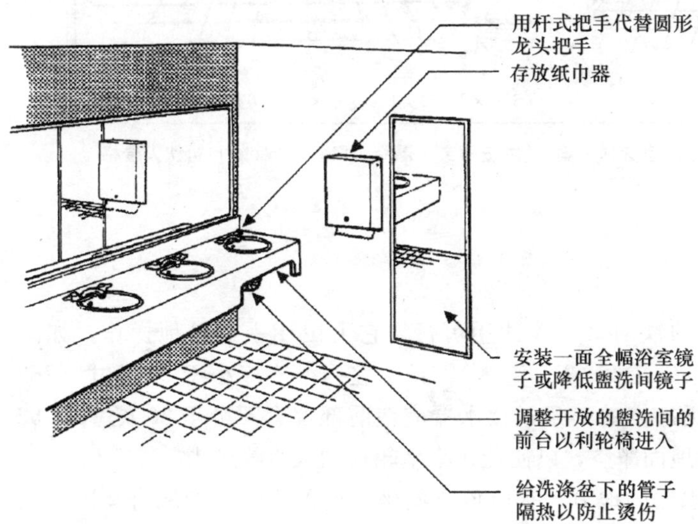

图 9.20　无障碍盥洗间设计

图 9.21　带结实把手的预制好的淋浴组合。[引自于查尔斯·A·赖利（Charles A. Riley）II，《无障碍之家》里佐利（Rizzoli）国际出版公司]

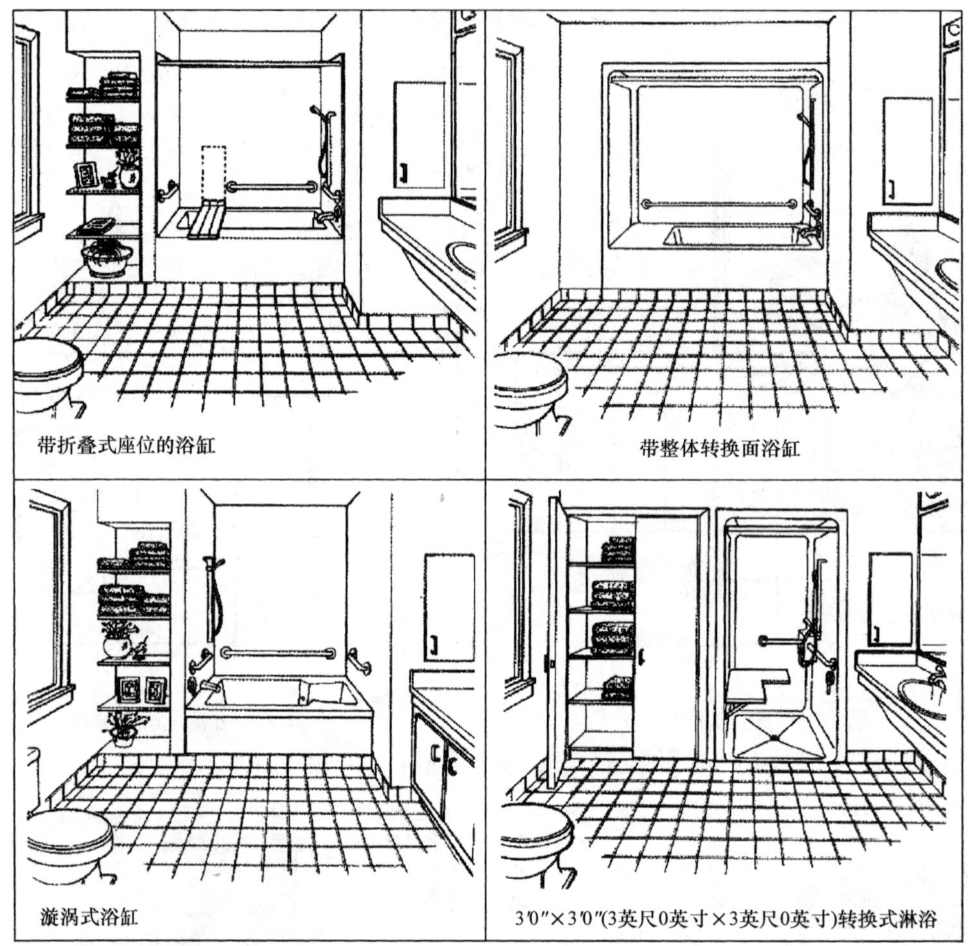

图 9.22 由《通用之家》提供的合格浴室选择方案。[由史蒂文·温特（Steven Winter）合伙人麦格劳-希尔的可行住宅设计提供]

饮水喷头和冷却器

配备突出向上喷嘴和调控器的饮用水应该适用可行。它可以用手或踏地操作，如图 9.23 所示。可行的高度应不超过 36 英寸（915 毫米），且附室门槽不应小于 30 英寸（762 毫米）宽，悬臂式或嵌入式下面无净空的喷泉式饮水器应在前部留有不少于 30 英寸（762 毫米）×48 英寸（1220 毫米）的地面净空，以便让一个坐轮椅的人直线进入。

在每层楼只有一处喷泉式饮水器的地方，它应该方便坐轮椅的人和弯腰屈身有困难的人使用。这可以通过采用高低型饮水器来解决。一个地方的饮水器较低，适用于坐轮椅的人，另一处饮水器则为标准高度，适用于难以弯腰的人。

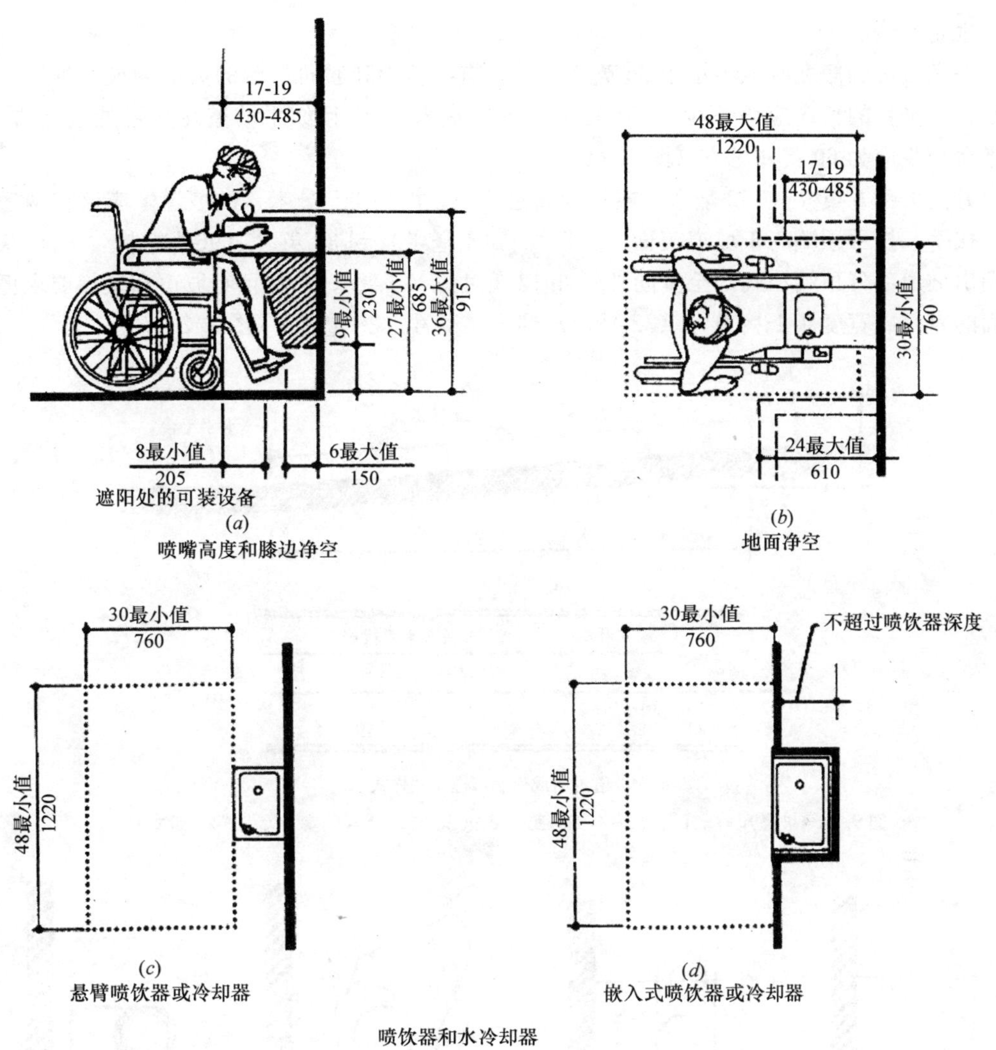

图 9.23 喷泉式饮水器和水冷却器。(引自 28CFR 第一章第 36 节附录 A 图 27，7-1-94 版本)

楼梯和坡道

要求坡道给轮椅使用人和移动不方便的人在高度变化中提供平稳过渡。一般说来，空间规划者应该采用尽可能小的坡度，但在任何情况下坡道的坡度都不能大于 1∶12（每行程 12 英寸，升高 1 英寸）。任何坡道的最大升高量限于 30 英寸（762 毫米），过此限度后就要有一个水平平台。在局部现有条件不允许 1∶12 坡度的地方，假如最大升高量不超过 6 英寸（152 毫米），1∶10 的坡度是允许的。如果最大升高量不超过 3 英寸（76 毫米），1∶8 的陡坡也是允许的。

一条坡道的净宽应该不小于 36 英寸，并要有些至少和通向平台的坡道的最宽处一样宽的平台。平台的长度应该不少于 60 英寸（1525 毫米），而且如果坡道在平台处改变方向，则平台至少应为 60 英寸见方（图 9.24）。

升高大于 6 英寸（152 毫米）或长度超过 72 英寸（1825 毫米）的坡道，应该在两边有栏杆扶手，扶手顶端高于坡道表面 34 英寸（864 毫米）到 38 英寸（965 毫米），栏杆扶手应超出坡道部分顶端和底部至少向外延伸 12 英寸（305 毫米），并且对坡道和楼梯要求抓手表面的直径或宽度从 1 ¼英寸（32 毫米）到 1 ½英寸（38 毫米）（图 9.25）。

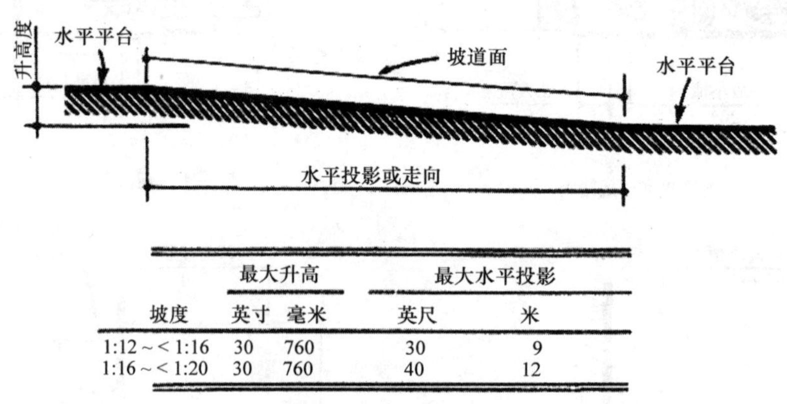

坡度	最大升高 英寸	最大升高 毫米	最大水平投影 英尺	最大水平投影 米
1:12 ~ < 1:16	30	760	30	9
1:16 ~ < 1:20	30	760	40	12

单一坡道走向成份和坡道尺寸样式

图 9.24 坡道尺寸。（引自 28 CFR. 第一章第 36 节附录 A 图案 16，7-1-94 版本）

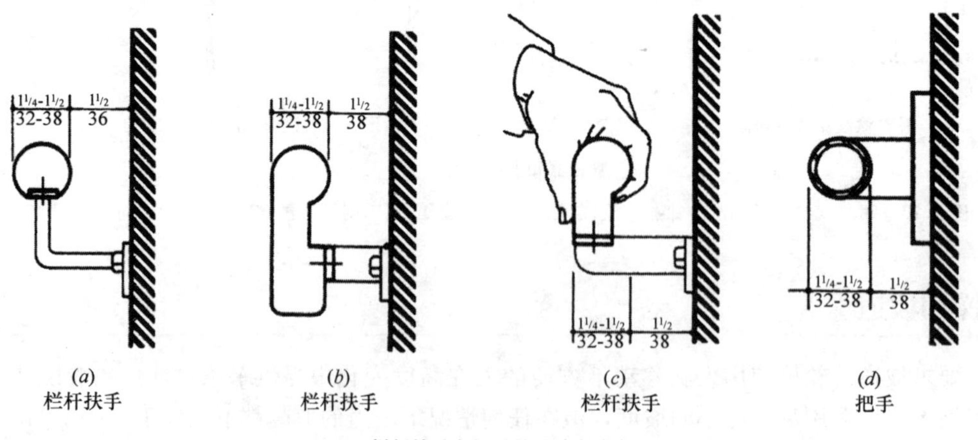

栏杆扶手和把手的尺寸和净空

图 9.25 坡道和楼梯的栏杆扶手要求。（引自 28CFR 第一章第 36 节附录 A 图 39，7-1-94 版本）

ANSI法规规定，要求作为出口通道的楼梯和不同电梯相连楼层间的楼梯应该按某些标准进行设计，详细说明踏板、梯级竖板、楼梯踏步小突沿和扶栏的结构。最大梯级竖板高度为7英寸（178毫米）。从梯级竖板到楼梯竖板算，踏板最小应为11英寸（280毫米）。空竖板是不允许的。楼梯踏步小突沿不许陡急，而且要符合图9.26所示类型之一。楼梯使用人在下楼时绊跤或摔倒的可能比上楼时多，在楼梯设计上踏板深度为枢轴式的，通常，在爬楼梯时，人们只把脚的一部分放在踏板上，而当下楼梯时，整个脚或大部分脚是放在踏板上的。

楼梯的栏杆扶手应在楼梯两面连续不断。当之字形或双折楼梯靠里的栏杆扶手改变方向时，应总是连续不断的。其他栏杆扶手要超出顶部和底部梯级竖板延伸，如图9.27和图9.28所示。栏杆扶手的顶端把手表面应在楼梯踏步小突沿上方34英寸（864毫米）到38英寸（965毫米）之间。

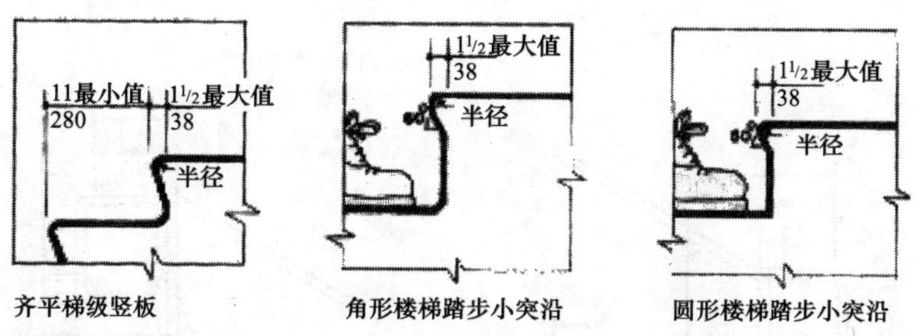

图9.26　踏板和楼梯踏步小突沿要求。（引自28CFR第一章第36节附录A图18，7-1-94版本）

此外，栏杆的抓握表面直径或宽度应在1¼英寸（32毫米）到1½英寸（38毫米）之间，而且也要在栏杆扶手和墙体之间至少有1½英寸（38毫米）的净空，如图9.25所示。当一座建筑物里的出口楼道是通行路线的一部分，不包括在自动喷水消防系统（住宅例外）中时，就应在栏杆扶手间保持净宽48英寸。

地板和铺面（可现警示）

地板表面应该坚实和防滑。如果平面有变化，其转换应符合下述要求：如其变化小于1/4英寸（6.4毫米），它可以是纵向的且不用边角处理；如变化在1/4英寸（6.4毫米）和1/2英寸（12.7毫米）之间，它应成斜面，坡度要不大于1∶2（图9.29）；变化大于1/2英寸，就归类成坡道了，那么，坡道就该符合在前一节里概述的要求。浴室地板应有不滑的面层。

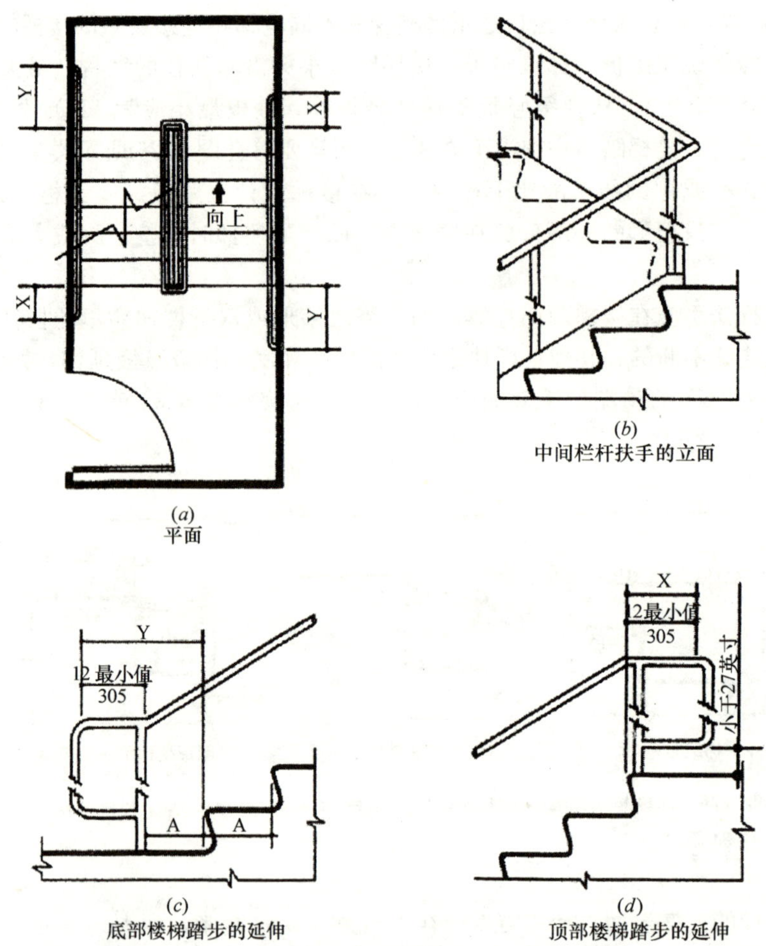

图 9.27 楼梯和栏杆扶手的设计。(引自 28CFR 第一章第 36 节附录 A 图 19，7-1-94 版本)

地毯应该有坚实的垫层、内衬或无垫层而有水平毛圈、纹理毛圈、平割毛线或平割(非平割）毛绒纹理。地毯毛绒高度应不超过 1/2 英寸（12.7 毫米)。地毯应平整地铺在地面上，且所有外露边沿要依其长度包边。

在楼梯前的有危险的车行地段和其他可能存在危害而又没有护栏或其他警示方法的地方要求有可觉察的警示地表。这种表面层应该包含有纹理的、和周围环境形成对照的表面，如外露混凝土集块、橡胶或塑料垫充表面鼓起的条带或凹槽。英国的一次调查研究注意到，对成功地使用触觉性铺面的先决条件是视觉有缺陷的人要懂得赋予不同道路表面的意义

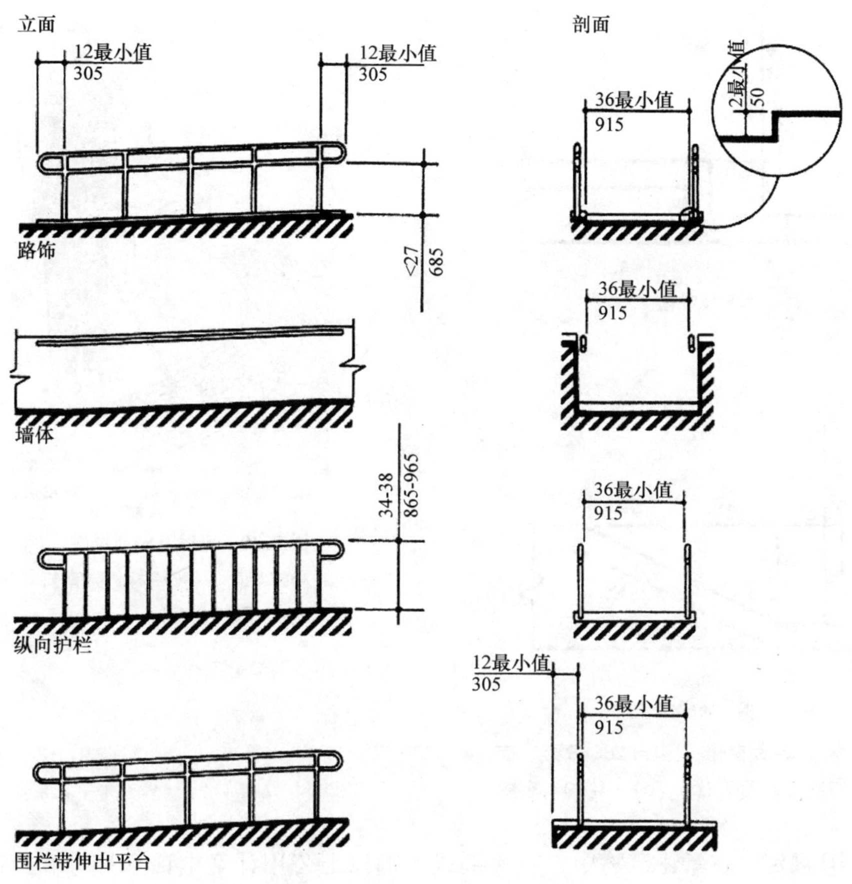

图 9.28　边缘防护和扶手延伸样例。(引自 28CFR 第一章第 36 节附录 A 图 17，7-1-94 版本)

(图 9.30)。

门把手也要求有纹理的表面，如果这扇门可能是通向一个对盲人有危险的地方的话。这些门包括通向装卸平台、锅炉房和舞台。

公用电话

电话间是最容易进入的建筑物之一。电话应该装置在坐轮椅的人能够到达的地方。可接近的电话，可以设计成正面进入或侧面进入。这两种类型的电话间的尺寸要求如图 9.31a 和图 9.31b 所示。不管哪一种都要提供不小于 30 英寸（762 毫米）×48 英寸（1220 毫米）的地面净空。电话应有按钮调控器和电话号码簿，要让坐轮椅的人触手可得。

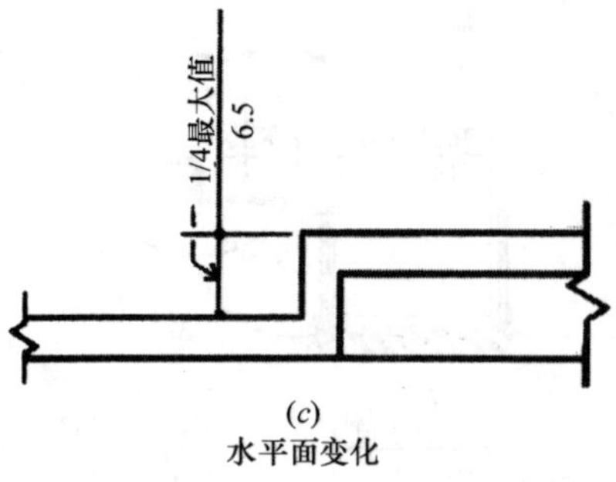

(c)
水平面变化

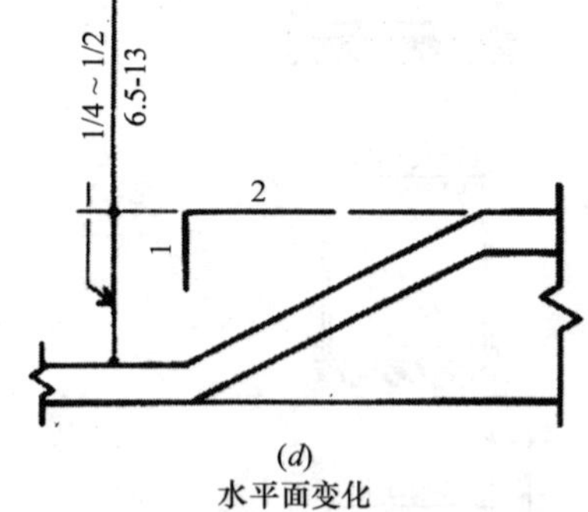

(d)
水平面变化

图 9.29 水平面变化。(引自 28CFR 第一章第 36 节附录 A 图 7 (c) (d), 7-1-94 版本)

图 9.30 可触及铺面样例。(引自米恩斯,《ADA 标价指南》, R・S・米恩斯公司)

标题 III 规定，在新建筑物中，有 4 部或 4 部以上公用计费电话（打进和打出双向计费）的任何建筑物至少要在室内提供一台电传打字机。不管何时，只要在内部有公用付费电话的体育场、会议中心、带会议中心的旅馆、有顶购物商场或医院急诊室、康复室、候诊室也应提供一台电传打字机。标题 III 还规定，新建筑每一层要提供一台合适的公用电话，除非该楼层有两排或更多的电话，在这种情况下，每一排应提供一台可适用的电话。

凸出物

对凸出在走廊里和其他过道上的物品及建筑构件是有限制的，因为凸出的东西对有视力障碍的人有危害。这些限制显示在图 9.32 中。这是根据有严重视力障碍、借助拐杖行走的人的需要而定的。但对突出物的下沿离地面小于 27 英寸（686 毫米）的不加限制，因为这些东西能够被使用拐杖的人探测出来。然而，凸出物不能减少通行路线或活动空间要求的净宽，而且在邻近进入路线的纵向净空降至 80 英寸（2 米）以下的地方应该提供防护栏杆或隔栏。

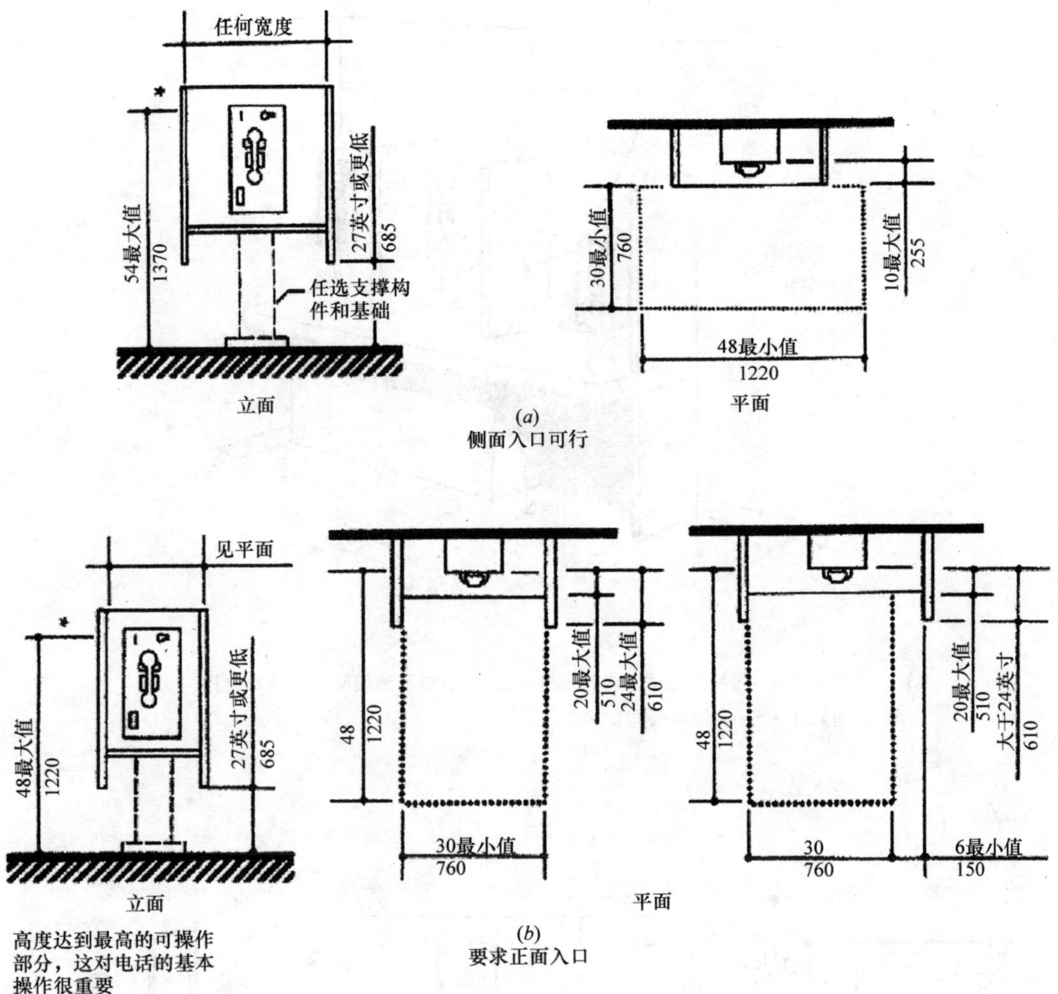

图 9.31a　可接近电话的尺寸要求。(引自 28CFR 第一章第 36 节附录 A 图 44，7-1-94 版本)

标志和警示

标志应该给那些视力有毛病的人明确地指导紧急信息和大致的行动方向。评价标志的标准是，视力低下（即正常人的 20%）的人对距离 30 英尺（9.14 米）外的东西的识别能力。标志也对电梯作出要求，要求最佳清晰度，适当的亮度是需要的，颜色对比也能提高清晰度（字母和背景之间 70%或 70%以上的对比量是值得提倡的）。

ANSI 标准详细说明了字母宽度对高度的比率以及单个字母笔划的粗细度。这些标准还要求标识上的文字、符号或象形图要突起 1/32 英寸（0.79 毫米）。如果通行的设施需要

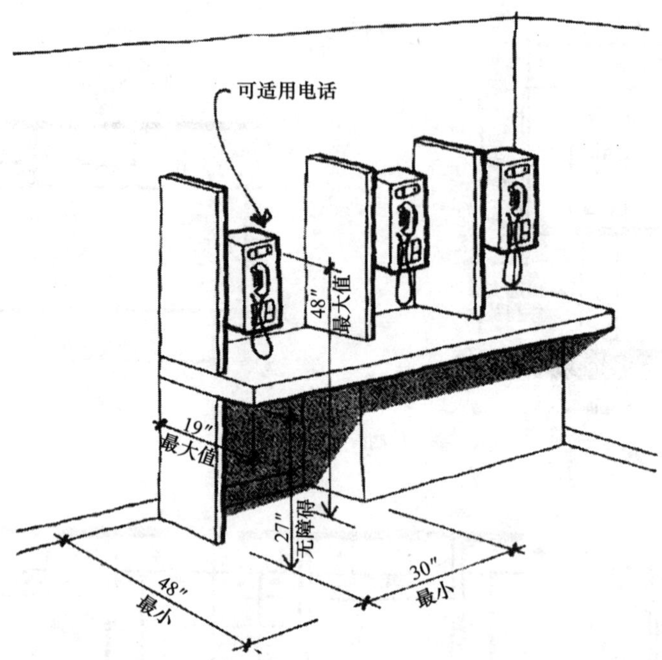

图 9.31b　可接近电话要求的三维描绘。(引自于米恩斯《ADA 标价指南》，R・S・米恩斯公司)

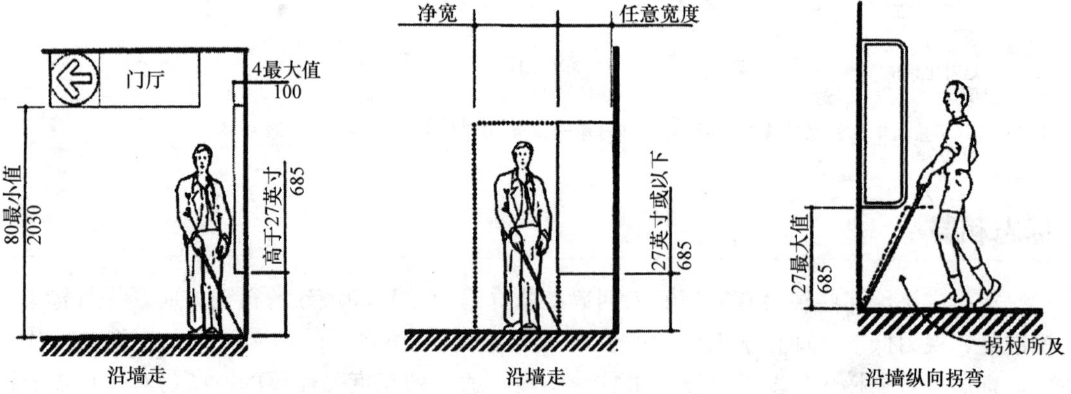

图 9.32　物品突出于人行道、走廊或过道应不大于 4 英寸（100 毫米）。(引自 28CFR 第一章第 36 节附录 A 图 8，7-1-94 版本)

加以识别的话，就必须采用国际通行符号（图 9.33），盲文应该为 2 级。

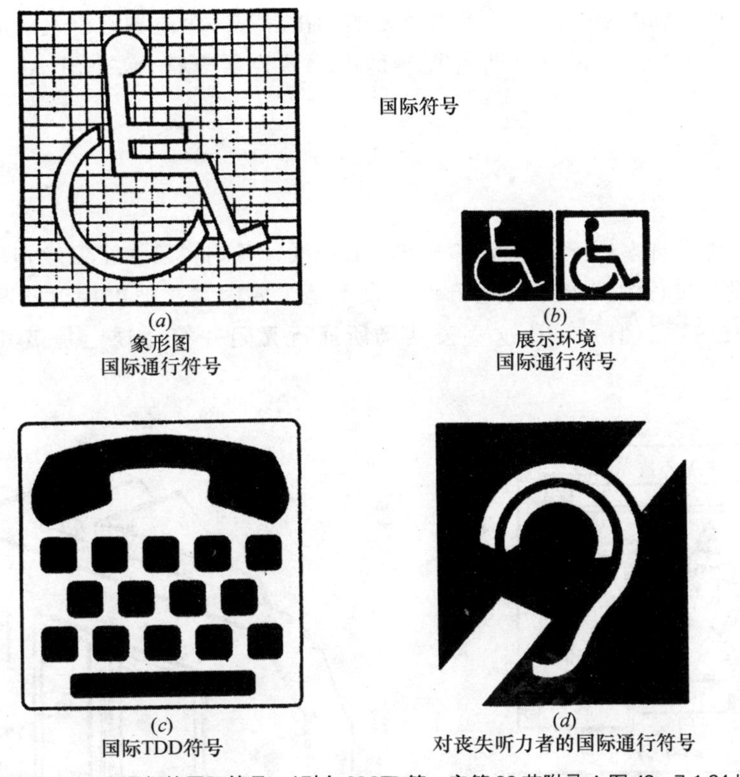

图 9.33　可通行的国际符号。(引自 28CFR 第一章第 36 节附录 A 图 43，7-1-94 版本)

ADA 通行准则 4-1-3（14）规定“如果提供应急警示系统，那么，它们必须包括符合 4-28的听觉警报和视觉警报。听觉警报必须在室内或空间内产生一种至少超过主要音响水平 15 分贝的声音。视觉警报必须为约有每秒一次的闪示频率周期的闪示灯光。要求符合 9-3的，睡觉场所必须要有符合 4-28 的警报系统。在医疗卫生设施里的应急警报系统可加以改造以适合保健警示设计惯例。”

其他问题

电梯和升降机车厢

可行的电梯应该位于可通行路线上，而且应该符合 4-10 和 ASME A17-1-1990 电梯和自动扶梯安全法规。电梯应该在电梯间的三面配备固定扶手，高出地面 32 英寸。最低电梯间尺寸应为 67 英寸（1.7 米），以便一台轮椅活动（图 9.34）。视觉和听觉的厅内信号对告诉电梯使用者电梯位置和电梯运动方向是很重要的。在含有一个电梯间以上的电梯系列处这一点特别重要。有关视觉、触觉和听觉控制的电梯调控器应符合 ANSI A117-1 标准（图 9.35）。

剧院座位

剧院设计要考虑许多因素，包括在火灾时的视线、音响、最大座位量和现存物等。然而，习惯上在设计过程中残疾人的通行性一直不是主要因素。把可接近的座位纳入到现有剧院中经常被忽视。但是，让这些公共场所通行无阻并符合规定是极其重要的（图 9.36）。

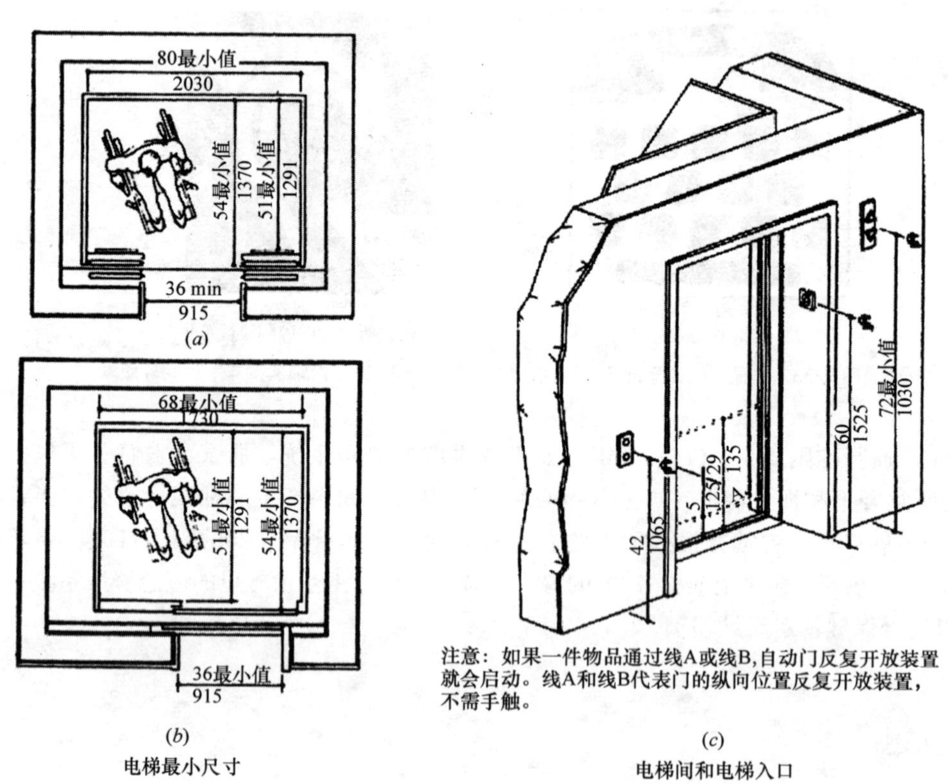

图 9.34 电梯间的最低尺寸。(引自 28CFR 第一章第 36 节附录 A 图 22，20，7-1-94 版本)

图 9.35　电梯厅信号。(引自于米恩斯，《ADA 标价指南》，R·S·米恩斯公司)

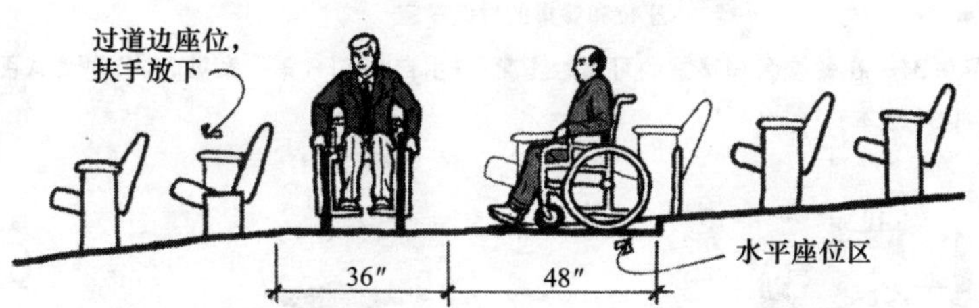

图 9.36　可通达的剧院座位尺寸。(引自于米恩斯，《ADA 标价指南》，R·S·米恩斯公司)

就餐和座位

在新建筑中，就餐区、凉廊和户外座位区要求能够通达无阻。餐饮区经常按最大座位容量设计，且进入通道可能不是考虑的主要问题。餐饮区就在通行无阻的线路上，通常有可能提供通达的座位和服务，而不需对空间作重大改变，这一般是通过拆除一些座席和加宽过道而成。一条净宽 36 英寸（915 毫米）的地面防滑的穿行过道是必需的。

固定的、嵌入式座位或餐桌要求符合 ADAAG 的（图 9.37）的 4-32-2 到 4-32-4 标准。可通达的餐桌和柜台桌面应高于完工地面 28 英寸（710 毫米）到 34 英寸（865 毫米）。餐桌下也要求有适当的地面净空［30 英寸（762 毫米）×48 英寸（1220 毫米）］，桌下空间为 19 英寸（485 毫米）。图 9.38 显示了可通达的食品柜台和凉拌菜酒吧的要求标准。

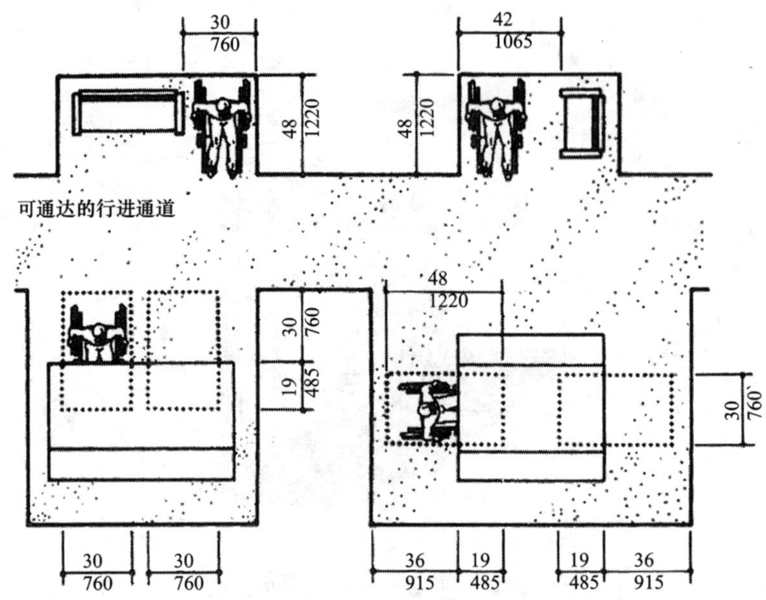

图 9.37 在餐饮区和餐馆的可通达座席。(引自 28CFR 第一章第 36 节附录 A 图 45，7-1-94 版本)

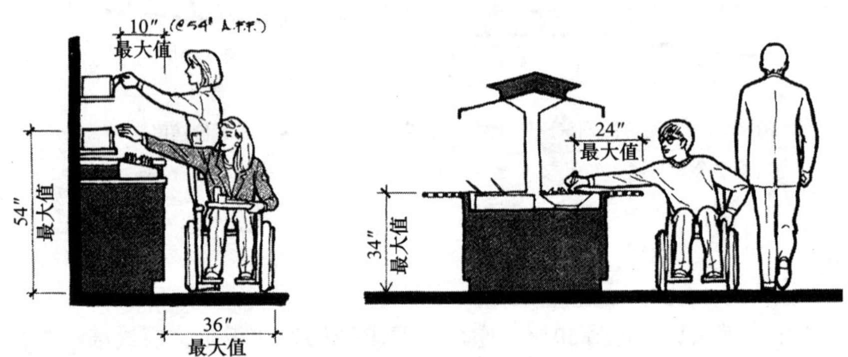

图 9.38 可通达的食品台和凉拌菜酒吧。(引自于米恩斯，《ADA 标价指南》，R·S·米恩斯公司)

空间限额和有效范围

ADA 颁布了残疾人的权利。条文里的一个重要部分是，在通达准则 ADAAG 中描述了关于方便坐轮椅者的通行问题，这就是为什么懂得和熟悉一般成年人的轮椅尺寸和特点是很重要的（图 9.39）。

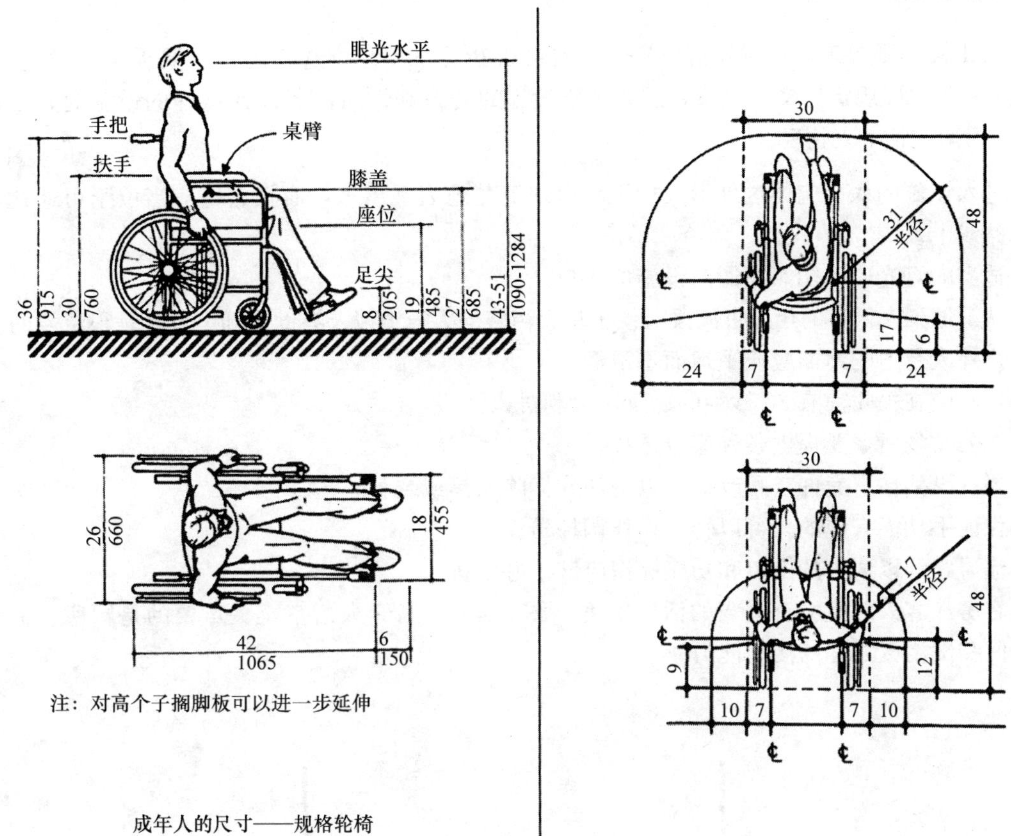

图 9.39　给出的普通成年人轮椅尺寸以利过道设计和 ADA 规定空间。(引自 28CFR 第一章第 36 节附录 A 图 A3，A3 (*a*),7-1-94 版本)

按照 ADA 可通达标准设计，"固定的存贮设施，诸如橱柜、架子、小室和抽屉都要求合适通用"，如图 9.40 所示。它还进一步规定：贮存设施要提供不小于 30 英寸（762 毫米）×48 英寸（1220 毫米）的地面净空以便使坐轮椅的人从正面或侧面进入。

1996 年前对无障状况下的固定装置和配件的最大高度放在 54 英寸（1370 毫米）处，若有障碍物，则在它上方 46 英寸（1170 毫米）处，从侧面接近。1996 年，54 英寸标准降至 48 英寸（1220 毫米）以配合国家矮小身材人组织提出的标准（图 9.41，图 9.42）。戈德史密斯在他的书《为残疾人设计：新范例》中说，就高度标准而言，重要的人体测量计量是向上斜伸，并参照 ADAAG 最大伸展高度，即全国范围截瘫女性和男性能斜向伸达的平均高度的水平（图 9.43）。残疾人的眼光水平（包括坐轮椅的人）是另一个应该考虑的因素，特别是在设计或配置标识、展示商品、安装电梯调控器等时（图 9.44）。

临时住宿设施

ADA 准则规定，临时住宿设施应该符合现行标准要求。这样的设施要提供可通达的，符合 ADAAG 规定比率的卧室，这取决于设施的规模和性质，当设计这样的设施时，要记住的因素包括下列情况：

- 进入设施的入口应通过外形、标识和引道清楚地表现出来，而且它们应当位于可通达的路线上。
- 适当的灯光应该能照亮通向设施的入口。
- 从车道到人行道的相应过渡段对便于从大街转向人行道以及有助于卸下行李是很重要的。
- 户外人行道的地面应该平坦而不滑溜。
- 电梯应在关闭前有 20 秒钟的迟延，以利进入。
- 在公共场所，要提供各种座位选择。
- 要有灵活性，允许空间改造，以增加或拆除家具或装备。
- 保证手功能有限的人可以轻易操作调控器。
- 流通路线以清晰的出口和功能标识应该很好安排。
- 客房和客人浴室应有适当的活动宽度（图 9.45）。对客人浴室至关重要的是厕所、盥洗间和洗浴区之间的活动能力。

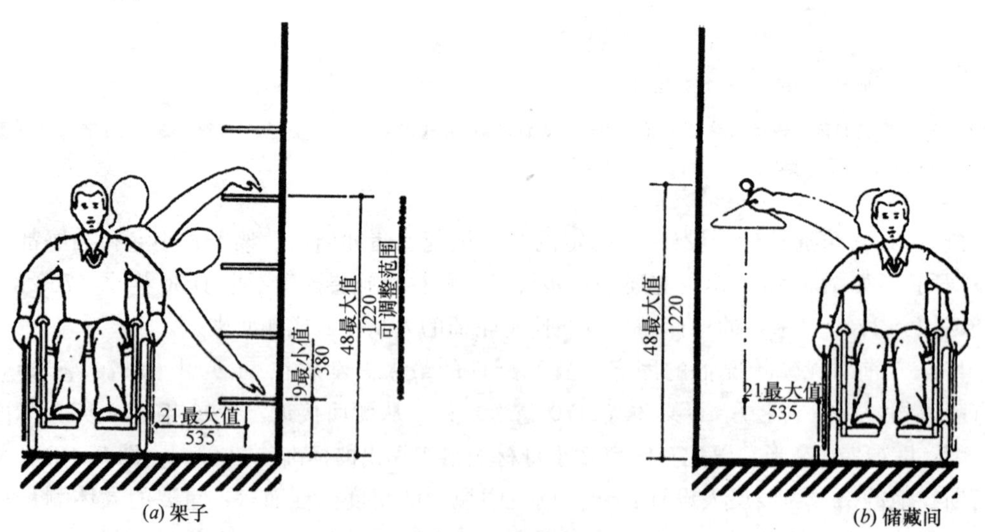

图 9.40 储藏架和储藏间。(引自 28CFR 第一章第 36 节附录 A 图 38，7-1-94 版本)

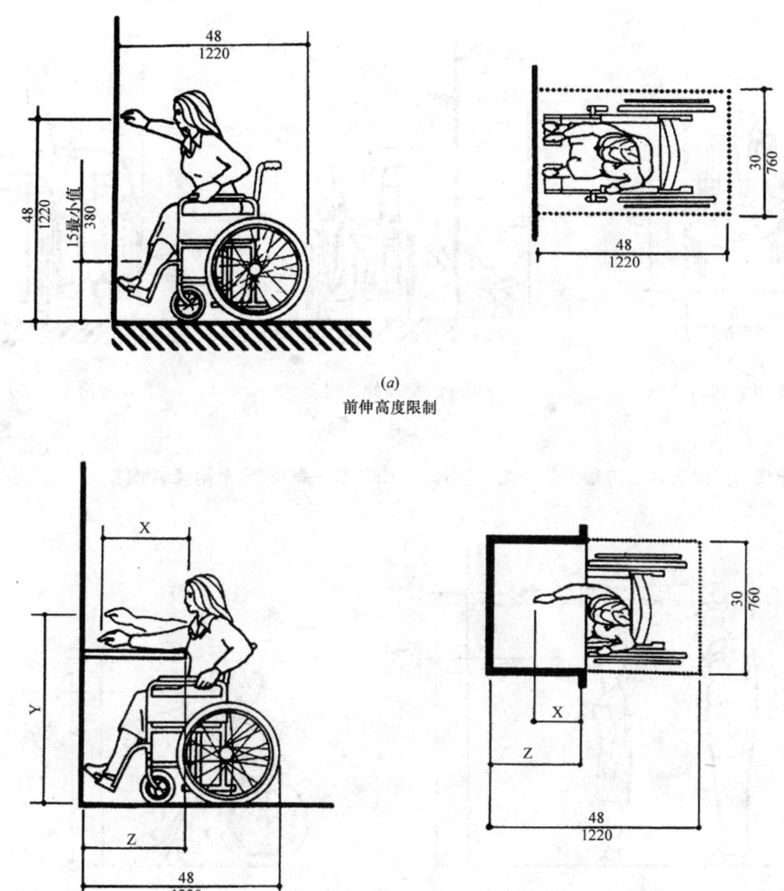

注：X应为≤25英寸(635毫米)；Z应为≥X；当X<20英寸(510毫米)时，则Y应为48英寸(1220毫米)最大量；当X为20英寸(510毫米)到25英寸(635毫米)时，则Y应为44英寸(1120毫米)最大量。

(*b*)
在障碍物上方最大前伸量

图 9.41　前伸高度限制和在障碍物上方最大前伸量。(引自 28CFR 第一章第 36 节附录 A 图 5，7-1-94 版本)

- 应急信号系统（视觉的和听觉的）和协同其他建筑应急系统的视觉警报一起闪现应该符合 ADA 要求。
- 至少每种储藏类型（例如架子、抽屉、储藏间）中要有一个符合 ADA 标准。

最后，当新的 ADAAG 要求标准发布时，建议空间规划者和设计者和它们保持一致。遵从 ADAAG 的要求，标准通常叙述明确。然而，当需要额外资料或阐述时，可以求助于“通行委员会网站”，网址为www. access-board. gov。

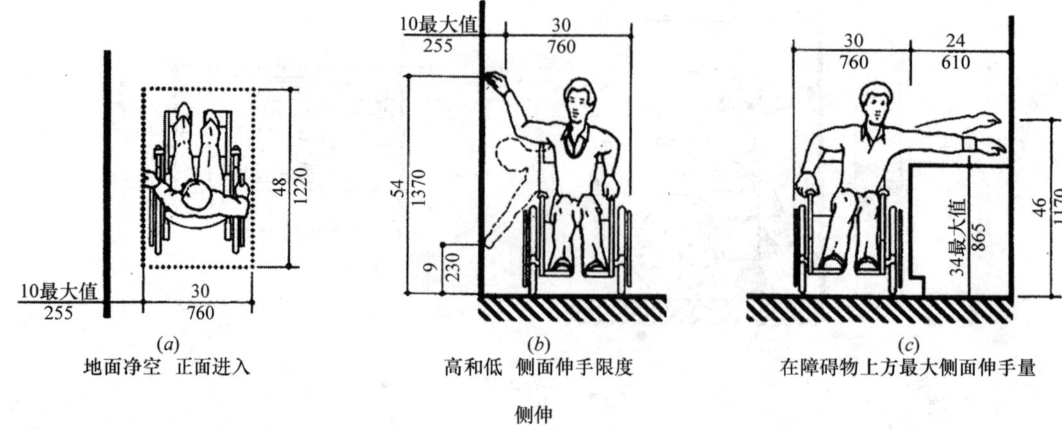

图 9.42 侧伸限度和在障碍物上方最大侧伸量。(引自 28CFR 第一章第 36 节附录 A 图 6，7-1-94 版本)

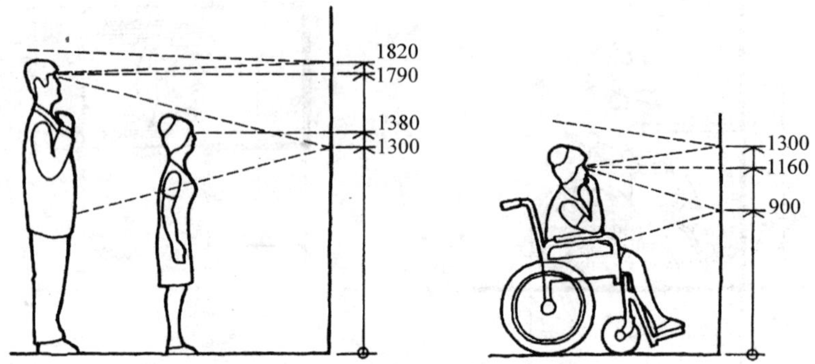

图 9.43 截瘫女性和普通高度男性的手臂斜向上伸度同 ADA 描述的最大伸手高度对比。(引自于塞尔温·戈德史密斯，《为残疾人设计：新范例》，建筑出版社提供)

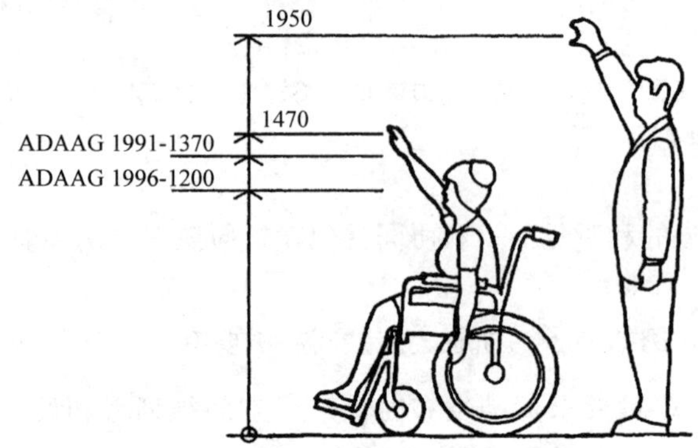

图 9.44 为残疾人设计时的高度考虑。(引自于塞尔温·戈德史密斯，《为残疾人设计：新范例》，建筑出版社提供)

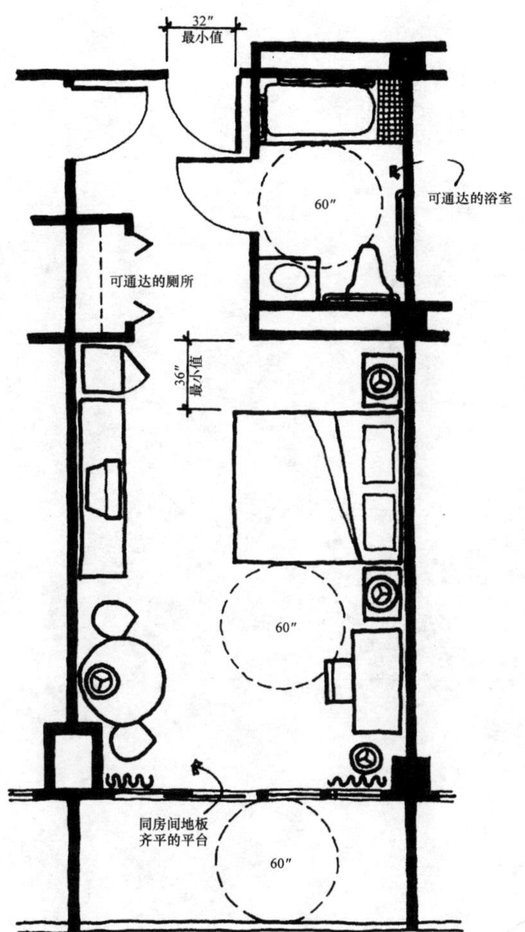

图 9.45　可通达的卧室要求标准。(引自于米恩斯,《ADA 标价指南》, R·S·米恩斯公司)

第十章

计算机绘图和软件系统

今天较年轻一代的设计人员也许不再记得那些过去的好日子，那时建筑设计的各个阶段都是靠手工完成。逐渐地，计算机支援了设计，开始扎根。特别是随着计算机技术突飞猛进，计算机硬件变得日益可行，软件程序日益简捷方便。但即使在今天，计算机技术想完全纳入建筑实践，还有一段路程要走。

概述：计算机制图的发展

自从20世纪60年代和70年代初期计算机第一次被引进到建筑设计中以来，数码实践已经有了很大的革新。从最初只能绘制简单的单线图、平面图和立面图到现时的可以提供三维建模，实时直观的编程以至国际互联网工程项目传送和以内部网络为基础的操作管理，有了更加强效的硬件，出现了多学科设计软件。

进行设计画图时，经常要求逐日修改加工。在进行枯燥的画图时，坚持创新高效就成了不断的挑战。由于需要向设计团队所有成员传播最新情报信息，情况就变得更复杂了。没有获得最新设计资料的捷径就可能给在工地上工作的偏远的团队招致灾难。同样的情况是要求解决更简易更直接获得最新资料的途径。

从CAD（计算机辅助设计）发展的一开始，卖主和用户就在寻求一套为所有设计部门综合设计资料的软件系统。直到最近，缓慢的处理器速度和有限的计算机硬件贮存都阻碍软件提供这种应用能力。建筑师、空间规划师和工程师们最初只好满足于二维画图软件，它给他们提供纸面绘图的数码设备，但想把这些绘图超越学科界限协同运用却无能为力。然而，最近许多领先的软件开发者，开始挖掘多学科设计工具的能量，对付这个长期面对建筑/工程界的挑战。

杰里·莱塞里恩（Jerruy Laiserin）在一篇文章《利用数码工具扩大和推动服务》里说："在建筑工程的参与者中，易于翻译的数码资料，已经为管理顾问、空间规划者、价值工程师们以及其他许多学科开辟了向房主提供曾经一度为建筑一家独霸的电脑服务的道路。"设计师们现在正把数码技术大量用于市场，提高和扩大了他们对业主的服务。在大伦敦行政区的（GLA）一个项目中，阿勒普（Arup）音响同福斯特（Foster）合伙人合作利用阿勒普开发的软件，创造了数码形象化，以预测报告人在为大伦敦行政区设计的新会议室里演讲的清晰度。

完整的，以实物为目标的三维 CAD 正在逐渐成为建筑常规的设计和处理文献资料的主要工具。而传统的二维绘图系统显得日渐失去作用而让位于以模型为基础的三维解决办法。这种解决法允许建筑师和设计师们进行创造而不是绘图，进行建造而不是草拟。

重视三维建模极大推动了计算机辅助设计公司开发渲染软件，这能使设计师们作出能转换成三维渲染的图形或动画，能让你走进一个空间内部的示意图。这给设计师们提供了一个重要的工具，用它制作可以帮助业主理解和直观设计方案的三维建筑模型。

上网：互联网提供条件的设计

为了适应现代 CAD 系统向利用互联网设计迈进的需要，大多数系统整合了重要性能以便于在网络应用。今天，在整个工程队伍中，共享设计信息已经是再容易不过的了。有了新的改进了的互联网协作特点，设计师们现在可以把图发送到网上，同设计资料库相联系；把有关建筑内容直接拖进绘图里；举行网上会议——这一切都是实时的。例如 AutoCAD2002 软件采用了新功能和有关资料商讨和网上公布的改进手法。

计算机辅助设计中的色彩应用

近来市场上很多 CAD 系统或正处在开发阶段的 CAD 系统都支持亿万色彩。这也许使一些设计师纳闷，因为过去色彩很少用在手工画图上。在 CAD 中使用色彩有两个主要目的：首先是提供操作线索（例如，用绿色去描述植物而使识图更加容易），其次是控制操作面板。传统的CAD绘图软件给色彩编号配上不同浓度的笔（例如色彩编号1、2和3就被配上绘图器的000笔；色彩编号4配上00笔，如此而已等等）。因此，一切用1、2和3编号色彩画成的东西就是用一种细线条画成的；用4号色彩画成的任何东西就用较粗的线条画成，余此类推。如果输出要求着色，则CAD操作器就把色彩号配到绘图器的笔号上去。因此，色彩1被配给蓝色笔。一切用1号笔画成的东西，将被画成蓝色。因此CAD软件给色彩号码配上色彩名称。

色彩编号系统——它们如何工作

每个CAD软件系统都有它自己喜欢的配色编号方法。例如，AutoCAD给255种颜色各配一个号码，用它们的ACI系统把前8种颜色列出来。另一方面，MicroStation开发了类似的系统，但采用了一套不同的号码，列在DGN项下。MicroStation也允许你改变色彩和伴随的每个号码。TurboCAD使用RGB和HSL系统去规定色彩，并提供极大的选择范围。

拉尔夫·格拉博斯基（Ralph Grabowski），《AutoCAD用户》杂志的作者和编辑，概述了更多的相关调色系统如下：

- RGB：红、绿、蓝是该系统主要采用于表现（例如微软视窗）的扫描器的色彩。主三色的每一种按深度划分，从0（黑色）到255（全色）。
- HSL：色度—饱和度—亮度的数值被用以划分用数字表现的色彩。色度、饱和度和亮度，也是颜色分类系统的一种选择形式。颜色以红（0）开始，然后经过黄（43）、绿（85）、蓝（170），再回到红（255）；饱和度的范围从0（灰）到255（全色）；亮度的范围从黑（0）到白（255）。采用HSL，你不能以极座标表达方式进行颜色的算术式混合。
- EGA：名称来自国际商用机器公司的增强绘图转换器，被用于CAD系统。
- HTML：即超文本审定语言，用于互联网中的色彩分类系统，和RGB相同，但为16进制（以16为基准）。
- DGN：这是一个色彩编号系统（和文件格式），用于Bentley系统的微软站。
- ACI：为Autodesk的AutoCAD的颜色索引，也用于AutoSketch。
- CYMK：使用青、黄、品红作为主要颜色的色彩系统，也使用黑色。此系统主要用于彩色打印机。

按照格拉博斯基的说法，有各种各样给显示屏上的颜色配号码的方法。下表线引自《CAD管理指南》，表示用于好几种色彩系统的前8种颜色的名称：

名称	RGB	HSL	EGA	HTML	DGN	ACI
黑	0，0，0	0，0，0	0	＃000000	255	0
蓝	0，0，255	170，255，128	1	＃0000FF	1	5
绿	0，255，0	85，255，128	2	＃00FF00	2	3
青	0，255，255	128，255，128	3	＃00FFFF	7	4
红	255，0，0	0，255，128	4	＃FF0000	3	1
品红（粉红）	255，0，255	213，255，128	5	＃FF00FF	5	6
黄	255，255，0	43，255，128	6	＃FFFF00	4	2
白	255，255，255	0，0，255	7	＃FFFFFF	0	7
灰	128，128，128	0，0，128	8	＃808080	9	8

应该注意，随着低价 PostScript 打印机的到来，对过时的针式绘图器和绘图器驱动的需要已经减少。今天的 CAD 市场一直不断地走向用 PostScript 的喷墨打印机。

计算机辅助设计软件系统

现在有适用于空间规划师、建筑师、工程师和其他工业领域内的职业的各式绘图软件程序。这些程序满足了不同预算、不同学科和不同工程规范的需要，这些曾为建筑师、空间规划师和设计人员开发的电脑辅助设计程序，概述如下：

- AutoCAD 建筑 Desktop 和 AutoCAD LT（由 Autodesk；www. autodesk. com 开发）
- ArchiCAD（由 Graphisoft；www. graphisoft. com 开发）
- VersaCAD（由 Archway 系统，公司；www. wersacad. com 开发）
- TurboCAD（由国际微机软件公司；www. turbcad. com 开发）
- MicroStation，Projict Architect，Project Architect-Plus，MicroStation TriForma 和 Architecture for MicroStation TriForma（由 Bentley 系统公司；www. Bentley. com 开发）
- Power CADD（由 Engineered Software；www. engsw. com 开发）
- VectoWorks 和 VectoWorks ARCHITECT（由 Nemetschek N. A；www. nemetschek. net 开发）
- Architect Studio（由 Arrist；www. arriscad. com 开发）

AutoCAD®，Architectual Desktop，VIZ 和 AutoCAD LT

AutoCAD

AutoCAD2002 是一种精密而强有力的、多功能的二维电脑辅助设计程序。它保持了传统的指令线驱动特征，并为三维制模和渲染增加容量。

然而 AutoCAD 的主要问题一直是它的复杂性。对普通用户来说，指令、性能和选择太多了。此外，每一次新版本似乎都增加了更多的复杂性而不是减少它以使软件更加直观简便。许多现今的计算机辅助设计软件程序不再使用键入指令。特别对新用户来说，AutoCAD 难度太大了。与对一切都驾轻就熟的专业人士不一样，新手很快就发现，学会像 AutoCAD 这样复杂的程序困难重重。不管是构建新图，还是有比例尺寸的打印，新手总会发现 AutoCAD 可能是一种难以掌握的程序，尤其是不简便。

在 AutoCAD 的 2002 版本发行中，认真地尝试了解决那些棘手的困扰早期版本的问题。这些问题包括难以创造有标志的和提取标志的资料的分程序，难以确定何时使用外部参考资料，难以建立适当的打印比例尺寸以及三维制模和渲染的各个方面的困难。虽然在最新版本里，这些问题已经大部分得到解决和改进，同时已在网上发布，这些肯定会受到欢迎，但程序仍然落后于满足用户的要求（图 10.1）。

AutoCAD 2002 的尺寸标注功能已经改进的一个方面是使这些功能具有联想性。实际上，这意味着它们确实同它们所标尺寸的物体相联系，而不是同界定点相联系。如果通过旋转、缩放或用抓手编辑物体，改变其形状、尺寸和方向，则相应尺寸随之自动变化，你不必再移动和重新定位界定点，以保证尺寸的准确性和一致性。

AutoCAD 有些方面，如三维制模功能仍然很不直观形象，由于未能进行最新升级，故仍须改进。例如，捆绑性差，就使得在完成操作前难以确切地看到你在为什么建模。创造三维物体后，进行修改也非常困难；纹理贴图也很复杂；而恰到好处的灯光配置也要求相当高的技巧。

Publish to Web II

作为一个特征来介绍，Publish to Web II 为用户提供一种容易创立网页的方法。这种网页包含用 AutoCAD 创作的人物绘图文件。Publish to Web II 处理了所有生成 HTML 源码和图像的细节，让以前只有很少或毫无网络开发知识的用户能轻松地使用其性能特征。已升级的版本 Publish to Web II 作了关键改进，包括附加模板和主题介绍，这些赋予了用户对他们建立的网页的格式化以更强的控制。DWF 格式，即发送绘图文件的轻量文件格式已经升级以支持位图格式，且能在网上审视、作标记和用 Autodesk 的 Volo View 进行打印。其他改进措施包括为三种文件类型（DWF、JPG 和 PNG）选择不同的版面尺寸，即给发送到网站的图像的尺寸以附加的调控。

AutoCAD 最近开发的 i-drop™技术方便于公布设计资料，而借助 i-drop 的网站就能够让设计团队成员们直接从一个网页把内含拖进他们的 Autodesk 设计文件。例如，你可以在你的合作内部网络上发布批量程序库。博士、作者和 CAD 专家拉赫米·凯姆拉尼（Lachmi

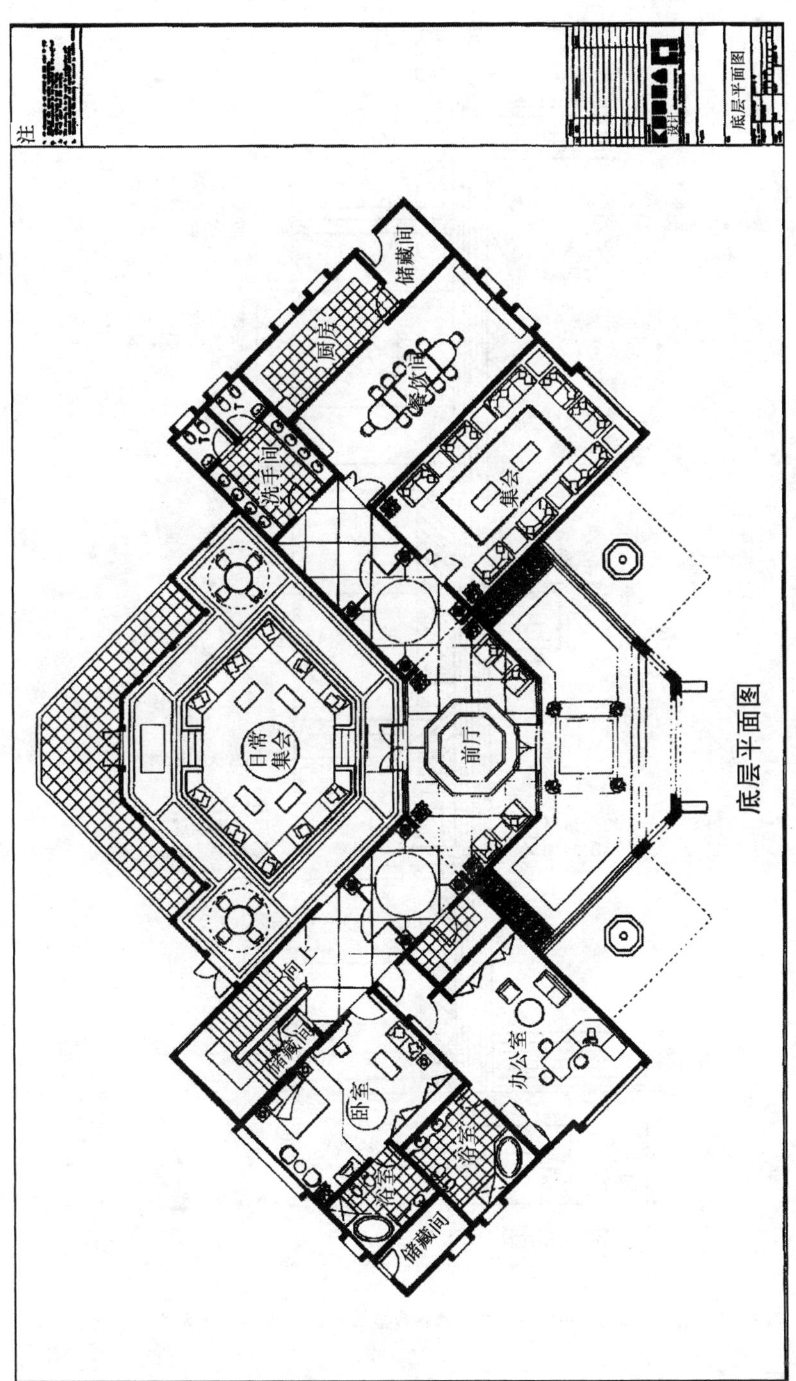

图 10.1　最新 AutoCAD 发行本给专业设计人员提供了更大的绘图功能

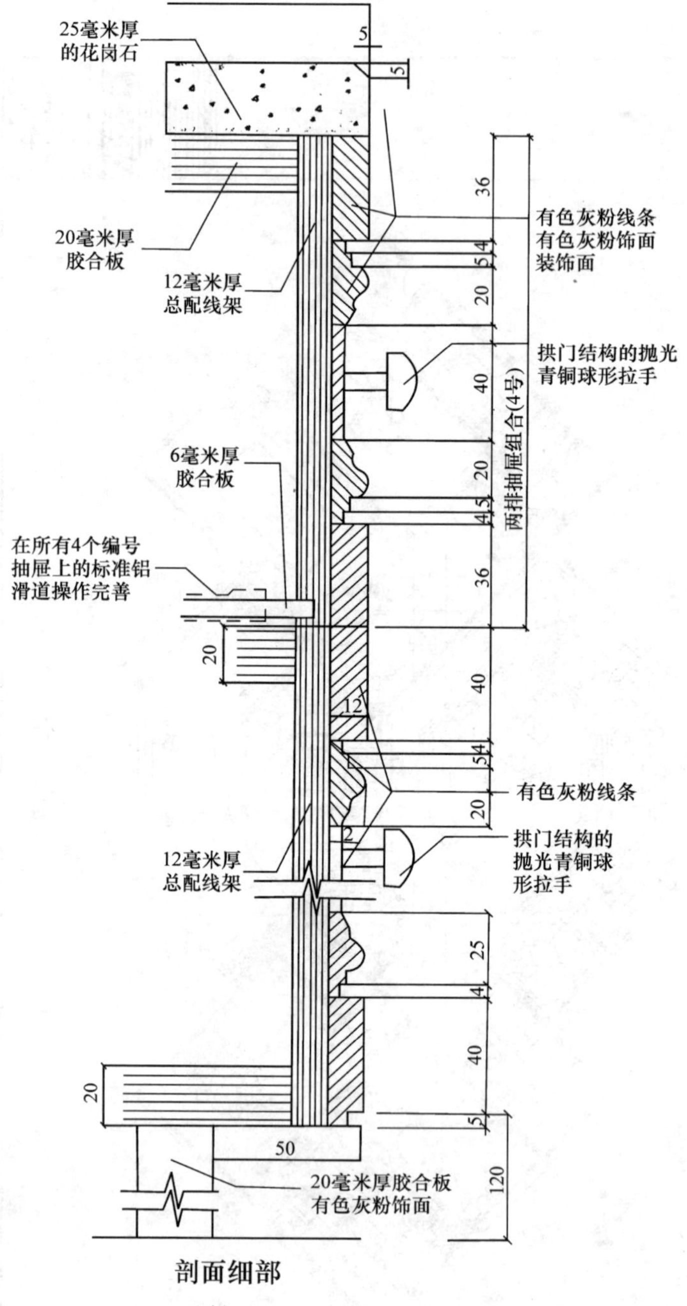

剖面细部

比例 1:2

图 10.1 （续）最新 AutoCAD 发行本给专业设计人员提供了更大的绘图功能

Khemlan）说，“网上设计最富刺激的特征是在把绘图文件公布为网页时运用 i-drop 功能的能力，这一点可使某个访问这个网页的人把发布的绘图放进他们时下的 AutoCAD 讨论中，以供观看和编辑，绘图以批量形式置放，也能用三维形式。”

图 10.2 是描绘一把椅子的三维模型的例子。这把椅子是从一家网上制造商用 i-drop 技术创作的目录中拖出来和放置的。越来越多的制造商正在网上创建目录，有时，我们会发现承包商们在按图纸进行建筑，这些图纸基本上是用构件和从网上获得的家具模块组装而成的。和这种方法相同，我们现实生活里的建筑物就是用构件和由各种家具商供应的家具装配而成的。

i-drop 就是以 XML（可扩展标识语言）为基础的技术。它能携带的资料可能是无限的，而且在网上能够被用来获取几何资料和光学资料以及有关非绘图性资料，诸如材料、费用信息等等。Autodesk 自身的 XML 原件，Design XML 在 AutoCAD 2002 中得到支持。按照同样的程序，建造一座楼房，绘图过程中的一些或全部物件可以作为 Design XML 文件存起来。这种格式能使几何信息资料中被选中的物件在网上容易抽出和加工，也可能作其他运用，诸如费用估算和能源分析。因为 Design XML 并非是一种由主要的美国原子能委员会软件商支持的标准，而是 Autodesk 的专利品。因此要说建筑行业在应用 CAD 和非 CAD 之间轻松交换建筑设计资料的目标是否能达到还为时过早。

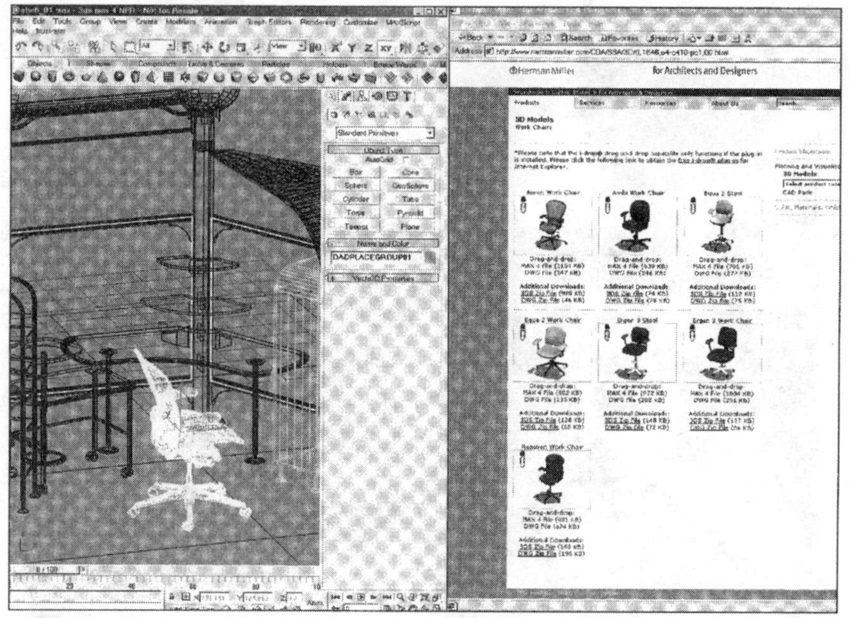

图 10.2　一把三维建模的铝合金椅子样例。它是采用 i-drop 技术从网上赫尔曼·米勒公司目录中拖出而成的。[由卡伦·威策尔（Karen Witzel），赫尔曼·米勒公司提供]

Autodesk 的建筑 Desktop

Autodesk 建筑 Desktop 是建筑工具的综合程序组，它赋予在设计上更大的自由和灵活性——不管你的设计是偏爱二维、三维还是两者都偏爱，也不管你喜欢利用智能构建方法对具有真实世界属性的物体进行建模设计还是喜欢传统的绘图方法。建筑 Desktop 也包括所有传统的 AutoCAD 软件绘图工具，并带有内存远远超过 1000 多种资料的文库。这一文库使你能在平面、立面和剖面视图中以及储存、恢复和自动按比例绘制详图方面表现细部构件。

虽然用直线、弧和圆的二维设计最终能使你达到你的目标，但建筑对象物能更快实现你的目标。Autodesk 坚持“建筑 Desktop 软件的智能建筑对象——例如楼梯、幕墙和顶棚——按照真实世界属性起作用，因此不论何时你进行一次设计变化，它们都会自动更新。在二维或三维中用这些对象创建一个单一建筑模型，这个建筑模型就是你的单个数据集，从中你生成所有工程文件：安排调度信息、立面图、平面图和剖面图。遍及建筑模型的所有资料信息都是紧密相连的，因此你可以一蹴而就地创设资料数据——这就缩小了周期时间和降低了代价昂贵的错误的可能性。”

此外，朗尼·坎普顿（Lonnie Cumpton）的“Avatech 解决法”说：“Autodesk 的建筑 Desktop 为建筑企业提供了一个一揽子综合环境以完成概念设计、设计开发和设计文献。”（图 10.3）

图 10.3 Autodesk 建筑 Desktop 一例，赋予设计师以改进过的概念设计、设计开发和设计文献功能

通过提供一种很好地融合二维和三维功能的产品，建筑 Desktop 3.0（ADT3）是对正在出现的威胁其现今市场的主宰地位的商人们的回答。ADT3 配有智能对象技术，而且能够能动地改造和更新相关的建筑组件——诸如墙体、窗户、门和幕帘——只要某些东西一旦变更尺寸、交叉或被修改时。Autodesk 申言，“ADT3 能能动地联通它的所有图纸”和“以同步、协调的方式在建筑模型中变更升级。”建筑 Desktop 有 AutoCAD 2000 作为其基础，而且还提供了许多以网络为主的功能的适应性，诸如 Meet Now，e Transmit 和 Publish to the Web。

Autodesk 发明者是 Autodesk 所说的以性能特征为基础的参数实心制模者，给予用户“在装配制模、表面处理、二维到三维工具、配件一族和金属片以及新型塑料部件设计工具方面重大的新的促进。”一项新的“iparts”指令让用户能创建一个配件族（构形），它可以通过允许你依据配件的特征建立不同参数的空白表格程序型对话框而进入。任何在配件里以性能特征为基础的参数都能被消去。其他非绘图资料，如配件号码和费用，可附加到空白表格程序中去。

Autodesk 的 AutoCAD LT

这是一种比较简单的二维计算机辅助设计工具，是针对那些仅仅偶尔需要使用计算机辅助设计程序的现有专业人员而开发的。它完全是兼容 AutoCAD 的图形文件，它也以直观的电子邮件、网络和多媒体工具为自豪。

除了以上众所周知的产品外，Autodesk 家族的产品也包括像“建筑工作室”这样的程序。这一程序正在通过直观的以草图为基础以便把概念思维引入生活的设计工具，再现传统的设计工作模式。同样，Autodesk 三维工作室 VIZ（图 10.4）“是一种革命的三维形象化的解决办法，它介绍先进的球形白炽灯照射渲染技术，使你的设计规划各方面大大地促进提高，从设计勘探到交流，到批准确认。有了 Autodesk VIZ 就能把设计形象化功能同一个以 Autodesk 建筑 Desktop 为基础的设计工作流程结合起来，而得到真正丰富、准确的设计动画。”

ArchiCAD

将近 20 年来，围绕“虚拟建筑物”概念，绘图软件一直在为建筑师们开发和寻找设计解决办法，包含一个前沿智能对象，它提供自动文件使用、瞬间显形和最大的共同操作性。“虚拟建筑物”是一个三维数码数据库，它追踪所有构造建筑物的组件，也是所有绘图软件产品的核心。“虚拟建筑物”模型使监理一座建筑物的全寿命周期成为可能。因此，毫不奇怪，ArchiCAD 程序的开发者们认为它是建筑师和设计师们采纳新计算机辅助设计标准最简易方法。

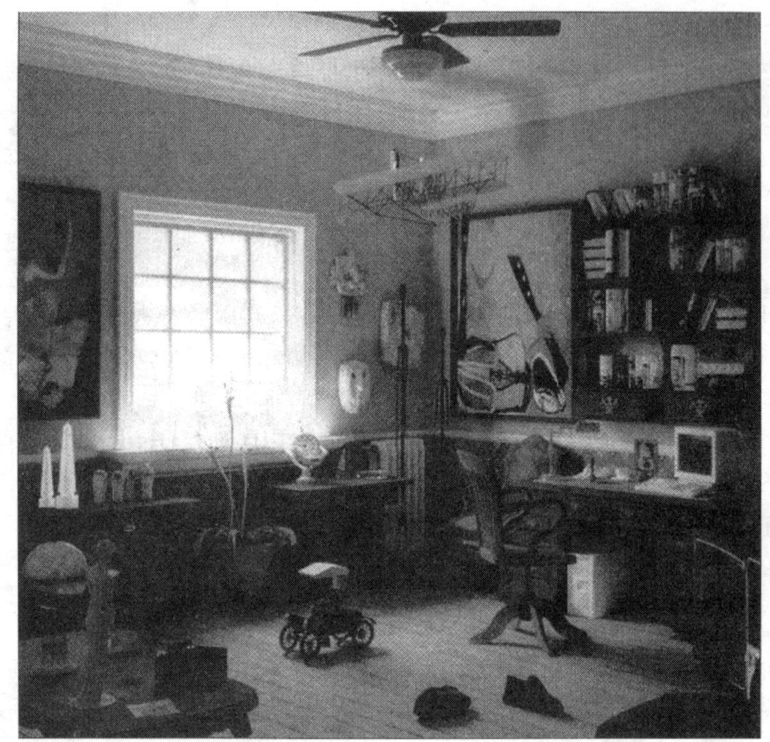

图 10.4 VIZ 工作室三维渲染样例

绘图软件说，“和一个在计算机上简单的三维模型不同，重要的是‘虚拟建筑物’包含更多的有关建筑材料和性能的信息资料，这些资料可能包括表面积和体积、热性质、房间描述、价格、详细的产品说明、门窗和装修进度表等等。”

绘图软件还认为“虚拟建筑物”模型对所有和建筑业相联系的专业人员——建筑师、住宅设计师、室内设计师、房地产代理商、设施管理人员以及市场销售人员都有用。同建筑师启用“虚拟建筑物”一样，房地产代理商或空间规划师可以轻松地从任何方便时机获取精确的房间尺寸和面积计算以及当前的透视图，甚至可以在虚拟的建筑旅游中饱览景色。绘图软件说，“室内设计师们可以在规划阶段在同一‘虚拟建筑物’模型上开始工作，建筑完成后，建筑管理人员能利用综合资料和整体三维分隔平面图去追踪建筑资产和修改空间。”（图 10.5）

当绘图软件第一次开始开发 ArchiCAD 时，它的主要目标不是简单地代替绘图板，而是寻求在建筑设计过程中通过引进整体三维模型和对象技术力量，把计算机辅助设计从一块电子绘图板转变成一个完整的建筑工具。

图 10.5　ArchiCAD 计算机建模功能样例。（由华盛顿特区建筑工作室提供）

在软件包中，ArchiCAD 能综合性地处理建筑过程中从设计和文件应用到交流和合作各方面的问题。因为你在一个智能三维电脑模型上工作（即现行工程的模仿），过程就变得简化多了。

用 ArchiCAD 进行设计时，介绍手册说，“人们自动地创建真实建筑物的模仿品：虚拟建筑。不用画线条、椭圆和弧，你直接竖墙体，加门窗，置地板，建楼梯和安屋顶。当你在楼层平面图上建造构件时，ArchiCAD 创建了一个中心数据库，它能同时处理带平面和剖面视图的三维模型资料、尺寸、材料装修、构件目录等。这就意味着你能抽调所有需要的资料，在“虚拟建筑物”中充分地描绘你的设计，而且在任何时候对设计作修改而不必手工再现施工图或进度表。”既然所有的建筑信息资料都被储存在一个单项工程文件里，则当你工作时，建筑模型保持完整性和现代性，而且在一幅视图里作出的任何改变都会在其他视图里自动更新，包括平面图、剖面图、立面图、三维模型和材料清单。

这就允许你获取和推断设计的各个阶段的准确需要，也适用于所有参与项目的其他人员。此外，一个业主不但能看到功能安排和总平面图，而且能体会到走进空间的感觉，看到一天里不同时刻阳光是如何影响一个特定的房间的。因为文件是在一个电子格式里，它能被传送到其他查阅者，不管他们是在哪个计算机辅助设计平台上。而且他们能在这一过程中对文件作出更改并退还，以供以后工作之用，而“虚拟建筑物”数据并无损失。ArchiCAD为施工人员和分包人提供综合进度表和材料清单，以及对比例尺寸敏感的门窗边框详图。施工人员可以在工程建设或拆除的任何阶段，计划任务，创作时基动画和文件。而开发商则可以利用这些照片式逼真的渲染图制作宣传册。

ArchiCAD 突出特点

ArchiCAD绘图软件的突出特点包括：

- “虚拟建筑物”：ArchiCAD在中心数据库中储存了有关建筑的所有信息资料，一幅视图中作出的改变自动地在其他视图中进行更新，包括楼层平面图、剖面图（立面图）、三维模型和材料清单。
- 智能对象：ArchiCAD的智能建筑组件，如门、窗和柱子能懂得它们的环境并对其作出反应。这就加速了工作，使工程管理更加容易。并且能让你进行设计而不需草图，甚至从画好的直线、弧和活动曲线规上工作。“魔棒”能创造智能建筑组件。在三维环境中进行思考和工作：建筑师们可以在三维视图中设计和编辑模式，在实时中行进以检查设计并举行同业主们互动的设计讨论。
- 瞬间直观化：ArchiCAD的渲染工具简单好用，帮助你形象化设计。“虚拟现实”（VR）表现图能直接在ArchiCAD中生成，使业主可以对他们的项目进行一次虚拟旅游，通过简单移动鼠标在空间中自由遨游。毫无疑问，如果一项工程以动画形式虚拟现实景象或像照片似地逼真渲染出来，业主们就能更好地理解一个设计师的眼光。有了ArchiCAD，就可以从任何视点进行观察，即在任何地方看——甚至使用完全渲染过的三维切去一部分的剖面图。通过把场地照片和其他背景资料放在渲染图中以创造准确的、生动的阳光和在任何日期、时刻和位置在地面上投下阴影。
- 互联网通讯工具：建筑师们可以通过互联网给同行、业主和查阅者散发文件以征求评论和最后定稿。然后把改变要求合并回工程里，“虚拟建筑物”环境支持对设计的公开交流、修改和改进，不管其实际距离如何。
- 文件应用：建筑文件和档案资料可以自动地从“虚拟建筑物”样式中得到门（窗），进度表和材料清单都能很快生成，而且总是反映建筑样式的现状。分区工具辨认房间并对它们加以标识，还追踪面积和体积，而组件清单则显示价格对象编号和劳动费用。在最近发行的版本中，相互影响的门（窗）清单自动更新建筑模式。反之亦然。尺寸大小既自动化又有联想性，标识工具能粘贴文本和符号以识别你的设计部件。

除了坚持IFC标准外，ArchiCAD已经大大改进了它的物件技术，包括墙体特征，引进桁架，并通过其功能和分析评估软件，如 Lawcence Berkeley Caboratories Energy Plus 和 Timberlines Precision Estimating 互起作用。它的改进了的互联网功能使用户们从一家制造商的网络上拖出 GDL 物件，并放进一个设计中去。

VersaCAD

虽然 VersaCAD 当初是为 Apple Macintosh 电脑开发的最早的计算机辅助设计程序，但它最近已被重新作为视窗的惟一产品介绍出来（虽然它将仍然在 Macs 上工作）。最新的 VersaCAD 版本包括对其基础理论进行全面综合的修订，以使更多视窗简易适用和提供一个更快、更稳定的平台。此外，开发者们把新的内在功能结合进软件，从而当进行另一项如画图、标尺寸操作时，实现了强有力的新缩放和移动功能，诸如缩放窗口。对那些偏爱使用三维建模的人来说，不是 3Djoy 就是 Phino 可能成为首选的三维表层建模软件。Archway系统列举了 VersaCAD 的主要特征如下：

- 生产率：也许是工业被一些无关的问题所纠缠，以致于我们忘记了计算机辅助设计的初衷和一贯的目的是用较少的工时生产设计产品或每一工时生产更多的产品。就产出说，设计绘图或机械绘图，VersaCAD 至少是有竞争力的，而且和其他主要计算机辅助设计对比，也许更有成效。
- 容易学会：据报道，新雇员只需要花较少的时间学会用软件。一个新雇员经过一天的培训就能卓有成效地运用 VersaCAD，而学会 AutoCAD 至少要花两天。在教育机关，给未来的设计师们和工程师们介绍计算机辅助设计，大家对 VersaCAD 更是情有独钟。学会 ArchiCAD 的学生总是能转而学其他计算机辅助设计系统。它还为生成二维绘图提供一种简易而直观的方法。
- 新的和改进了的性能业已被融入这一程序，包括改进了的查看功能、缩放和移动功能，例如当进行另一项如画图或标尺寸操作时缩放窗口。其他特性包括：自动标尺寸、用户可定义的性能创造绘图对象、个别地或总的改变性能的能力、单一按键指令、能动的“不用手指”的协同输入、强大的组合功能以及自动的诸如墙体组装功能。
- 有绘图组件的好图库。

要说缺点 VersaCAD 在其最新发行版本中还有些病毒要消除。而且它不能处理 GIF 或 JPG 图像，虽然它包括为 DXF 和 IGES 输入输出的翻译程序。它也缺少像其对手 Power-CADD 和 VectorWorks 那样的竞争力。

TurbCAD

通过广泛的一系列强有力的二维和三维绘图工具，IMSI 的最新 TurbCAD Professional

给设计师们和计算机辅助设计的用户们提供了很大的灵活性和操作性。它也完全支持 AutoCAD DWG（DXF）文件格式，对 MicroStation 和 Microsoft Office 的兼容性。它应该满足大多数计算机辅助设计用户们的期望，让他们自豪：这个软件的性能只有在更加昂贵的同类产品中才能找到，有些性能甚至同类产品根本就没有。TurbCAD 以前被贴上了“消遣者软件”的标签，这一状况应该随着最新专业软件版本的出现而被改观。

TurbCAD Professional 有内在的智能对象支持，对最新 ACSI 三维实体建模技术起着重要作用，并且允许 LightWorks 和 Hidden Line 以多视窗渲染。它的 Materials Editor 让你能从普通的建筑材料，如砖、五金、塑料、玻璃、木材中进行挑选；它也能让你引入 BMP 图像作为新的特征，一切资料都是充分可编辑的。通过引进资料和照明特性 TurbCAD Professional 能带给你逼真互动的建筑渲染和三维模型（图 10.6a，10.6b）。它也有完整的一套网络接口和发布工具。除了 TurbCAD Professional 的简便界面和容易使用的性能外，它还以其他突出的质量而自豪。包括：

- 广泛的绘图和二维设计工具（诸如几何直线排列辅助器、自动标尺寸、线条、弧、多边形、多线条、镜射和胶印本、分层设色功能）对层面的二维布尔计算，例如，墙体工具同联想的砌块智能地联接起来，当你把它们放在墙上时，门窗符号自动地就位；同样，如果移动一扇窗户或接合两面墙体，墙就会自动“愈合”。
- 一套完整的三维设计和建模工具，包括三维表层和实体建模功能，用户可定义的工作平面图，“一步到位”三维形状，三维多线条，三维布尔操作等等表层到实体转变。

图 10.6a　卧室室内渲染，由理查德·布雷姆（Richard Brehm）用 TurboCAD 软件创作

图 10.6b　数码渲染，由托尼·普里梅拉诺（Tony Primerano）用 TurbCAD 软件绘制

- 渲染、直观和表现图工具，包括先进的 LightWorks 渲染和 Radiosity 一目了然的 GLI 加速支持，能动的旋转和两端进入，这些都是完全可编程序的。
- 支持 AutoCAD 和 MicroStation 文件格式和 20 多个其他的工业标准文件格式，包括 3DS 和 EPS 输出格式。
- 网上发布工具和互联网兼容性使你能嵌入超链接和进入网络内含。易于以 JPG 格式存储并通过 HTML 发布。
- 16000 多个计算机辅助设计符号和在 ISO、ANSI 格式中的剪辑术，包括 1000 多个可以编辑的 HomeStyles 房屋平面图，ANSI 和 ISO 模板以及 FloorPlan 三维软件。

MicroStation

MicroStation 是 Bentley's 解决建筑民用工程、运输加工工厂、分散制造设施、公用设施和电信网络等问题的基础。MicroStation PowerDraft 为二维和简单三维制图提供工业认可的工具。Bentley View 是一个强大的观察和打印的应用软件，它扩大了工程数据资料程序的适用性。Bentley Redline 把易操作的审定工具同 Bentley View 的观察和打印功能结合起来。

这个程序给了用户创建永久三维模型的能力。模型和所有它们的组件都是真实世界对象的电子仿效品。不管是设计和工程，还是建构和操作，创造出来的模型都具有所有关于资产和其结构的信息资料，能简化工程管理并使设施的操作更加有效，取得更好的经济效益。

MicroStation 的建筑设计应用是由参数建筑部件的图库提供的，支持对销售商、制造商的产品目录的链接。设计的各个方面被结合进一个三维模式，而且一套强有力的直观和模仿工具提供了能动的、照片式的、真实的视图。传统的绘图、材料清单和其他报告也能用作几何附录数据库 AEC 内存被从模式中抽出来。

MicroStation TriForma 和 Archtecture for MicroStation TriForma

MicroStation TriForma 是为建筑和工程设计（图 10.7）的三维实体建模软件。特别是它为建筑和机械设备工业以及连贯的用于建筑和工程设计的用户接口提供了一个共同的技术平台。它也提供一套强有力的旨在处理对象管理、建模和制图、直观化、绘图和报导摘录及干扰检查的工具，这样就能产生更快、更好、更经济实效的工程。MicroStation TriForma 通过一套详细的学科应用软件，为满足其他学科参与建筑过程的要求打好基础，改进了交流和协调，包括对建筑的、结构的、机械的、管道安装设备和电器电缆管道设计的解决办法。

新近发行的 V8 Generation of Architecture for MicroStation TriForma 实质上提供了赋予建筑师们史无前例的拓朴学的建模能力，自动摘录生产制图及报导，并紧紧地和有关的 Bentley 应用结合起来。Architecture for MicroStation TriForma 使建筑设计和生产过程自动化，从概念设计到建筑文件的应用，结合了三维建模和二维绘图制作、报告、直观化和动画化以求产生动画的表现。

Architecture for MicroStation TriForma 提供了大范围的绘图辅助手段，例如，组件间的联想性、空间规划工具、参数构件、一个 AIA/NCS 遵从的数据集以及各种造型能力。同样，它将为任何工程提供一个统一而灵活的设计环境，而且不再直接同 DGN 文件格式连在一起，因为它本身会直接参考和编辑 AutoCAD®绘图文件，使其成为世界两大最流行的计算机辅助设计格式的通用工程设计平台。

美国建筑师学会本特利产品营销会副会长汤姆·安德森（Tom Anderson）这样评论："Architecture for MicroStation TriForma 把详细的学科功能性增加到 MicroStation TriForma，Bentley 的参数建筑和设备工程结构中去。"奈杰尔·戴维斯（Nigel Davies），惠特比·伯德（Whitby Bird）计算机辅助设计开发部经理说，"为 MicroStation 的 TriForma 在建筑上的开发，在近几个月里已经无与伦比地对产品进行了改进"，接着又说，"建筑完全利用 V8 已经可行，产品现在是最重要的完整的工程建模工具，不只是为工程师们而且也为整个美国原子能委员会系统所用。"

程序在征求了主要的建筑企业的意见，并在 MicroStation TriForma 的坚实基础上开发出。Architecture for MicroStation TriForma 使建筑师们能以更大的成效和更好的创造力进行设计，除了 Architecture for MicroStation TriForma 的建筑应用外，还有 HVAC for MicroStation TriForma（用于机械工程师）和 Structural for MicroStation TriForma（主要优化 MicroStation TriForma 的结构设计和建筑文件的应用以及进行钢和钢筋混凝土构件物的结构分析和设计）。

图 10.7 用 MicroStation 软件所作的室内渲染图。[佐治亚州亚特兰大库珀·卡里(Cooper Carry)公司建筑师创作]

Project Architect 和 Project Architect Plus

Project Architect 是一个综合性的以平面为基础的建筑设计和制图软件，旨在用于 MicroStation 计算机辅助设计引擎，并且以 300 多种功能扩大了 MicroStation 的指令，这对建筑工作流程特别有好处，而且大大简化了把建筑设计输入计算机辅助设计的过程（图 10.8)。许多复杂的通用绘图指令通过着色设计工具（它们是可按顾客要求剪裁的）而结合起来并易于理解，用智能建筑构件（诸如柱子、墙体、门、窗、楼梯和家具）和三维模型以创作平面图。此外，在建筑前期阶段创造的数据资料可以用于以后的实质建筑管理工作上。尤其是它们借助基本的 MicroStation 计算机设计平台而天衣无缝地结合起来。修改也是快速简易的。

程序支持自动化工作流程，从工程项目管理，经方案设计和自动三维模型创建到建筑文件应用。它还自动地抽调进度表、工程量报告、剖面图、立面图和来自建筑数据库的模式，保证全面同楼层平面图协调一致，这就大大增加了一个操作者对通用计算机辅助设计或手工画图设计的驾驭能力，而且这很理想地适合于所有规模的建筑环境：从单个座位的设计工作室到大型多学科建筑和工程公司。

Intergraph's Project Architect Plus 包括智能三维模型，封装功能和熟悉的 PDS 集成指令以分享模型，并能传递信息资料和在 PDS 设计环境中介入信息资料。

图 10.8 用 MicroStation 软件创作的室内渲染图

Project Architect Plus 是为 MicroStation 用户设计的以平面图为基础的建筑设计和建模工具，它包含了 Project Architect 的所有功能性并多次升级，进一步用 Intergraph PDS 家庭产品提高了集成水平。该程序使你能设计精密复杂的建筑，生成智能的用于检查和表现的三维模型，为 PDS 碰撞探测提取封装件，用 PDS 家族工具检查碰撞，（PDS PE-HVAC，FrameWorks Plus，RaceWay 和 EQP）并召集和安置在任何其他 DDS 设计环境里创造的对象。

工程和文档管理功能顾及到超越网络的设计创新、追踪、共享和保护，而且也顾及到对从任何桌面文件应用的追踪和预置，对处理在繁忙的建筑事务所里产生的各式各样复杂的数据来说，也是很理想的。MicroStation Converter 是另一个有用的应用软件，它是为 AutoCAD 用户们设计的双向翻译器，这些用户需要兼容 Intergraph MicroStation 文档。

赫尔曼·米勒是许多家具和建筑构件的制造商之一，他们为像 MicroStation 和 AutoCAD 这样的计算机辅助设计系统提供软件包，这些软件包包括二维平面和立面元件及标识资料，这些已在第七章中详加讨论过。

PowerCADD

PowerCADD 本质上是一套二维技术绘图组件，它是为使用 Macintosh 操作系统的建筑师们和工程师们设计的。它在一个易于操作的 Macintosh 界面内提供有力的专业绘图功能。这一界面却不妨碍你的设计能力发挥（图 10.9）。它也提高了色彩处理功能，并支持流行文档模式以及内存的 DesignWorkshop 的直接翻译，因而为 Macintosh 设计专业人员造就了强有力的二维（三维）结合。

PowerCADD 旨在给出简易绘图程序的效果，因为它让你在绘图中使用任何你想要的资料来源。照片或扫描而成的图像对描图来说是容易输入的，同样，一幅图可以有许多层，就像在多张清亮的琉酸纸上一样。来自 Microsoft word 或 Excel 的格式化了的表格能够用发表和订阅的方式输入。新近的 PowerCADD 版本有参考文档，让多个设计人员从事一项工程，它也包含一些接口改进，支持 64 位双精度内部计算，以增加精密度和性能。

PowerCADD 也和其他计算机辅助设计程序的工作方式及每个人与绘图相互影响的方式不一样，它让你同图纸一起工作，并完全同绘图过程联系起来。和 AutoCAD 程序不一样，PowerCADD 易于学习、操作简便的特点和你进行图纸的那种本能的天衣无缝的工作方法使它享誉其广大用户中。借助其他许多计算机辅助设计程序，绘图过程是注重线条的，每个操作都要求必须分阶段进行，而且事先要确定其目标是什么。有了 PowerCADD，设计人员就能在绘图时当机立断，得到援助而畅通无阻。操作者可以把一只手放在鼠标上，另一只手放在键盘左下角，用 shift 键去控制调整角度或固定偏移量和尺寸去进行绘图。

设计人员在 PowerCADD 的两种主要调色板工具之间进行任意选择，即一种 WildTools 和 PowerCADD 的结合，它使你自由地用真实的力去绘图。WildTools 基本上采取了 PowerCADD 的基本概念并增加了许多提高和改进措施。此外，你可以增加插入工具和许多外挂的指令，这些可通过 PowerCADD 转换器与 AutoCAD 绘图格式与 Autodesk 的 DXF、JPEG、Encapsulated PostScript、ClarisCAD 格式和其他软件的格式进行相互转换。

PowerCADD 是你的绘图板、草图纸和绘图工具。怎样安排你的世界和这个世界之间的互动是由你来决定的。你直接控制着对工具和命令的指定键，也有完全的灵活性去指派你选定的指定键。设定很简单，可使你工作快速进行。绘图工具用来创作直线、长方形、圆和曲线，这些构成了绘图。这些对象的本性就像你能拾起来和旋转开的东西一样。你可以挑选对象，移动它们，复制和旋转它们或把对象沿路线放置。还有装饰、倒角和平边条工具以及带内置拼写检查器的文本工具（图 10.10a、10.10b）。

自然，你可以借助填充样式功能轻松地决定笔划轻重、虚线样式和创造影线型样式。这样，你就可以有砖头、石头、水、混凝土、大理石和许多其他材料的着色纹理，甚至设计定做调色板工具都是小事一桩。同样，新的色彩可以被创造出来，并增添到菜单调色板工具中去，如果想要的话，也可以以后进行修改。这些颜色按照流行的色彩搭配系统可以用号码或文字进行识别。的确，一块完整的定制的调色板可以被创造出来并留作其他绘图之用。

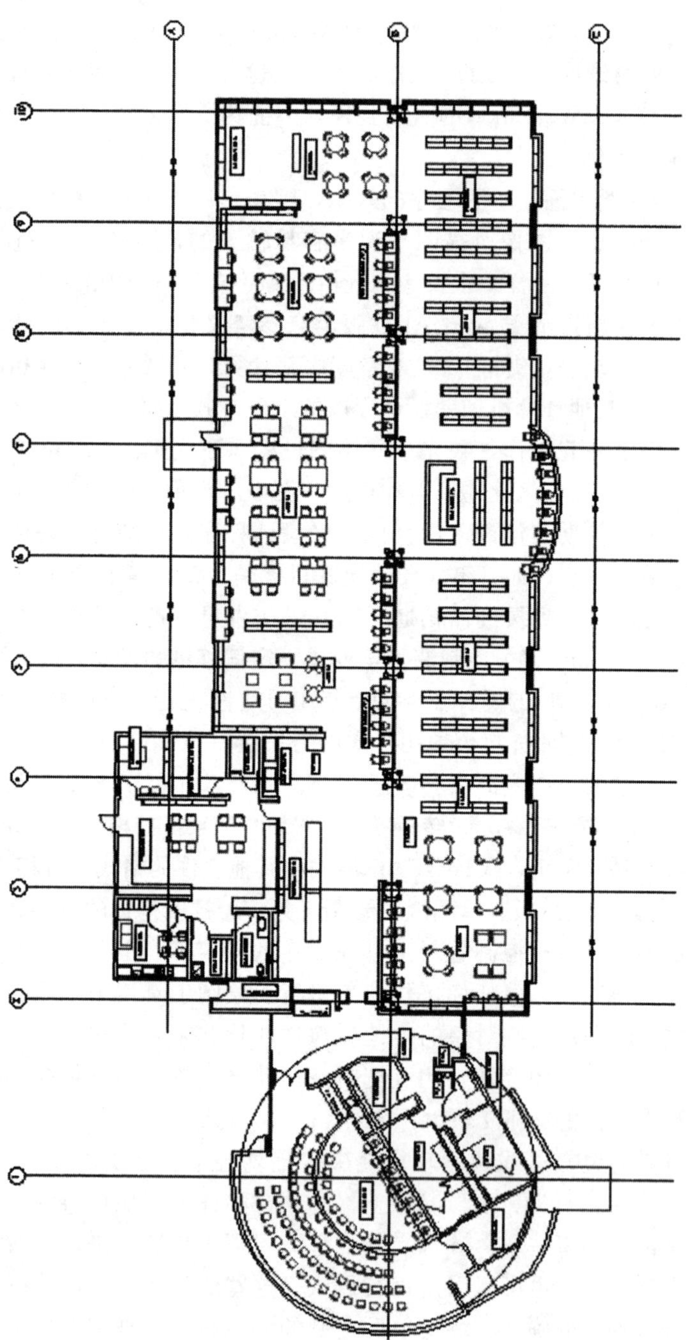

图 10.9 由埃里克·马尔（Erik Mar）用 PowerCADD 作的卡诺加（Canoga）公园分图书馆设计

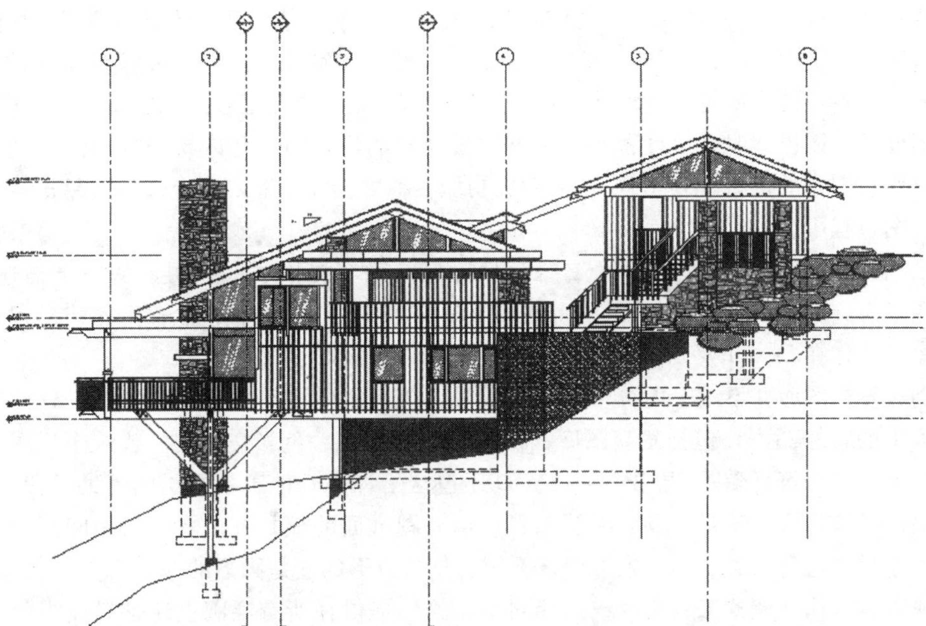

图 10.10a　由亚当·威斯勒（Adam Wisler）创作的一幅 PowerCADD 人工瀑布住宅图

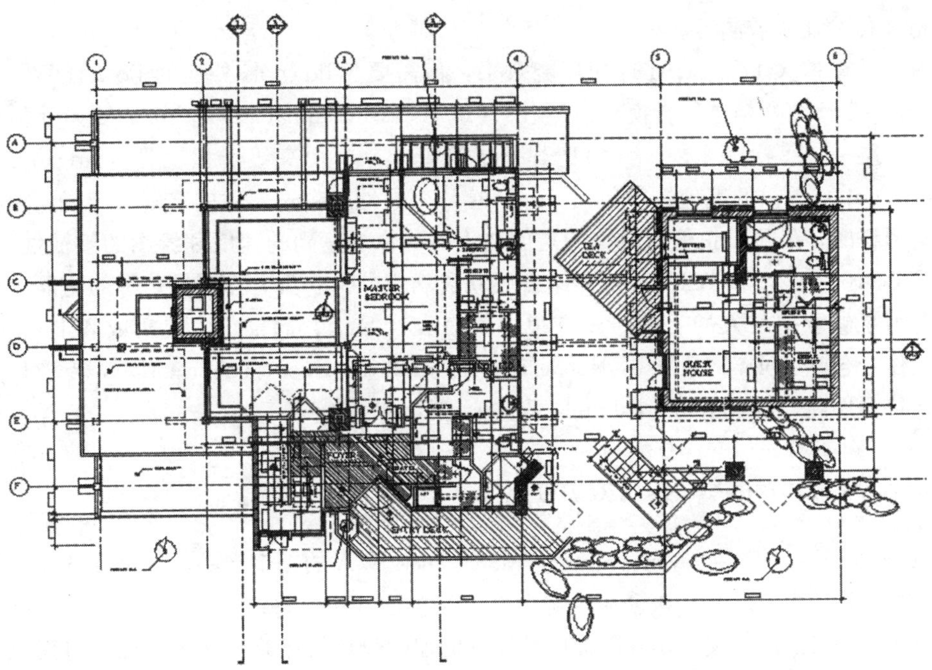

图 10.10b　由亚当·威斯勒（Adam Wisler）用 PowerCADD 2000 创作的住宅楼层平面图

PowerCADD给你以用装有白色的对象去完全盖住绘图某些部分的能力而不必切削和整修绘图中所有的对象，并容许在图中使用非印刷准则和参考点。你还可以在设计时进行面积和周长计算，还有先进的标尺寸工具以及尺寸窗口以编辑业已在图纸中安放好的尺寸。

当处于绘图模式时，设计者有许多方法去观察图样，同时允许易进易出的移动，包括总览窗口对图样的俯瞰。WildTools的缩放功能（称之为缩放器）也允许易进易出移动，包括在绘图过程中。

虽然PowerCADD主要是一个二维程序，但它确实提供了一些明显的三维描述功能，包括在PowerCADD软件包内的一本DesignWorkshop Lite，一个非常有用的建模程序。这个程序赋予你在DesignWorkshop格式里储存PowerCADD图样的能力。

创建符号图库并不难。用符号工具或符号调色板就能把符号放在图样里。软件包带来很多可用的符号图库，包括景观图库、机械设计师图库、色彩文件夹、建筑图形图库、住宅建构图库和建筑喜爱图库。PowerCADD还包含了许多其他工具和绘图辅助手段，例如，平行偏移工具、门窗安置工具、滴管工具、填充图纸面的颜料桶工具、长短间隔线。识别选择使你只挑选自己需要的对象类型，不管它是长方形的还是圆形的。

缺省窗口让你调整工具属性或选择对象，给你提供在所有层圆上还是只在当前层上工作的选择。状态窗口可用来调整推进距离，改变绘图比例尺寸或改变图层画完后，图样可以在笔绘器上标注或在激光打印机或大型喷墨打印机上打印。图样也可用Adobe Acrobat PDF格式传给业主或同行。

为了尽量扩大PowerCADD的功能效果，你需要WildTools外挂的PowerDWG翻译器对AutoCAD绘图文档进行转换。“专业层管理”（Professlonal Layer Manager）让你启动和观看任一层——每次一个层——而把其他层隐蔽起来。由高级工程工具（Advanced Engineering Tools）提供的其他选择包括S-blends片刻惯性和精选器件的准则。当任何人渴望绘制精美图样时，最终真正值得重视的是创造力——你能达到的速度和绘图的敏捷性。据说，这就是PowerCADD和WildTools相结合大获成功之处。它具有作简易草图的功能，然而它也强有力足够承担最大的工程。还有很多第三类产品，它们推进、充实或和PowerCADD共同工作，包括Color PRUF/3，RenderPAK，Detail Manager，ToboretADD，专业计算机辅助设计符号图库，Design Workshop以及其他等等。

VectorWorks和VectorWorks ARCHITECT

VectorWorks（正式叫MiniCAD）是Nemetschek N. A的一个产品，一个在计算机辅助设计技术中公认的主导产品。该公司为纪念新千年推出VectorWorks Architect版本，即它的第一个为建筑特设的附加模块，并声称这是计算机辅助设计行业第一次决定性的将建筑学方面的计算机辅助设计同工程管理相结合。ARCHITECT是一个附加模块，由一个通用的以对象为基础的计算机辅助设计软件引擎 VectorWorks 动，两者一起充分利用 VectorWorks 在四个方面专为建筑专业人员服务的通用功能：绘图组织、工程管理、绘图标注管理和设计工具。这种结合使得建筑专业人员更有创造性，工作流程更有效，设计更准确（图 10.11）。

VectorWorks 是 Macintosh 经久不衰的畅销计算机辅助设计程序。自从 1996 年以来，MiniCAD 一直作为一个交叉平台产品进行销售，就这样，把它的绘图和设计力量带给了 Windows 用户。Nemetschek N. A 最近推出了一种新的先进的建模扩延品，VectorWorks 三维 Power Pack。三维 Power Pack 天衣无缝地插入所有 VectorWorks 9-5-1 产品中，给设计师们提供先进的实体和表层建模技术。用户现在能容易地形象化和概念化以前不可能用 VectorWorks 创造出来的三维形式。此外，由于对独立的建模核心的单一建模技术的突破，用户们就有了在像 Form Z 这样的建模程序中不可能找到的先进的三维功能。

VectorWorks 通过它的多功能、精细二维绘图、标尺寸和标注的熟练工具、高级表现功能以及引进先进的三维建模技术等而增加了它的竞争力。设计人员再不必浪费时间持续不停地在各程序间转换文档以求他们寻找的功能。

VectorWorks 在欧洲许多地方比在美国享有更大的信誉。例如，在瑞士，the BauNetz Ranking 显示出它被列出的十家顶尖瑞士机构的一半所采用。VectorWorks 的主要特点包括：

- 完整的设计环境。它把一个工程的所有资料信息（二维平面图、三维模型、数据）融合进一个单一文件里，使它易于协调管理。一个视图里发生了改变，所有其他将自动更新。
- 空间规划模块提供了形象化和评估一个工程设计的新方法，让你能毫不费力地创造泡沫堆叠和邻近图解。而互起作用的泡沫图解工具还使分析空间平面图和优选工程设计简易可行。
- 精密的二维绘图功能使你能创造精确的二维设计。
- 强有力的随意形三维建模使探索发明，创建密集模型和表达三维终极设计更容易。
- 内藏数据库和空白表格程序功能使你可以追踪工程费用和材料消耗，而且能用于生成报告。
- 太阳动画是一种有趣的功能，通过输入日期、纬度、经度，你就能看到，随着太阳一天中位置的变化，阴影会怎样投射过你设计的建筑。
- 标注管理器帮助你准确地、快速地标注图纸。
- MEP 模块融合设计文件利用和分析 HVAC、管道网、水暖设备和电器安装系统，外加许多其他重要功能。
- “座席布局”指令，只需输入有关信息，就能自动地排列坐位，或直线排列，或成圆形排列，以及报告坐位数量。
- “场地造型者”让你能创作场地的二维地形和三维模型。
- 给业主提供高质量的渲染功能。

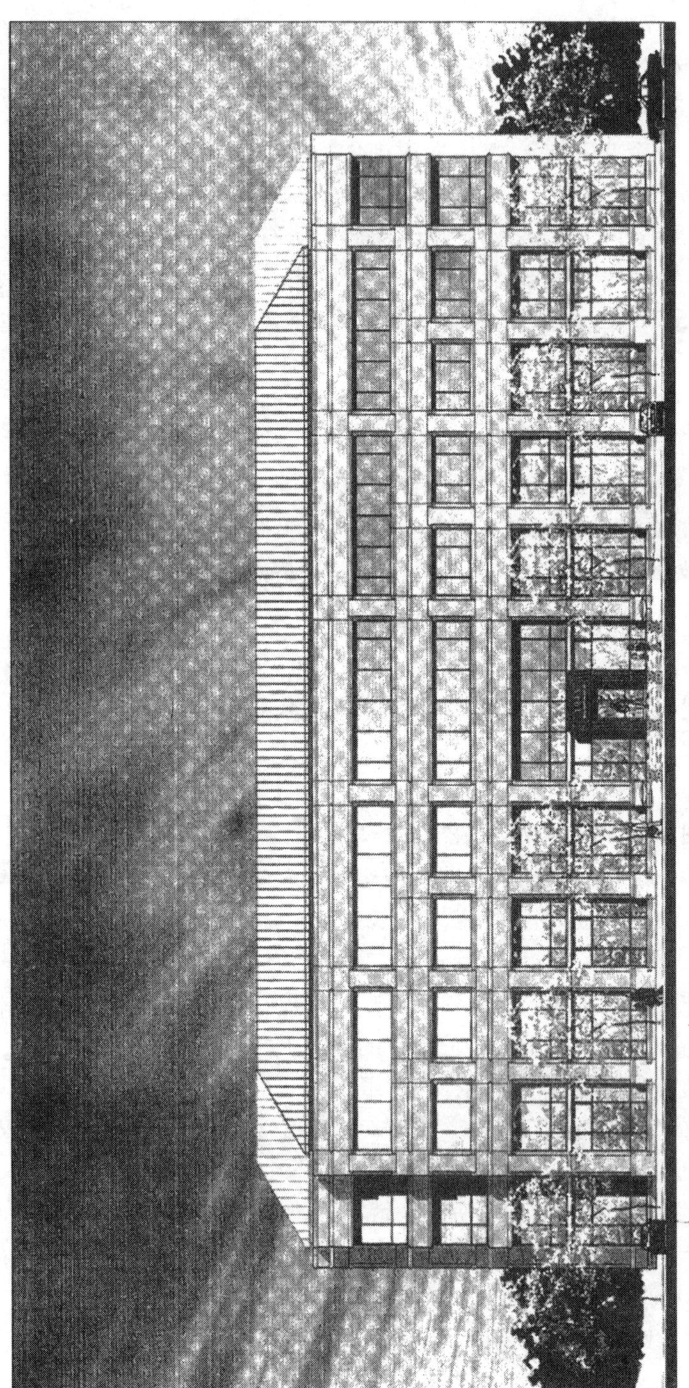

图 10.11 在 Macintosh 上制作的 VectorWorks/MiniCAD 绘图样式。[由赫林(Herring)和特罗布里奇(Trowbridge)建筑师提供]

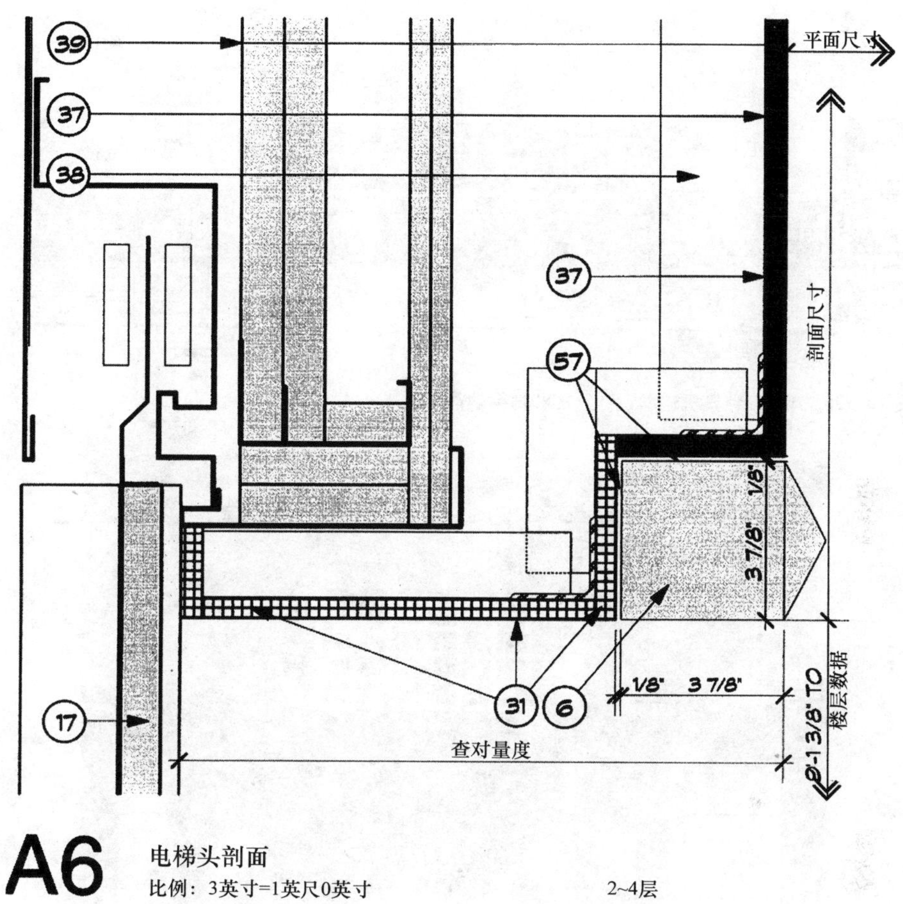

图 10.11（续） 在 Macintosh 上制作的 VectorWorks/MiniCAD 绘图样式。（由赫林和特罗布里奇建筑师提供）

此外，它还有一个魔术师似的“结构助手”，帮助你组织绘图，并附带 60 多个建筑物件和符号图库以及其他工具。

建筑师工作室和 ARRIS 计算机辅助设计

建筑师工作室

ARRIS Architect 是一套计算机辅助设计程序，既强效又灵活，还能提供必要的工具以创作完整的合同图纸。它扩大了 ARRIS 的功能，使整个绘图过程实现自动化（图 10.12a、10.12b）。该程序易于根据顾客要求而变化调整，其系统让你工作起来很少受局限。ARRIS 的一些突出性能包括：

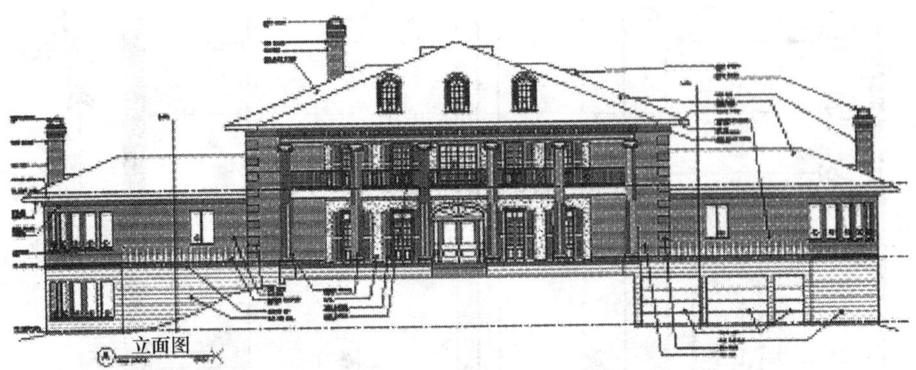

图 10.12a ARRIS 计算机辅助设计绘图和渲染功能样例

图 10.12b ARRIS 计算机辅助设计绘图和渲染功能样例

- 灵敏的结构组件消除了乏味的劳动。许多计算机辅助设计系统需要持续一线一线地绘图，ARRIS 设计自动化程序有内藏智能功能以生成建筑组件，包括楼梯、卫生间、电梯、柱子、格栅以应一些简易的不时之需。时尚的墙体自动地为门窗留置开口，清除交叉，调节变化，设计好了的楼梯创造和储存了 250 个不同的处理办法。这种住宅智能性让你能方便地修改图纸，就好像一笔一划地创作它们一样。

- 设计加工工具提高了工作效率，快速地、完全地、准确地进行变更和设计修改。改变一个对象，则所有与之相联系的数据，如尺寸、颜色、费用等都会自动更新，并适用于报告。在一张图纸上作出的改变，就会在所有相关图纸上反映出来，并一直连贯于整个工程中。
- 标准的建筑符号图库。ARRIS Architect 包含许多标准的细部、剖面泡沫和标记以及管道和电器安装的建筑符号图库，可以按任何尺寸重复和调节它们，创造并储存现制符号。
- 三维挤压有助于形象化你的工程。ARRIS Architect 让你即刻以三维形式直观你的工程项目，时尚的墙体、门、窗可以自动地被压制出来以创造精巧的三维建筑模型。
- 智能性使得报告很容易。有了 ARRIS Architect，设计元件包含图形和非图形信息、材料、防火额定、费用、U 值、色彩、制造商部件编号等等均被包括在内。选择一个特定地点或整个图纸，ARRIS Architect 就会自动估算这项任务。
- 家具、装置和设备。从 250 种通用二维和三维家具、装置和设备选择项目中进行挑选或者从一个制造厂家的文库中精选。创造你自己的项目并把它们加到图库中去。

ARRIS Architect 声称是第一个专为建筑师和建筑管理专业人员编制的软件，它含有 ARRIS 计算机辅助设计，外加几个高度集中的建筑插入式接电装置，它们一起提供了一套综合的建筑软件解决办法。

ARRIS 计算机辅助设计

ARRIS 计算机辅助设计提供了大部分所需要的绘图和管理工具以经管建筑工程。此外，它同其他 ARRIS 电器插入接口的天衣无缝的融合有助创造一个在工业上综合的美国原子能委员会的软件环境。更重要的是 ARRIS 计算机辅助设计是一个容易为顾客所用的网络兼容的处理器，它支持广泛的 Windows 和以 UNIX 为基础的平台。ARRIS 的关键性能是：

- 配合直观的以插图为基础的快速简易的菜单系统，易于使用。此外，学 ARRIS 的计算机辅助设计的点敲界面进一步方便了理解整个 ARRIS 家族的软件应用。
- 用户可以用简单的鼠标方式快速启动指令。
- 拖放插图功能让你能个性化地设置应用面板以方便使用，图标可随意变化以制作快捷菜单。
- 动态可视区：以任何尺度或旋动把可视区窗口拖入你的图样以提供一种快速而灵活的页面组合工具。用可视区快速输入图样，或像制图工具一样，自动更新设计修订。
- 程序有强大的三维工具。采用几何元素和施工布置图以便易于生成简单和复杂的建筑物。在板块上钻洞，沿用户定义路径生成任何形状，以便快速创造出非常细致复杂的模型。
- 它的共享图纸进入设施使你能同时和其他工程团队成员在网络上共享图纸，即便是使用不同的硬件平台。多样设计改变自动被储存到一个单一的工程数据库里。ARRIS 计算机辅助设计提供真正的小组协作计算。
- 数据兼容功能能让用户输出和输入 ARRIS 图样为 DXF 和 DWG 文件格式。

ARRIS 三维

建模和渲染以及其优势

ARRIS 建模和渲染是一种多功能的，然而又强有力的系统，它可以让一个新手富有创造性。模型可以快速构建，敲击一下鼠标可以从任何角度得以观察模型。程序还有直观工具，帮助你用网架草图建造模型并自动展伸外表覆盖框架。

“优势”也给设计人员和动画制作人增添有用工具，这就使得你可以在 ARRIS 计算机模型里自由移动。以图标为基础的菜单界面让你形象化地设想你的选择和探索新思想而不必经历复杂的过程。

ARRIS 建模和渲染的共同效力以及“优势”形象化产品可以大大地增强一个设计师的交流设计概念的能力（图 12. b）。ARRIS 三维包括了所需要的用以创作简单和复杂的网架几何结构，而和 ARRIS Architect 一起连用时，ARRIS 模型就直接和建筑文件联系起来。

ARRIS 细部

“ARRIS 细部”软件应用大大改进了 ARRIS 制作详图和编构细部图表的功能而不受限制。“ARRIS 细部”简化了绘图过程中劳动最密集的环节之一，而使用户能以好几种不同的比例图样在同一张图纸上工作。

创作和汇编不同比例的细部图表对产生合同文件来说是很重要的。“ARRIS 细部”让你编制图表布局和给各个工作区分配所要求的比例尺寸。用户不会局限于图纸编码或比例尺寸中，这些都会包括在一份图表中。“细部图库”可以被利用来轻松创设、管理和分类标准细部图库（图 10. 13）。

系统要求

最低建议系统要求依程序使用而不同。显然，处理器越快，储存量越大，则效率和制作量就越大。下面是操作计算机辅助设计系统的最低和建议的要求，概述如下：

- 对 Autodesk Architectual Desktop 和 AutoCAD 建议要求是：Intel Pentium III 或 AMD K6-III PC，450MHZ，最小量，256MB RAM，Windows 98 SE，Windows NT 4. 0（Service Pack 5 或更晚的），Windows 2000，专业人员，Windows XP，专业人员或 Windows ME 操作系统，1024×768VGA 图像显示，Windows 图像显示驱动器，550MB 空硬盘和

75MB 虚拟内存，指示装置（鼠标或带 Wintab 驱动器的数字转换器）4XCD—ROM 驱动，串口（用于数字转换器和某些绘图器）调制解调器（连接互联网），多媒体声卡 TCP/IP 或 IPX 支持（只要求于多人使用或流支特许结构）。

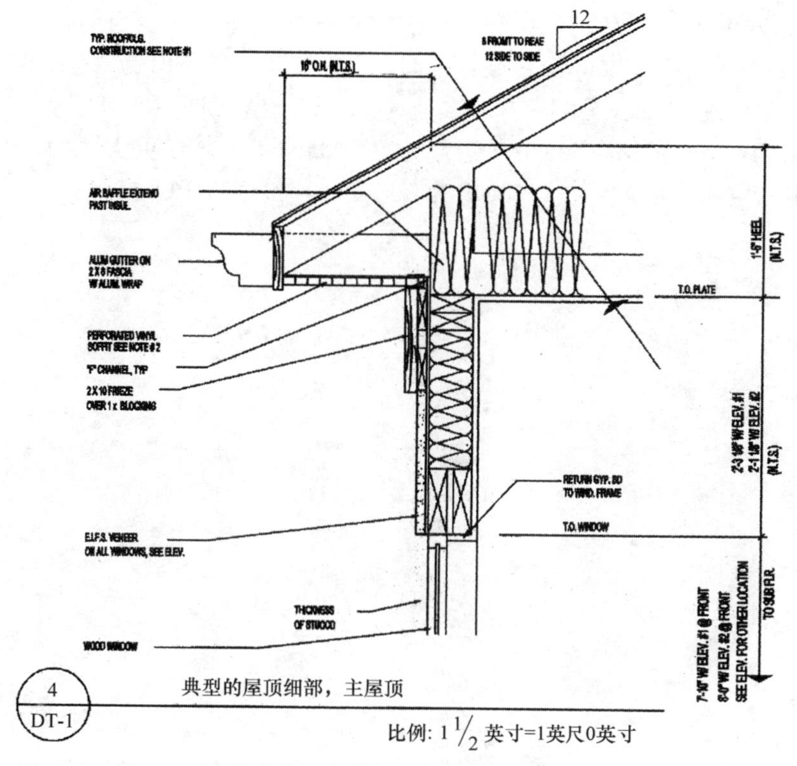

图 10.13　用 Arris 计算机辅助设计软件制作的屋顶细部图

- ArchiCAD 要求包括：微软 Windows 95/98/2000/NT 4.0，Macintosh OS 8.6 或更新的 PC，最小内存 64MB，128MB 或 220MB 更好，在 Windows 上的最佳操作，硬盘空间视 Macintosh 模型的复杂性来定。建议安装不低于 200MB 的硬盘，最低不低于 100MB，但 200MB 以上可用于复杂的三维建模。显卡应支持 256 色，最低分辨率不低于 1024×768，24 位真彩，1280×1024 则更好。
- VersaCAD 软件在 Macintosh Performa 或更新的操作系统上应用，至少有两兆的随机存储。VersaCAD 用于 PowerMac，G3，G4，t Imac，单网屏或多网屏都可用，包括高分辨率色彩。硬盘要求最低值 10MB，用 CD—ROM 安装。
- 使用 TurboCAD 要求 Pentium 处理器，Windows 95/98/NT，32MBRAM。一个 VGA 显示器，2XCD—ROM，一个鼠标或其他指示装置，32MB 硬盘空间。

- Macintosh Architect 的最低要求是：Intel Pentium 处理器（或更好的），Windows 95/98/NT，64MB RAM，80MB 的硬盘空间，一个鼠标或其他指示装置，CD—ROM 驱动。
- PowerCADD 要求一个 PowerPC 处理器，系统 8.5 或更晚些的，13MB 硬盘，最低内存为 6MB，内存为 16MB。
- VectorWorks 和 VectorWorks Architect 用于 Windows，要求至少为 Pentium 处理器或更快些的，96MB RAM，200MB 的硬盘空间，全部安装（150MB 为一般安装），Windows 95 或更新的，或 Windows NT，SVGA 监视器，256 色，CD—ROM 驱动。对 Macintosh 最低要求为：Power Macintosh 或更大些的，Mac OS 8.6 或更大些的，96MB RAM，200MB 硬盘空间，完全安装（150MB 为普通安装）和 CD—ROM 驱动。

第十一章

技 术 问 题

20世纪以前对供暖和通风所知甚微，大多数安装通常是根据制造厂家目录上的数据资料进行粗略快速估算。的确，承包人对商业利润比对科技方面更感兴趣。1895 年，美国采暖与通风工程师学会并入纽约州，学会新成立的研究所于 1922 年发表它的第一个主要的基准资料出版物：指南。

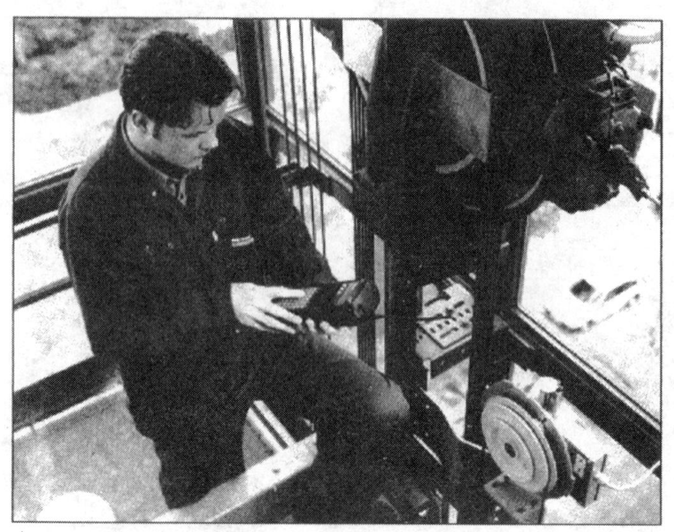

历史概述

很令人吃惊的是，直到 20 世纪 20 年代，在公共场所，如剧院和百货商店，才开始使用空调，公众才第一次知道空调的好处。

机械和电器在过去一个世纪里取得了长足的进步，过去 20 年里由于计算机辅助设计的使用，变化非常明显，从根本上转向了对建筑物舒适条件的设计和操作。此外，在对建筑物智能管理系统上有了重大的进步，能源保护规定也起了很大的作用。同时，经济盛衰的原则常被用于设计选择和公平交易。除此之外，近年来影响国内的恐怖袭击也影响设计理念和战略。虽然，由于这些袭击，在对机械电器工程方面的管理标准变得可能比人们想像的还要低下，但这种变化对联邦建筑物和美国总务管理局的租住人说来却特别令人关注。此外，有关室内空气质量、环境研究、水质量和能源效率等问题已经有了全球性的意义。

虽然，设计或绘制机械或电器系统施工图纸通常不是空间规划和室内设计人员范围内的事，然而，有必要对这些系统有个基本了解，以便能协调结合管道安装位置、空气扩散器、消防和喷水龙头以及其他在总设计中的机械组件和设备。这一章集中讨论下面5个基本问题：

- 供暖、通风和空调系统（HVAC）
- 电器服务
- 管道服务
- 防火
- 传送系统

供暖、通风和空调系统（HVAC）

舒适性的各个方面——温度、湿度、空气质量和音响——根据房屋类型和业务优先的重要性是有差异的。预算、社会责任和法规要求共同影响建筑舒适系统的设计。简·克雷德（Jan Kreider）教授的《供暖、通风和空调手册》的编者说，“在一所建筑物生命周期里的重大开支之一就是它的空间调节处理系统——供暖、通风和空调（HVAC）的运转——而这使得系统或甚至整个建筑本身的初期费用相形见绌。”因此，努力设计尽可能高效的系统以求在整个建筑物的生命周期里把运转和维修费用降至最低是至关重要的。特别是在较大建筑物中，这意味着从设计过程一开始，在设计队伍中配备一名服务技师是很重要的，以便能提出服务建议，配合建筑组织结构及开支起作用。

HVAC系统的类型

HVAC系统经常按用于给建筑物供暖或降温的承载介质分类。为此，两大主要转换介质是空气和水。在较小的工程上，经常用电供暖。杰勒德（Gerard）工程的史蒂夫·米尔尼克（Steve Millnick）补充说，气候较温和的地区的供暖系统也利用电。据他说，这是由于电力价格结构和在气候温和地区的建筑物一年中大部分处于冷却状态。同样有些系统现在合并使用转换介质。

空调一词通常用于一个系统的降温效应。以降温模式操作一个系统，经历好几个过程：空气流通、空气净化、冷却和减少空气湿度。相反，供暖模式则包括：加热、流通、净化和加湿空气。在这两种模式中，空气流通对系统的成功运行至关重要。

全空气系统通过利用调节好了的空气给空间降温或供暖，用供送和返回空气通道把热输送到某个空间去。为求最佳效果，采用长方形通道输送路线，其地区应尽可能接近正方形，应该避免压缩和急剧改变方向。全空气系统的典型样例是住宅压力热风炉、烧油或燃气的锅炉加热空气，然后，通过导管，这种热气被送到住所所有的房间的幅射器中。每个房间的送气回路（应采用额定送气材料）或返回气道收集冷却空气并让它随意扩散回锅炉，以便再加热。有些优越性同使用中央全空气系统有关，它们包括：

- 管道不在调节区内，这就减少了居住空间潜在损坏的风险性。
- 可能利用户外空气使建筑物降温。
- 提供分区划分和控制舒适度的灵活性。
- 设备集中放置，便于维修。

但也有负面影响同全空气系统有关，包括：

- 要求有管道的额外空间。
- 需要恰当的空气均衡以取得分区舒适和系统的合理运转。
- 对负载完全不同的区域的检修要求大量的冷却和重新加热的空气供应。
- 在寒冷天气里无人居住时间内集中分配通风可能必须频繁开动。

在美国较大的建筑物一般都含有几种不同的主要系统类型之一，包括：中央冷却水设施，各个楼层带操纵机组和可变的气量配给；中央冷凝水，各个楼层带独立的空气机组；可变的气量配给系统和中央冷凝水系统带支托热力泵和内区恒量热。高速双通道（并行热冷通道，可以局部混合供应，高性能）和多地区系统也用于小型建筑物和美国以外的地方。

恒气量系统利用单通道、单区域系统（空气通道从设施到单一大空间）。而单通道多区域系统、双通道系统和多区域系统可以是恒气量或者变气量系统。一个多区域系统通常被用于大型多楼层建筑物，在那儿使用很多 AHU，每个只负责一个单区域是不实用也无效的。相反，服务几个区域，各区域有自己的恒温器控制，这对设计师的挑战是要适合完全不同的负载而保持系统的有效性（图 11.1a、b、c）。

不同的系统类型都要求输送空气的管道设施，即在所有空间里的空气扩散器、气流调节阀和返回通气格栅。气流调节阀为覆盖供暖或冷却系统的空气通道开口的网格，有些被设计成可以开启或关闭以调节空气进入的流动和风量。有时，尤其是在小型建筑物里，单独的管道设施不被用于回风，而抽风格栅简单地放在悬挂顶棚与主结构间的空间里以收集回风。它们的位置以最小凸出和最经济的路线的需要而定。这样机械系统就能有效地抽取回风并把它送到一个中央收集点，在那儿它通过相连管道再被送回到建筑物的加热设施里。

送气孔隙为悬挂顶棚和结构地面上方之间的空间。在一个送气系统中，管道把空气送入顶棚孔隙，在那儿，或通过顶棚面砖的孔眼，或通过支撑金属槽的孔隙从而产生的剩余压力把空气扩散进下面的空间。然而，头顶上的送气系统今天很少被使用了，除非由于无效和可能的室内空气质量问题在一些很小的建筑物内还可能在使用。在要求防火额定的隔断延伸在悬挂顶棚上方的地方，建筑条例通常要求提供供气管道和回风开口。在管道穿过防火墙的地方，要求有防火挡板，当系统在正常操作压力下空气流动时，现代防火挡板能

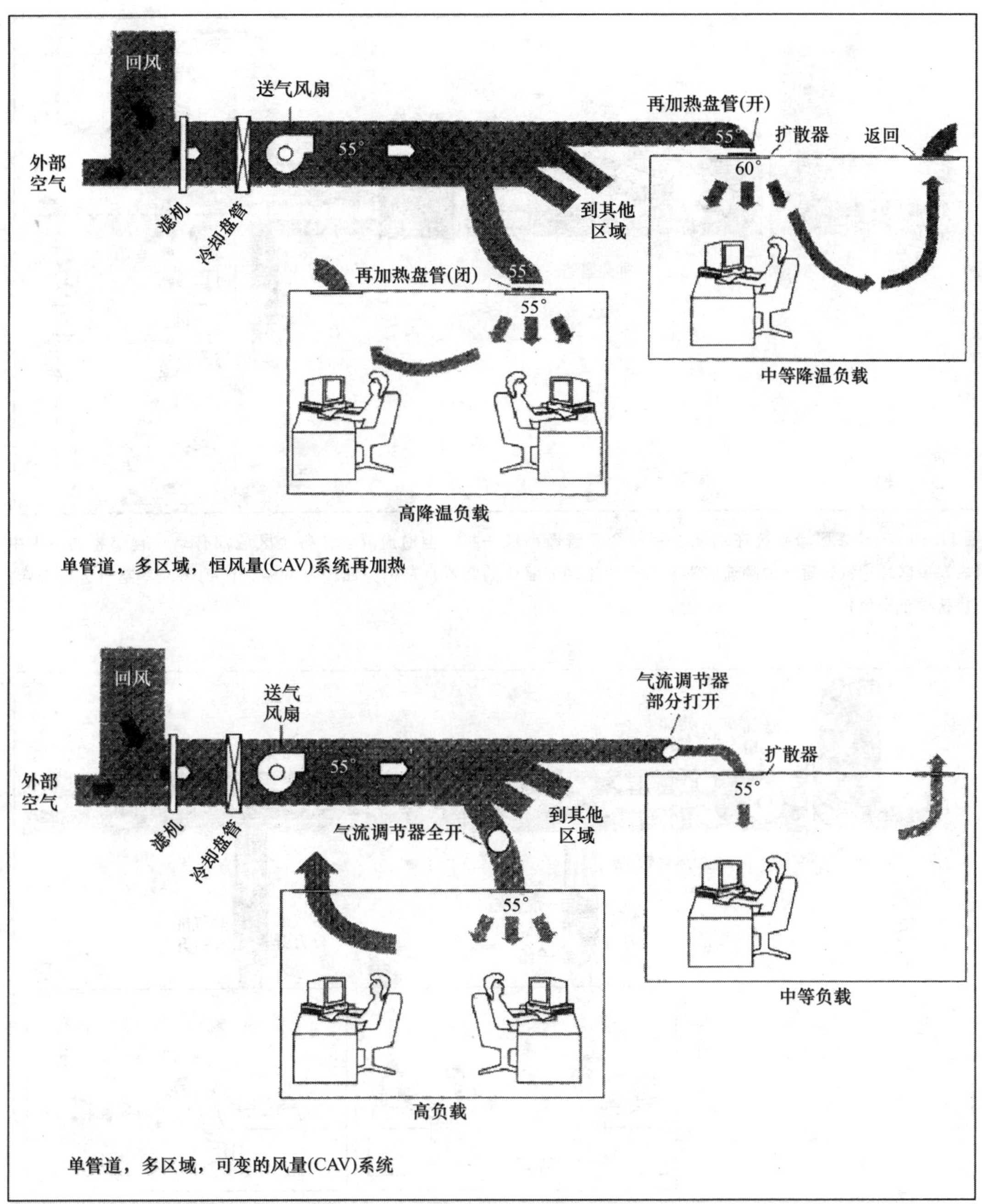

图 11.1a 单管道，多区域系统。(由 E-Source，Boulder，Colorado 提供)

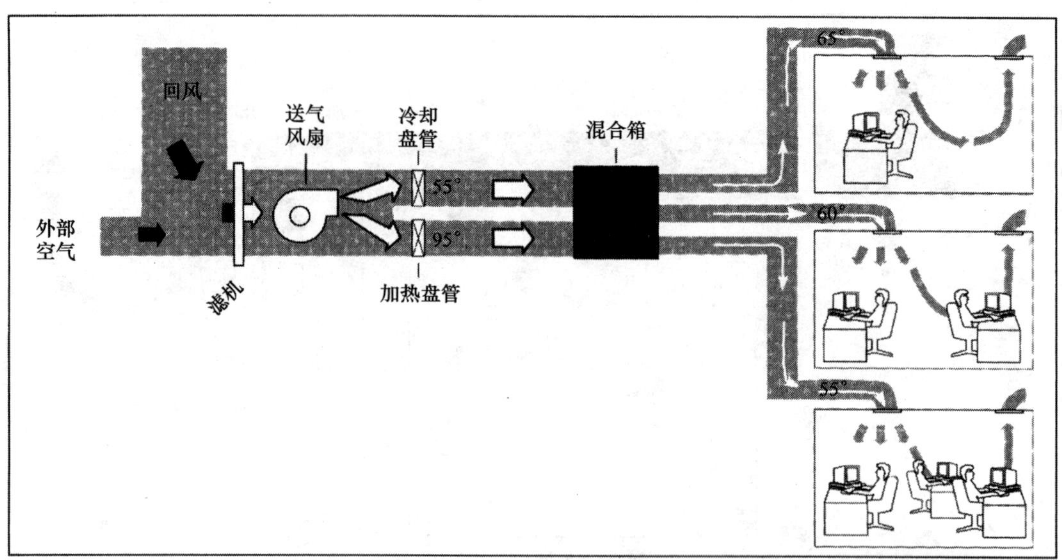

图 11.1b 一个多区域系统在功能上和一个双管道系统一样，但逆流混合，各个区域都有单一管道相通。图中（右）多区域空气处理器的顺流终端有四个气流调节器传动装置，它们为四个不同空调区把热、冷空气进行混合。（由普拉茨提供）

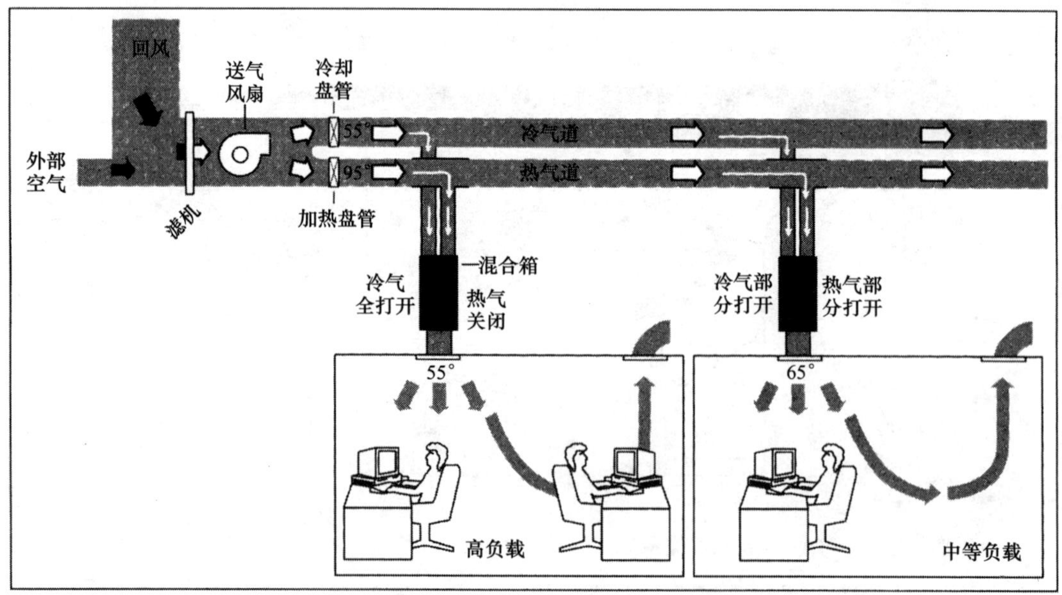

图 11.1c 双管道系统同时提供加热和降温，在各区域的混合箱把空气按需要混合起来以满足冷却负载要求。（由普拉茨提供）

动地调整运转。防火挡板包含一个易熔连接片，当达到特定的温度时，它就被熔化分离，这样在有火灾的情况下，砰的一声而关闭。

供气调节阀基本上为网格，在表面上装有两个可调节的偏转叶片和一个在面盘后的风门，以求平衡气流方向和流速。它们通常用柔性管道系统被连接到主管道设施以求位置布局的调整性。当其位置和另一个装在顶棚上的元件相冲突时，这就特别有用。回风格栅通常在商业性建筑中不连接到管道上去，因此，它们也可能被重新安放，只要整个流通仍维持。不管怎样，当移动气流调节阀时应该咨询机械工程师。

在热水系统中，中央锅炉把燃料转变成热，用某种称之为对流供热器的盘管装置把热量以热水形式送到房间去。在房间里，散热器通过幅射和对流从其表面送去热。然后冷却水被送回锅炉。还有联合系统，在空气被送进空调空间前，它用管道从中央空气调节装置输送空气，并输送水去加热，这些叫做终端再加热系统。由于在这些系统中，空气经常在被蒸汽压缩过程中冷却，然后又要在终端装置里再加热，因此它们往往会比其他类似系统消耗大得多的能源。此外，还有不同的住宅系统，使用全水系统供暖和单独管道系统通风、冷却。虽然在大空间内用电供热的费用可能过高，然而在有些场合下用电却是合理的。例如，在外门上设置气屏式抽力通风屏障或在人们要求避免看到凸出的管道和暖气片的大厅里。史蒂夫·米尔尼克（Steve Milhnick）由此指出："大厅一般要求一种低热源，因为大面积的玻璃可能产生的吸力和比正常顶棚更高的高度——为此，就要求有低排放的踢脚板散热器或循环散热器。"偶尔，在必要避免通风的地方使用配电板。

供暖、通风和空调系统要求

当设计一个特定的空间时，空间规划者和室内设计师有许多重要的需要了解的供暖、通风和空调考虑方案。其中之一是体现适当的空气通道和管道空间。在住宅建筑中，小通道和卫生管件通常被设计在墙体和地面搁栅里面通过，有时，环境必须让横向管道在房子的地板搁栅下面通过和悬挂顶棚结构以隐蔽它。

商业用建筑通常利用顶棚空隙走横向管道，而纵向管道则包容在它们自身的管子槽内。依据构筑类型和顶棚空隙厚度（即悬挂顶棚和主结构之间的空间）大管道可能占去这一厚度的大部分，给隐藏式照明装置留下很少或没有留下空间，因此，人们必须确定在照明装置布局前的管道专用空间量和管道设施的大小与位置。喷淋器可以穿过房梁安装并带套筒以减少整个楼层对楼层的净高。偶尔，商业性建筑使用架高活动地板（通常用于计算机房），它包括单个拼板的假楼板，由结构地板上的柱脚支起来。这种设计旨在提供足够空间以走电器、通信线路、供暖通风和空调管道。同时，在商业性建筑中，通常可以设计小管道，让其在墙体系统中穿过，而较大管道可能需要较厚的墙体或甚至要管子槽墙体以容纳管道。

在顶棚空隙被用作回风空间的地方，使用易燃材料诸如木材或线路外露是被大多数地方和国家的建筑法规禁止用于商业性建筑内部空间的。值得注意的是，某些特种电话和通信线路为通风额定的用于替代在钢导管内走线的地方建筑法规规定，对某些机械部件和电器系统要提供进入通道，这通常是为了维护和修理它，包括这样的组件如阀门、防火挡板、加热盘管、机械设备和电器分线盒。这些组件被安装在悬挂的隔声顶棚上方的地方，进入通道由简单地移开顶棚瓦而成。在其他地方，如石膏墙板顶棚和隔断，应该包括通行门，以备可能的修理需要。通常机械工程师工作范围的一部分是确定恒温器的位置以便进行最佳运转。它们通常置放在高于地面48～60英寸的地方，并离开外墙和热源。空间规划人员应该把它们的位置同照明开关调光器和其他视觉控制装置协调起来。

同时，送风扩散器的位置和回风网格应该同其他顶棚组件如灯、喷淋洒头、烟雾探测器和扬声器结合起来，这样，顶棚布局有序，美观宜人。线性扩散器置放于离窗户大约两英尺的地方，利用科恩达效应在办公室外部周围均衡散播空气并同时保持均衡的温度变化率。这里也必须咨询机械工程师，以证实要求的位置并没有负面影响供暖通风和空调以及其他系统的运转。

窗帘、屏障、遮帘和其他遮盖物以及玻璃性能应该在工程初始阶段就配合工程以确保向外部区域提供适当的功能。这些因素可能对一个空间的供暖和空调负载产生很大影响，并且可能妨碍送气扩散器和窗户附近的其他供热机组。横向微型遮帘通常向下并成45°以抵消直射阳光。

虽然供暖、通风和空调系统经常被设计成独立于家具布局的工作，但有时设计人员（规划人员）可能需要为地面通风装置、鳍状管式踢脚板、暖气片或其他设备考虑一个精确的位置，因为它们的位置会影响家具和嵌入式木制品。

解读供暖、通风和空调图纸

空间规划人员应当对供暖、通风和空调系统有基本的理解并懂得解读供暖、通风和空调平面图的基本原理，以便他们能核对现有条件和配合机械工程师的工作规划。供暖、通风和空调图纸经常用单线条绘制代表管道和通风系统，但代表专有图解配位时双线绘图更可取。图11.2表示一幅典型的商业用建筑机械平面图的一部分。管道尺寸用一条线和一个数字表示，如18×12，这些数字分别以英寸描述了管道的宽度和高度。

电器服务

电不但能操作运转建筑物里大部分供暖、通风和空调设备，诸如风扇、冷却器、泵和电气附件，而且对照明、简易式接线盒、通信系统和机械设备都是极为重要的主能源。尽管电在日常生活中极具重要性以及电器工业目前正在飞速发展，但是人们对于电的了解却出乎意料地少得可怜。对空间规划人员来说，基本了解什么是变压器和变电所、单相与三相供电系统的差别以及两者对发电的现时和将来选择都是很重要的。

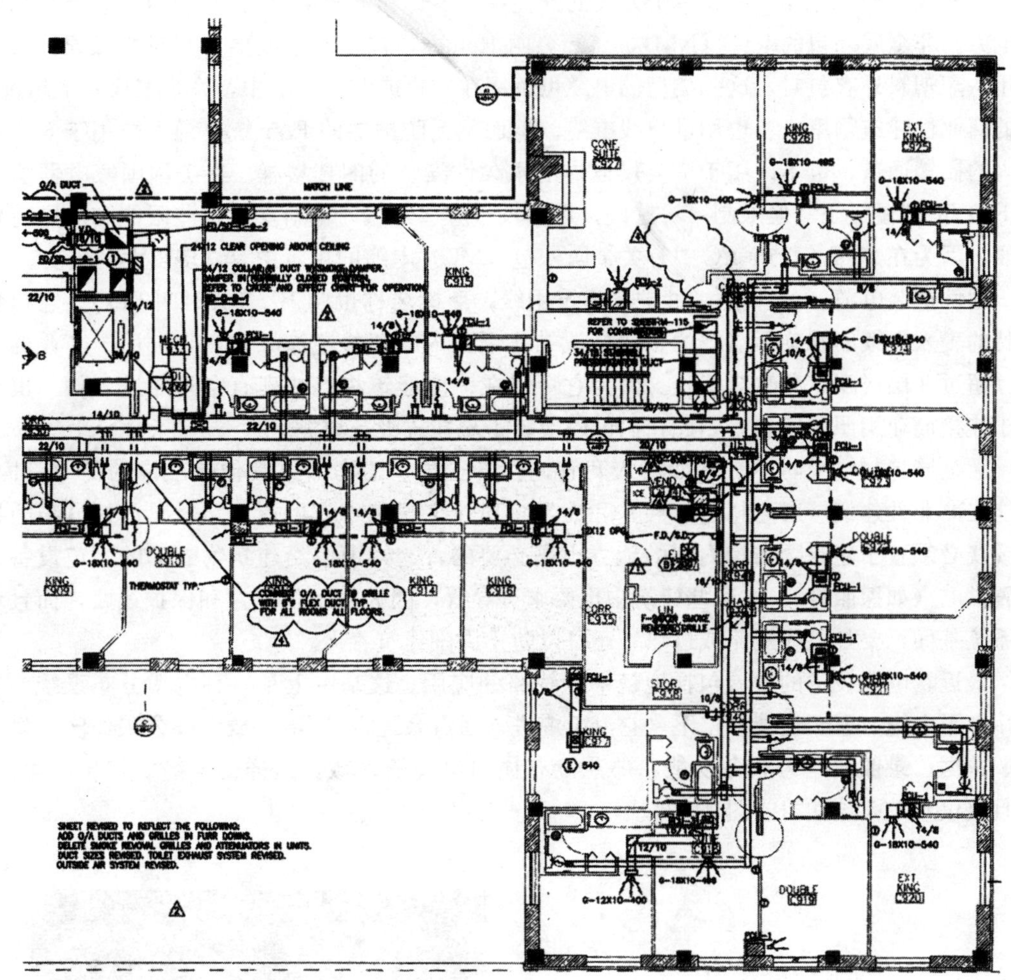

图 11.2　一座商业性建筑的部分机械平面图的样例

电力系统要求

电器系统给照明、简易式接线盒和固定设备提供动力，它们的安装要求需要相当高的技巧。因此，毫不奇怪，除了非常小的工程外，空间规划人员理所当然地求助于电器工程师或电器承包人以设计、详细说明、确定具体电路、电线尺寸、电缆路线和这些系统的其他有关技术问题。然而，室内设计师和空间规划人员经常被要求图示选定的电源插座和开关位置，电就从那儿被送到固定设备上。他们还经常确定或在其他看得见的电气装置外表上放置盖板。空间规划人员也应该对电力供应有基本的了解。

有各式类型的导体（例如单个开关的开关箱、电灯和电源插座），它们给整座建筑物供应电力。非金属外包的电缆（NM），商标名叫 Romex，包括两个或更多塑料绝缘导体。地线用防潮塑料外衣包封，这一类型的电缆可以用在独户或两户住所中，许多多户和不超过 3 层的商业性建筑物里或者也用进户线电缆。然而，无防护层的 Romex 电缆不能用于 6 英尺以内的搁楼通道，也不许用于 7 英尺以内的永久性安装的阁楼楼梯。在美国国家电器法规（NEC）里还概括了其他限制，对这些，规划人员应该知道。重新参看这些限制和准则特别重要，因为在 2002 年的 NEC 中有关金属外包（MC）电缆的规定中有许多重大的改变。

柔性铠装电缆（AC）是一种护套建筑用线，商标名称也叫 BX（有时叫 flex）。它包含独特的裹入持续的螺旋形盘绕的金属层或结实纸张内的塑料绝缘导体，它被用于商业性工程（超过 3 层楼高）和改造工程。因为它可以在一座建筑物内的现有空间穿过延伸，也被用于连接商业用照明安装，因此它们可以改装于悬挂式吸音顶棚上。

无金属包封电缆防护（例如封入套管内，管子内，槽沟内或其他被准许的传导管内）可能在商业性建筑（层高超过 3 层）和大型多户住宅建筑中有要求。无金属包封电缆防护在缆线必须置于建筑物结构内部的地方也是必要的，这样可以给建筑物外部的固定设备和装置供电（如探照灯）。在某些建筑中也要求有导管，因为它不仅支撑和保护线路，而且用作系统基面，要是电线短路或过热，还可以防止周围建筑着火。

最近，电缆技术的发展包括地毯下面线路的应用。这基本上是一种电缆分布系统，它采用细平电缆，置于地毯方格下（它给电缆进入留有余地），以给开放性办公工作区提供音响、数据、录像和电力服务功能，那儿没有横向电缆槽区域。这样的电缆防挤压，柔性，而且仅仅 0.105 英寸粗（图 11.3）。

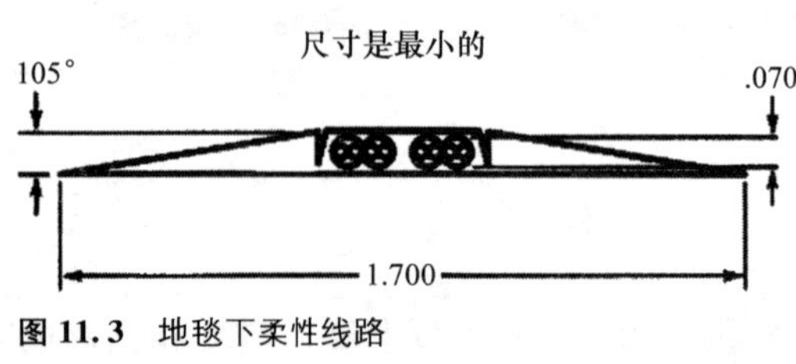

图 11.3 地毯下柔性线路

图 11.3（续） 地毯下柔性线路

必须使用接地箱以装纳电源插座和其他类型的连接电源的连接件。它们也被用来装插销、音量控制器、开关和插孔板，而且可以在装线前买好。这些箱子可以用生铁、聚丙烯、铝或其他材料制作。导线管或其他电缆就接在它们上面。它们的尺寸大小和形状不同，依它们的用途而定，但一般说来，对单一开关和双插座接线盒来说，它们的尺寸大约为 2 英寸宽 4 英寸高，较大的盒子为 4 英寸见方。而且如果有两个以上开关或两个双插座接线盒，几个盒子可以连在一起。美国国家电器法规还要求在照明设备连接电气系统的地方提供连接箱。

建筑法规规定，这些要求适合电气系统各个方面，包括电源插座的位置。例如，在住宅建筑中，电源插座的间隔不许超过 12 英尺，在每个墙面上（长度大于 2 英尺）应有一个双插座接线盒，那儿可以放置家具，因此灯和收音机导线及类似物不能横过门净空的通道。

通常在商业性工程中，专用电器插座必须置于它们自身的线路上，在两个或更多的场所之间有安全、任务紧急的高容量通信要求的地方，这一点特别重要。在这些情况下，要提供定点线路，具有以多种不同结构方式传载声音、数据和图像通信的功能。这些被称之为专用线路，并被设计以达到加强安全的目的，还防止不必要的令人烦恼的敏感电器设备的干扰，例如电脑，也同它们相连。这些线路也应该清楚地在平面图上和交给电器工程师的设备的严谨电器规则中描述出来。电压要求大于 120 伏的线路（包括表示电量幅度的电源插座、大型复印机和其他专用设备）也应该在图纸上描述出来。

绝缘和接地（使一个电器连接器同地面相接的方式或过程）是两种公认的在电线安装中防止伤害的手段，除了在配电箱中通过开关提供防护外，如果线路超负荷，配电箱内开关就失灵。导体绝缘可能通过放置一种不传导的材料（例如塑料）在导体的周围而取得。接地是两根送电的电线附加一根单独的电线，它可以通过使用连接器直接连到某个地面，诸如金属冷水管。因此，如果一根火线接触接地的围栏，那么就会发生接地故障，这通常就会影响开关或烧掉保险丝，接地为故障提供了通道。

然而，接地故障防护用上述方法并不总是完美无缺的，因为当接地系统发生断电时，用户可能并不知道。这就需要使用另一种方法以克服接地和绝缘的不足之处，它就是接地故障线路断续器（GFCI），一种监视输入和输出电流的安全装置。只要当输入电流不等于输出电流，出现漏电现象，GFCI 立即断开电流，它是一种比保险丝或断路器更快的过载电流保护装置。因此 GFCI 被用于探测小量漏电，也可成为断路器的一部分或作为一个插座被安装起来。它们作用于户外电源插座，浴室、厨房和其他地方是强制性的，这在美国国家电器法规里有详细说明。

电信系统要求

一种结构电缆系统是任何通信、电脑和信息网络的基础设施。铜或纤维电缆连在一起以传载一切声音、数据、图像和互联网通信遍及整座建筑物。通常电缆被隐藏在建筑物墙体和顶棚内，电缆基础设施应该被设计或构造以尽量扩大资料数量和优化网络效率，它是一切其他技术传导的基础。电信系统包括电话、双向通信系统、报警系统、计算机终端、电台和电视转播以及其他专业设备。这些系统通常和电源插座一样绘制在平面图上，并且通常是空间规划人员的责任和义务。就像电源插座一样，线路、电线尺寸和连到中央设备的连接器的设计通常由电器工程师或负责安装设备的承包人来执行落实。

电话和通信系统为低电压系统（主电话系统以大约50伏进行工作），它对设备线路和其他防护设备的要求不完全像对高压电那样严格。但对所有电信线路安装，良好绝缘和同总线电线线路隔离是必要的。经常要设置一个电源插座箱在墙内连接，而且电线在墙和顶棚空间内走动不用导线管。然而，在某些商业建筑里，所有电缆都要求用导线管加以防护，万一起火时，以避免使它着火或释放有毒气体。专门装配的和非装配的有关送风的电缆现在也有了，它用在纸吊顶上部空气增压区、墙内用电缆和由地方防火法规规定的其他地区。因为送风电缆在发生火灾时不放出有毒气体，还有，虽然这种电缆不要求导线管，但它比标准电缆要昂贵些。

电器系统平面图

电器、电话和通信插座可以在几种平面图之一上显示。对住宅建筑，它们可以画在施工楼层平面图上，因为安装比较简单。相反，在商业性工程中，楼层平面图可能会同其他无关的资料挤在一起，因此，通常需要单独的动力平面图，除了显示插座本身外，当其位置很要紧时，还要标出精确尺寸。插座也可以在家具平面图上显示，因为插座经常直接关系到桌子、座席群和其他家具的摆放。

由空间规划人员绘制的动力平面图接着就交给电器工程师去准备电器平面图。这些平面图将包含有关线路、电线尺寸、导线管尺寸、配电箱和电器承包人要求的其他资料的一切详细信息。图 11.4 和图 11.5 就描绘了一般的电器平面图，就如空间规划人员或室内设计人员以及电器工程师所画的一样。至于机械平面图，采用标准符号以表示普通的电器项目，一些较为普通的符号示例于图 11.6 中。

卫生管道设备

空间规划人员和设计人员经常被要求在新建和改建工程中布设管道安装，他们也应该熟悉国际卫生管道法或其他在工程所在地具有司法管辖效力的地方性管道法规的有关部分，因为这些要求必须被遵守实施。

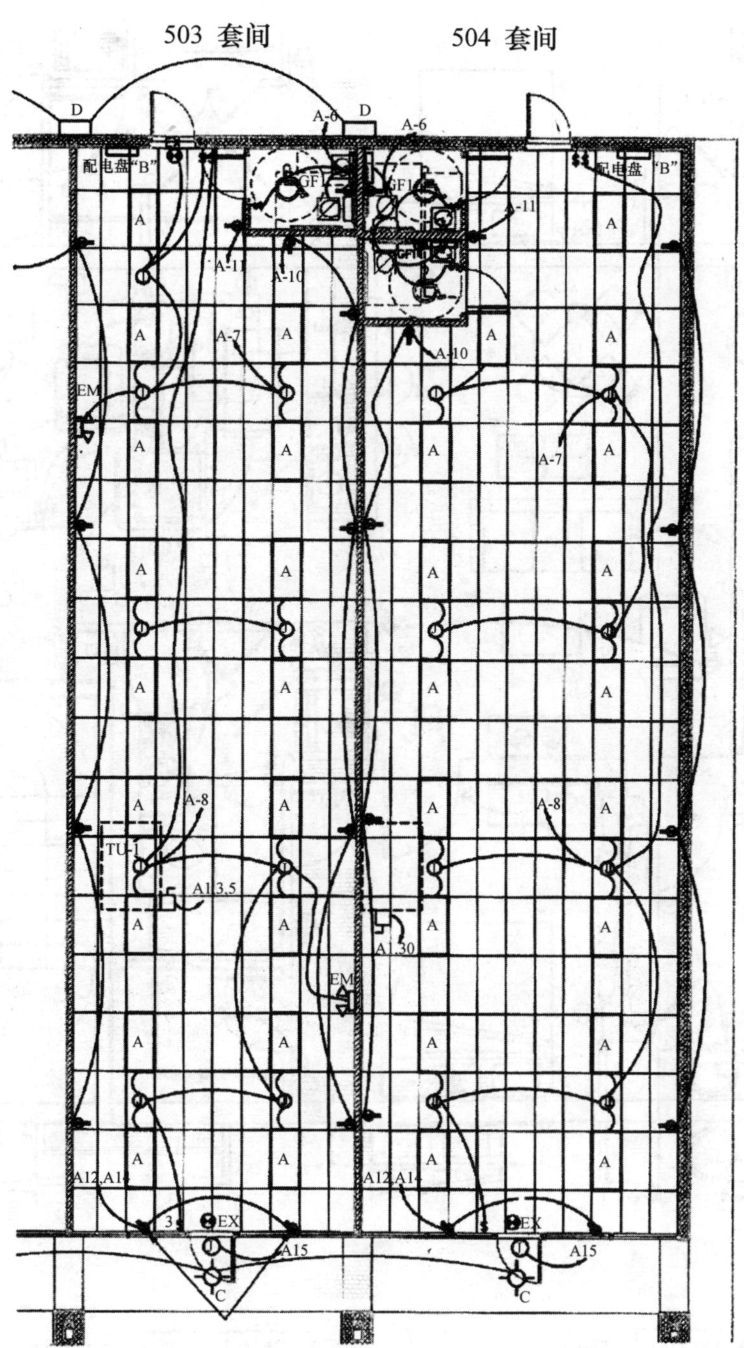

图 11.4　常见电器平面图，由室内设计师绘

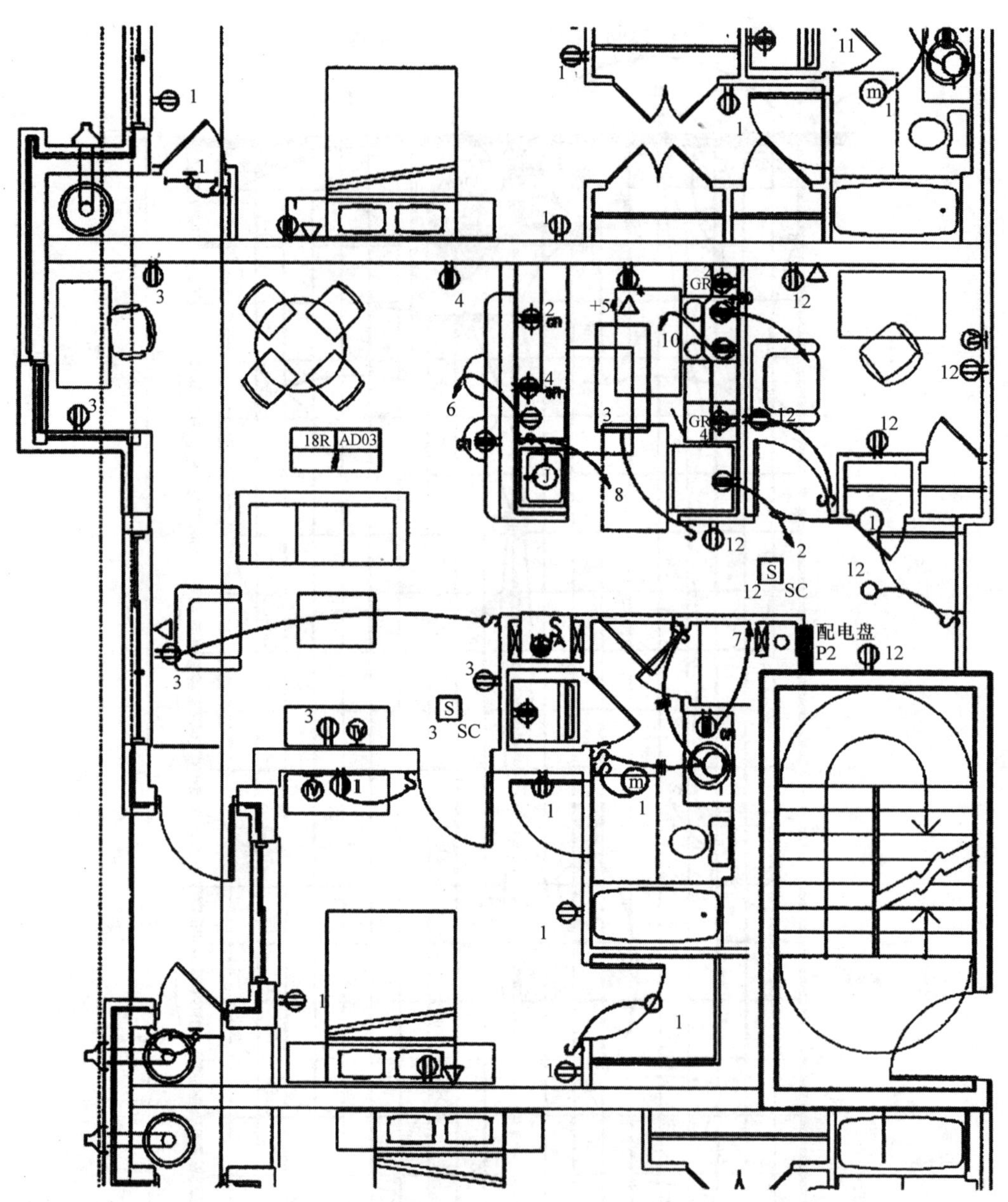

绘图附注:

1. 见图E-1注解和照明装置一览表

主要注释:

①入室线路 ②小型，来自冰箱插座

图 11.5 常见电器平面图，由电器工程师绘

电器符号

2×4荧光灯装于顶棚
2×2荧光灯装于顶棚
1×4荧光灯装于顶棚
荧光灯装于墙上
荧光条形照明装置，装于顶棚
单面出口指示灯，装于墙上或顶棚上
双面出口指示灯，装于墙上或顶棚上
出口指示灯有表方向箭头
白炽灯、荧光灯或暗藏灯，装于顶棚上
白炽灯、荧光灯或暗藏灯，装于墙上
白炽灯或荧光灯，装于顶棚，或撑墙支架
OE E 应急照明灯
应急照明装置带电池组件
S 单刀式开关0+48" A、F、F
S_3 三向开关0+48" A、F、F
S_4 四向开关0+48" A、F、F
S_D 单刀式调光器开关0+48" A、F、F
S_L 低压瞬息式开关0+48" A、F、F
S_M 发动机电路开关，马力计算0+48" A、F、F
S_V 变速控制器0+48" A、F、F
S_K 主操作开关0+48" A、F、F
S_P 单刀式开关带指示灯0+48" A、F、F
OS 装在顶棚上的传感器
按钮台，装在墙上0+48" A、F、F
单一插座，装在墙上，20安，125伏，2P W/GRD 0+18" A、F、F、U、O、N
双插座，装在墙上，20安(公寓套房15安)，125伏，2P W/GRD 0+18" A、F、F、U、O、N
四插座，装在墙壁上，20安，125伏，2P W/GRD在双机组箱，单板0+18" A、F、F、U、O、N
IG 双插座带绝缘接地，装在墙上，20安，125伏，2P W/IC (Nema 5-20R-IC 橙色) 0+18" A、F、F、U、O、N
专用插座——Nema结构如图所示
电话插座，装在墙上，0+18" A、F、F、U、O、N 提供灰泥环和可接触顶棚空间的拉线
事先接好线的电话插座，0+18" A、F、F，提供电话插座和预先穿线背撑以连接插座U、O、N
线路隐藏在地面或顶棚下面
#10 #字符表示导体号码，号码表电线尺寸，走线不带标示，包含2个#12线规3/4"C(I)表示单独绝缘接地线
HH 1,3 入室配电板，箭头表明电路有电，标示配电板，标示线路号码
双插座，装在墙上，20安，125伏，2P W/GRD 0+18" A、F、F、U、O、N，连到小设备电路上
双插座，装在墙上，15安，125伏，2P W/GRD 0+18" A、F、F上半部有开关

组合电话（数据）插座，装在墙上，0+18" A、F、F、U、O、N，提供单机组箱和1″ EC带拉线与顶棚空间相接
接线盒，装在墙上或顶棚上
SHT 接线盒，用于板块加热微量电缆
发动机连接器
发动机控制器
3/30/30 发动机控制器和隔断组合——电极/电流/保险
3/30/30 保险丝安全开关——电极/电流/保险
直接连到机械设备上
MOD-S 发动机操作烟雾挡板
封闭式线路断电器
S 自动烟雾探测器
S_{HV} 高压气流烟雾探测器
H 自动热探测器
SD 管道烟雾探测器（见机械平面图）
F 火警手工拉动点，0+18" A、F、F
30cd 火警拉动点和音像装置，坎德拉速率频闪，如所示
30cd 火警拉动点和视觉频闪，坎德拉速率频闪，如所示
30cd 火警组合频闪和喇叭，0+18" A、F、F，坎德拉速率频闪，如所示
30cd 视觉火警频闪装置，0+18" A、F、F，坎德拉速率频闪，如所示
火警喇叭，0+18" A、F、F，
流量开关
拨弄开关
干式喷淋系统高压开关
干式喷淋系统低压开关
干式喷淋系统流压开关
配电板208/120伏，3相
接地连接
电缆管道朝上
电缆管道朝下
电话插座，0+18" A、F、F，事先把公寓所有电话插座接回到起居室插座
S_{SC} 配套烟雾探测器，120伏，W/电池支撑（在公寓）
表面安装活动式投射灯
双插座，装于墙上，20安，125伏，2PW/GRD，柜台顶面高度U、O、N，连接于小电器电路

1BR	B6
E-13	
#314	

E-13——配置1/4″比例平面图的图纸
#314——公寓编号

图 11.6　一些较常见的用于工业的标准电气符号

卫生管道系统标准

卫生管道一般包括供水和排水管道，用于饮用水、排污、废水管道和通风管道。它也包括管道安装、管道支撑和其他提供完整的管道系统的必要的附件。供水基本上包括冷水和热水。在所有卫生管道安装和设计中，住宅或商业性建筑的某些设计标准需要加以考虑。这些包括：需要评估（因为通常不是所有的设备装置同时需用），负载机件需要估算（指当地管道法规），需要使用的直接或间接系统，储存情况（容量、水塔位置）和管道尺寸（材料、速率、流量、压位差）。

在所有的卫生管道安装中，水在压力下被输送到单独的卫生设备中去。供水应该能满足拟议中的建筑或工程的最大要求，包括消防和空调要求。一根管子的输送压力和装了水的管子上方的源头或高度成比例。因为管子一般较小，它就相对地容易放置于墙体中空、顶棚结构和其他区域内以给一个设备供水，即使是离主要水源还有一定距离（图 11.7）。

一座建筑物里面的家庭饮用水供应必须妥加防护，以免被机械和灌溉系统设备所污染，通常在各个系统连接器上采用防回流方法（由国际卫生管道法规规定）。此外家用热水系统必须设计成定时供应热水模式，经常要求循环热水管道，回到水加热源点以通过装备支管提供热环路。

排水系统要求有各种考虑解决办法，因为它们通过引力工作——排水管必须倾斜向下以带走废水，它们应该同任何其他管道系统隔离开来，太低而不能重力流动的排水必须排进污水坑，从那儿废水将被抽走。此外，该系统应当开排放口，以防止存水弯因过压而成真空。卫生排水系统管子尺寸和重力流动的基本的设计理念取决于在卫生管道内保持至少每秒 2 英尺的流动，以使得固体物能通过系统被带走。另外，在卫生管道内的流动必须做到［通过尺寸标准和管子（管件）安装］防止集聚过大压力而堵塞。

图 11.8 表示的是一张常见排水和通风系统的简易图解。雨水排泄分两大类：第一类是用作输送来自屋顶、建筑物之间通道和其他露天区域的雨水；第二类是地下排水系统，用来防止通过墙体和地面以下的层面渗水。

附加于卫生设备的一个重要组件是存水弯。存水弯的工作原理是给管子在行程中以转向，这样水流经过后形成一个水封，它会防止污水系统中的气味进入建筑物。所有卫生器具都设存水弯，除非它们是组合装置的一部分，例如小便槽，它排放进有共同存水弯的普通支管。地方法规的考虑也许要求各个卫生设备上都有单独的存水弯。

存水弯同排水系统和排放口相连，废水或污水排气口就是连接排水系统的管子。通风管一般穿过建筑物的屋顶伸到露天里，或者通风管在最高的将水倾倒进垂直排水管的横向排水管上方连接。通风管有两个主要目标：第一，它们有助通过让产生的污水气体逸出，而不是在存水弯的水里起泡的方法，防止产生倒流气味。第二，它们也让系统里的压力平衡，因此排放废水不会产生把水汲出存水弯而冲破水封的虹引作用。

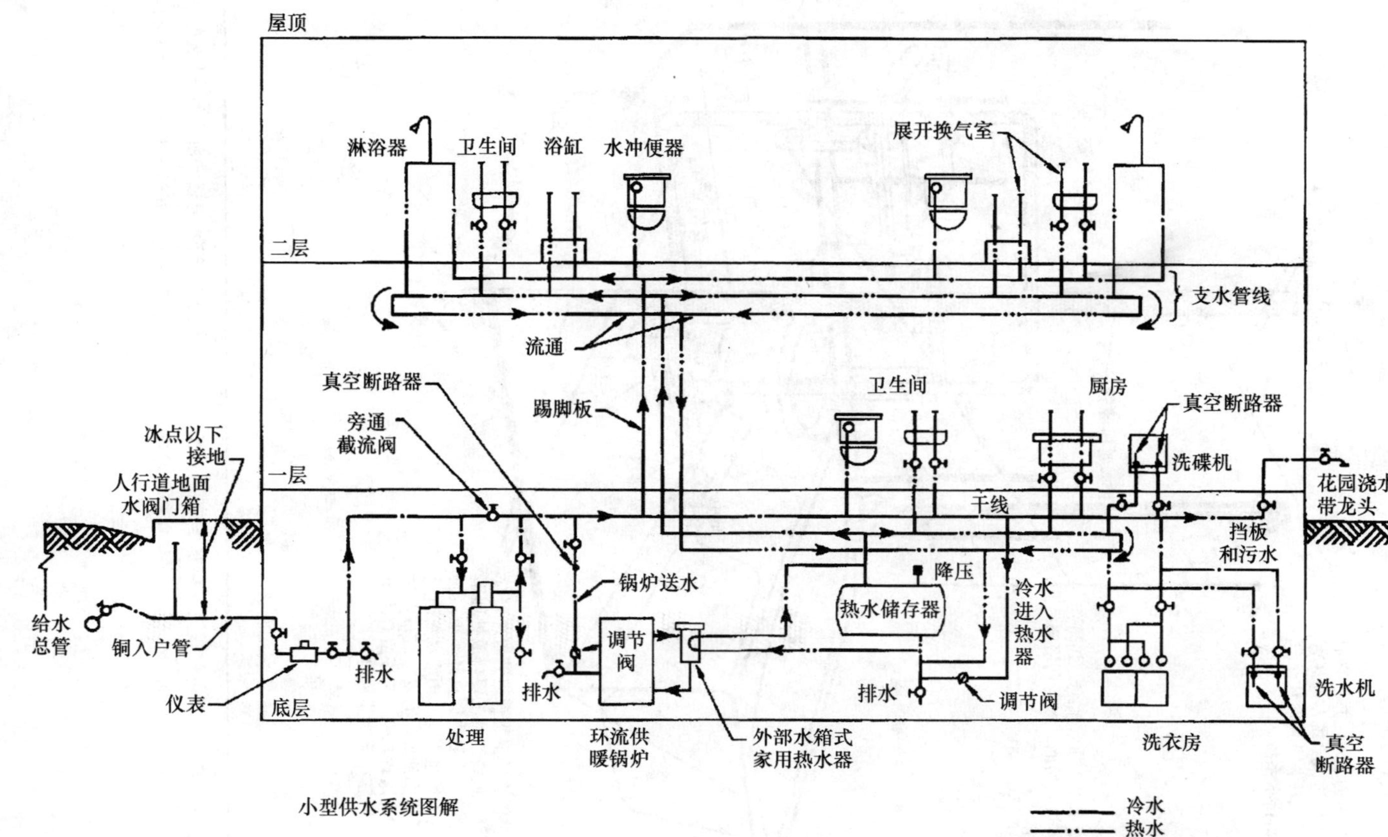

图 11.7　小型供水系统示意图。(引自戴维·巴拉斯特的《室内设计参考手册》,专业出版公司,1998 年)

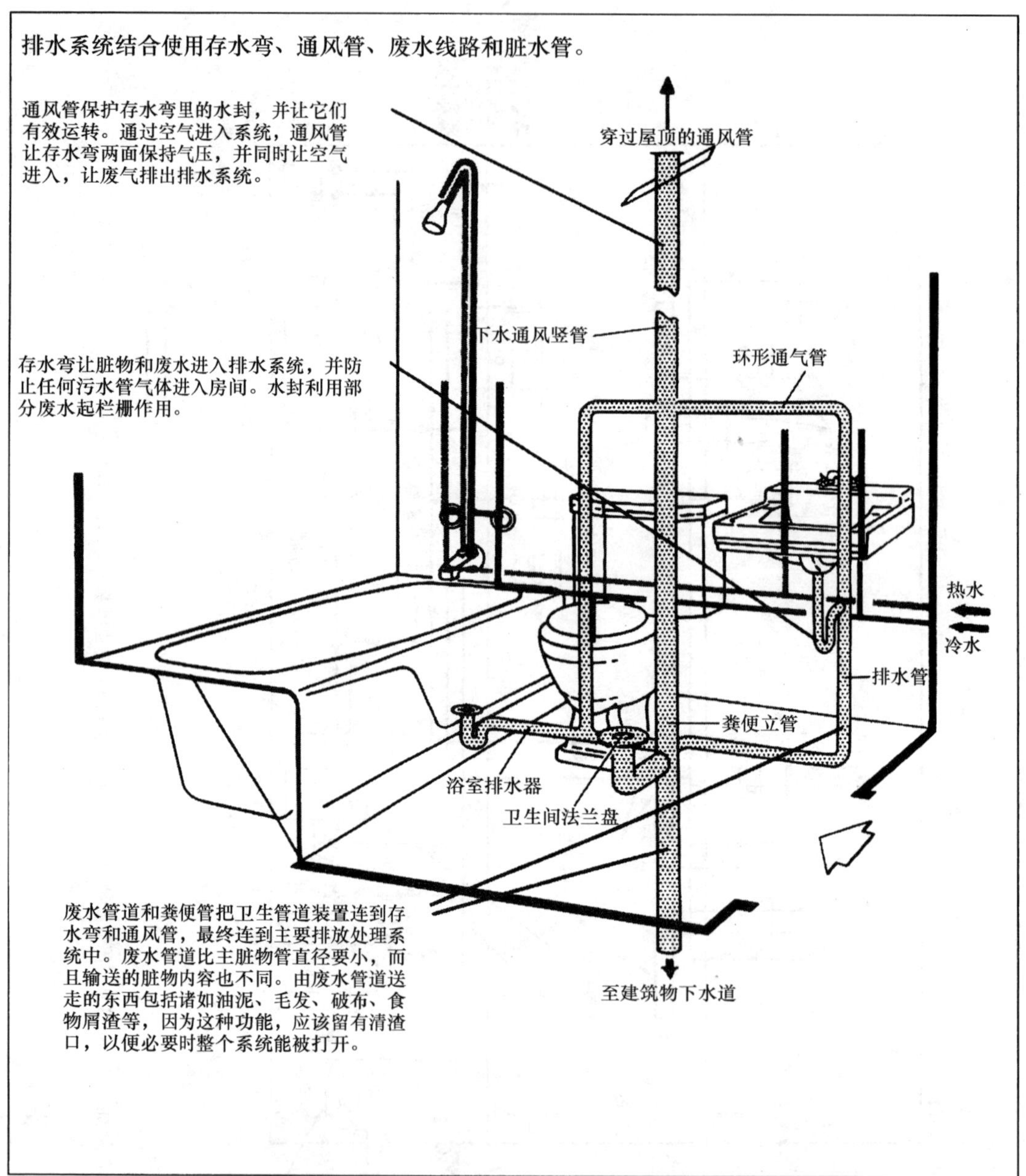

图 11.8 图解说明常见住宅浴室卫生管道和排水系统，显示通风管、存水弯、污水管道和脏水管。［引自马勒・爱德华・J・埃特・阿尔（Muller Edward. J. et al）的《建筑绘图和轻型建筑》第 5 版，新泽西州普伦蒂斯大厅，1999 年］

污水从固定装置分支线上的存水弯流向垂直排水管（粪便竖管或废水竖管）。粪便竖管为纵向排污系统，它从卫生间（厕所）带走排放物。而废水竖管也为纵向排污系统，它排放除厕所以外所有卫生管道装置的废水。每座安装有卫生管道的建筑物都要求至少有一根3英寸粗的下水通气竖管（或通风立管），全部穿过屋顶。下水通气竖管或连接于粪便竖管，或连接于废水竖管，它在最高的横向固定装置或排水管上方，直通垂直排气管。或者它就是一根粪便或废水竖管，穿过屋顶外延。（图11.9）只要3个以上的分支间隔的竖管，需要单独的通风管、排放管或通风支管，下水通气竖管或通风干道，就必须同粪便或废水竖管一起安装，而且应该为排水竖管的纵向延伸。

卫生设备布局

费用和排水管需要坡度就必需使卫生设备的安装位置尽可能靠近现有卫生管道线路。这些包括横向线路或连绵不断通过多层建筑的纵向竖管。对排水管的最低坡度每英尺为1/4英寸（或管子大于3英寸，每英尺1/8英寸），包封在楼层空间里面的管子的尺寸和坡度受到从固定装置到竖管连接器之间的距离的限制。

在商业用建构中，设计师尽力把多数卫生管道集中在靠近核心区的单一区域内，在核心区里管道用于卫生间、喷泉式饮水器和其他类似设施。为了给洗涤槽，专用卫生间之类的地方提供服务，湿柱有时被包括进建筑物内。这些通常安置在结构柱处，冷、热水供给和排放以及通风竖管也位于那儿，它们被设计成让每个住户容易操作而不必连接更多较远的建筑物中心的管道。

在工程含有大量管道设施的地方，必要的管子也许适合在标准隔断提供的空间里。例如厕所的粪便立管要求直径为4英寸（10厘米）的管子，这样的管子外部实际直径大于4英寸。在这种情况下，管道槽沟就需要协同考虑，两套立筋建造中间的空间足够安置管子。在通风管经过绝缘装置的地方，必须安装绝缘护罩，以便在通风管和绝缘材料之间留有净空。在通风管经过阁楼空间的地方，在绝缘材料上方的护罩末端不应小于2英寸（51厘米），而且必须位置安全以防位移。

卫生管道平面图

除了像住宅一类的小工程外，卫生管道平面图一般由机械工程师实施。规划人员和设计师应该熟悉标准卫生管道平面图符号，符号样例显示于图11.10。

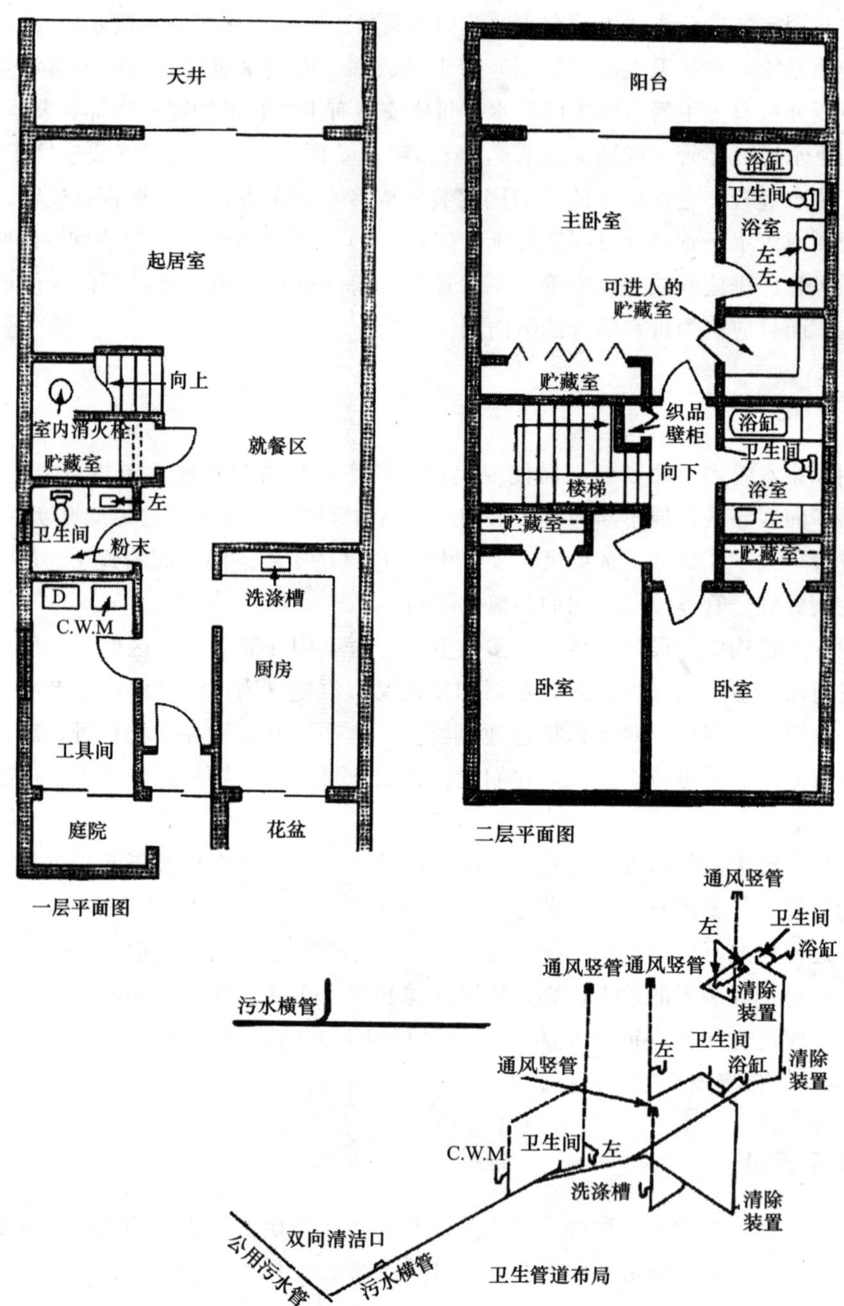

图 11.9 描述独户住宅卫生管道和排水管布局。(引自于 Massey, Howard, C. 的《估算卫生管道费用，技工手册》, Carlsbad, 加利福尼亚州)

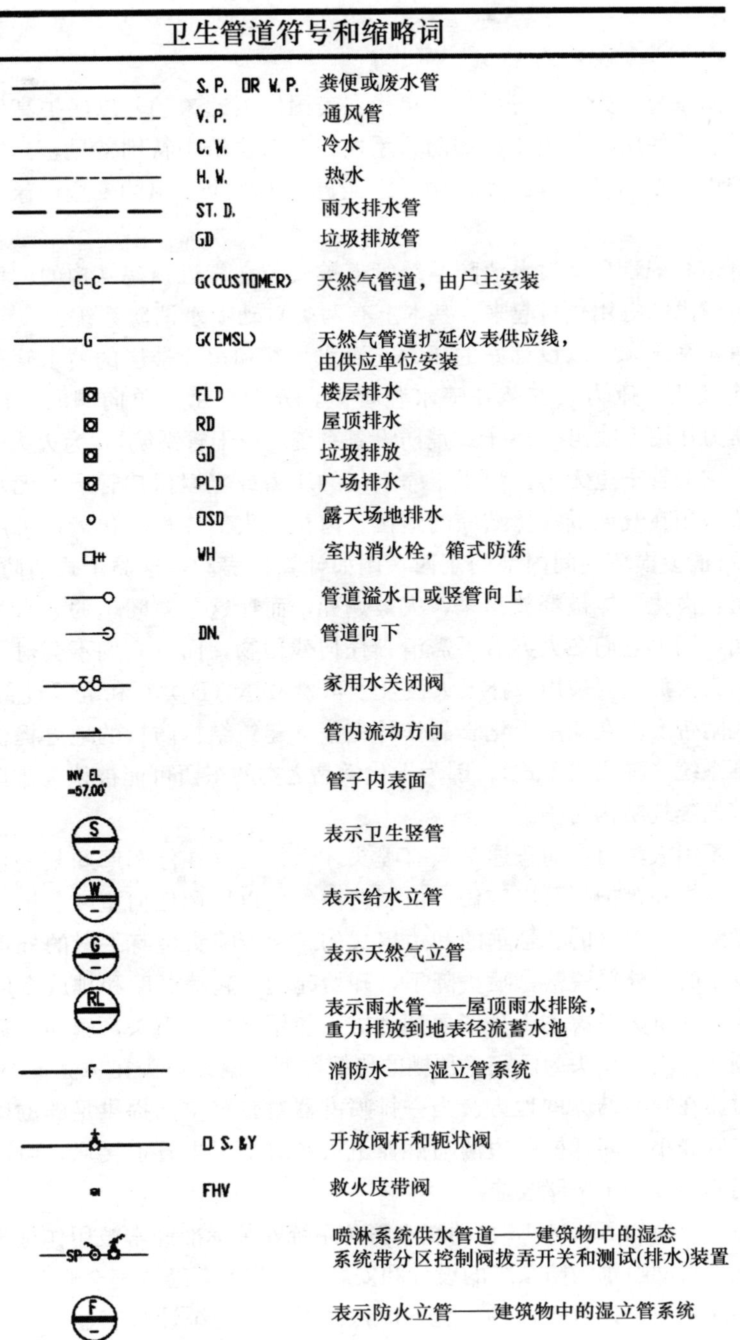

图 11.10 标准卫生管道系统

防火

自动喷水消防系统首先是19世纪70年代在美国发展起来的，以保护高风险的工业建筑。而今天则代表着使用最普通类型的防火手段，在新建筑中特别常见，其原因是自动喷水器一个多世纪以来在不同场合的使用中，已经提供了一个突出的安全纪录，如工业、商业和机关。

很像卫生管道系统，自动喷水消防系统管道被安装在靠近顶棚结构的内墙上，然后隔热，把下面区域散出的有用热封起来。基本上有两类自动喷水消防系统：1. 湿管系统，基本上包括一个供水系统，它以设计好的压力充满水，并和每个楼层的喷水管相连，喷水管把水分配到单个喷头。压力表安装在喷水竖管里，分别在每个单向阀的上部和下部（图11.11），水在压力作用下喷出。2. 干式消防设备系统（或干管系统），为灭火喷洒系统，与湿管系统相反，它的管子里无水，利用压缩空气的压力或氮以保持管子里无水直到系统起动为止。它一般被用在气温低，易结冻的地区。卤化灭火剂或称卤化气也可用来灭火（代替水），用于水可能会损坏空间内部的东西，例如计算机房。在这类干式消防设备系统里，当系统被扳动时，卤化气体被释放出来，火被焖死，而让这一空间里的人自如呼吸。卤化剂可能非常有用，因为它们在火灾后不需清扫任何残留物，而且它们不会对精密设备引起热冲击。干化学灭火剂主要被用来扑灭火波及了可燃液体（B类）和电器设备（C类）时。地方当局也可能附带要求在使用干化学品作补充基本建筑结构防护的地方提供以滞留水为基础的消防喷洒系统（湿式或干式），因为干化学品之类的东西可能被认为难以在一场持久大火中提供足够的建筑结构防护。

现代喷淋器不引人注目，而且通常只有喷头才看得见（在停车库和某些仓库中例外）。而且，喷淋器、盖板和遮护板可以定做，由制造商配色以协调任何室内装饰。而且有好几种类型，包括隐蔽的、直立的、悬垂的和边墙式的。隐蔽喷头型有平滑的外罩和顶棚保持齐平。当火灾发生时，外罩脱落，喷头降下，开始起动。起动温度和排放密度依风险因素和顶棚高度而定。在审美考虑不十分紧要的地方，使用直立式喷头，例如对管道外露和高而未完工的顶棚。悬垂式喷头为已完工顶棚的传统类型，但其喷头在顶棚下方延伸几英寸。干式悬垂型有时用在容易结冻的地方。当一排喷淋器对较窄空间提供足够的覆盖面时，边墙喷头则用于走廊和小房间，横向边墙喷淋器也可和墙上卫生管道接通，而不安装在顶棚上，这就使它们非常有利于房屋改造。

虽然国家防火协会的NFPA-13自动喷水消防系统安装标准经常被用作标准参照，但地方建筑法规支配着自动喷水消防系统的设计和安装。NFPA有经过完全修改的NFPA-13以处理自动喷水消防系统设计各方面的问题。应该注意的是，统计数字显示，火焰并不是主要杀手，而浓烟才是最致命的，浓烟比烈火扩散得更快，而且含有致命的一氧化碳。NFPA-13把建筑物的火灾危害分成三大类：轻危害、普通危害和特别危害。危害分类和其他要求是决定要求的喷水器间隔和要求的对喷水器的水流量的主要标准。轻危害类包括易燃性低，易燃物少和火灾可能释放出较低热量的房屋，办公室、教育住宅、医院、餐馆、学校和宗教用群房都被归为轻危害类。

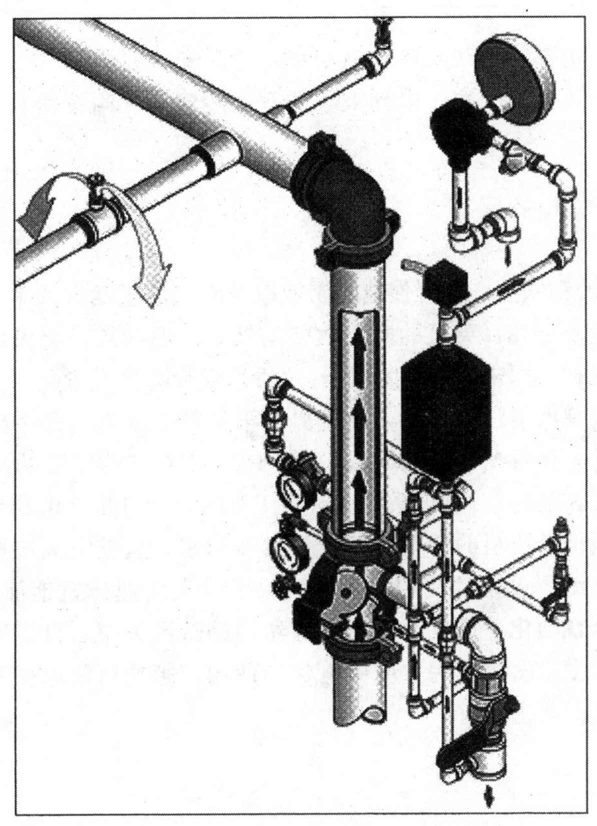

图 11.11 典型自动喷水消防系统图解

在轻危害房屋里，最大的防护面积是每 200 平方英尺一个喷水器，也就是说，每 200 平方英尺必须有一个喷水器。或者，如果该系统被设计以满足某种要求的话，则每 225 平方英尺一个喷水器。对露天木搁栅顶棚，面积降至 130 平方英尺，喷头间最大容许的距离不管是在支线上还是在支线之间，就轻危害房屋说，都应该为 15 英尺，以符合 225 平方英尺覆盖面的要求。从喷水器到墙体的距离应该不超过喷淋器之间可容许距离（15 英尺）的一半。从喷水器到墙体的最大距离为 7 英尺 6 英寸，但在小房间里例外，在那儿喷水器通常可以允许被安置到距任何单一墙体 9 英尺的地方。从喷淋器到墙壁的距离不能超过喷淋器之间可容许距离（15 英尺）的一半。

喷头的位置应和装在顶棚上的其他东西相协调。当在顶棚上方安装喷淋器时，设计人员必须保证留有足够的空间以便不影响隐蔽照明灯具和其他顶棚结构。

纵向和横向传送系统（输送）

这一节主要有关电梯、自动扶梯和电动步行道。安装新的电梯或改修现有电梯意味着可能要求空间规划人员涉及小室、电梯大厅的室内装修和呼叫按钮及上（下）天窗的信号系统。

电梯

在19世纪，新的钢铁生产过程使建筑工业以及我们的生活方式革命化了。建筑师和工程师于是就有了建造凌空几百英尺的摩天大楼的技术。但如果没有大约同时引进的另一项技术革新——现代电梯（原来叫做升降机），这恐怕就没有多大意义了。

大多数早期的电梯由蒸汽机驱动，而世界上第一部电动电梯是一部货物升降机由其发明人和制造人伊莱沙·奥蒂斯（Elisha Otis）于1850年在纽约安装的。1857年他安装了第一部载客电梯（也是在纽约）。电子系统在这些年里的巨大进步使电梯设计和安装产生了很多变化。为自动编辑信息资料的计算设备于是发展起来，这就大大地提高了在大型建筑物里的电梯效率和自动编程设备的使用，最终消除了较大商业建筑地面层对启动器的需要，因此，电梯操作完全自动化。这就开始了在像纽约的帝国大厦、世界贸易中心、芝加哥的约翰·汉考克中心和多伦多的信用大厦中电梯的使用。影响所需电梯升降室的数量以及影响楼层空间的布局的因素主要有：

- 建筑物的规模和类型
- 电梯厢的容积
- 电梯厢的速度
- 最大的可接受的等候时间（例如办公室约为30秒，公寓约为90秒）
- 控制（操作）模式。现代系统为使用人自行操作模式，每个大厅都有呼叫按钮，电梯厢内有楼层选择按钮。

现今，常用电梯设计基本上有两个主要类型：缆式电梯和液压电梯。两类中最流行的是缆式电梯（即钢缆系统）。在这种系统中，电梯厢由牵引钢缆进行升降，而不是从底下推动。钢缆系统用于高层建筑电梯安装，它通常使用无齿轮传动牵引系统，钢缆系统也用于中高层建筑电梯安装，一般使用齿轮牵引系统。电梯有个平衡电梯厢重量的平衡重量装置，同时确保提升钢缆的摩擦力紧紧抓住传动滑轮组（滑轮），这样，当你转动滑轮时，钢缆也随之移动。滑轮被连接于一个电动机上，当电动机朝一个方向转动时，滑轮升起电梯，而当电动机朝相反方向转动时，电梯就被降下。

驱动电梯的机械设备安放在机房内，机房一般直接位于电梯提升间的正上方。为了给电梯厢送电和从电梯厢那儿接收电信号，一条多线电缆把机房同电梯厢连接起来，其终端装附于电梯厢，并同它一起移动（图 11.12）。现今大多数现代牵引电梯都有要求空调的微信息处理控制器。

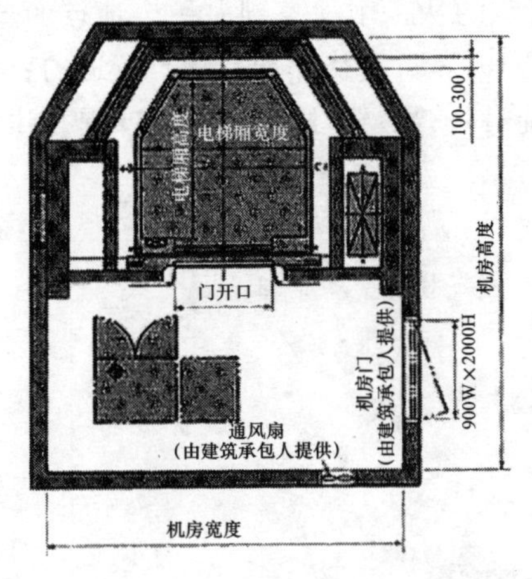

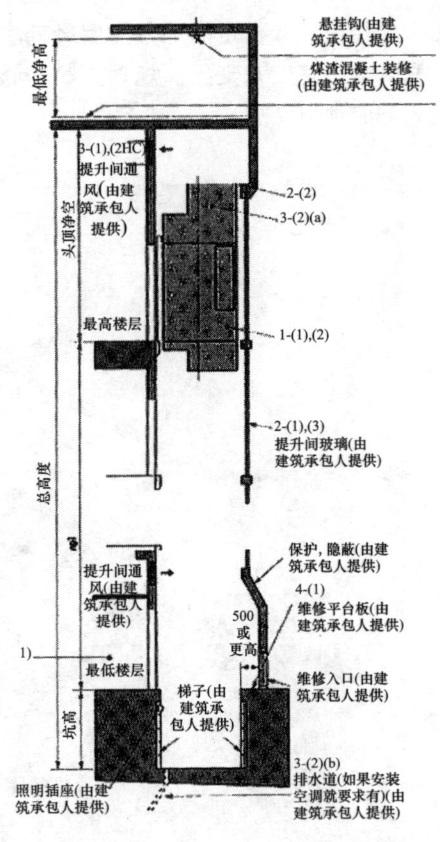

图 11.12　典型电梯工作原理

液压电梯主要用于低层建筑安装，在那儿，电梯厢中速是可以接受的。电梯厢同一个长液压传动活塞顶部相连，活塞在汽缸内上下移动。液压系统非常简单，它有三大组件：

1. 一个水箱（油）（流体储器）。
2. 一台泵，由一台电动机驱动。
3. 一个阀门，装在汽缸和储器之间。

液压电梯不如缆式电梯那样多功能和有效，它们也没有多种内在安全系统。

自动扶梯和自动步行道

1900年，查尔斯·D·西伯格（Charles D Seeberger）（现代自动扶梯的前身的发明者）和奥蒂斯（Otis）一起安装了第一部为巴黎展览会特制的公用阶梯式自动扶梯，就在那儿它获得了一等奖。自动扶梯适合运送大批人通过有限的楼层，特别是在百货商店、机场航站和车站大厅（图 11.13，11.14）。移动步行道正越来越多地被用在机场、火车站和主要百货商店中以给人们提供有控制的、快速的和令人喜欢的从一个地点到另一个地点的运送，而且在希望避免长久行走的地方使用最理想（图 11.15）。自动扶梯和自动步行道的容载量主要由升降器的宽度来支配。规划人员应该了解升降器的重量，以便在新的或现有建筑物中使用它们时加以考虑。

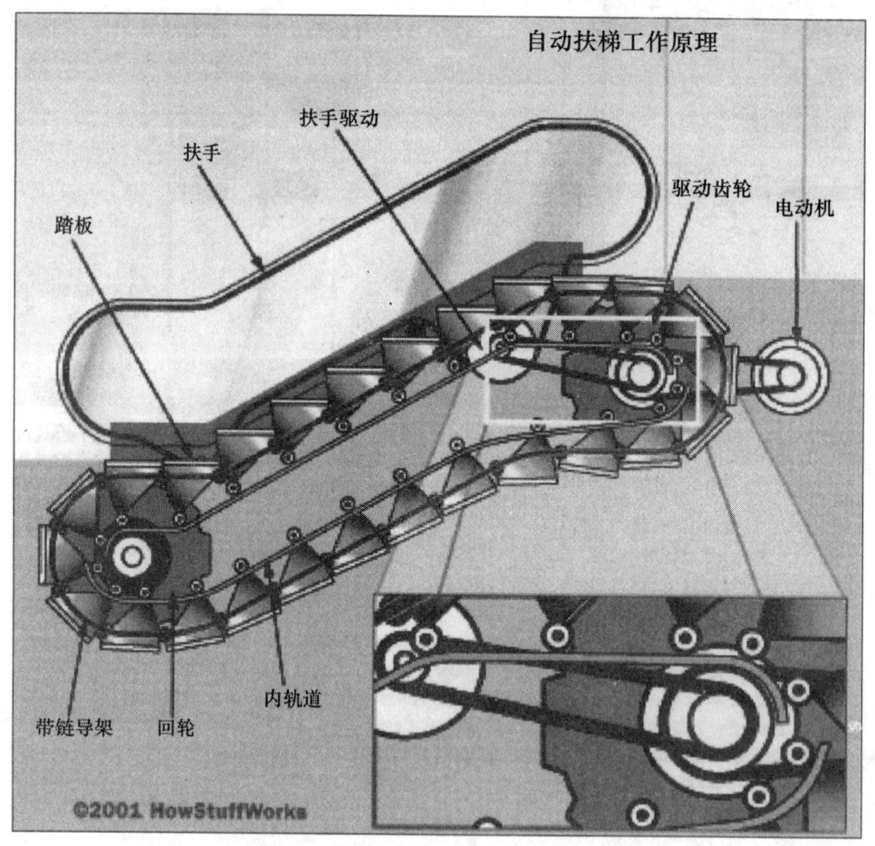

图 11.13 自动扶梯工作原理。[引自于《自动扶梯工作原理》，http//www.howstuffworks.com，汤姆·哈里斯（Tom Harres）著，Howstuffworks公司，2002年]

图 11.14 用于日本甲府山康（Yamoko）百货商店的螺旋形自动扶梯。（由三菱电气公司提供）

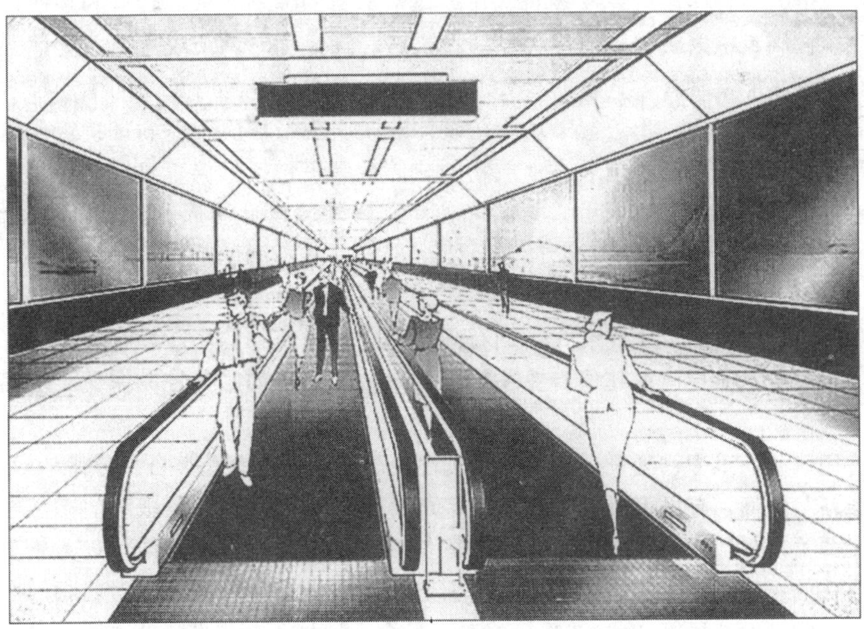

图 11.15 经常用于机场和火车站的移动行人道样例。（由三菱电气公司提供）

自动扶梯和自动步行道的核心部分是一对链条，它绕在两对由电动机驱动的齿轮上(电动机也带动扶手)。踏板被设计成永久稳定状态，在自动扶梯的顶部和底部，踏板彼此接平以形成一个平坦的平台，好让人们进出。

维修和后期服务

在商业、机关和其他设施中，不同的硬件系统，诸如供暖、通风、空调、应急报警、灭火器、公用讲话系统、应急照明、出口和疏散路线标识、应急发电机、烟火门、消防署、水龙带以及消防水泵等，通常在控制和减轻火灾后果中有帮助或者直接起作用。对这些系统的周到维修对工作场所及其住户的安全和福祉至关重要。此外，地方、州或联邦法规还经常要求定期检查和测试这些系统是否符合法规。同时，现今有许多维修管理软件包，它们提供各种相当有益的模块，特别对较大设施的追踪调查，诸如记载检查数据、服务情况以及关键设备的维修情况更为有益。

未来——摆在我们面前的是什么?

在近几年里，一直存在越来越多的对开展技术革新的强烈要求，其目的是通过改进了的燃烧和环境控制系统以减少热能散失。这在供暖、通风和空调系统方面尤为明显。同时在设计上对开发热能策略有了真正的需要。实际上，我们已经具有足够的生产技术以达到主要的热能目标，问题是，我们怎样才能在设计阶段实现最佳应用以满足特定建筑物的专门需要？有各种各样的因素影响一座建筑物的热能效果，包括气候、建筑物规模、形状和方向、场地特征、门窗类型、尺寸、形状和位置、内外墙设计和热能特点以及其他因素，诸如室内操作过程。一方面，一个设计人员要认识到这些不同的因素，另一方面，要能够在特定的情况下评估每个因素的相关重要性。

电器服务对建筑物的形状或形式影响有限，但它对建筑物的功能性有着很大影响。它不但影响舒适系统，而且也在其他有关功能的建筑效用中，如服务控制系统、电信和安全方面起着关键作用。

关于公用事业，工程物理设计人员经常发现自己在奋力克服人类自身障碍的负面影响，包括抵制革新。然而，有更多迹象表明，许多环境主义者和水资源权威对生态和经济问题表达出高度的关注，那就是需要减少水资源的浪费。同样，在排水系统中，人们发现，液压理论和潜在的系统革新大大超出了现实。看起来，好像有一种缓慢的对新材料和新观念彼此结合起来的抵制。尽管如此，“绿色建筑委员会”规划正变得非常受欢迎，并且，在形成巨大的创造力，以降低能源消耗和促进对现存的和再生的材料的重新利用。

至于防火安全，重新评估防火安全原则和它们的执行情况早就该这样做了，而且需要加大力度——特别是在提供应急出口不力，甚至根本没有的地方，要改进基本应急出口安排和相关的建筑隔断。

即使在速度和电脑化操作方面，输送系统也已经十分精确了，但另一方面，输送系统技术的进步仍然大部分是由持续的经济刺激和日益增长的效益激励起来的。近几十年见证了电梯控制的巨大改进，最佳感应时间并提高了搭乘质量。

第十二章

安全问题

在今天的建筑环境里，安全有了新的意义。恐怖主义和自然灾害的袭击通常很少有或者根本就没有事先警告。特别是恐怖主义现在被公认为是一个国际现象，为了反恐，各国政府需要制定防护措施。毫不奇怪，紧跟可怕的1995年俄克拉何马城炸弹爆炸以后，2001年9月11日恐怖分子袭击了世界贸易中心和五角大楼，因此办公大楼的安全问题就成了新的当务之急。

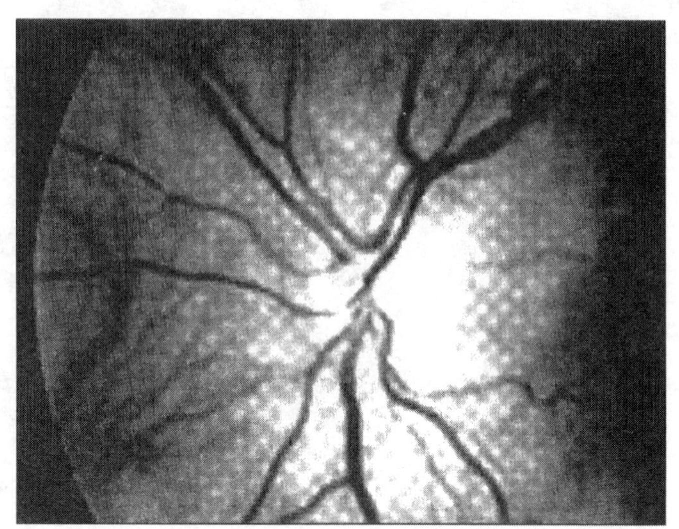

安全方程式

俄克拉何马城炸弹爆炸和世界贸易中心灾难暴露了公共设施和工作场所里缺乏足够的安全保障。但是今天的灾难以各种不同的方式方法出现于建筑物内部或外部，甚至心怀不满的雇员都可能成为潜在的定时炸弹。因此规划人员必须研究有关安全的各方面的问题，包括他们今天面临的新的挑战，不论是有关雇员的、建筑结构的还是营业的。

根据过去十年里的恐怖袭击，设计师和规划人员突然面临诸多有关安全协调、活动自由和市场现实的新问题。在俄克拉何马城9层高的艾尔弗雷德·P·默拉（Alfred P. Murrah）联邦大楼里168人遇难，而在9·11世界贸易中心袭击中，将近3000人死亡。

因此，这就意味着我们所熟知的摩天大楼的末日吗？人们怎样设计更为安全的环境而又不把建筑物变成一座碉堡呢？英国的查尔斯（Charles）王子，一个直言不讳的高层建筑的反对派，最近在一次伦敦会议上非常强调地说，“世贸中心的毁灭未必标志高层建筑的末日到来。”

社会的安全需要应该考虑到我们的传统价值观和我们的哲学以及精神需求，包括在一个自由社会里的那些开放性和通达性以及它们派生出的后果影响。但即使经过再三修改的设计和工程措施，恐怖主义对物业的威胁也不会完全排除，没有任何一座建筑物能够百分之百地抵御恐怖主义。我们应该承认，我们所做的一切和我们生活的任何地方总是存在小风险的新的现实，大多数建筑法规经过好几十年（如果不是好几百年的话）都有了改进，这种改进反映了社会的共同要求。而当恐怖主义成了真正的威胁时，从长远观点看，2001年的9·11袭击将不大可能引起重大的变化。变化会发生，但仅仅是通过革新创造，而且只有作为整个社会的那些变化我们才愿意付出代价。雇主们应该以有计划性的方式处理防灾问题，并且制订把灾难发生降到最低程度的计划。有些地方政府和机构颁布了预防灾难的政令，并要求有详细说明的计划附件。

图 12.1　2001 年的 9·11 对世贸中心的袭击对建筑安全问题提出了新的紧迫要求

安全威胁的类型

对一个组织机构的威胁有许多类型，它们会影响该组织机构的雇员们的安全和福利、它的利润以及它本身的生存。最重要的威胁类型包括：

自然灾害造成的损失（火灾、水灾和地震）

空间规划人员和设施专业人员应该确保备灾计划到位以应对可能的自然灾难的损失，

例如洪水、火灾和地震。安全专家拉里·蔡斯（Larry Chese）说，“洪水经常携带残骸碎片，它们会堵塞和撞裂易燃液体贮存器或管道。这些液体一般比水轻，可能漂进一个碰上点火源的地方。”电器短路和燃气线路破裂是洪水后经常发生的事，也是潜在的燃烧火源。

另一个潜在的安全威胁是地震造成的，这儿蔡斯正确地指出，地震过后的多数破坏是火灾引起的。蔡斯接着建议这样的震后火灾威胁可以通过给燃气管线安装自动震动关闭阀而减少，阀门由中等地动启动。蔡斯还推荐在自动喷水消防系统上使用抗摇摆支撑以减少动摇，也就不需使用自动启动设备以防止电气辅助设备无警示恢复功能。

虽然直接火灾对设施可造成巨大的、代价很高的破坏，但浓烟扩散和那些腐蚀性物质可能造成代价更高得多的破坏，而且对电器开关、计算机和其他电子设备造成极大的破坏，规划人员应该考虑极大限度地减少这些有害的后果，比如安装低烟雾非卤化电缆，它能防止火势蔓延和产生最少的烟雾以及腐蚀性一类的合成物。

知识资产的损失

美国工业安全协会指出单是在美国每年知识资产损失可能要超过2500亿美元。虽然最近一次调查显示，56%的答卷人有过一次或更多的被怀疑或被认为企图盗用情报信息的遭遇，但62%的被调查的公司没有适当的报告信息资料损失的途径。没有哪个组织机构能够承受得起由于今天许多企业的不胜任的安全防范措施而造成每天不断发生的盗窃和生产损失。情报信息安全专家艾拉·温克勒（Ira Winkler）说，“情报信息能对商业的成功和失败起重要作用，把行业的机密泄露给竞争对手，你就失去了你的产品所有的优势。丢失了客户名单，你就丢失了利润，丢失得过多，你就别做生意了。”在这个我们生活的电子世界里，人们需要运用简单的常识规则来保护你所在集体的极其重要的情报资料。

技术恐怖分子和黑客

近几年来，有许多攻击共有体系的严重病毒，单单一个病毒就能破坏一个公司的计算机网络，而就利润、生产和知识产权说，要断送掉数百万计甚至更多的损失。

工作场所的暴力

近来，公众越来越意识到工作场所的暴力规模，司法局的统计数字显示，将近一百万人成了工作场所暴力的受害者，这些受害者约50万人损失180万个工作日和5500万美元的工资。更重要的，根据国家职业安全和健康委员会资料，每年有800人在工作岗位上被谋杀。在许多情况下，正是这些不满的雇员或最近被开除出工作的雇员成了元凶。问题的严重性已经促使了职业安全和健康署（OSHA）开始传讯那些未能保护工人不受袭击的雇主们。

处理这个问题的第一步是通过雇员培训，按劳拉·梅里萨洛（Luara Merisalo），一个专写工作场所暴力问题的作家的说法，“场所管理人员需要检查诸如建筑通道控制、门厅设计和布局，接待服务区等问题，保证在人身安全上没有漏洞。”调查显示，建筑安全的一个簿弱环节是装饰台和后门，伺机搞破坏的心怀不满或居心叵测的人就会利用这样易受攻击的地方。通过后门或旁门的进出通道因此应该严加控制或采用电子密码或门卡系统，或利用其他方法，如报警器系统。同样，单独的工作空间应该撤除，而要建立高度清晰的工作区，因为公开性被证明是一种强大的威慑力，一旦找到了易受攻击的地方，就可以采取措施加以排除。

恐怖主义——炸弹和爆炸物

1955年，美国全国科学研究委员会（NRC）公布了一份题为“保护建筑物免受炸弹破坏：把减轻爆炸效应技术从军用转入民用”的报告，这份报告显示，在冷战时期进行的结构研究和测试中获得的大部分知识一般地也适用于今天的民用设计实践。报告还提倡继续研究以寻找减少对大型建筑物袭击所造成破坏的方法，例如，俄克拉何马城的炸弹爆炸和1993年对世界贸易中心的攻击。抗爆炸结构和其附属系统的设计是一项长期建立起来的主要由军队实践的训练科目，然而，这些构筑通常都处在地面以下，设计传统的地面以上的抗爆炸的构筑是不切实际的，因为我们不知道哪座建筑和在什么时候要受到攻击而经常无法确定潜在的危机。况且，潜在的威胁不能量化，因为我们不知道所使用的武器的类型，它的能量亦即采用的投掷模式。此外，由于爆炸压力的总冲击力远远大于地心引力或风力荷载，故对经济、机能和外形产生的最终影响可能是非常巨大的，因此也是不能接受的。尽管如此，通过简单借助普通常识，良好的结构系统，有效的对抗手段以及妥善安排的应急或安全计划在提高对汽车炸弹攻击的察觉敏感性方面是可以做到的。

结构性能专家阿纳托尔·郎吉诺（Anatol Longinow）说，“在过去几十年里，人们做了很多工作以改进减轻爆炸后果的方法，这些方法中的一部分就是在冷战高潮期间产生的，还有一部分是由于1983年美国驻贝鲁特大使馆被炸发展起来的。”另外还有一些装置减缓技术和材料是最近被开发的，以保护建筑物免遭汽车炸弹攻击。现时，保护一座建筑物免受炸弹攻击将会增加额外的设计和施工费用，这种费用将是很高的。

生物化学恐怖

潜在的生化对建筑物的空气处理系统的生化攻击是可怕的，现今，越来越多的注意力放在安全和出入通道以及提升装置和探测上。

确定安全需要和空间规划人员的作用

在建筑环境中的安全就是为了保护人们、信息资料和财产。安全规定因此在设计新设施或翻新现有设施前对确定安全需要来说很重要。设计概念就绪后企图掩盖安全策略和措施会极大地产生相反效果，引起拖延和费用超支。而且在每个设施中的评估范围和水平将不相同，但最终目标仍然一样——选定一个可接受的起码水平的安全保护。对设计人员说来，极其需要制定规划、设计和建造房屋的策略和方法以最大限度消除安全隐患，而与此同时满足业主对建筑物的实用、舒适和美观愉悦等其他方面的要求。

空间规划人员应该认识到对公司和建筑环境以及同那些威胁相牵连的有关风险的安全威胁的性质。为了增强安全和防护，需要采取的步骤应该包括：

1. 资产分析：空间规划人员（设计人员）应该确定和优先考虑那些需要防护的资产。这些包括人员活动，重要的资料数据和财产。人，实质上是任何组织的首要资产，因为他们有营运和科技知识。资产择优可以通过审查对组织生存的各种组织功能的重要性来完成。一份美国建筑师学会出版物《通过设计求建筑安全》说，资产分析应该涉及下列各点：

- 需要保护的资产的性质（例如，雇员、专有信息情报、行业机密、人事档案）。
- 资产的价值，包括现行价值和更新价值。
- 资产的位置。
- 取得和使用资产的方式、时间和人员。

2. 威胁分析——辨别和强化安全弱点：这包括懂得安全在你单位内的真正作用和在日常企业经营里日益增长的安全重要性，还要懂得安全是一个持续过程而不是一种终结状态。应该进行一次如因安全措施不力而影响公司纯收益的评估。一次行动计划应该妥为安排，并在可能存在纵火燃烧情况的地方有预防安全缺口的对策。应该制订应急计划以对付在单位内各种形式的安全威胁，包括以下方面：

- 对付在学校、医疗设施和其他公共场所的威胁的措施。
- 进行现场演习以衡量用户的防备水平。
- 确定在你的安全计划里需要包括什么，并且以最少的代价把你的计划付诸实施。
- 估量你的计划的效果和如果计划执行不能满足你的要求应该采取的措施。
- 确定你的产权的那个地区存在最大的安全和防护风险。业主应该确定是把公司的安全防护合同包出去还是利用单位内部人员，如果使用内部保安人员，就需制定和实现严格的标准。

3. 脆弱性评估和恰当的对应手段：脆弱性意指纵容威胁得逞的薄弱环节。一旦薄弱环节被发现，就应妥当地采取纠正对策。你的脆弱性评估和成本效益分析确定何种对应措施是适当的，消极的还是积极的。积极系统包括电子进口控制器、闭路电视、入侵探测器和许多其他技术手段。扫描器、回转栅门和照相机是昂贵的，但比起来，人力花费更大得多。有效的消极系统如景观护柱、照明、实物栅栏和疏散以及对应计划可以结合起来使用以替代或补充积极系统。许多设计师现在也在考虑在重要的构筑中使用抗爆炸玻璃，这样就可能出现为2英寸（5厘米）厚的玻璃、凯夫拉尔板材和特种耐火织物之类的项目也要付出20%的额外费用。若没有更进一步的重大事件发生，一般的新建筑不大可能会包含这些变化。尽管如此，金斯勒（Gensler）的凯特·柯克帕特里克（Kate Kirkpatrick）说，“我们可以通过对威胁评估的判断而作出有效的改变，对应恰当，并采用良好设计以保证我们的解决办法有效持久。”

4. 风险分析和威胁估量：危险可能性可以从资产、威胁和脆弱性分析的研究结果中得出结论。这些结论可以帮助决定需要实施的安全措施以便有效地抗衡潜在的威胁。对我们大多数人来说最现实的威胁是每日里的工作场所的暴力，威胁应该在现有设施的条件下进行估测。例如，现在的设施是工作场所暴力犯罪或汽车炸弹或多少介乎两者之间的可能的目标吗？我们需要检查我们的基础设施系统的薄弱环节。艾拉·温克勒（Ira Winkler），《社团间谍》的作者利用下面给出的“风险方程式”来确定一个单位的具体风险程度：

风险＝[（威胁×脆弱性）/ 对策] ×价值

改进安全和防护的方法

今天实行的改善建筑环境的安全和防护的最普通的方法和对策略述于下：

进出通道的控制

按照安全专家杰弗里·丁格尔（Jefrey Dingle）的说法，进出通道控制的基本概念是简单的：“确定谁可以进来，并让其他所有人走开。”丁格尔把进出通道控制解释为“利用障碍物和认可的装置去限制进入一个控制区。”进出通道控制系统能够提高安全水平的等级。但就所有的安全系统来说，任何安全水平的提高也随之带来可能的更大程度的不方便。

虽然进出通道可以是公开的、明显的，但在多数情况下，低调处理和不引人注目更合情理。当碰到物质障碍时，尤其是如果这些障碍突出刺眼时，建筑物住户和访问者经常遭遇难堪。安全和防护措施应该均衡并和设计协调一致以便于呈现艺术外观，或者融入周围环境中而变得和谐一致。良好的进口控制可以通过护柱和竖杆连用而取得，它们起着栏栅的作用以阻止车辆的进入。

进出通道一般由两大部分组成：第一部分是设备和硬件；第二部分为方针和工艺规程。一个成功的进出通道控制系统需要达到两个主要目的：第一，建筑物或周边地区应该紧闭，以防止一切未经许可的人不经过控制点而获得通行；第二，应该有准许通行的特别人员名单。一旦决定了谁被允许通行，系统就会被设计到位以阻止别人进入。

在多住户设施里，有许多种可以制定的补充控制手段以防止未经许可的通行。一种极普通的形式是使用电梯控制卡片，在电梯里需要一种通行卡以让电梯在所要求的楼层停留。在新的高层建筑物里，车库和地下层电梯一般位于不同于那些用于居民楼层的地方。这是一个有意识的设计决策，它需要人们先走出车库或地下层电梯以便途经门厅区再进入住户楼层电梯。

有些设施延伸开来，有多个入口，这样要控制管理它们就更为困难了。在这种情况下，一个单一的通道控制系统应扩延覆盖好几座建筑物，或者为整座设施只建一个进出口，例如，在围墙上的大门。在许多实际运用中，即使费用很高，只安装单门进出系统是恰当的。翻新现有设施时，通过采用单门系统或脱机读数器——一种单独运行不和控制系统相连的单门系统，可以减少高昂的费用。

进出控制系统的类型

进出控制系统基本上依赖一种或四种合并起来的操作概念：个人辨认、独特认知、独特占有和生物统计装置。

个人辨认

这取决于对雇员们的个人辨认和准许进入的能力。一个雇员较少，营业额较低的单位能够使个人辨认非常安全可靠。其主要缺陷是，安全人员的更动，清除了进出控制基本数据，而雇员们的变动会使得安全人员难以跟踪谁被允许或谁不被允许进入。

独特认知

这要求一个人有获得进出的专门的信息资料或知识，例如，按钮字码锁。其优越性是不会损失任何东西。但缺陷是一个被允许进入的使用人可能把密码或锁字码给一个不被允许进出的使用人。另一个普遍的毛病是个人可以猜测到密码或锁字码。在安全调查中，安全专家们惯常查看保险箱下面的 Rolodexes，暗码锁或门，就能发现锁暗码或进出密码。密码也常常被写在台历下面。电脑也要求人们设立正确的数字作为密码进入，这些密码可以是 4 位、6 位或 10 位的数字。袖珍键盘系统可以是电子的并和一个系统相连或者是机械的、独立的，就像单门、按钮门等进出系统。

独特持有

以独特持有为基础的系统要求人们持有某种允许进出的东西，最常见的独特持有系统是钥匙和锁。独特持有系统的一个弱点是这个系统会允许任何持有这项东西的人进出，不管他们是否被允许进出。

一种越来越普遍的控制进出的方法是通过卡片读写器。每个需要进出的人发给一张卡片，每张进出卡上留下一个检验痕迹——记录着谁和什么时候进入的。大多数系统都允许建立进入时间窗口，这样每个有进入资格的人的时间就会受到限制。记住，系统记录着是什么卡片开的门，而不是谁开的门。这样雇员们把他们自己的卡片借给别人的做法一定要劝阻，而且卡片使用者保护好自己的卡片非常重要。为了解决这个问题，灵敏的卡片已被改进成带有包含被编码的持卡人的生物统计资料的暗藏集成电路，这样，当卡片通过读写器时，机器就会证实该卡片确实属于出示人。

生物化学恐怖

对建筑物的带有空气处理系统的空调的生化恐怖袭击是致命可怕的。就安全进入和过滤及探测来说，人们越来越多地把注意力投向机械系统。当没有任何建筑能够完全杜绝个别恐怖分子决意释放化学、生物或放射性（CBR）药剂时，这种攻击的威胁可以通过采取某种预防措施而被减小到最低程度。保护建筑物室内环境的最重要步骤之一是室外空气吸入口的安全（图 12.2a）。真正难以接近的室外空气吸入口是更可取的防护策略。在不可能这样做的地方，防止人们接近室外空气入口区域的周边栅栏可能成为一个有效的选择，使用铁栅栏或相似的透明屏障可以便于对恐怖活动的视觉探测，是值得推荐的（图 12.2b）。

生物统计装置

生物统计系统普遍被认为是最安全的单一方法，单是生物统计工业，到 2004 年就有望涨到大约 20 亿美元。这些系统允许或拒绝人们进入建筑物凭借的是人们独特的生理特征，诸如拇指纹手印、手掌审视、声纹或虹膜检查自动地验证他们的身份获得的信息和帮助。获得的信息资料规则地被转化成一种复杂的数码线条带并和贮存在中心数据库里那个人的模板相对照。许多生物统计实验已在全世界进行，尤其是在 2001 年 9・11 恐怖袭击事件后。这样的系统建立在数字分析的基础上，利用照相机或生物特征扫描器，诸如脸部或手掌造型、指纹（图 12.3）和视黄醛以及虹膜样式，所有这些和现有的人物数据库中的资料相对比，例如可疑的恐怖分子（图 12.4，12.5）。

生物统计装置的主要缺陷是，有些系统可能极其昂贵。尽管如此，一些更为新颖的生物技术，如脸部辨认（图 12.6）可在国际机场里被采用。虽然前景可能很乐观，但它离普遍使用仍然还有一段距离要走。

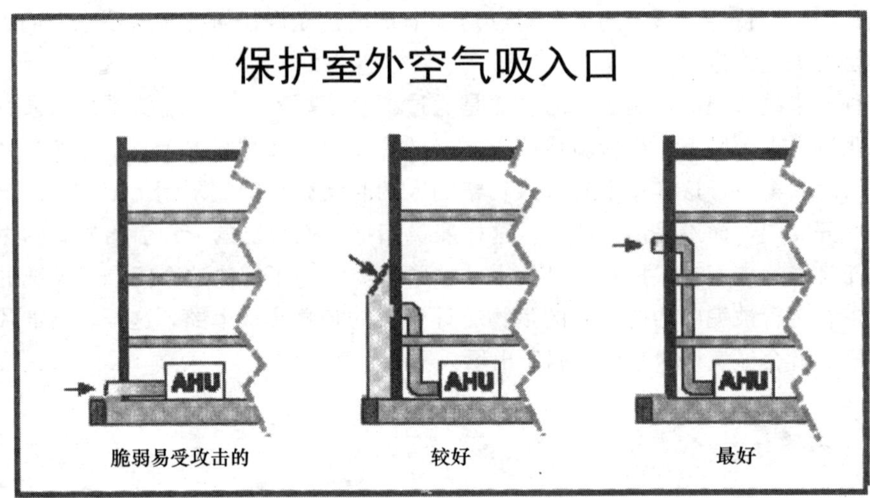

图 12.2a 确保室外空气吸入口的安全是最大限度减少对建筑物的化学、生物放射性药剂攻击重要的防护方针

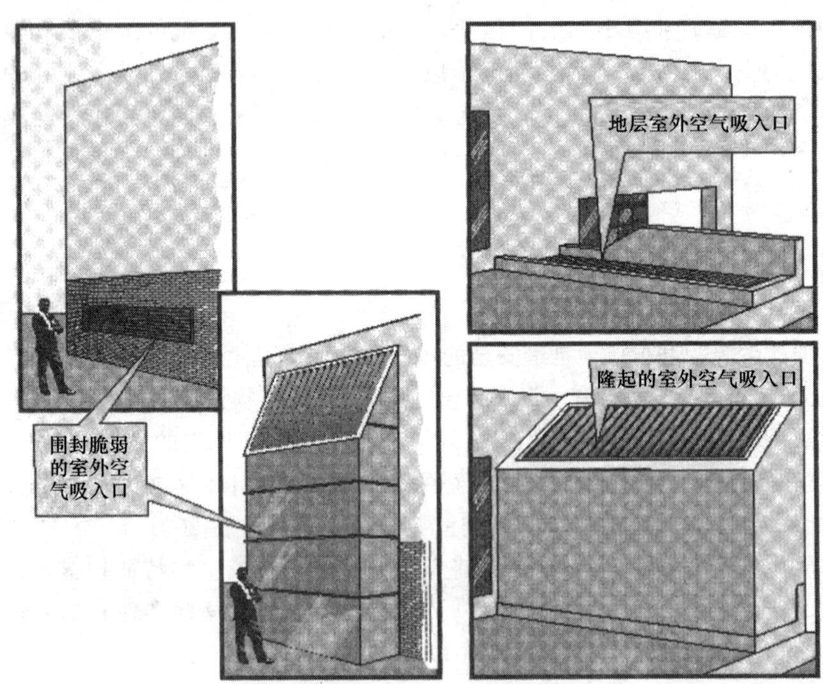

图 12.2b 在室外空气吸入口周围建立安全区，为实际的选择的地方，竖建铁栅栏或类似的透明障碍物可能是一个可接受的选择

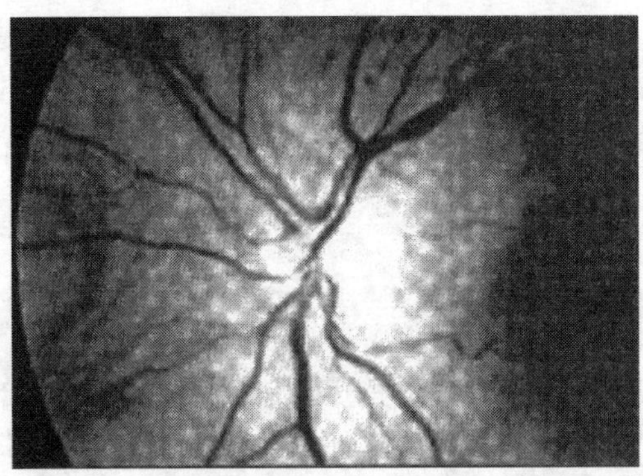

图 12.4　视黄醛扫描

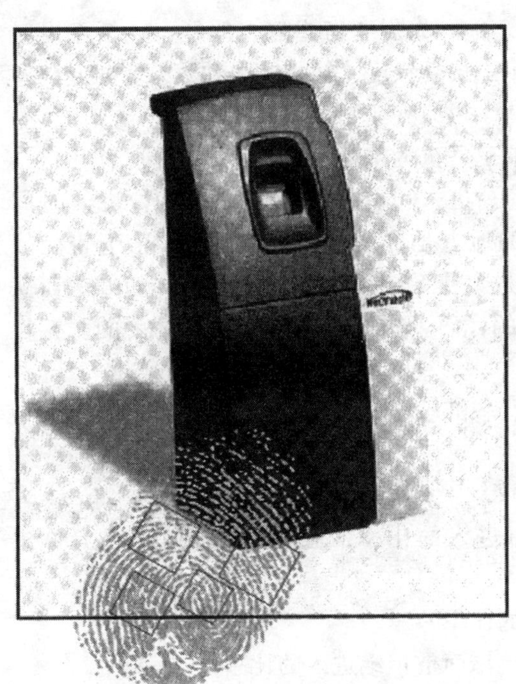

图 12.3　插入式指纹读数器通过和中心数据库储存的模板对照能确认是否人们像他们声称的那样

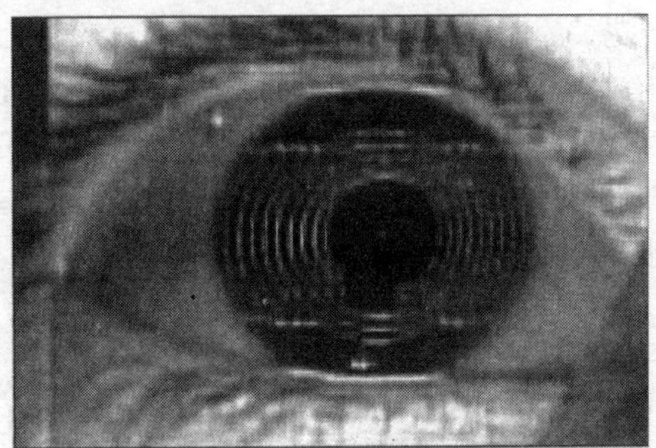

图 12.5　虹膜审视是正在开发的大有希望的生物统计装置之一

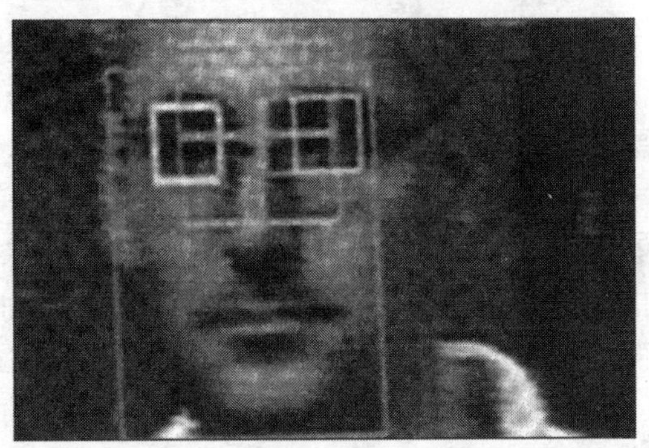

图 12.6　脸部辨认显示其有希望、有前途，但仍然不是完全可靠

一般说来，这些方法的多种综合应用提供了最好的安全手段。有一种方法是使用带位置显示数码的卡片进出系统：进入凭携带的卡片和熟知的位置显示数码。现代照片身份证包含了独特持有（卡片），独特认知（位置显示）和个人验证（卡片上的个人相片）的综合运用。

选择正确的系统

在决定对一个特定设施采用何种系统合适之前，先需要考虑好多问题，包括进出时间、防止骗子、可靠性和差错率、易于使用、用户接受程度、输入时限和效果、存储以及费用。

在选择进出控制系统时，进入时间和防止骗子是至关重要的。进入是某个人使用该系统花去的时间，而对系统来说是实际反应时间。进入可能花几秒到几分钟，进入时间（有时叫作通过量）在大批人员要求同时通过的地方是非常重要的，例如，上下班交接时。防止骗子就是防止那些未被允许的人员通过，使系统确信他们是被允许的方法而获准进入。因此，简便的钥匙和锁是防不了骗子的，而生物统计系统则具有高度的防骗性能：这种能力水平直接关系到所需安全水平。

进出控制系统的其他重要方面是它们的差错率和有效性。一个进出控制系统能用 4 种方式之一回应要求进入：

1. 肯定（允许进入的人被同意进入的比率）；

2. 错误肯定（应该被拒绝进入的人被同意进入的比率，通过欺骗或差错被允许进入）；

3. 否定（应该被拒绝进入的人被拒绝进入的比率）；

4. 错误否定（应该被允许进入的人却由于差错而被拒绝进入的比率）。

显然，从失误率和安全观点说，把应该进入的人挡在门外比让应该挡在门外的人进入要好。

容易使用和用户接受程度对各个场所说是惟一的。容易使用意思是心目中的用户能够使用该系统；用户接受程度常常是一种良好的公众关系的作用。人们经常把增加安全措施和增加不方便联系在一起，因此，使进出系统简易和只要可能最大程度地减少不方便是很重要的。

把每个人的情况输入系统的初始时量和工作量被称之为输入或登记时量。生物统计系统把一个人的生物特征同中心数据库里的文档资料相对照，这些生物统计特征有时需要被输入该系统。因此，如果把一个雇员的资料输入系统花 5 分钟，而该单位有 1000 个雇员，那么要花十多天时间来把（也就是建立雇员档案）所有的雇员输入系统，而且那是以一个人连续工作 8 小时的工作日为前提进行的，人们也不应忘记可靠性的重要意义和任何被考虑的系统的费用。

安全技术正在以飞快的步伐进展着。最近的发展包括智能软件，例如 Loronix's Behavior Track，它发出实时警戒警报，因此，为马上采取适当的前摄行动作好准备，这种前摄行动可能关系到处理安全缺陷或业主服务需要。

出口通道规划和应急管理

慌乱常常在紧急时刻导致人身死亡，部分是由于散布了互相矛盾的疏散方向的指令，不清晰的出口标志等。2001 年 9・11 袭击后由美国人类资源管理学会进行的一次调查发现 35%的美国公司没有到位的应急计划。

教育部门的主管和参与者，事关建筑物的应急系统应该和工程及设计部门协同一致。社团业主们如今对他们的建筑和场地的安全的认识水平也显著提高。开明的业主们经常地要求建筑师和空间规划人员超过法规最低限度增加出口楼梯的宽度，以便让消防队员进入，而同时仍然容许房屋住户外出。在紧急情况下，良好的交通非常重要。对炸弹威胁的疏散会和火灾大大不同，有人要求有节制的外出，而有人却需要快速撤离。

停车问题

1993 年世界贸易中心的劫历清楚地强调了这一事实：位于一座建筑物里的公用停车场最可能是安放汽车炸弹的目标。为了消除这种潜在的威胁，人们可以采用这两种策略之一：限制住户对车库的使用和盘查每辆进入的汽车或者完全取消建筑物里的停车场。这些选择显然都会带来严重的实际问题，特别是在市区，这种麻烦可能是难以接受的。

金斯勒公司的凯特・柯克帕特里克（Kate Kirkpatrick）说，“尽管服务政府工作人员的车库要求有雇员停车牌证或者限制卡车进入被巡视地区，但我们大多数人只要花钱就能驶入。而现在我们都在思考，何种威胁都可能将进入地下层。可能的解决办法包括要求出示进入停车库的牌证，限制持牌人随意停放和控制大型车辆进入控制区。”有些当地停车公司评估了形势，根据需要作了改动，但大多数人觉得，他们的情况是正常的。

在建筑物四周设置坚固的围墙比起车辆可以停在紧挨建筑物的地方防汽车炸弹的能力要好。而且离建筑物有一定距离设置的坚固围墙可能消除汽车炸弹的后果，除非炸弹威力巨大。安全区和门厅的功能作用是相互依赖的，安全摄像检查应安装在入口处，并直接导入门厅和其他地方。门厅的内部流通不应妨碍安全操作，更重要的是，门厅的作用应该是灵活的，合理的，而不只局限于流通模式。

新的美国总务管理局（GSA）标准

规划人员能够在网上找到联邦政府对其建筑物的安全要求标准，为这个主题提供很好的对策。在美国，好几个设计公司，如 Gensler 已经率先组织一系列有关协调安全、开放的策略规划和方法的地区性对话，这些研讨会涉及了许多主题，包括诸如设施检查、流通图解和安全程序同“A 类”环境里设备相结合的策略。在英国，像福斯特合伙公司一类企业组织了多学科团队以调查研究快速疏散观念和建筑物的应急对策。同时，如前所述，紧接 2001 年 9·11 恐怖袭击后，美国建筑师学会（AIA）出版了一本很好的小册子《建筑安全设计：建筑师、设计专业人员和他们的业主的入门书》。这本书概括了安全问题及其处理方法。设计专业人员懂得，奋起应付面临美国和自由世界的新的挑战需要政府和民间团体共同努力。由美国基础设施合作组织（TISP）成立的指导委员会指导好几个联邦机构和主要的设计施工工业集团就有关国家构筑和其他类型的人造基础设施的安全问题协力合作。

为寻求改善高层建筑安全防护的方法正在进行多项研究。这些包括考查结构防火材料的抗击性；对紧急通道的额外防护和加固太平梯及过道以形成对严重火灾的抗击力和防护力；更加细致的对火灾中结构组件严重破坏的风险分析；增加楼梯数量或容量；以应急电力改善电梯；雇用或培训消防疏散队长。

伦敦 Arup 咨询有限公司证明，适当保护好电梯能够有助于快速疏散。他们对伦敦一座 50 层建筑的研究显示，使用电梯比仅仅使用楼梯进行疏散的时间差不多少一半。Arup 公司相信，房屋所有人和租用者应该知道有关来自不同源头的有关风险。改造集中服务区可以提供带紧急出口专用电梯和电梯井的经济实效的庇护区而不用增加集中服务区的面积。这个系统把服务电梯纳入供消防队员、门厅和加压电梯井专用范围。Arup 公司是从近海石油钻塔和航空及其他工业高度来看待疏散过程的。美国国家防火协会已经开始制定一个安全法规，它将规定起码的防护水平。

法律和责任承担问题

由于涉及问题的复杂性，这一章不可能探讨许多值得关心的事和法律上的问题。这些事情会引出有关责任问题，诚恳劝告设计人员去咨询他们的律师和专业责任保险承保单位以征求其对这些问题的意见。在过去 10 年里，对美国公司提出的责任诉讼的数量增加了 260%多。统计表明，在一次责任诉讼中通过协商解决的平均金额超过 545000 美元，而通过司法判处的平均金额为 335 万美元。

规划人员需要了解可以采取的措施以减少一个单位在建筑物、停车场等处的法律责任。规划人员也应该理解和从事的工作范围拒负责任和其他有关房屋责任诉讼法律，如何界定房主对保护设施使用人的责任的基本因素。此外，规划人员应该识辨美国职业安全和健康法同单位的安全之间的相互作用，并检查业主是否遵守美国职业安全和健康法的总责任条款。应该让业主认识到有关美国残疾人条例上的安全和防护要求。应该跟踪心怀不满的雇员们的反常行为。当管理部门解雇了一个闹事的雇员时，防护测试应落实到位。

最后，当人们对恐怖场景仍然记忆犹新时，他们也许会容忍安全带来的不方便，但一旦恐怖场面褪去时，他们不久就会抵制甚为不便的安全措施。在翻新传统办公建筑时，特别是联邦政府和机关门厅时，它们当时的设计没有考虑适用现时的安全需要和安全设备，需要采取革新的解决办法。既然日益增长的安全防护似乎将伴随我们到可预见的将来，那么，设计人员必须利用先进的科技使安全问题更少强制性而更能被人所接受。对日益突出的安全问题和需要防护的空间的心理和功能要求应该通过使用综合安全手段去实现，这些手段应该是均衡的、愉悦的，而且不影响建筑的使用。

第十三章

技术说明书编写

单靠图纸不能确定一个规划方案的质量问题，这就是为什么需要技术说明书的理由。技术说明书是合同文件的书面部分，它被用来实施工程规划，并且应该是对图纸的补充，而不是对图纸上资料信息的重叠或复制。随着图纸从示意草图进入施工文件时，设计定案要不断地作出来。

概述

图纸描绘了室内设计总的结构和布局，包括其规模、形状和规格尺寸。它告诉承包人所需材料的数量、材料的配位和它们相互间总的关系。另一方面，技术说明书是一种材料清单的形式，它要求同样的反映设计意图和详细描述材料的质量与特征，安装使用应该符合的标准以及其他用书面形式而不是绘图形式更加恰当地描述的问题等的设计定案。

技术说明书是法律文件，因此，应该完整、准确和直截了当。说明书编写有两个主要作用：界定工作范围和起着系列指令的作用。说明书编写的核心是界定工作范围，确保产品和服务所要求的质量等级，清楚地表明了投标人的意愿和确保完工了的工程符合这种规定的质量。这两个确保是极其重要的，然而，经常被曲解。另一方面，施工说明在内容、范围和形式上同家具规格说明不同。现今许多工程把技术说明书包括进工程手册内(由美国建筑师学会于 1964 年首创的)，并随同图纸、投标条件作为一揽子合同文件的一部分和其他合同一起发布。

新的技术正在改变我们做事的方式，而且说明书编写并不是万能的。由于新技术的关系，技师说明书的编写和复制在短时期内取得了飞速的进步。那些管理系统应用许多文字软件以电子形式出现，现今在商业上是可行的了。说明书编制人简单地把管理系统载入计算机，只要进入这一系统，就可以最终得到图样核对表和说明书。把相关部分一编辑好，打印件随之出来并附审查纪录，告诉你删去了什么和应该如何决断。美国大多数办公室采用 8½×11 英寸格式，而在欧洲，通常采用 A4（8¼×11¾英寸）的尺寸格式。

技术说明书的资料来源

由于时间和经费的限制，今天很少个人（或小企业）会冒险为每项工程编写完整的一套新的说明书。说明书编制人通常会依赖许多原始信息和参考资料，这些信息资料时下可用，而且利用它们可以为每项新的工程编制一套技术说明书。此外，由于责任承担问题，编制人常常依赖于已被证明令人满意的说明书。当说明书必须加以修改以适应某一特定工程的情况或新的规范被融入时，文本一般是从主要说明书系统中之一提取。这些包含用于多种资料的指导说明书，以便让编制人删去不必要的文字而不是每次生成新的信息资料。

使用主要系统的另一个优越性是这些系统使用正确的说明书语言和格式，使说明书准备工作方便省事。下面列入的是一些主要资料来源，说明书资料可从中获取。部分资料来源可以通过互联网检索：

- 精品说明书（Masterspec®，SPECSystem™，MasterFormat™，SpeoText®，BSDSpeclink®，ezSPECS On-Line™，CAP Studio—查询家具工业和许多项目）。
- 城市和国家法规及法令。
- 制造者工业协会（建筑木工学会，美国胶合板协会，门和硬件学会，美国资质委员会)。
- 制造商目录（Sweet's 目录文档，Man-U-Spec，Spec-data)。
- 通过互联网的制造商网上目录（图 13.1)。
- 国家标准组织诸如美国国家标准学会，美国国家建筑科学学会，美国国家防火协会，美国国家标准和技术学会以及美国弹性纺织品协会（图 13.2)。
- 检测协会（美国试验与材料学会，美国保险商实验室)。
- 联邦技术说明书（Specs-In-Tact，G. S. A.，N. A. S. A.，N. A. F. V. A. C)。
- 杂志和出版物（《施工说明书编制者》，《建筑》，《建筑纪事》)。
- 论述技术说明书的书籍（参阅“参考书目录”)。
- 个人文档的以前写过的说明书。

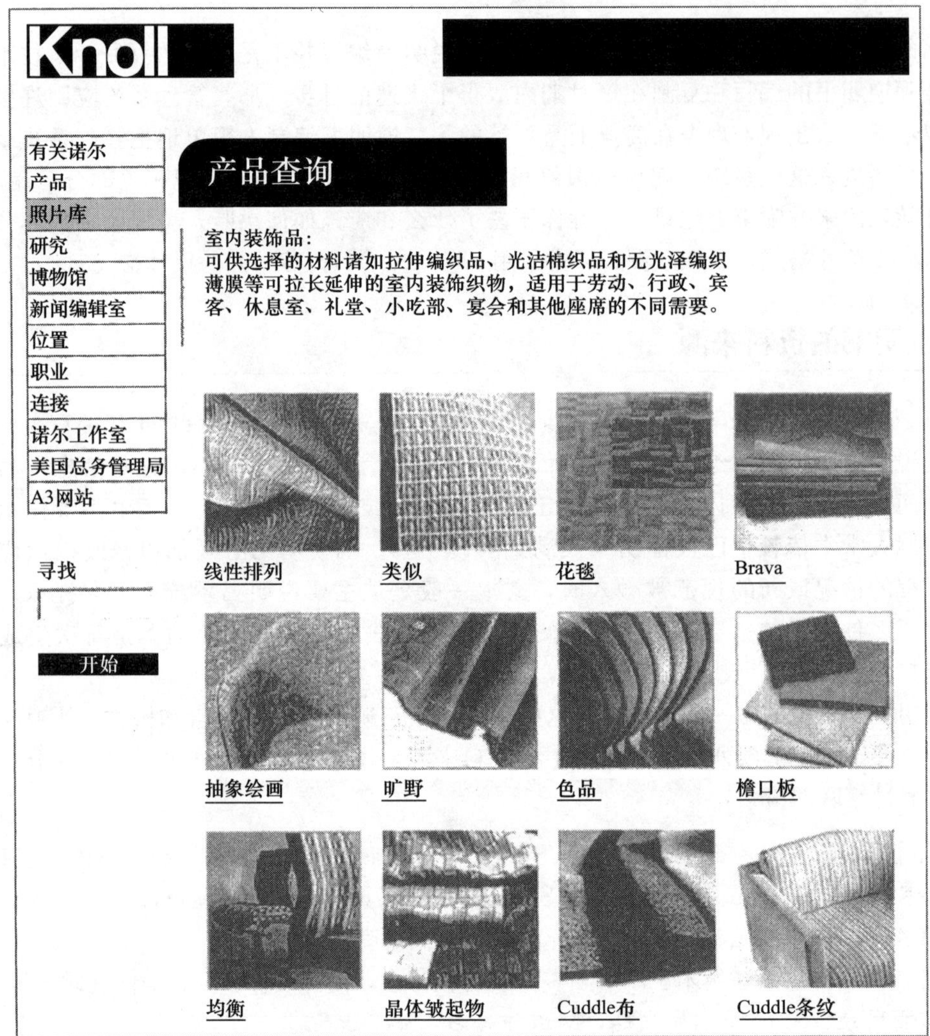

图 13.1 从互联网下载的诺尔室内装饰织品。所需材料的技术说明书可以直接从制造厂家的网站下载和打印

最近这些年里，出现了很多提供网上技术说明书的写作服务的公司，这些服务在本章稍后要加以探讨。

磨损

应用	通过
一般弹性室内装饰品	美国试验与材料学会 3597 修订的（#10 棉织帆布）15000 次两种磨擦，Wyzenbeek 方法。美国试验与材料学会 D4966（21 盎司重量）20000 次磨擦，Martindale 方法 E
直接贴墙装饰物	美国试验与材料学会 3597 修订的（#10 棉织帆布）30000 次两种磨擦，Wyzenbeek 方法。美国试验与材料学会 D4966（21 盎司重量）40000 次磨擦，Martindale 方法

耐磨是一种织物承受表面磨擦损耗的能力。

两种用于测量耐磨试验方法是 Wyzenbeek 法和 Martindale 法。

Wyzenbeek 试验法（修订的）：

用一块棉织帆布作磨擦布向要试验的织物纵横两个方向紧拉，在织物出现“明显磨损”字样前所获得的圆圈或纵横磨擦的数目就是所需要的，这个数目决定织物的磨损率。

15000＝一般弹性室内装饰物

30000＝重型室内装饰物

Martindale 试验法：

用一块精纺毛料布作磨擦布，把要试验的织物放置平整，并以 8 字图形动向磨擦。在织物外表出现难看的变化时，取得的圆圈数量就是所需要的，这个数量决定织物的磨损率。

图 13.2　美国弹性纺织品学会（ACT）对室内装饰和直接贴墙装饰织物抗磨力的要求标准

技术说明书的类型

技术说明书编写人在准备说明书文件时首先必须决定的事项之一是其格式或者说是要采用的把自己的希望意图转达给承包人的方法。基本上有两大类技术说明书：封闭的或公开的。大多数项目均可以采用任何一种方法去详细说明。在这两类里，基本上又有 4 类通用的说明书：1. 专门性说明书；2. 描述性说明书；3. 功能性说明书；4. 参考性标准说明书。类型的选择取决于几个因素（图 13.3），下面就讨论这些因素。

功能属性 / 公开计划办公室组件	健康安全						耐用性					维修				功能				
	易燃性	引起坍塌	明显刺出	人性适应	反射眩光	残疾人使用	结构完好	附着力	色彩稳定性	耐晒性	耐磨性	易洁性	组件修理	组件存放	重新安装	柔性	私秘性	色彩协调	隔声控制	能源控制
纵向板材	•	•	•		•	•	•	•	•	•	•	•	•	•	•	•	•	•	•	
工作台			•	•	•	•	•	•	•			•	•	•	•	•		•		
填充	•	•	•	•		•		•	•	•		•	•	•	•	•		•		
架子和贮藏		•	•	•	•	•	•	•	•			•	•	•	•	•		•		
照明					•	•	•	•	•			•	•	•	•	•				•
座席	•	•	•	•	•	•	•	•	•	•	•	•	•	•	•	•		•		
桌子		•	•	•	•	•	•	•	•	•	•	•	•	•	•	•		•		
其他																				

公开计划办公设备的功能属性

图 13.3 描述了不同的类型的技术说明书。[引自 S. C. Raznicoss 的《商用建筑室内技术说明书》，惠特尼（Whitney）设计藏书]

封闭说明书

封闭的（也叫作指定的或限定的）说明书是把可接受的产品局限于一种或几种商标认证的类型或型号，而禁用其他替代品。这种说明书有时用于编制人采用一种特有的合适产品而感到更舒适的地方。这种产品编制人熟悉，而且它会符合工程的特定标准。然而，应该注意，这一程序（尤其是在只指定一种产品时）没有竞争性，因此对业主来说，难以吸引最优惠的价格。虽然闭合说明书在私人建筑工程上是很普遍的，但多数公共工程依法要求用公开说明书进行招标。

封闭专用说明书是最容易的编写形式，约束性也最强，因为它意味着指定一家特定的制造商的产品。它一般比执行或参考标准方法提出更狭隘的可接受质量的定义，并且使设计（空间规划）人员对安装的东西可以完全控制。这种说明书也可写一个公开专用部分，在这一部分里有多个制造厂家或产品被指定或供要求选择，这就会增加竞争的可能性和刺激供货商提供较低的安装价格。在有些情况下，多种选择也许并不合适，例如在整修现有砖面建筑需要特种砖的地方。当技术说明书不考虑任何替代材料时，它就被认为是一项基本标价的专用技术说明书。

开放技术说明书

也被叫作执行或非限制说明书，这类技术说明书给承包人如何取得理想效果的某种选择。专用技术说明书也可被用作公开技术说明书，但带有“相等的”附加条款，它允许承包人考虑其他产品竞标，如果这些产品在功能上和技术说明书上显示出不相上下的话。由于这一条款的含糊性和它常有的岐义，说明书编写人通常回避把它纳入专用技术说明书内。

第二种方法的公开技术说明书日益流行，是一种指定性说明书。这类技术说明书详细描述了材料或产品和其制造及安装要求的工艺标准，但不用提供商标。这类技术说明书经常由一些政府机构规定好，以便让产品制造厂家之间进行最大的竞争。指定性技术说明书也比专用说明书更难编写，因为编写人必须在说明书写明产品的所有有关特征。

第三类经常使用的技术说明书是参考标准。这个标准只描述一种材料产品或关于一种认可的工业标准的过程或者作为技术说明书的根据的试验方法。这类说明书经常被用来指定说明常用材料如普通水泥和玻璃，因此，例如在说明石膏墙板时，你可以说，所有石膏墙板产品都应该达到美国试验与材料学会 C36 的要求标准。由于这一文件详细描述了对这一产品的要求，说明书编写人免除了必须重复其要求，而可以代之以参考被认可的工业标准。在使用参考标准时，编写人应该知道该标准所要求的内容，包括标准可能含有的选择项和哪些部分是所有供应商必须执行的。这类技术说明书比较容易写，而且一般较短，使用参考标准说明书就减少了你承担的责任和发生错误的可能性。

使用的第四大类技术说明书是执行说明书。此类说明书提出执行要求，但不要求取得最终结果的方法。这就给承包人留有最大的余地，因为它允许承包人采用达到提出的执行标准的任何材料或系统，只要这些结果通过测量、试验或其他评估方式能够被验证无误。

执行技术说明书并不经常为空间规划人员或室内设计人员所用，因为它们最难写。编写人必须知道一种产品或系统的所有标准，说出遵从的适当的检测方法和写出明确的文件。此外，还应该提出充分的数据资料以保证产品能被展示验证。执行技术说明书多用于详细说明复杂系统和在编写人想要提倡取得某种特定效果的新方法的地方。图 13.4 对比了各种不同的技术说明书。

产品技术说明书经常使用综合方法去转达设计人员的意向。例如，一份瓷砖技术说明书就会采用专用说明书去提名编写人选择的一种或多种产品，指定技术说明书则详细说明其尺寸和样式，而参考标准则详细说明美国试验与材料学会要求的标准等级和型号。

<table>
<tr><th colspan="4">指定性——限制性</th><th colspan="2">执行——非限制性</th></tr>
<tr><th>专用基本标价</th><th>专用或相等</th><th>说明性</th><th>参考标准</th><th>执行功能</th><th>执行加描述性</th></tr>
<tr>
<td>第二部分：材料
制造厂家：
公司 A：商标名称
型号：# 245 阶式
颜色：17849
基本标价：当使用了商标名称时，就不考虑任何替代产品</td>
<td>第二部分：材料
制造厂家：
公司 A：商标名称
公司 B：商标名称
公司 C：商标名称
或
核准的相等物
提议的代用品必须作出充分考虑，决定什么是“相等物”的过程说明必须包括在内。
或
修改了的或核准的相等物
（1）递交申请书要求的确切终止期限。
（2）联邦、州或城市工程要求编写人包括进该项目的显著特征以便为审查相等性打好基础。</td>
<td>第二部分：材料
地毯（不提商标名称）
结构类型：簇绒或其他。
绒毛线：通用规格或绒头数每英寸针脚或地毯纵向绒头数
绒毛高度或绒头高度
印染方法
毛线尺寸和纱线宽度
绒毛线重量和总重量
主要的和次要的支持
详细安装资料</td>
<td>第一部分：概述
质量保证
参考：
美国国家标准学会 A117-1-1986“身体残疾者可通行的和能使用的建筑和设施技术说明书”。
美国国家标准学会，1430 百老汇大街，纽约，NY10018（A-210，A-5-2.2.4a，A-8-4.5 A-10-1.1.2）。
美国国家防火协会 255-1984“紧要幅射热能源标准试验法”
美国国家防火协会 Batterymarch Park，Quincy，马萨诸塞、02269（A-12-3.3.2）</td>
<td>子系统：地毯
属性：安全消防
要求：提供抗火焰蔓延性
标准：这一子系统应该提供最大火焰扩散等级 25
试验：类型——计算法
美国试验与材料学会 84“建筑材料燃烧特征”美国试验与材料学会</td>
<td>第二部分：材料
地毯性能和样式
要求：
按下述条件设计地毯：
1. 比例最大静电……2.5kV
2. 簇束抗……12 磅/英寸
地毯结构材料要符合 AATCC 134-1979
地毯的静电性在相对湿度 20％和 70℉温度情况下为 2.5kV。</td>
</tr>
<tr>
<td colspan="2">这些“闭合”类型，即限定性技术说明书要求有明确的商标名产品、型号和所有重要特征。报价试验资料由制造厂家提供，图纸也要列出特定产品的尺寸和工程情况。
样例见于 P 105，107 和 139</td>
<td colspan="2">指定性：（1）避免和图纸相矛盾；（2）研究所有产品；（3）对比费用和功能；（4）国家要求的提交件，包括试验和标准。
参考性：（1）熟知其标准，有一份设计人员办公文档；（2）避免用最低标准；（3）用参考标准的全称和日期；（4）实施其要求。
样例见 P 127 和 130</td>
<td colspan="2">执行技术说明书：（1）不用制造厂家或商标名称；（2）说明要求的效果；（3）文件中不包括取得最终结果的方法。
功能综合：指定性和参考标准说明书可以制作非限制性说明书，只阐述将达到的基本标准。编写人应该确保一些生产厂家能达到这些标准。
样例见 P 257</td>
</tr>
</table>

图 13.4 图解描述了公共计划办公设备的功能属性。（引自 S. C. Raznicoss 的《商用建筑室内技术说明书》，惠特尼设计藏书）

组织编写工程手册

习惯上，工程手册的组织编写一直是一个提出工程的设计公司的爱好问题，这样就导致了在全国引起混乱的五花八门的方式方法。由于设计公司和承包商的运作日益变得全国化，因此，对建筑施工技术说明书的连贯安排的迫切需要随之产生。为了应对这一挑战，美国建筑师学会（AIA）于1964年阐述了工程手册的概念，这一概念现今已经获得广泛地认可。实际上，它包含了技术说明书和几种其他类型的文件，它们和图样一起构成了合同文件。工程手册的一般表格内容可能表现为下列主要部分：

- 投标条件，这适用于合同通过投标过程而取得的地方，这些可能会包括：
  - ◇ 招标（或广告）
  - ◇ 资格预选表
  - ◇ 投标者须知
  - ◇ 标书格式
  - ◇ 投标者可获得的资料
- 合同格式，可能包括：
  - ◇ 协议（业主和承包人之间的合同）
  - ◇ 履约保证
  - ◇ 工料费合约
  - ◇ 保险证明
- 合同条款（总条款和补充条款）：合同总条款，例如美国建筑师学会表201或相同的预印表；补充条款包括在总条款中没有涉及的任何东西，例如补充文件（在合同签字前作出的变更）和改变订购（合同签字后作出的更改）。
- 技术说明书：这些提供有关建筑材料、组件、系统和设备的技术资料，这些东西的质量、性能特征和通过施工方式的应用而要取得的规定效果（图13.5）均表现在图纸上。

编写和整理准则

如前面所提到的，技术说明书为法律文件，它们的语言必须明确。如果写出的文本含糊不清或不恰当，说明书就不能准确地表达意思。而且，经过了好几年，对图纸上应显示的和在说明书里应表明的信息资料已经形成了一种准则。这基本上是根据许多概括的总原则形成的，它们包括：

名家说明书（注册）

目录表（C）2001 美国建筑师学会　　小工程技术说明书

公布日期	节项号码	节项名称
第一部分——总要求		
5/1/01	00000	节项模板
5/1/01	01100	小结
5/1/01	01200	价格和付款程序
5/1/01	01300	管理要求
5/1/01	01400	质量要求
5/1/01	01420	参考文献
5/1/01	01500	临时设施和控制
5/1/01	01600	产品要求
5/1/01	01701	执行和终止要求
5/1/01	01732	选择性拆毁
第二部分——现场施工		
5/1/01	02230	工地清理
5/1/01	02300	土石方工程
5/1/01	02361	白蚁控制
5/1/01	02510	水源配给
5/1/01	02525	供水井
5/1/01	02530	卫生污水道
5/1/01	02540	化粪池系统
5/1/01	02553	天然气配给
5/1/01	02554	燃料油配给
5/1/01	02620	地下排水
5/1/01	02630	雨水排除
5/1/01	02741	热拌沥青铺路
5/1/01	02751	水泥混凝土路面
5/1/01	02780	整装铺块
5/1/01	02810	灌溉系统
5/1/01	02821	链接围栏门
5/1/01	02832	弓形挡土墙
5/1/01	02920	草坪和草地
5/1/01	02930	外部植被
第三部分——混凝土		
5/1/01	03300	现浇混凝土
5/1/01	03371	喷射混凝土
5/1/01	03410	工厂预制结构混凝土
5/1/01	03450	工厂预制装饰用混凝土
5/1/01	03470	倾斜吊装预制混凝土
第四部分——砖石工程		
5/1/01	04810	砌块组装
5/1/01	04815	空心玻璃砖砌体组装
5/1/01	04860	石料砌面组合
第五部分——金属		
5/1/01	05120	结构钢
5/1/01	05210	钢托梁
5/1/01	05310	钢层面
5/1/01	05400	冷轧金属框架黄色
5/1/01	05500	金属装配
5/1/01	05520	扶手和围栏

公布日期	节项号码	节项名称
第六部分——木料和塑料		
5/1/01	06100	粗木工
5/1/01	06105	杂项木工
5/1/01	06176	金属板连接木桁架
5/1/01	06185	结构用胶合层木构件
5/1/01	06200	木工装修作业
5/1/01	06401	外部建筑细木工
5/1/01	06402	室内建筑细木工
第七部分——防湿和过热保护		
5/1/01	07115	沥青防潮层
5/1/01	07131	自动粘附层防水
5/1/01	07210	建筑隔热材料
5/1/01	07241	外墙隔热和装饰系统——玻璃问题
5/1/01	07311	沥青油毡盖片
5/1/01	07317	木墙面板和木板瓦
5/1/01	07320	屋面瓦
5/1/01	07411	金属屋面板
5/1/01	07412	金属墙板
5/1/01	07460	护墙板
5/1/01	07611	组合沥青屋面
5/1/01	07631	EPDM 卷材屋面
5/1/01	07552	SBS 改良沥青卷材屋面
5/1/01	07610	金属板屋面
5/1/01	07620	金属板泛水和镶边
5/1/01	07710	预制特种屋面
5/1/01	07720	屋面附件
5/1/01	07811	喷射防火材料处
5/1/01	07841	穿透式挡火系统
5/1/01	07920	填缝胶
第八部分——门窗		
5/1/01	08110	钢门和门框
5/1/01	08163	推拉铝合金框玻璃门
5/1/01	08211	木光面门
5/1/01	08212	门梃横档木门
5/1/01	08263	推拉木框玻璃门
5/1/01	08311	便门和门框
5/1/01	08331	上升卷门
5/1/01	08351	双扇门
5/1/01	08361	卷帘门
5/1/01	08410	铝合金外门和商店铺面门
5/1/01	08520	铝合金窗
5/1/01	05550	木制窗
5/1/01	08561	塑料窗
5/1/01	08610	屋顶窗
5/1/01	08620	单位天窗
5/1/01	08710	门用小五金
5/1/01	08716	机动门操作器
5/1/01	08800	窗玻璃
5/1/01	08960	斜向玻璃系统

图 13.5 “精品技术说明书”小型工程目录表

名家说明书（注册）

目录表（C）2001 美国建筑师学会　　小工程技术说明书

公布日期	节项号码	节项名称
第九部分——修装		
5/1/01	09210	石膏灰泥
5/1/01	09215	石膏镶饰灰
5/1/01	09220	硅酸盐水泥浆
5/1/01	09260	石膏板组件
5/1/01	09271	玻璃纤维增强制品
5/1/01	09310	瓷砖
5/1/01	09365	规格石砖
5/1/01	09511	吸声嵌板顶棚
5/1/01	09512	吸声面砖顶棚
5/1/01	09638	石块铺面和铺地板
5/1/01	09640	木地板
5/1/01	09651	弹性地板砖
5/1/01	09652	乙烯基塑料板楼面覆盖面层
5/1/01	09653	弹性墙基和附件
5/1/01	09680	毡层
5/1/01	09681	小方地毯
5/1/01	09720	墙面装修材料
5/1/01	09751	内部石料镶面
5/1/01	09771	织物包缠板
5/1/01	09910	粉刷、喷涂
第十部分——特制品		
5/1/01	10155	盥洗室
5/1/01	10200	气窗和通风口
5/1/01	10265	抗冲击墙体保护
5/1/01	10431	标识
5/1/01	10520	防火特种材料
5/1/01	10651	活动板隔墙
5/1/01	10750	电话特制品
5/1/01	10801	卫生间和浴室附件
第十一部分——设备		
5/1/01	11132	投影屏幕
5/1/01	11451	住宅设备
5/1/01	11460	单元厨房
第十二部分——家具设备		
5/1/01	12356	厨房细木工
5/1/01	12484	地面毡垫和结构
5/1/01	12491	横向气窗遮帘
5/1/01	12492	竖向气窗遮帘
5/1/01	12496	窗户用小五金
第十三部分——特殊结构		
5/1/01	13038	桑拿浴室
5/1/01	13100	避雷
5/1/01	13125	金属建筑系统
5/1/01	13851	火警
5/1/01	13930	湿管灭火喷水器
第十四部分——传送系统		
5/1/01	14240	液压自动扶梯
5/1/01	14420	轮椅电梯
第十五部分——机械		
5/1/01	15050	基本机械，机械和方法
5/1/01	15080	机械绝缘
5/1/01	15110	阀门
5/1/01	15130	泵
5/1/01	15140	生活用水管道
5/1/01	15150	卫生废水和通风管道
5/1/01	15160	雨水排水
5/1/01	15181	液体循环冷热管道
5/1/01	15183	制冷管道
5/1/01	15194	燃气管道
5/1/01	15410	卫生设备
5/1/01	15430	管道特别系材
5/1/01	15480	家用热水器
5/1/01	15512	铸铁锅炉
5/1/01	15513	冷凝锅炉
5/1/01	15519	电蒸煮器
5/1/01	15530	炉子、锅炉
5/1/01	15554	烟道和通风管
5/1/01	15628	往复式（漩涡式）水冷却器
5/1/01	15671	空气压缩装置
5/1/01	15731	整装终端空调器
5/1/01	15732	屋顶空调器
5/1/01	15745	水源热力泵
5/1/01	15763	风扇盘管装置
5/1/01	15764	散热器
5/1/01	15766	单位供暖器
5/1/01	15772	辐射采暖管道
5/1/01	15810	管道和附件
5/1/01	15838	动力通风机
5/1/01	15855	扩散器、空调器和格栅
5/1/01	15900	供暖通风、空调检测和控制器
第十六部分——电器		
5/1/01	16050	基本电器材料和方法
5/1/01	16122	地毯下电缆
5/1/01	16140	线路装置
5/1/01	16410	封闭式开关和断路器
5/1/01	16420	封闭式控制器
5/1/01	16442	配电板
5/1/01	16461	干式变压器（600 伏和更小些）
5/1/01	16500	照明
5/1/01	16750	声音和数据传导电缆

图 13.5　“精品技术说明书”小型工程目录表（续）

- 绘图应该传达情报信息，这些情报信息通过绘图和图解能最快地最有效地以书写图表形式被表达出来。这就要包括诸如尺寸、型号、规格、比例、安排、位置和相互关系等资料数据。
- 技术说明书应该传达通过书面文字较容易传达的情报信息，这些书面文字如描述、标准、程序、保证书和名称等。
- 图纸被用来表达数量，而技术说明书则应该描述质量。
- 图纸应该表示类型（例如木材），而技术说明书要澄清品种（例如橡木）。

有时候对这些解释的例外情况产生混乱。例如多数城市的建筑部门对颁发建筑许可证将只接受带图纸的申请书，而不接受带技术说明书的工程手册。此外，所有表示符合建筑法规的数据资料，必须在图纸上得到显示，这一规定在说明书和图纸上对同一资料数据的重复使文件产生差错和不一致。尽管如此，撇开这一点，为了更好的交流编写人应该：

- 很好理解有关的最新测试方法标准和适用于工程的部分。使用接受的标准去详细说明材料质量或要求的工艺，例如“轻量混凝土砌体单元：美国试验与材料学会 C-90-85；级别 N，类型 1”。
- 避免承包人不可能实行的技术说明书，也不要阐述其结果和取得那些结果建议的方法，因为这两者可能相互冲突。例如，如果你说明一种织物应该达到美国试验与材料学会的某些标准，然后又阐述某一具体的织物达不到说明的要求，这样，这种技术说明书将不可被实行。
- 不要涉及那些无法衡量的标准，例如使用词语“一件精巧细致的工作”就该避免，因为它们容易有多种解释。
- 技术说明书的简明扼要取决于使用开门见山的叙述，简洁的词语、语法和标点符号。避免使用“如此等等和任何，两者均可”之类的词汇和短语，因为它们含义模糊，而且包含一种可能不需要的选择。
- 避免申辩性条款，例如“总承包人应该对所有……完全负责”，因为这样的条款力图转移责任，分担责任要公平合理。
- 让技术说明书尽可能简短，省去“一切定冠词和不定冠词”之类的词。每一段只表述一个主要思想，这样容易阅读而便于理解，也便于日后编辑和修改说明书。
- 下面的东西要大写：合同的主要各方，例如，承包人、业主、所有人、空间规划人、建筑师；合同文件，例如，技术说明书、施工图、合同、条款、小节、补充条件；建筑物内的具体房间，例如，起居室、厨房、办公室；材料等级，例如，一级花旗松、一、二等白橡木；以及所有专有名称。编写人绝不能在说明书中对任何内容下面划线强调，因为这就意味着其他未划线的内容可以被忽视。
- 正确使用 Shall 和 Will，Shall 用来表示一种指令：“承包人必须（Shall）……” Will 含有一种选择的意思：“业主或空间规划人将（Will）……”

技术说明书和施工图纸的协调一致是很重要的，因为它们相互补充（图 13.6）。它们都

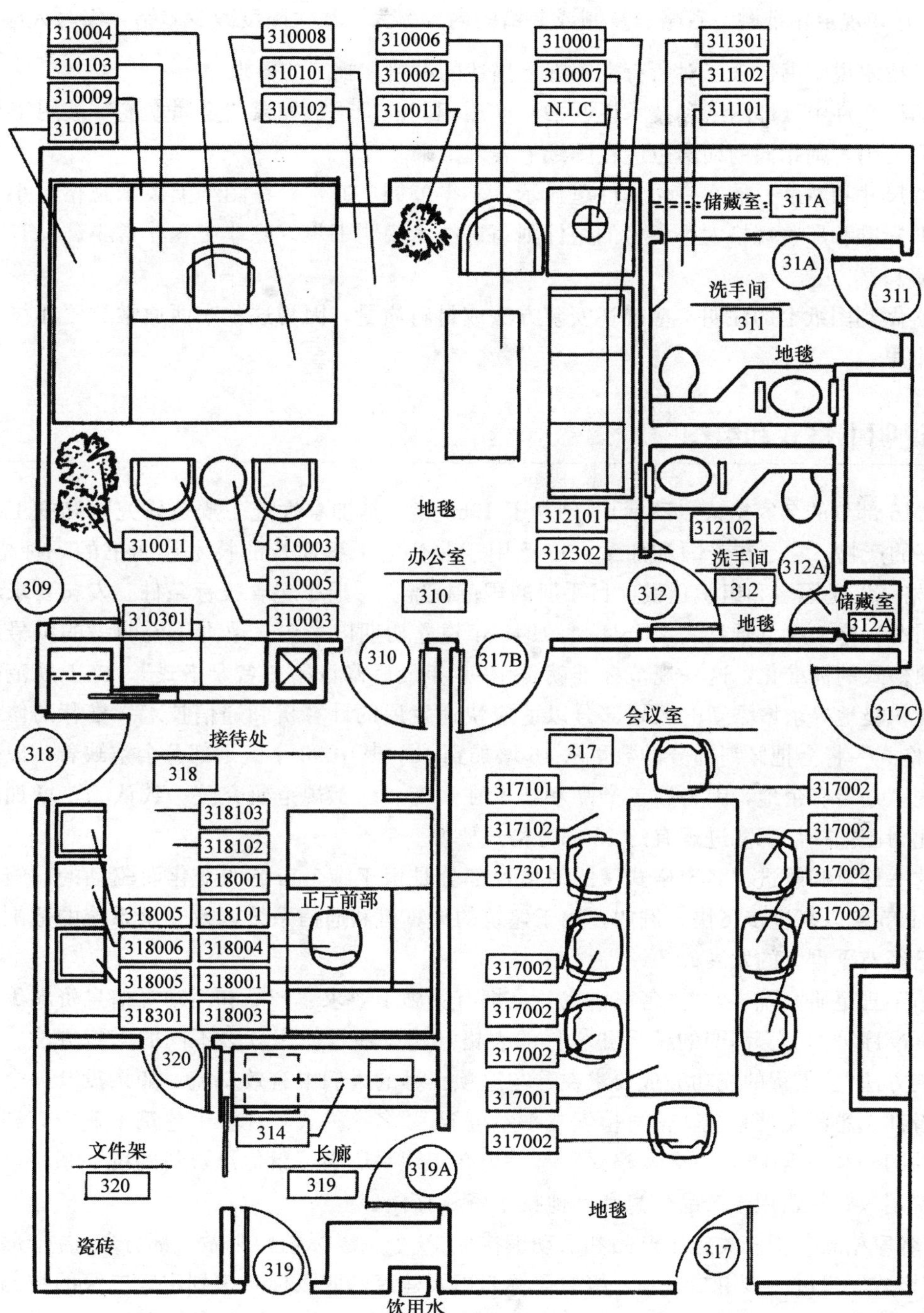

图 13.6 协调准则。尺寸和厚度只应该在一份文件上显示，更可取地是在图纸上

不应该有和规定相抵触、省略、复制或差错的内容。为了最大限度减少差错，编写人应该：

- 保证技术说明书包含了对所有在图纸上描述的材料和施工的要求。
- 在两种文件中（即图纸和技术说明书）使用相同的词语。如果“金属立筋”被用于技术说明书内，则相同的词语也应在图纸上表现出来。
- 检查尺寸和厚度只能在一份文件里显示，不得复制。通常，在图纸上表示规格大小，而材料标准和那些规格大小参考的组件则写进技术说明书里（除非工程非常小，没有工程手册）。
- 务必做到图纸上的注明不应描述安装方法或材料质量，因为这些东西通常放置在技术说明书里。

技术说明书格式和组织

“16 部分的名家格式（商标）”创立于 1963 年，是加拿大施工规范研究院和施工技术说明书的产物。它是在美国和加拿大广泛用于非住宅工程建筑的技术说明书的一种格式，“名家格式”是冠名和组织建设项目手册的规范标准。手册中包含投标条件、发包要求和技术说明书。施工规范研究院（CSI）从 1948 年建立初期以来一直致力于说明书的编号系统和节项格式的标准化，这一规范标准就是 1995 年最后修订的“名家格式”。施工规范研究院正在积极地寻求增添新的区划部分以适应快速发展的计算机和通信技术。推荐的修订本“名家格式”将会把区划部分的数量从 16 增加到 40，其中 20 个区划部分会空缺着，以便为未来的区划留有余地，因为施工产品和技术在演变。施工规范研究院一致认为，增加区划部分比力图把一切都塞进现有的 16 部分格式要好。

这一修订和改进“名家格式”的举措，部分是由于施工市场的变化而驱动的。施工技术从 1995 年以来进步飞快，例如，用于建筑的计算机和通信系统以及安全系统的范围和复杂性已经有了重大的发展。

施工规范研究院说，“‘名家格式’是把有关施工要求、产品和活动等信息资料编组成一个标准序列的一套高明的编目和名称的表格。建设项目使用许多不同的交货方法、产品和安装方法”。工程的成功完成要求在参与这项工程的人们中有效交流，如果没有一个每个使用者都熟悉的文档系统，信息检索几乎不可能。“名家格式”在整个建筑工业中有利于标准文件归档和检索配合。“名家格式”是一个在工程手册中编组信息资料的统一系统，用于编组费用、资料，用于产品信息和其他技术资料存档。

“名家格式”把相关施工产品和活动编排成 16 个一级标题，叫做“部分”。各个部分在“名家格式”里进一步由二级和三级数码标名以及建议的四级标名来划定。二级的数码和标名验证一组有相同特征的产品和活动。在“名家格式”里使用的标名解释用以对各个标名涉及的内容作出总的描述，标准要求、产品和活动的关键词索引也予以提供，以便帮助使用者为施工主题找到合适的数码和标名。

最新的“名家格式”基本上把技术说明书分成16部分再加一个业主（承包人）协议，各个部分有许多节项，概述如下：

- 0部分是业主/承包人协议、标书格式、总条件等部分。
- 第一部分是工程总要求和工作摘要，即承包人的责任部分。
- 第二部分到第16部分为行业部分，按一般属性分类，例如木材、塑料和饰面材料。

这些部分提出了对相同节项的总的分类，例如，混凝土、砖石工程、门窗饰面材料等等，各个部分都有许多节项。图13.7是“名家格式”系统的索引，显示了不同的部分划分。

技术说明书节项格式

各个技术说明书节项涉及一个特定行业或子行业（例如干砌墙、毡层、顶棚、瓦），而且，每一节项又被分成三个基本部分，每一基本部分包含说明书中有关各个行业或子行业的一个特定方面（图13.8）。

第一部分：总则

技术说明书的这一部分概括了节项的总的要求，并描述了工程的工作范围并给投标人或承包人提供了对节项的管理要求。一般说来，它提出质量控制、交货和劳动条件的要求，指明该节项需要与之配合的相关行业以及详细说明为该节项订购、制作或安装材料前需要提交供审查的内容。它通常包括下列内容：

- 描述和范围：这一条应该包括工作范围和在这一节项和其他节项之间的工作的相互关系。此外，它应该包括界定和选择。
- 质量保证：包括顾问、承包人和分包人的资质要求，其中包括试验要求标准和供试验的任何全尺寸物体“实体”模型。
- 提交件：对产品样品和其他相关资料的说明，包括认可担保、证书、产品资料和安装说明。
- 产品处理、交货和贮存：包括下述内容的说明，如包装、交货地点、温度控制和交货后的产品防护。
- 工程和场地条件：规定在安装前的要求和条件必须到位，诸如温度控制和使用必要的公用设施。例如说，所有墙面贴砖都应在箱柜安装前完成。
- 替代物：替代物是否可行在总要求中均有详细说明。

“名家格式”（商标）索引

引荐资料
投标条件

订合同要求
设施和空间
系统和组件

技术说明书

施工产品和活动
第一部分——总要求
第二部分——现场施工
第三部分——混凝土
第四部分——砖石工程
第五部分——金属件
第六部分——木材和塑料
第七部分——过热和潮湿防护
第八部分——门窗
第九部分——装修
第十部分——特制品
第十一部分——设备
第十二部分——家具设备
第十三部分——特殊结构
第十四部分——传送系统
第十五部分——机械
第十六部分——电器

引荐资料
00001 工程名称页
00005 证书页
00007 印章页
00010 目录表
00015 图纸登记表
00020 进度表

投标条件
00100 投标请求
00200 投标人须知
00300 投标人可获得的信息资料
00400 标书格式和附件
00490 投标附件

订合同要求
00500 协议
00600 契约和证书
00700 总条件
00800 补充条件
00900 修订

设施和空间
注：最近的“名家格式”没有包括设施和空间表

系统和组件
注：最近的“名家格式”没有包括系统和组件，对和系统与组件有关的元件编号、面砖和说明等请用“统一格式”。

施工产品和活动
第一部分——总要求
01100 概述
01200 价格和付款程序
01300 管理要求
01400 质量要求
01500 临时设施和控制
01600 产品要求
01700 执行要求
01800 设施操作
01900 设施的解除

第二部分——现场施工
02050 基本现场材料和方法
02100 现场补救
02200 现场准备
02300 土石方工程
02400 打隧道、钻探和顶管
02450 基础和承重部件
02500 公用事业
02600 排水和封闭
02700 基础、道碴、路面和附属设备
02800 场地改善和福利设施
02900 绿化
02950 场地恢复和翻新

第三部分——混凝土
03050 基本混凝土材料和方法
03100 混凝土模板和附件
03200 混凝土配筋
03300 现浇混凝土
03400 预制混凝土
03500 胶凝面板和衬垫材料
03600 灰浆
03700 大面积混凝土
03900 混凝土恢复和清理

第四部分——砖石工程
04050 基本砖石材料和方法
04200 砌块
04400 石料
04500 耐火材料
04600 耐蚀砖石
04700 仿砖石材料
04800 砖石组件
04900 砖石工程恢复和清理

第五部分——金属
05050 基本金属材料和方法
05100 结构金属框架
05200 金属格栅
05300 金属层板
05400 冷轧金属框架
05500 金属制作物
05600 液压制作物
05650 铁轨和附件
05700 装饰品金属

图 13.7 “名家格式”系统的索引。(来源于加拿大施工规范研究院公司施工技术说明书)

“名家格式”（商标）索引

05800　膨胀控制
05900　金属恢复和清理

第六部分——木材和塑料
06050　基本木材和塑料及方法
06100　粗木工
06200　木工装修作业
06400　建筑细木工
06500　结构塑料品
06600　塑料制作物
06900　木材和塑料恢复和清理

第七部分——防潮湿和过热
07050　基本过热和潮湿防护材料及方法
07100　防潮和防水
07200　过热防护
07300　墙面板、屋面瓦和屋面覆盖层
07400　屋面和护墙板
07500　卷材屋面
07600　防雨板和金属片
07700　屋顶特用品和附件
07800　烟、火防护
07900　填缝料

第八部分——门窗
08050　基本门窗材料和方法
08100　金属门和框架
08200　木质和塑料门
08300　特制门
08400　外门和商店铺面
08500　窗户
08600　天窗
08700　小五金
08800　装饰玻璃
08900　釉面护墙

第九部分——装修
09050　基本装修材料和方法
09100　金属支撑组件
09200　灰泥和石膏板
09300　面砖
09400　水磨石
09500　顶棚
09600　地面
09700　墙面装修
09800　隔声处理
09900　涂料和涂层

第十部分——特制品
10100　视觉显示板
10150　隔间和小室
10200　气窗和通风口
10240　通气格栅和滤网
10250　服务墙体
10260　墙面和墙角护条
10270　架高活动地板
10290　害虫控制
10300　壁炉和炉子
10340　预制室外特件
10350　旗杆
10400　识别装置
10450　人行控制装置
10500　锁柜
10520　消防特件
10530　护面
10550　邮政特件
10600　隔断
10670　贮藏搁板
10700　外部防护
10750　电话特制件
10800　洗手间、浴室和洗衣房附件
10880　刻度尺
10900　壁柜和小室特制件

第十一部分——设备
11010　维修设备
11020　安全和穹窿设备
11030　记数器和服务设备
11040　宗教设备
11050　图书馆设备
11060　剧院和舞台设备
11070　仪器设备
11080　登记设备
11090　更衣室设备
11100　商业设备
11110　商用洗衣房和干洗设备
11120　售货设备
11130　音像设备
11140　车辆服务设备
11150　停车控制设备
11160　装载台设备
11170　固体垃圾处理设备
11190　滞留设备
11200　给水和处理设备
11280　液压门和阀
11300　液体垃圾处理设备
11400　食品服务设备
11450　住宅设备
11460　单元厨房
11470　暗室设备
11480　运动娱乐和治疗设备
11500　工业和加工设备
11600　实验室设备
11650　天文馆设备
11660　气象台设备
11680　办公室设备
11700　医疗设备
11780　太平间设备
11850　航行设备
11870　农业设备
11900　展览设备

第十二部分——家具设备家
12050　织物
12100　艺术品
12300　预制细木工

图 13.7（续）　“名家格式”系统的索引。(来源于加拿大施工规范研究院公司施工技术说明书)

"名家格式"(商标)索引

12400 家具和附件
12500 家具
12600 多种座位设置
12700 系统家具
12800 室内植物
12900 家具修理和翻新

第十三部分——特殊构件
13010 气承结构
13020 建筑模型
13030 特殊用途房间
13080 声音、振动和地震控制
13090 辐射防护
13100 雷电防护
13110 阴极保护
13120 预制构件
13150 游泳池
13160 水族馆
13165 水上公园设施
13170 大盆和水池
13175 溜冰场
13185 洞窟和动物栖身所
13190 现场构筑焚烧炉
13200 储存罐
13220 渗入地下排水和介质
13230 蒸煮器盖面和附件
13240 充氧系统
13260 污泥调节系统
13280 有害材料补救
13400 测量和控制仪器
13500 录音控制仪器
13550 运输控制检测仪器
13600 太阳和风能设备
13700 安全通道和监视
13800 建筑自动化和控制
13850 探测和预警
13900 灭火

第十四部分——传送系统
14100 升降机
14200 升运机
14300 自动扶梯和自动人行道
14400 电梯
14500 材料处理
14600 起重机和吊车
14700 调车专台
14800 脚手架
14900 运输

第十五部分——机械
15050 基本机械材料和方法
15100 建筑用管道
15200 加工管道
15300 防火管道
15400 管道装置和设备
15500 制热设备
15600 制冷设备
15700 供暖通风和空调设备装备
15800 配气
15900 供暖通风、空调检测和控制
15950 试验、调整和调质平衡

第十六部分——电器
16050 基本电器材料和方法
16100 接线方法
16200 电力
16300 输电和配电
16400 低压配电
16500 照明
16700 通信
16800 音像

图 13.7(续) "名家格式"系统的索引。(来源于加拿大施工规范研究院公司施工技术说明书)

- 连续和进度:这用在时限很强和任务及进度需要按照一个特殊程序的地方。
- 授权认可:这一部分通常包括超过一年的授权证书,证书的条款应该说得清清楚楚,而且应该给业主提供几份。

第二部分:产品

这一部分规定和详细说明提到的材料和产品包括产品的制作或生产,何种标准以及材料或产品必须达到的标准,以便实现技术说明书及类似指标(图 13.9)。列出的小节因此将包括:

节项 09751——室内石料面层

版权 1998 美国建筑师学会（AIA），这是一个室内设计文库部分。

第一部分——总则

1.1　节项要求

A. 提交件：［施工图］［石料样品至少 12 平方英寸（300 毫米）］［和显示全范围可用色彩的灰浆］

B. 制作前通过现场测量，核实石块柜台顶面尺寸，并在施工图上标明。

第二部分——产品

2.1　石料

A. 花岗石：如下：

1. 美国试验与材料学会 C615〈插入说明性要求，诸如颜色、粒度等〉

为非专用技术说明书选择上面的小段；或者如果品种已事先选好，则选择下面的小段。

2.〈插入可接受的品种的名称〉

3. 完工：［抛光］［磨光］［保暖］

B. 石灰石：如下：

1. 美国试验与材料学会 C568 分类，［I. 低密度］［II. 中等密度］［III. 高密度］〈插入说明性要求，诸如颜色等〉

为非专用技术说明书选择上面的小段；或者如果品种已事先选好，则选择下面的小段。如果保留上面的，请选择一个密度级别。一类通常适用于贝壳石灰石；二类适用于鱼面状石灰石及某些品种的白云石质石灰石；三类适用于某些品种的白云石质石灰石。

2.〈插入可接受的品种的名称〉

3. 完工：［抛光］［磨光］

C. 大理石，如下：

1. 美国试验与材料学会 C503 分类，［I. 方解石］［II. 白云石］［III. 蛇纹石］［IV. 凝灰石］〈插入说明性要求，诸如颜色等〉

为非专用技术说明书选择上面的小段；或者如果品种已事先选好，则选择下面的小段。

2.〈插入可接受的品种的名称〉

3. 完工：［抛光］［磨光］

D. 以石英为基础尺寸的石料，如下：

1. 美国试验与材料学会 C616 分类，［I、砂石］［II、石英岩砂石］［III、石英岩］〈插入说明性要求，诸如颜色等〉

图 13.8　节项 09751——室内石料层面技术说明书，引自“名家说明书”——室内设计

为非专用技术说明书选择上面的小段；或者如果品种已事先选好，则选择下面的小段。

2.〈插入可接受的品种的名称〉

3. 完工：[天然裂缝][磨光]

E. 石板：如下：

1. 美国试验与材料学会C629分类，[I. 室外][II. 室内]〈插入说明性要求，诸如颜色等〉

为非专用技术说明书选择上面的小段；或者如果品种已事先选好，则选择下面的小段。

2.〈插入可接受的品种的名称〉

3. 完工：[天然裂缝][磨光]

2.2 配置材料

A. 压模灰浆：美国试验与材料学会C59

B. 可用水清洗的环氧胶粘剂：美国国家标准学会A118-3

C. 柜台顶面用密封胶：透明硅胶

1.〈插入生产厂家和产品〉

D. 干放灰浆（无砂）：美国国家标准学会A118-6，接缝1/8英寸（3毫米）和更窄些。

1.〈插入生产厂家和产品〉

E. 乳胶式普通水泥灰浆：美国国家标准学会A118-6

1.〈插入生产厂家和产品〉

2. 用无砂灰浆作接缝1/8英寸（3毫米）和更窄些。

3. 用含砂灰浆作接缝1/8英寸（3毫米）和更宽些。

F. 钢丝拉条：[No. 9美国线规铜、青铜或黄铜合金][0.120英寸（3.0毫米）直径不锈钢]钢丝。

2.3 石料制作

A. 切割石料以生产按要求的厚度、大小和形状的石料。

1. 对花岗石，按美国国家建筑花岗岩石矿学会推荐的“建筑花岗石技术说明书”执行。

2. 对大理石，按美国大理石协会推荐的“规格石料设计手册IV”执行。

3. 对石灰石，按美国印第安纳石灰岩协会推荐的“印第安纳石灰岩手册”执行。

4. 除另有安排外，墙角凹槽斜接。在墙角装置的水平灰缝的顶部和底部安装锚定。

5. 切割石料以生产统一的接头[1/16英寸（1.5毫米）][1/8英寸（3毫米）][1/4英寸（6毫米）][3/8英寸（10毫米）]宽。切割石料以生产统一宽度的接头并按要求位置。

6. 用机器生产模制品，机器装有磨蚀成形轮，以倒转模制品外形。不要雕刻模制品。

图13.8（续） 节项09751——室内石料层面技术说明书，引自“名家说明书”——室内设计

7. 除另有安排外，墙角斜接缝边棱在外角上稍放松些。

B. 样式安排：制作和安排带纹理和其他天然标记的板块［横向的］［竖向的］［任意样式］

2.4　石料柜台台面制作

A. 按美国大理石协会推荐的“规格石料设计手册 IV”制作石料柜台台面。

1. 厚度：［3/4 英寸（20 毫米）］［7/8 英寸（22 毫米）］［（1/¼）英寸（32 毫米）］。

2. 边棱细部：［直线，顶部略为放松些］［3/4 英寸（20 毫米）外圆角］［弧形边棱带护板，2 英寸（50 毫米）高，半径 3/8 英寸（10 毫米）］［（1/½）英寸（40 毫米）叠层外圆角］。

B. 防溅挡板：3/4 英寸（20 毫米）标称厚度，背后挡板和端挡板 4 英寸（100 毫米）高，顶边［直线，角落处略为放松］［斜削边］［圆形，3/8 英寸（10 毫米）半径］。

C. 接缝：制作柜台顶面［没有接缝］［在节项中表示在现场接缝的，用密封胶填缝1/16 英寸（1.5 毫米）宽］。

第三部分——执行

3.1　安装

A. 由对石料种类和形式以及要求的安装方法有经验的技工进行砌石工程。

B. 架高室内石料镶面吊线并要符合统一接缝宽度。用临时垫片以保持接缝宽度。

C. 把室内石料镶面元件牢牢贴在锚定的贴放点，在元件背面上方的最大间隔为 18 英寸（450 毫米），但每两平方英尺（0.18 平方米）不少于一个贴放点。

D. 面层面积每 12 平方英尺（1.1 平方米）至少要有 4 个锚钉，而且每增加 8 平方英尺（0.7 平方米）至少增加 2 个锚钉。

E. 每件长度达 48 英寸（1200 毫米）的石料镶边至少要有 2 个锚钉。而且每增长 24 英寸（600 毫米）增加 1 个锚钉。

F. 用水清洗的环氧胶粘剂粘合石料踢脚板。接头外露边棱不带胶粘剂，以供灌浆。

G.. 把石材窗台板放进铺满可用水清洗的环氧胶粘剂底层中。

H.. 放置好后给接缝灌浆，用塑料工具均匀、平整地勾灰浆缝。

3.2　安装柜台顶面

A. ［在铺满胶合板的次顶面上］用可水洗的环氧胶粘剂［通过粘在支架上的方法］安装柜台顶面。

B. 接口间隙为 1/16 英寸（1.5 毫米）以供密封填缝。用临时垫片以保证均匀间隔，用箝夹以防止搭接。

图 13.8（续）　节项 09751——室内石料层面技术说明书，引自“名家说明书”——室内设计

C. 完成在车间未完成的断路器。切削时，遮盖好断路器附近的柜台顶区域。

D. 用可水清洗的环氧胶粘剂把后挡板和端挡板粘接到墙壁上。在柜台顶面和防溅挡板之间留 1/16 英寸（1.5 毫米）空隙，供填缝料填充。用临时垫片以保证间隔均匀。

E. 在接口和柜台顶面同防溅板之间的空隙中采用填缝料。

3.3 清理

A. 在施工中清理室内石料层面。在勾接口灰缝前，清除灰浆污斑。

B. 至少在勾灰缝完成后 6 天，用清水和软布或硬纤维刷子清理室内石料层面。

节项 09751 完

室内石料层面 09751—4

图 13.8（续） 节项 09751——室内石料层面技术说明书，引自“名家说明书”——室内设计

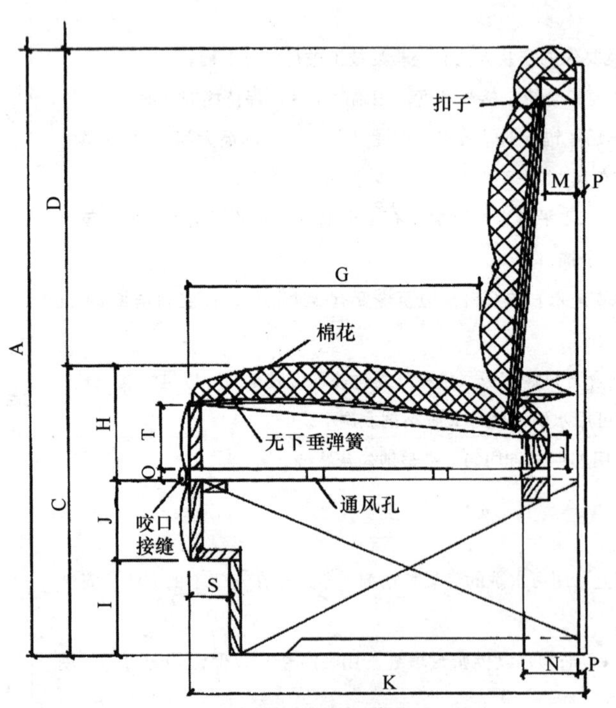

尺寸(没有比例的)

in.	cm
A=54	137.16
B=39	99.06
C=18	45.72
D=22	55.88
E=40	101.60
F=21	53.34
G=19	48.26
H=7	17.78
I=6	15.24
J=5	12.70
K=25½	64.77
L=2¼	5.72
M=2	5.08
N=3½	8.89
O=3/4	1.91
P=1/2	1.27
Q=12	30.48
R=1	2.54
S=2½	6.35
T=4	10.16

图 13.9 装潢过的餐馆定制的宴会坐椅的一部分。详图由塞尔杰（Selje）、邦德（Bond）、斯图尔德（Steward）和龙伯格（Romberger）绘制

- 生产厂家：这一节项用于编写专用技术说明书时，并将列出认可的生产厂家。该节项应该和产品选择及代用品节项相协调。
- 材料、家具和设备：应该提供一个要使用的材料登记表，如果编写描述性或执行性技术说明书，要详细说明材料、家具和设备的功能标准。
- 混合物：这一节项详细说明当混用一种特定产品时，要使用的材料的比例。
- 制作：在这一节项里，制作和施工细节应该列出来。

第三部分：执行

技术说明书的这一部分描述工程的质量——即产品和材料安装中详细提到的标准和要求。它也描述产品安装的条件、防护要求和收尾清理过程。这一节项里的小标题包括：

- 检查：概述了要求承包人干的事，例如安装前的层面处理。其用词可能包括“在铺地面材料安装前，混凝土的含水量应该符合生产厂家的说明书的要求”。
- 准备：规定了在安装前要做的各种改进。
- 安装和运行：对每项装修的具体要求及要达到的工作质量应该详加说明。
- 现场质量控制：详细说明了要使用的评定竣工工程质量的试验和检查程序。
- 防护：在有特种安装需要专门防护的地方，如大理石铺地，此节项必须纳入其中。
- 调整和清理：详细概括了清理和调整要求。
- 进度表：只在认为有必要时才使用。

家具技术说明书

“名家格式”和“名家说明书”系统在第12部分提供了一个详细说明家具的地方，但这已经证明完全不能满足大多数空间规划人员和室内设计人员的要求。况且，多数室内工程偏向于单独的施工和家具及附件技术说明书。这是因为技术说明、合同签订和建筑施工项目的程序不同于技术说明、采购、交货和安装家具。为了满足室内设计人员和空间规划人员的需要，“名家说明书”提出了一整套室内设计方案，这整套软件，简称“室内设计”，包括75个多形式简短的技术说明书，它们涉及室内施工、装修和设备的主题（见之于1-16部分）以及易燃性和功能标准（图13.10）。第二套方案“家具设备”有望近期发行。它包含数据表格式，对具体工程的易于编写和基本信息充足的精品技术说明书，这就使设计定案轻松可行了。整套方案涉及家具、设备和各种各样的家具安装。这些通常是在初期施工完成后通过家具商合同订购并分别安装的。

作为后到的参与者，“名家说明书”的家具软件的发行不太可能对家具工业有重大的影响，CAP Studio，由麦格劳-希尔公司开发的一整套软件保持了家具说明和设计软件的工业

“名家说明书（注册）”概要

目录表

室内文库
施工版本

公布日期	节项号码	节项名称	节项说明
第一部分——总要求			
9/98	01100	摘要	工作和其他条款摘要。
9/98	01125	多种合同摘要	各合同对工作协同和临时设施及控制承担的责任。
9/98	01140	工作限制	对房产使用的限制。
9/98	01210	预算定额	预算定额条款。
9/98	01230	替代物	替代物条款。
9/98	01250	合同修改程序	变更合同的程序要求。
9/98	01270	单价	有关单价条款。
9/98	01290	付款程序	付款的管理要求。
9/98	01310	工程管理和协作	协作和工程会议的管理要求。
9/98	01320	施工进度文件提供	对承包人的施工进度表、提交件、清单和报告的管理程序要求。
9/98	01322	影像文件提供	施工图片和录像。
9/98	01330	提交件手续	提交动态和资料信息，提交件程序。
5/02	01351	历史性建筑处理程序	贮存、临时保护和手续。
9/98	01400	质量要求	质量保证和质量控制要求。
11/01	01420	参考资料	常用定义和术语、首字母缩拼词商贸名、协会地址、政府机构和其他在“名家说明书”中参考过的标名。
9/98	01500	临时设施和控制	用于支撑安全和防护的临时公用设施和工具。
9/98	01600	产品要求	对产品选择、运输、认可和产品替代品的管理和手续要求。
9/98	01700	执行要求	场地工程、进度清理和产品安装总要求。
9/98	01731	挖方和修补	专门程序。
2/99	01732	选择性拆除	建筑物和场地构件的选定的部分的拆除和迁移。
9/98	01770	清理手续	对合同大清理的管理和手续要求。
9/98	01781	工程记载文件	峻工图、技术说明书和产品资料。
2/99	01782	运营和维护资料	对产品和设备的事故、运行和维护手册。
2/99	01820	示范和培训	对业主的人员培训的管理和程序要求。
第三部分——混凝土			
8/97	03542	以水泥为主的衬底	自平、水硬性水泥衬底。
第四部分——砖石工程			
U 8/02	04810	板整砌块组装	通用，墙体，隔断。
8/98	04815	玻璃砌块组装	玻璃砖。

N=新的　　U=更新的

“名家说明书”概要室内部分目录表-AUGUST 2002-Page 1 of 5

图 13.10 “名家说明书”概要室内部分目录表：施工版

“名家说明书（注册）”概要

目录表

室内文库
施工版本

公布日期	节项号码	节项名称	节项说明
第五部分——金属			
2/02	05500	金属制作	钢铁物件（不是金属片）。
2/02	05511	金属扶梯	钢；带盘模，钢板和格网踏板。
2/02	05521	管筒栏杆	用铝、不锈钢、钢管和管线构制的栏杆。
5/02	05530	格网	金属和玻璃纤维增强塑料格网。
5/97	05580	金属成型制作	定做金属片制品，无闪弧。
5/02	05700	装饰金属	定做有色金属和黑色金属制品。
U 8/02	05715	拼装螺旋楼梯	标准组件。
2/02	05721	装饰栏杆	由标准级或定做元件和形状组装的装饰金属件，也包括玻璃和塑料栏杆、照明式栏杆。
第六部分——木料和塑料			
8/99	06100	粗木工	做框架、护套、毛地板等。
8/99	06105	零星木工	钉板条、地面、受钉块钉条和施工板。
5/99	06200	细木工	室内和室外、外露的和非结构的。
5/98	06402	内部建筑细木工	镶边、小室、顶面、镶板和装饰项目。
5/98	06420	木板饰面	板式、齐平木料、塑料层压板和门梃及冒头。
第七部分——过热和潮湿防护			
5/01	07920	填缝胶	有弹性的、无弹性的和预制的填缝胶。
第八部分——门窗			
N 8/02	08111	标准钢门和门框	符合美国国家标准学会 A250-8 标准元件。
U 8/02	08114	定做钢门和门框	非标准形状和尺寸的组件。
2/98	08125	内部铝制框架	用于门、玻璃侧窗、借光窗和内部隔间固定窗户。
8/99	08161	滑动金属防火门	复合和空心金属型。
5/99	08211	平面木质门	饰面板和塑料层压面组件。
11/01	08212	门梃和冒头木门	门梃和冒头组件、存货和定做。
5/99	08311	通道门和门框	墙面和顶棚组件。
8/01	08331	升降卷绕门	钢和铝屏幕。
8/01	08334	升降卷绕格子窗	敞开格网屏幕。
11/01	08343	ICU/CCU 外门	摇摆式/滑动式结合手动型。
U 8/02	08346	声音控制门组装件	摇摆式钢和木门、钢门框和声音控制密封装置、折叠和镶板折叠门、金属双折门、双折镜面门和防火额定折叠门。
11/00	08351	折叠门	折叠和镶板折叠门、金属双折门、双折镜面门和防火额定折叠门。
2/01	08411	铝合金框架大门和商店铺面门	标准外部和内部系统小五金。
8/00	08450	全玻璃大门和商店铺面门	钢化玻璃不带门框。
2/98	08711	门用小五金(按产品名称列表)	用产品命名或标明 BHMA 名称清单说明门用小五金。
2/98	08712	门用小五金(按产品描述列表)	通过非专用产品描述清单详细说明门用小五金。
2/02	08800	装玻璃	一般应用。
2/95	08825	装饰玻璃	酸蚀、喷砂、丝网印刷、斜面、压花和夹层型。
U 8/02	08830	镜子	无框架元件，装在墙上的。

N=新的　U=更新的

“名家说明书”概要室内部分目录表-AUGUST 2002-Page 1 of 5

图 13.10（续）　“名家说明书”概要室内部分目录表：施工版

“名家说明书（注册）”概要

目录表

室内文库
施工版本

公布日期	节项号码	节项名称	节项说明
第九部分——装修			
2/02	09210	石膏灰泥	在石膏条板和钢丝网上，钉板条和做框架。
5/99	09215	石膏镶石灰	在石膏底板上，包括普通组件和钢构架。
2/99	09260	石膏板组装件	包括普通组件和钢构架。
11/97	09271	玻璃增强石膏制品	室内用顶棚拱和拱顶、穹窿顶棚、柱拱等。
8/00	09310	瓷砖	马赛克、方形砖、铺路砖和墙面砖。
11/97	09385	规格石面砖	大理石、花岗石、石灰石和石板面砖。
8/99	09401	胶结水磨石	就地胶结和粗水磨石及预制胶结水磨石。
8/99	09402	环氧水磨石	薄粘结层和预制环氧基材水磨石。
5/00	09511	吸声板顶棚	矿质基层和玻璃纤维基层板带外露悬挂系统。
5/00	09512	吸声瓦顶棚	矿质基层瓦带隐蔽悬挂系统。
8/00	09513	吸声快压金属模顶棚	快压钢、不锈钢和铝模带隐蔽悬挂系统。
11/00	09514	吸声金属模顶棚	储备、紧夹和扭转弹簧铰链金属模带外露悬挂系统。
8/00	09547	线性金属顶棚	板条装饰性金属系统。
8/00	09580	悬挂式装饰格网	通风护罩顶棚系统。
2/98	09635	砖铺地面	只适用于室内。
11/99	09638	石块铺路和地板	外部和内部道路路面。
5/97	09640	木地板	实心和工程用木地板。
8/97	09644	木质运动场地板组件	槭木地板系统。
5/00	09651	弹性地面砖	实心乙烯基树脂、橡胶和乙烯基树脂复合地面砖。
5/00	09652	薄片乙烯基树脂楼面面层	无支撑或有支撑薄片乙烯基树脂产品。
5/00	09653	弹性墙基和附件	乙烯基树脂和橡胶墙基、踏板、小突沿和修边。
8/00	09654	油地毡楼面铺面层	砖瓦薄片产品。
2/00	09661	静态控制弹性地面铺层	静电消除、静电传导面砖和片材产品。
2/98	09680	地毯	簇绒和机织地毯及垫子。
2/98	09681	小方地毯	商业用模数尺寸地砖。
2/01	09720	墙面装饰材料	乙烯基树脂织品和玻纤墙面装饰材料及墙纸。
11/99	09751	室内石料层面	规格石料层面，包括镶边和柜台顶面。
2/97	09771	织物包缠板材	预制的有黏性的或吸声板材。
2/97	09772	拉伸织物墙体系统	现场装潢顶棚和墙面系统。
2/97	09841	吸声墙板	塞缝板和背面安装组件。
11/99	09921	室内油漆（消耗类产品）	用于室内消耗类涂料。
11/99	09922	室内油漆（专业类产品）	用于室内专业性涂料。
2/97	09945	多色室内涂料	喷涂多色斑点装饰。
5/98	09960	高功效涂料	用于恶劣、一般和较好环境的特种涂料。
8/95	09980	木单板墙面装饰材料	网衬柔性片材。

N=新的　U=更新的

“名家说明书”概要室内部分目录表-AUGUST 2002-Page 1 of 5

图 13.10（续）　“名家说明书”概要室内部分目录表：施工版

“名家说明书（注册）”概要

目录表

室内文库
施工版本

公布日期	节项号码	节项名称	节项说明
第十部分——特制品			
5/01	10101	外露展示面	黑板、标志牌、布告牌、幻灯装置、会议装置和电子标示牌。
5/01	10125	公布牌和陈列箱	照明的和不照明类型。
5/01	10165	洗手间	金属、塑料层压板、酚醛芯和实心聚合物类型。
5/01	10180	石料洗手间	花岗石和大理石隔间、小便掩蔽物。
2/99	10190	小室	遮帘和IV形导轨、小室和梳妆区用遮帘和浴盆及淋浴封罩。
5/02	10265	抗冲击墙体防护	对墙体、墙角和门边的保护。
2/00	10270	活动地板	可移动模数板和支撑系统。
2/98	10405	旗幅	带有图画的装饰织物，用于室内和室外。
5/01	10410	指导手册	带可变信息条或可变字母的照明和不照明型。
5/00	10431	标识	外部和内部标识、字母及标牌。
8/01	10505	金属小柜	标准的静态走廊、运动场，前部开启和投币启动型。
8/00	10506	木质小柜	木质和塑料压层面型。
2/01	10520	消防特件	可移动的有轮灭火器和消防柜橱。
11/00	10550	邮政特件	邮箱、接收箱、系列邮箱组件、包裹柜、资料分发箱和邮件滑槽。
11/00	10605	金属丝网隔间	标准的和重载隔断、顶棚、存物小柜、护栏嵌入板和设备围栏。
5/98	10616	现装可拆隔墙	可拆隔墙系统由隐蔽框架支撑的石膏板或金属面层石膏板组成。
5/98	10620	可拆整体板或隔墙	由工厂组装的整体板组成的可拆隔墙系统。
2/98	10651	可开启的板式隔墙	额定吸声、手工和电动开启、平板隔墙。
2/98	10653	防火额定可开启的板式隔墙	额定吸声、手工开启、平板隔墙，防火额定1或1½小时。
2/98	10655	折叠隔断	额定吸声、手工和电动操作、折叠隔断。
11/00	10671	金属储存搁板	独立式端板支撑、柱架式和梁柱式类型。
8/99	10750	电话特件	电话围封间和号码簿存放装置。
2/97	10801	洗手间和浴室附件	标准商业用和机关用装置。
第十一部分——设备			
11/97	11062	折叠和移动舞台	移动舞台、起步板、隔声外壳。
11/97	11063	舞台幕布	包括织物和导轨。
8/01	11132	放映屏幕	前后投影屏幕。
U 8/02	11400	食品供应设备	商业用食品服务设备。
2/02	11451	住宅设备	厨房和洗衣房设备。
8/01	11460	整体厨房	标准金属和塑料压层型。
2/01	11610	实验室排烟橱	大通风罩、风罩支架和普通实验室柜台顶面装置。

N=新的　U=更新的

“名家说明书”概要室内部分目录表-AUGUST 2002-Page 1 of 5

图 13.10（续）　“名家说明书”概要室内部分目录表：施工版

“名家说明书（注册）”概要
目录表

室内文库
施工版本

公布日期	节项号码	节项名称	节项说明
第十二部分——家具			
11/99	12355	机关单位细活工	预制的木料和塑料装置及柜台顶面。
8/97	12356	厨房细活	预制柜橱和柜台顶面。
11/00	12361	实验室金属细活	模数型带釉面装饰。
11/00	12362	实验室木工细活	模数型带洁净装饰面。
11/00	12363	实验室塑料压层细活	模数型带塑料压层装饰面。
11/00	12365	医务金属细活	不锈钢和釉面钢装置，包括柜台顶面洗涤池和附件。
8/99	12484	地板垫层和构架	隐蔽式和表面用柔性地板垫层及构架。
5/99	12485	垫脚格栅	金属、塑料带各种踏板面，隐蔽式金属构架。
5/99	12491	横向百叶窗遮帘	手工操作和机动活动百叶窗。
5/99	12492	纵向百叶窗遮帘	手工操作和机动遮帘。
5/99	12494	转轴式百叶窗	手工操作和机动转轴式百叶窗遮帘。
5/99	12495	褶皱遮帘	手工操作和机动 Z 字形褶皱及多孔遮帘。
2/96	12496	窗金属附件	普通拉动、弹簧打褶和板式导轨。
8/98	12610	固定观众座席	室内应用。
8/97	12815	室内草木	植物、树和室内空间藤蔓。
8/97	12830	室内盆景	室内盆景用盆、缸。
第十三部分——特殊施工			
5/99	13038	桑拿浴室	模数和预制桑拿、加热器、附件。
8/01	13041	模数穹窿建筑	工厂成型和现场组装穹窿板及穹窿门。
第十四部分——传输系统			
5/99	14100	食品升降机	采用预制件、手工和电动操作。
第十五部分——机械			
3/99	15410	管道装置	固定装置、支承、管子承插口和整饰。
第十六部分——电器			
3/00	16122	地毯下电缆	用于建筑线路。
9/00	16511	室内照明	常用和应急照明。
U 6/02	16727	隔声设备	私用隔声设备和附件。

N=新的　U=更新的

“名家说明书”概要室内部分目录表-AUGUST 2002-Page 1 of 5

图 13.10（续）　“名家说明书”概要室内部分目录表：施工版

标准（www. cap-online. com）。CAP Studio 软件系列是一套完整的应用软件，它使空间规划、设计和技术说明书的过程自动化，并且便于管理（图 13.11）。Studio 能把以 Auto CAD

为基础的绘图和规划功能同先驱的家具制造厂家的最新电子目录连接起来，CAP 软件简化了费时的、易出错的、有关家具的技术说明、定价、订货和管理等复杂系统的任务。

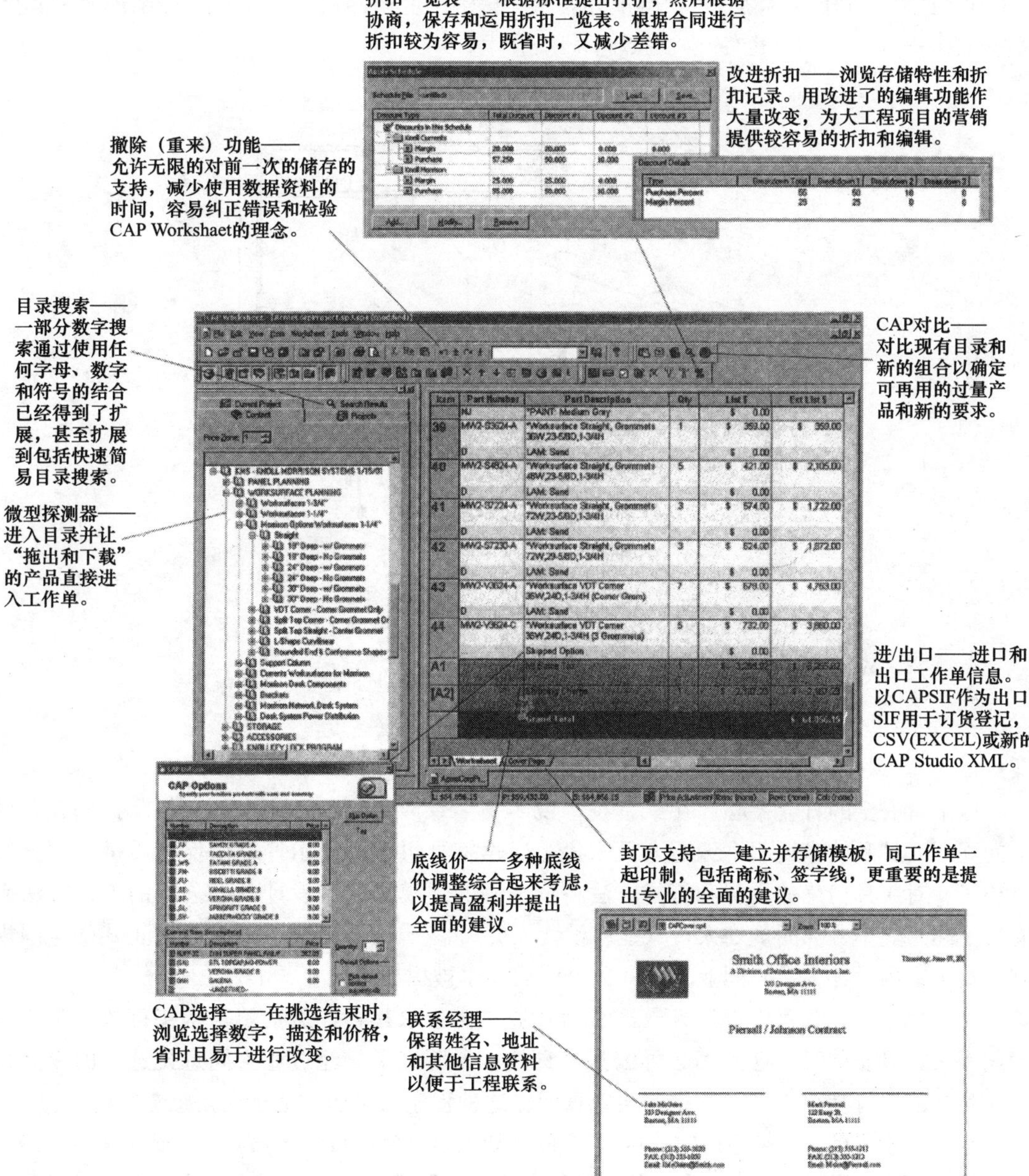

图 13.11　CAP Studio 软件样品筛选

CAP 也传播计算机辅助设计文库和电子目录，代表 40 多家家具制造商，350 多个目录和一百万产品。它是工业中最有综合性的家具目录和 AutoCAD 二维、三维符号的集成。CAP 的“网上办公室”产品通过连接终端用户提供了一套为顾客着想的获益的电子方法，并方便了经理们同商人打交道。“网上办公室”提供网上产品展示、挑选、详细说明和其他任务（图 13.12）。CAP 也使用“拖出下载”技术。

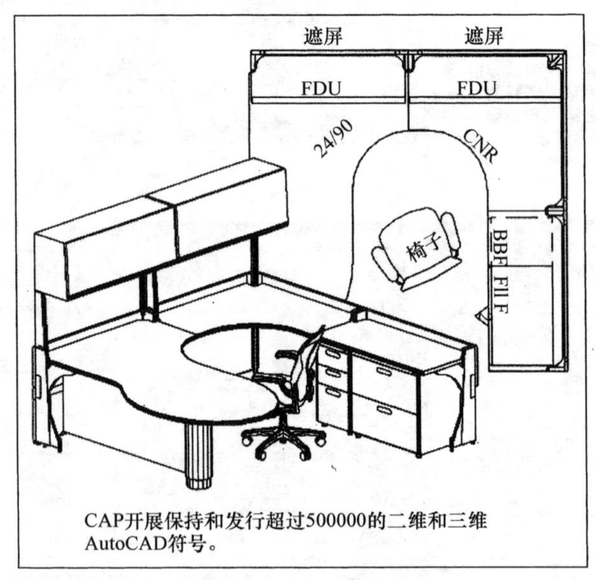

图 13.12 CAP 保持并继续开发二维和三维计算机辅助设计符号以方便编写技术说明书和订货过程

由于对安全的日益关心和在家具技术说明书中牵涉到的随之而来的责任承担问题，对空间规划人员和技术说明书编写人员来说，通过家具组件的展示评估以保持质量控制就很重要了。对家具精确的说明和订货方法将依工程的规模和获得设计的办公室的工作方法而有所不同。业主、空间规划人员（室内设计人员）、家具商和其他人的责任在正式的空间规划人员（室内设计人员）同业主之间的合同协议中被提出来。

空间规划人员和室内设计人员经常为其业主挑选家具，并负责填写购买订货单、交货时间表及家具安装等。这就不必再编写家具技术说明书了。经过业主同意挑选出的家具被直接列在购买订货单上，订货单送给家具商。这种程序对家居住宅来说是最流行的了。

至于商业项目（和某些住宅项目），空间规划人员（室内设计人员）可以选定家具，然后把订货、安装、开账单等事（和责任）转给家具商或制造厂家，他们会按说明要求的品牌供应。在这种情况下，商家和厂家直接和业主签订合同，并承担质量和按时交货等全部责任。

对大型商业和政府项目，通常要求同一竞标的一个或多个商家报价，说明书编写人应该保证，家具技术说明书写得清楚、准确，表达了业主的确切要求。这些说明书应该详述，并列出所有要求的单个项目，还应规定投标条件、责任、安装程序和开发票的方式。

自动化技术说明书编写系统

近来出现了许多给建筑师、空间规划人员和室内设计人员提供备用说明书网上服务的公司。其中一家这样的公司是“建筑系统设计的说明书纽带”，它是一个电子技术说明书系统，其数据库有 780 多个精品说明书节项和 120000 个数据链环，自动收集了相关要求且在挑选说明书文本时扬弃了互相抵触的东西（图 13.13 a，b）。Interspec LLC 是另一家公司，

BSD“说明书纽带”目录列表

“说明书纽带”数据库被分成编为“部分”的技术说明书“节项”，类似 1995 年版“名家格式”。点击下列适当“部分”以浏览该“部分”里全部节项列表和节项内容说明以及可用的目录。

总节项数：714	
零部分——资料介绍、招标和合同要求	26 节项
第一部分——总要求	23 节项
第二部分——现场施工	55 节项
第三部分——混凝土	31 节项
第四部分——砖石工程	23 节项
第五部分——金属	26 节项
第六部分——木料和塑料	30 节项
第七部分——过热和潮湿防护	85 节项
第八部分——门窗	80 节项
第九部分——装修	58 节项
第十部分——特制品	50 节项
第十一部分——设备	17 节项
第十二部分——家具	11 节项
第十三部分——特殊施工	43 节项
第十四部分——传输系统	12 节项
第十五部分——机械	91 节项
第十六部分——电器	59 节项

目录：

A＝建筑的	L＝景观建筑
S＝结构工程	ME＝机械/电器
C＝土木工程	＊＝基本原理

“说明书纽带”只适用于 CD-ROM，因为其数据库存量超过 100 兆字节，而且节项相互连接，为工程说明书提供协调配合。

图 13.13a　BSD“说明书纽带”概要目录列表和计算机屏幕打印输出。“说明书纽带”是近几年来涌现出来的许多电子说明书服务之一

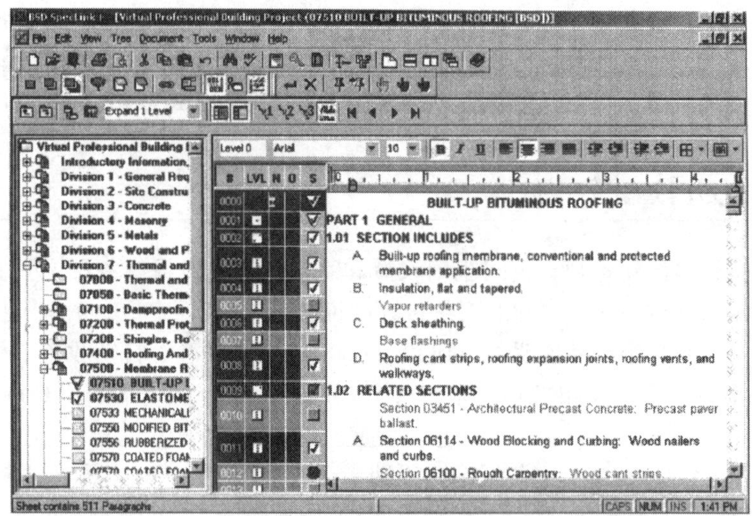

图 13.13b BSD“说明书纽带”概要目录列表和计算机屏幕打印输出。“说明书纽带”是近几年来涌现出来的许多电子说明服务之一

它采用专用技术，把建筑技术说明书的大型数据库同电子工程建筑绘图相连接。顾主也可以通过互联网获得技术说明书。此外，顾主可以在编写说明书时作出改动。Interspec还有一套为小型项目的设计师准备的“自己动手”的程序。使用电子产品说明书服务将会提高公司的生产力并同时降低成本。同时，通过连接建筑师的计算机辅助设计绘图和精品示范说明书，免除了需要给技术说明书编写人邮寄或递交大型设计蓝图。有了这些自动系统，设计人员就能在取得任何图纸前，在工程项目的最初阶段输入所有必要的信息资料，并且马上获得一份摘要或初始技术说明书（图 13.13a，13.13b）。

市场上另一个软件系统 Specsintact 系统，是一个为准备标准化设备施工技术说明书用的自动系统。Specsintact 原先是由美国国家航空和航天局设计以帮助同三家使用它的政府部门做生意的建筑师、工程师、技术说明书编写人和其他专业人员的。这三家政府部门即国家航空和航天局（NASA）、美国海军设施工程指挥部（NAVFAC）和美国陆军工程师团（USACE）。

这些新的系统正在改变建筑师和室内设计人员为商业建筑和住宅建筑准备技术说明书的方式。他们能够以较少的时间、较低的费用提供更加精确的说明书。这些系统也消除或减少了由于遗漏、不一致或不恰当的质量控制而带来的昂贵的施工变化。一个公司专用的交互式网上编辑系统能够在互联网上利用安全口令结合进技术说明书的制订过程。一份完成了的说明书手册可以在网上和在 CD-ROM 上进行传递，供业主下载、打印和装订。是否利用外界力量是一个具体的设计公司是否能走最有效的道路的关键。

责任承担问题

空间规划人员和建筑师们，和其他专业人员一样，在进行他们的工作中被认为要有合理的慎重和技能。虽然这不意味着指他们永远百分之百的完美无缺，但其业绩水平应该和在相同情况下其他称职的从业人员表现出来的水平不相上下。有关专业性责任和义务的法律在近几年里已经变得非常活跃起作用，揭露出来的风险领域在专门行业中已经显著地扩大了。的确，在现行法律下，无论何时，一个设计人员一开始就受到合同条款的约束，要一开始编写商业或机关单位空间的家具或其他任何子项目时，他或她就要对那个系统的功效负责任。

职业责任

最重要的需要空间规划师-建筑师-工程师承担责任的领域是与合同无关的第三方因设计疏忽或错误导致使用房屋的人员所受的伤害而提出索赔。近来多数的责任承担诉讼案件的法律根据包括赎职、责任担保或曲解、责任担保的合理性、合同违约、共同和几起责任担保以及对设计缺陷无过失责任承担。这些法律根据经常盘根错节，因此一个未能抵制由承包人或供应商造成的工作失误的设计师可能被认为是工作失职和合同违约。

产品责任

另一个暴露区是建筑产品的性能，也就是说，让空间规划师——建筑师对缺陷材料和部件造成的损害以及有时对这些材料和部件的更换而造成的费用支出承担责任。这势必大大强调选用和评述有着长期满意纪录的建筑产品，从而妨碍了对新材料和新方法的引进。

产品责任承担主要和疏忽失职有关。在它严重影响制造厂家、零售商、批发商和经销商的同时，设计人员和说明书编写人员正在越来越多地被卷入到产品责任承担的诉讼中去。设计人员可以通过详细说明制造出的产品的预定用途来减少产品责任承担诉讼。

第十四章

后记和未来趋势

我们在过去几十年技术演变中经历过的惊人进展，要求有一个崭新的办公环境——这个环境需要一套进行智能的技术管理的方法、支持新的工作风格的各种产品和以高度灵活性及支持变化中的工作职能的功效为特征的家具。

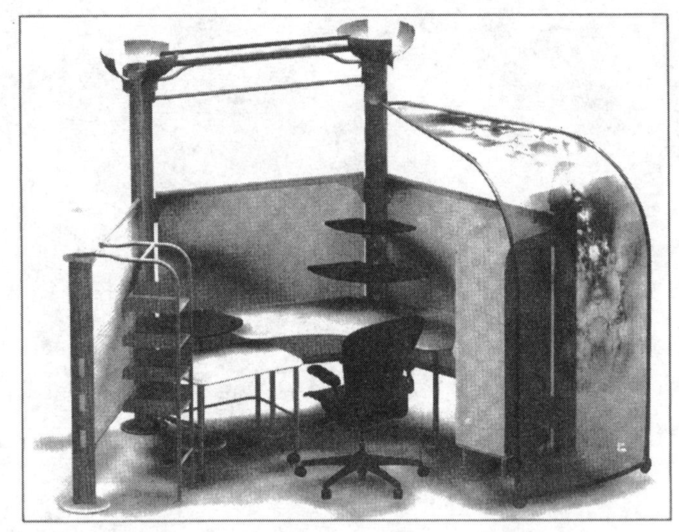

概述

把技术融合进工作现场有助于使计算机运用变得较少棘手而更为亲切。与此同时，我们大家共有的建筑环境正变得更加互为影响、更加娱乐化和丰富多彩。例如，购物中心，过去常常是由小隔间组成的、我们到处可见的零售商店，而今购物中心本身却在很大程度上变成了娱乐场所。

由于现代文明变得更加复杂，从一个工业社会转变到一个以知识为基础的社会，那些负责环境规划的人将势必需要对人们的心理气质有更好的了解，这就要求空间规划人员对未来的预见并为之规划。这种不管当前的局限性和传统的学科分工力图预见人们明天的生活方式和工作方式的大势所趋给空间规划人员和设计人员提出了威慑性的挑战。展望未来，苏珊·米切尔·凯泽斯(Susan Mitchell-Ketzes)，资深副总裁，HOK 顾问，相信“速度和取得的密切联系以及虚拟的工作现场将会从根本上改变这个工作世界，使超越多个时区和不一致的时间表进行工作越来越司空见惯”，并且“随着应变的需要变得更加紧迫，思维敏捷将成为获得先机所需的重要方面”。

现时的趋势强烈要求：不论是自雇个人，还是大型合伙公司，战略联盟将形成未来企业的基石。然而，对需要真正有效的虚拟团队说来，交流的准确性是重要的。为达到此目的，更多的公司把目光投向集中交流，并且转向利用网站作为工程档案室，在这里同事们和业主可以发送电子邮件，邮寄形势报导和浏览图纸及文件。

事情很明显，在本书中探讨的所有的主题都在不同程度上受到了新技术的快速发展的影响。特别是在通信交流上，已经影响到了设计方法技巧，方法技巧不断变化以适应快速发展的以计算机为主宰的技术。费用估算和技术说明书编写也大大地受到了计算机介入的影响。评估空白表格程序的自动化和计算机辅助费用估算系统的应用，现在已经很普遍，而且现在许多可用的工具使你能进行更有效和精确的评估。同样，自动化技术说明书编写系统的出现，提供了更大的准确性、速度和更低的费用开支，这些和施工企业及咨询行业的总趋势相辅相成。

通信交流和绘图方法同样也已从手工迈向电子化。现在的表现图包括虚拟进入和退出，在未砌一砖一瓦前观察者就被“放进”建筑物之中。家具制造厂家日益重视研究人体测量学和工效学，以便生产更合适的家具和环境上更吸引人的工作现场。为了改进对顾主的服务，他们现在更加紧密地和空间规划人员、建筑师以及室内设计人员协同工作。这种方法被一家进行开明管理的 Nortel Network 公司引为榜样，该公司名列电信技术的前沿。公司引进了 HOK 和赫尔曼·米勒以帮助他们快速走向高层次，走向一种大力提倡通信交流和团队工作的氛围，使家具的适应力大大提高，结果证明取得了令人瞩目的成功。

如今的通信同十年前大不一样。房地产价格的攀升和经济、社会以及技术环境的变化使得办公地点的选择变换更加可行，而雇员们越来越多地和原来的办公室保持电信联系。此外，许多业务现在可以通过电话中心和其他新涌现的公司进行外部采办。商业活动，甚至售后服务现今也正在通过创新的电子商务途径进行，自然距离的影响差不多已经变得毫无意义了，因为交易在全球范围内可以一蹴而就，国际团队如今超范围地密切配合，协同工作。

建筑行业也在面临新的挑战。大量的技术成果继续在建筑材料和系统中层出不穷。例如玻璃安装，像氪气玻璃和全息术玻璃的发明已经进入市场，但在商业安装上却并不经常采用。在照明上，灯饰镇流器、调控和传感技术不断取得进步。这些发展成果之一涉及建筑中心的白昼照明，建筑物中心可以通过光架格、中央采光天井和顶部照明接收自然光。《照明》一书的作者诺尼·尼斯旺德（Nonie Niesewand）在他著作中关于未来照明一节中说，“在 21 世纪，照明将以发光材料的形式出现，而不是用一种隔离光源的材料去雕琢塑造。”现今已开始把能源同照明有机结合起来，时下的模拟软件的倾向已经强化了供暖、通风、空调设计和预计能源使用之间的关联作用。

在过去 20 年间，大多数科技进步致力于革新现有的技术，因而对商业性建筑的供暖、通风和空调设备的功效有了重大的改进。热能回收概念和小五金的完善在继续，因而系统协调上发生了深刻的变化。大多数现代建筑物都配备了某种形式的建筑自动化系统，这就反过来经常要求有能源管理和控制系统（EMCS)。

安全问题和挑战因 2001 年 9 月 11 日对美国的恐怖袭击而变得突出了，同时对未来的设计考虑预计会起到核心作用，先进的技术正在被应用于承担对这些史无前例的挑战的回应与解决。

未来主义者的虚拟办公室的神话——任何时间、任何地点都可以工作——在 20 世纪 90 年代初期占据了我们的想像，当时便携式计算机和无线电话征服了工作场所，但是虚拟办公室仍然是不可捉摸。然而，由于安全问题成了人人考虑的首要因素，企业期待缩减雇员，整个美国正在第二次把协作技术，例如电视会议和录相扫描当作一种面对面的交流。一项 Knoll/DYG 调查研究显示，只有约 7％的现行工作的人们的大部分时间在办公室外度过，而 73％的人把大部分时间花在办公室类型的环境里。

工作场地是一种实现职业目标的强有力的手段，然而，在今天的工作场所的环境中有着莫大的压力。人们正在致力于探求新的计算技术和软件，它们将减少或消除使用者身上承受的追求高工效的压力。声音辨认能力就是正在探求的多种渠道之一，特别适合于总办公室应用，这样就能减少或免除键盘输入。调查发现，当人们的工作环境从整体考虑进行安排，即建筑、家具和技术结合起来以创造一个和谐的工作现场环境，那么，他们的工作积极性会大大提高。

在今天竞争性越来越大的全球商界的思潮中，所有的公司都在寻求每一可行的手段以帮助他们提高雇员的积极性和增加利润。工作积极性在整个美国和全世界都是一个至关重要的问题，它也许就是年复一年地不断出现的根源，因为公司不断地调整他们的经营策略，以改善他们的市场地位。和前几十年追求的策略不一样，当时公司都在扩充他们的房地产资产和增加他们的公司财产。而今天，他们在精减操作和重新设计经营企业的方法以提高功效和利润。

由于房地产费用常常占据一个大型公司资产的 25％以上，经营管理开始密切注意其投资和考虑选择降低开支增加空间利用效率的其他办法。许多公司案例的调查研究得出了空间规划和办公室重新设计能够提高工效的积极作用的确证。此外，已经发现，通过使资源（包括人力、信息资料和设备）更加贴近雇员们，工作效率会得到提高。显然，向雇员开放在今后的年代里将继续成为一个非常重要的问题，空间规划人员能够也愿意通过制订适当的为雇员着想的设计方案帮助公司满足这一要求。

正如我们所知，空间规划是一个复杂的过程，它涉及到许多从项目分析到环境问题等相互影响的信息系统，对直观综合的空间规划文献的需求，因新型建筑费用的攀升和对新涌现的技术的吸收而变得紧迫起来。如今更多的人在寻求重新利用现有构筑的新方法，而业主们则越来越多地要求空间规划人员改造旧建筑，派上新用场，因而，空间规划人员正在竭尽全力寻找新的创造性的和有效的解决存在问题的方法。

最后，一个优秀的空间规划师的标准是由其创设的空间的功效和美感来衡量的。专业活动的相互联系要求空间规划人员熟悉多个领域里的语言和基本知识。在已竣工的建筑结构框架里面的空间规划或者在现有的建筑物里作出微小的改变使得空间规划人员们有必要懂得基本的结构系统：它们怎样运行和制造它们所使用的材料。许多较大的建筑和室内设计公司已经同时成立了空间规划部门，这一事实加强了学科间的联系和创设了新的职业机遇。时下，空间规划是一个新兴的行业，还很年轻，而且它的界限仍在演变，有待于今后界定。

术 语 表

abacus　柱冠：在古典柱式中，放置于柱子顶上的石板、大理石或木板。

accent lighting　重点照明：定向照射，用于照亮或强调特定物件或小片地区。

accessible　可进入的：能够接近、进入和残疾人使用的建筑物或空间。

acid rain　酸雨：氢离子活度低于5.6的降雨，主要原因是工业燃烧的矿物燃料产生的二氧化硫和汽车排放的一氧化氮转化为二氧化氮。

acoustics　声学：研究声音的科学。这种科学研究声音的产生、控制、传导、接收和效用。

achromatic (color)　消色的：一种中性色，如黑色、白色或灰色。

ADA　见美国残疾人法案。

air conditioning　空调：对一个空间内的空气处理，以调控温度、湿度和净度。

alcove　壁龛：一个房间或地点的小凹进区。

align　校正：进行精确的调整以进入正确的相关位置。

alley　1. 在建筑物后面或建筑物之间的小巷或通道；2. 保龄球球道。

Alternating current (AC)　交流：不断反向的电流，它以每秒周数来表达（赫兹）。

ambient lighting　环境照明：在一个地区内提供的统一照明，它可以通过一个直接的、间接的或漫射光照明系统提供。

ambient temperature　环境温度：房间温度或周围环境的温度、温度流动（通常为空气）发生于物体各个侧面。

amenity　舒适度：房地产的舒适有用性，它产生满意和愉悦感，但不产生直接的经济收益。

Americans with Disabilities Act (ADA)　美国残疾人法案：1991年制订的公民权法规，禁止歧视残疾人。法规包括对建筑物的规划设计的详细要求。该法规的制订为残疾人就业、进入公私服务设施以及无障碍环境提供了公平机遇。

ampere (amps or A)　安培：测量电流的单位。

analogous color　类似色：在光谱中或色盘上的位置相近或相邻的色彩。

analogous harmony　类似协调：共同含有一种色彩的相关颜色；色彩协调。

anchor tenant　关键租户：在购物中心开发中的主要租户、大型稳定租户或者有望吸引其他租户和顾客进行开发的租户。

angle of incidence　入射角：一条线或光线照在一个表面上和该处（入射点）的垂直线所成的角。

angle of reflection　反射角：反射光线和过入射点垂直于平面的垂线所成的角。

angle of repose　休止角：1. 一堆材料，如土、砂或卵石所呈现的自然角；2. 一个物体由于引力作用在斜面上滑动的极限角。

anthropometrics　人体测量学：研究人体的测量，如站高、足长和臂展，通过对大量人口的系统统计观察进行。

antiquing　仿古处理：家具装修技术。旨在显示出年久、磨损的外观。

apartment hotel　公寓式旅馆：设有公寓和临时房间的旅馆。

apartment house　公寓楼：设有三个或更多的单个居住公寓的建筑，也称公寓建筑。

apartment　成套住房：一组房间，通常作为住所而出租；居住单元。

arcade　拱形建筑：1. 拱形罩盖的通道；2. 一种娱乐中心，拥有以投币启动的游戏。

architrave　框缘：古典式柱头部分的最下部。

archives　档案室：含有档案文件或其他历史价值资料的收藏地方。

atrium 天井：中庭周围有房间通向它。现代用法中，此词通常指带有玻璃屋顶的内部空间，在许多现代旅馆和大型工程中均可见到。

axis 轴线：一条假想的直线。一座建筑物或一群建筑物许多部分围绕它得以安排；一条参考的直线，在三维中，三条轴线指 x 轴、y 轴、z 轴。

axonometric projection 轴测投影：一种绘图投影，图中的物体常显示出三条边，并带有按比例画出的横向和纵向距离，而斜线和弧线则变形。

azimuth 方位角：真南和直接在太阳下的地平线之间所在点形成的角。

baffle 隔板：一种不透明或半透明的元件，用于以某种角度阻挡光源直射，或者用于吸收不需要的光。

ballast 镇流器：一种电气装置，用于荧光照明设备，以求必要的电阻和电流来启动和操作电灯。电子镇流器正在替代磁镇流器，因为它更有效、更静、更轻，而且能调光。

balloon frame 轻型木构架：一种木质建筑构架，由紧凑构件组成（螺钉），持续于从底木到屋顶线的顶板，对比平台框架也称东方构架。

baluster 栏杆柱：指系列装饰短柱或支撑栏杆或盖梁的柱子中的每一根，也称栏杆。

balustrade 栏杆扶手：楼梯、门廊或阳台的一排栏杆柱，上面有围栏。

banister 较轻的栏杆柱，支撑着楼梯扶手。

baroque 巴洛克风格：过分修饰、奇异、华丽和奢侈的风格，特别见之于 17 世纪和 18 世纪的建筑、艺术和音乐风格上。

baseboard 踢脚板：装饰镶边板，覆盖室内墙体和地面相交的墙面，也叫护墙板。

base building 基础建造：建筑物的壳体结构，包括核心设施。

basement 底层：建筑物的整个或部分低于地平面的部分；地下室。

basilica 长方形大会堂：1. 古罗马的公交大厅，带有半园形后殿和柱廊，用作法庭和集合场所；2. 用作基督教堂的类似建筑物。

bearing wall 承重墙：支撑自身重量和任何垂直负载的墙体。

bidding or negotiation phase 投标或议标阶段：建筑业务（初步设计阶段、技术设计阶段、施工文件阶段和施工合同的施工阶段管理）的标准阶段之一。

binary hue 二元色：一种混合感知的色彩，如橙色显示出红与黄的混合。所有二元色都是两种独特色彩的混合。

BOCA 为建筑规范执行人员和国际法规管理人员字母的缩写，一个出版示范建筑法规的组织。

boiler room 锅炉房：热水或蒸汽锅炉循环水泵和其他机械及电气设备的提供空间；发动机房。

book matched 饰面拼配：由同一原木切割下来的相邻薄板拼接的饰面板，其纹理相拼，像打开的书。

brick veneer 砖饰面：一块砖厚的砖砌体的外侧贴面，用于覆盖某种其他材料的墙体。

British Thermal Unit（BTU） 英热量单位：即对一磅水提高华氏温度一度（即 1°F）所需的热量。

brightness 亮度：视觉属性，据此某个区域散射出或多或少的光线，就反映出来自某个区域的光感量。“亮度”用来描述表面色彩的相应尺度。它是色彩显示的三个标准要素之一，其他的为色度和饱和度。

building line 建筑红线：在一片地区上的假想线，建筑物不得越过它而延伸开来。

build-out 装备设施：室内空间的构造和改建（包括设施和装修）以满足租户的要求（也指装备）。装备设施可以是新建的，也可以是改建的。

build-up roof 组合屋面：一种无缝的屋顶铺面，传统上由连续的卷层油毡或涂沥青油毡制成。这些铺层用沥青粘接，最后上面可能有砂砾或矿渣涂层。

bus bar 母线：1. 一种大型的平直传导体，通常为纯铜的，用于载导很高的电流；2. 一种非绝缘杆或管子，在电路接点上用作导电体。

BX cable 软电缆：带有线束的硬、柔金属套管，由单个绝缘导体构成，上面覆盖一层柔性螺形金属或硬纸缠绕层，也指金属外皮（MC）。

C 1. 摄氏（温度）；2. 百分度；3. 在热传导中，把一种物质导向热孔道；电阻倒数（C=I/R）；4. 在抗震设计中所用的数字系数，代表建筑物的促凝作用；5. 电容。

cabling 装线：连接电脑部件以形成一个单一的工作

站或多用户网络的电线。

CAD 电脑辅助设计的字母缩写：该词用于界定电脑的功能或系统，它涉及主要设计或图形处理。

capital 柱头：柱子顶端的显著特征。它鉴别柱式（柱子）。

capitalization 资本化：把预计的未来收入转化为现今价值的过程。

carbon dioxide 二氧化碳：无色无臭的气体，使全球变暖的起因，形成于燃烧过程。用于生产碳酸盐并在悬浮颗粒中作为推动力。

carbon monoxide 一氧化碳：有毒、无色、无臭的气体，产生于矿物燃料的不完全燃烧。一氧化碳和血液中的血色素相结合，会形成羧基血色素，而不对细胞组织供氧。用于有机合成。

carpentry, finish 木工装修：装修木工安装，如踢脚板、箱盒、门、楼梯、镶板，所有木工作业均在抹灰或板墙嵌缝后进行。

carpentry, rough 粗木工：木框架结构初期构架、模板和镶板。

casement 平开窗扇：窗扇由合页和支枢开闭，支枢位于窗框的竖线的轴上，以便它能向上或向外开启；平开窗。

casework 细木工：细木工或预制木构件的装配。

catwalk 施工步道：狭小的步道，多用于顶楼以供进出。

caulk 密封剂：1. 对裂缝和接缝进行密封，特别用于窗户和外门框周边；2. 填充墙体或顶棚系统的小孔洞以防止漏声或美化装修外观和不同材料间的压印。

cellular office 分格办公室：在一个环境里大部分空间被划分为个人办公室，而不同于开放的办公室布局。分格办公室经常代表一种等级组织结构。

centigrade 百分度温度：温度刻度 0 度代表水的冰点，100 度为沸点，和摄氏温度相同。

change order 变更指令：业主和承包人间签订的书面文件，批准一项指令改变施工合同所要履行的工作，通常由业主通知主要承包人或者由主要承包人通知分包人；业主一承包人合同执行后对合同的修订。变更指令可以是增加补偿金或时间，或者减少补偿金或时间，后者称之为扣除。

chiller 冷却器：一种在建筑物内产生流动冷却水的设备，它包括空气压缩机、冷凝器和蒸发器池。

chroma 色度：色彩的浓度或纯度。就相同色调或亮度来说，色度和饱和度是相等的。

circuit 电路：电流流动的闭合路线。它包括电源（通常为配电箱或断电器），线路和电荷。

circuit breaker 断电器，开关：一种带电的防护装置。

class A 一级品：优等的最适宜的办公空间。

clerestory 天窗：高顶棚房间里的一排靠上的窗户，位居靠下的窗户之上，连接房顶，也称阁楼天窗。

cloister 回廊、拱廊：庭院边侧有覆盖的通道。

codes 法规、编码：1. 由政府机构制订的有关建筑施工或自住业主执行实用的主要法规条例或要求，旨在保护公共卫生、人身安全和社会福利；2. 石膏板背面的识别标志，表示制造厂家、日期、时间和其他事项。

coffered (ceiling) 格子顶棚：用桁条和横梁构成多边凹陷节间，它们通常为模制、装饰或雕刻的。

colonnade 柱廊：以规则的间隔排列的一组柱子。

color rendition 色彩再现：光源对物体色彩表现的作用和在参照光源下的色彩表现相对比。

color temperature 色温：光源显示的色彩，从冷色（蓝）到暖色（桔红）。

combustion 燃烧：一种充分氧化而产生热或光的化学过程。

community property （美律）夫妻共有财产：一种夫妻同时拥有的所有制。它承认在婚期内所取得的所有财产要对等平分。这一观念见之于美国好几个州的法律。

complementary colors 互补色：在色盘上位于对立面的色彩。能够添加混合的两种色彩刺激物，产生一种消色差的色彩。

console 角撑：1. 一种装饰性的支撑架子的托座；2. 一种小孔洞或控制板，包含控制器和开关，供照明、音响、电视或收音设备操作用。

contract documents 合同文件：一个用于业主和承包人之间所有执行的协议的术语；任何通用的、补充的或其他合同条件；绘图和说明书；在合同执行前公布的附录；以及其他任何包括在合同文件内详细规定的事项。

construction document phase 施工文件阶段：建筑业务的标准阶段之一（初步设计阶段、技术设计阶段、施工文件阶段、投标或洽谈阶段和施工合同的施工阶段管理）。

construction documents 施工文件：描述施工要求的图纸和说明书。

cool colors 冷色：主要为蓝—绿的色调或色彩；这样说是因为和冰、水及天空有关；也称寒冷色。

corbel 梁托：突出的撑杆或角撑，通常支撑着一种横向的构件，例如梁。

cornice 挑檐：一种突出的模制品，安装在顶棚和墙体接合处，或指柱头部分的顶端。

core 核心区：建筑物中央的纵向部分。它通常藏有电梯、防火楼梯、卫生间和机械设备。

cost approach 成本处理：三大经典评价方式之一，它涉及估算新的改建重置成本，减少估算应计折旧和增加土地的市场价值。

cove lighting 泛光照明：由壁架或横向凹穴隐蔽的灯源照射顶棚和墙体。

cost estimate 成本估计：近似成本初期报告，由下述方法之一来确定：1. 面积和体积法；建筑物每平方英尺或立方英尺的成本；2. 单位成本法：每个单位成本乘以工程的单位数，例如一所医院里，每个病人的单位成本乘以工程里的病人人数；3. 现场单位法：现场单位成本，例如门、混凝土立方码和屋面平方。

cost plus contract 成本加酬契约：一种施工契约类型，其中的契约价格就是劳力、材料和转包契约加公认的管理费及利润的百分比费用的总和。

credenza 储藏柜：一种家具件，通常放在桌子后面，在贮藏间或文件资料间上方有面层。

crown molding 冠顶饰：一个可供换用的有关顶饰模制品的术语。

cupola 圆屋顶：一种小的半球形的塔楼或屋顶。

current 电流：电的流动。电流的单位是安培（简称安或 A）。

dado 护墙板：1. 柱础的一部分。2. 表面材料不同的室内墙体的底部。3. 经过木材刨槽加工而制成的凹槽。

daylight factor 日光因素：阴天的天空环境下，到达建筑物内部地平面的光线（单位是尺烛光）百分比与到达室外地平面的光线（单位是尺烛光）百分比相对。

decibel 分贝（dB）：音量或是声音强度的一种度量单位；在实验室环境下最小可辨认的声音强度差别。用来显示系统获得或是损失的两个声级的表达术语。

deciduous 落叶树：季节性落叶的树木，和松类植物不同。

deed 契约：转移不动产所有权的正式法律文件。

design-build cons truction 设计-建造施工：指一个业主和一个主要的承包方签约为整个工程项目提供设计和施工服务。设计-建造施工传递系统的使用从一开始，即 1985 年美国工程的 5%发展到了 1999 年的 33%，如今正计划超越 2005 年低投标价额工程的合同。如果连选择、采购和安装所有的家具装修以及设备等等都算上的话，那么这就叫做一个“交钥匙”承包合同。

diffused lighting 漫射光照明：在工作界面或是物体上提供的照明，看起来不像是来自于某个专门方向或光源。

diffuser 扩散体：透明的玻璃或是塑料罩住光源，使光线能够向各个方向均匀地散布。

dimmer 调光器：用来控制光线强度的装置，光线是通过控制电压或电流才射到这个装置上的。

direct current 直流电：沿着一个固定方向进行传导的电流。

direct lighting 直接照明：直接投射到物体上的光，而不是反射光（非直接光）。

directional lighting 定向照明：在工作界面或是某个物体上提供的照明，来自于特定光源。

dormer 天窗：位于屋顶的斜坡上的凸出物，经常包含一个窗户。

double net lease 双净租赁：租金费用，再加上之前的保险金或是税金的那一部分。

downlight 向下投射灯：一种小型直射灯具可以直接把灯光向下投射，并且可以隐藏，进行表面安装或是悬挂起来。

drywall 干墙：一种用于建筑物室内间隔的技术。以大块的墙面板、石膏板、灰泥板或是石膏灰胶纸夹板代替石膏来覆盖龙骨或其他结构性墙体承重材料。

DX split system DX 分离系统：一种高效低成本空调系统，适合于小型安装，包括室外单元（冷凝器）和一个室内单元，通过冷却管道连接到一起。室内单元可以放在顶棚的上方或是下方，或是安装到墙上或是放到盒子里。

easement 土地使用权：法律赋予的使用别人土地的权利。这种权利是通过明确书面文件、通过暗示或者通过规定产生的，并且具有相当持久的性质。

efflorescence 风化：在砖石或是石膏表面的水溶性盐类的沉淀物（以白色沉淀的形式出现），由砖石中存在的盐类溶解产生；当水分蒸发的时候，表面溶液移动，盐类沉积；最好的预防办法就是让水分远离岩石；风化的过程也称作晶须化或是硝石化。

egress 出口：出去的路；太平门。

elevation 立面：一张表现物体垂直景象的图纸，比如建筑物、隔间或一件家具，按照视觉比例，并且经常是有维度的（除非是表现图）。

encumbrance 债权：对不动产所有权利益的任何限制。。

entablature 柱头部分：即下楣、雕带和上楣空间的总和，按古典柱式之一由柱子支撑着。

expansion joint 伸缩接头：一个灵活的接头，用于防止由于温度浮动导致的热膨胀和冷收缩所引起的裂缝或是破碎。

fancoil unit 风扇线圈单元：一种空调系统，由四管或双管风扇线圈单元组成，正常安装情况下都带有新鲜的空气供应和吸取系统。它们经常都位于顶棚的上方，但是可以安装在建筑物周围的较低位置。

fanlight 扇形窗：一种横窗类型，经常位于门上面的位置，形状就像扇子一样。

fenestration 开窗法：墙上或是立面上窗户和门洞口的位置安排。

feng shui 风水：流动的水、热带鱼和室内的石头花园被认为在精神世界里具有抚慰和返老还童的功能。随着对东方文化越来越感兴趣，越来越多的设计师开始使用这样的特征来减轻压力，并且创造出一个宁静的和谐的气氛。

FF&E FF&E：家具、固定装置和设备。

fiber optics 光纤光学：通过光学纤维进行传播的光线，用于通信，包括声音、图像和数据。

fill light 附加光线：一种着重光照明，减少了阴影和对比。

finial 叶尖饰：一种位于尖顶、尖塔或是山形墙等上面的装饰。

fire barrier 防火间隔：一种连续的隔膜，比如墙体、顶棚或是地板组合，经过整体设计与构造，并且带有一定的耐火等级来限制火和烟的扩散。防火能力是基于时间因素的。只有防火门可以用作这种防火间隔。

fire rating 防火等级：一种根据一段时间内，在实验室控制测试火焰下的耐火能力而对材料进行评级的系统。

fire retardant 阻燃剂：一种化学处理方法，使得加工过的材料的可燃性下降；在火势蔓延的情况下，一种能够引起可燃性下降的材料或是处理方法。

fire wall 防火墙：一种耐火等级很高的墙体，从建筑物的基础部分一直延续到屋顶都有修建，具有足够的结构坚固性，允许在一面崩溃的情况下，同时保证其他面完整无缺，通常需要3～4小时的耐火等级。

fit out 装备：室内空间构造和用户化（包括服务、空间和材料）以满足住房要求：不管是新建或改建（也指装备设施）。

fit up 装置：装备。

fixture 固定设备：固定灯具位置的硬件元素，分配灯光并且提供电源连接。

flame resistance 耐火性能：如果火源移走以后，材料不支持燃烧的能力。

flammability 可燃性：对材料支持燃烧的能力的一种度量。

Flemish bond 荷兰式砌合：一种砖块铺砌技术，丁砖和顺砌砖每排都要变换。

floor plate 地板平面：整个建筑物地板的尺度。

fluorescent lamp 荧光灯：一种放电灯，在里面有一层磷衣把紫外线能量（由放电产生）转换为可见光。在商业办公空间中，荧光灯是最普遍使用的。因为它的高效节能和良好的光色效果经常被选中。

footcandle（fc） 尺烛光（fc）：一种描述有多少照明到达表面的度量单位。1fc=1流明/英尺·平方英尺

footlambert（fl） 英尺-朗伯（fl）：光亮度的一种单位，表面的亮度。1fl=1流明/平方英尺。

furring strips 钉板条：钉在墙上或者顶棚上的薄木板

条，为的是水准测量并且顶住磨光的表面材料。

gambrel roof　复斜屋顶：一种带有两个斜坡的屋顶，下面的斜坡比上面的坡度更陡些。

glare　眩光：一种由可视范围内的比眼睛能够适应的灯光更亮的灯光所引起的感觉。会引起烦躁，不舒服，并且在视觉能力和可见度上会有一定的损失。

gradient　坡度：道路、管道或是地面的倾斜程度，一般用百分数表达。

gross building area　总建筑面积：总的建筑物面积，不包括任何减除额，用平方英尺表达。

gross leasable area　总可出租面积：总的可以出租给房客的建筑面积；用总建筑面积减去不可出租的面积。

gross multiplier　总收益增殖率：一种对收入财产的价值进行评价的快速估算方法，这些价值由增殖者增殖总年收入所得；这是一种不可靠的方法，起初仅用于居住房屋财产。

headers　丁砖：砖面的短边。

highest and best use　最高最好的使用：合法的使用土地方式，最有可能使业主产生最大的长期经济报酬。

hip rafter　脊椽：斜横梁从垫头木延伸到屋脊以形成角梁。

hip roof　四坡顶：一种屋顶类型，带有四个相等坡度的斜坡屋面。

hue　色调：描述并确认一种色彩的属性。色彩的名称。色调的区别主要取决于到达眼睛的光线的波长变化。

HVAC　HVAC：是供暖、通风和空调的开头字母缩写，还包括为达到这些目的所使用的系统。

illuminance　照度：表面的照明水平。

incandescent lamp　白炽灯：通过加热灯丝使它辐射出可见光的灯具。白炽灯在标准电压和低电压情况下都可以使用。它们产生大量的热和少量的能量，比荧光灯的寿命要短很多。白炽灯可以不受限制地使用，常常在零售店和娱乐场所看到，此外还可以在商业大厅、会议室以及剧场里看到。

income approach　所得方法：三种评估方法之一，用这种方法对来自主题财产的总收入和来自市场的总出租因子一起进行评估。

indirect lighting　非直接照明：有 90%～100%的光线向上发射的泛光灯照明。

infrastructure　基础设施：这种公共设施包括诸如道路、水管线和下水道系统。

interior fit out　室内装备：安装室内设施、顶棚、隔间、地板和装饰物等等的全过程。

international style　国际风格：用来描述简洁的功能性的和无装饰的建筑设计的名词，它是在包豪斯的教育理论和 19 世纪二三十年代现代主义代表人物的领导下产生的。

jamb　边框：门或者窗框的一侧。

joist　托梁：一个水平构件，由墙体、梁，或者门或顶棚构架中的支架作为支撑。

keystone　拱心石：圆拱中间的石头。

kilowatt-hour（kWh）　千瓦时（kWh）：度量电能消耗的单位，千瓦/小时＝瓦特×小时/1000。电能就是按照千瓦时来定价的。

lamp　灯：人造光源的统称术语。

LAN：一种当地网络，或者是公司内部连接的计算机、服务器和网络中心。许多复杂的 LAN 连接在一起就形成了 WAN，就是指大面积的网络。

land-use planning　土地利用规划：关于土地利用的计划的发展。这些计划可以用于特殊场地，或是整个社团或地区的土地使用。

laser　激光：一种和光纤连用的光源。

lateral file　横向文件柜：可以拉动的文件抽屉隔间，它的主要尺度是在水平方向上延伸的。深度可以改变以满足证书或是法律文件的存放。宽度总是比深度大一些。这种设备就是作为带有二到五个抽屉隔间的独立式橱柜而设计的。

latex paint　乳胶涂料：一种包含有人造树脂的涂料；这种树脂用于乳剂（稀释过的）涂料的胶粘剂。

lease　租约：一种契约，通过它对房地产进行终身，或若干年限，或任意时限的转让，它通常有明确的租金，同时也有该转让的执行过程和定出的租赁期。这种书面文件承认一方（承租人）对另一方（出租人）的土地或建筑物的拥有权。

gross　总额：在这种租约下，地主统一支付房地产税金、公用设施、保险金和其他所有与房屋、地基的使用有关系的业务开支。

net 净利：在这种租约下，租户支付下面条目的一种：税金、保险金或是保养费。

net net (double net) 双倍净利：在这种租约下，租户支付下列条目的两种：税金、保险金或是保养费。

net net net (triple net) 三倍净利：在这种租约控制下，承租人（租户）支付下列条目中所有的三项：税金，保险金还有维修费。这个术语一般应用于商业和工业租约物业中，此时出租者（业主）提供土地和投入资本。

sublease 转租：从一个出租者转向另一个出租者的租赁。

lessee 承租人：租约控制下的租户（地主）。

lessor 出租人：出租的人。

lien 留置权：一个人对另一个人的财产作为负债抵押而拥有的所有权。

lintel 过梁：一条短的、水平的部件，跨越柱子之间或是门、窗或其他开口上方的开敞空间。

loan-to-valueratio 贷款估价比率：所有权价值和借贷基金的百分比。

long lead 缓冲期：在物品订货和收货之间所需的较长的耽搁期。

lumen 流明：光通量的单位。对灯具的或是泛光灯的光输出量的度量。

luminaire 照明设备：一套完整的照明单元，由一盏或是几盏灯等组成，再加上为传送光线而设计的部件，它用来定位和保护灯具并把灯具连接到电源上。

luminance 照度：所有照明平面的光照强度。通常称作亮度。单位是英尺-朗伯。

marquetry 镶嵌细工：在家具、门和地板上应用的镶嵌的装饰技巧，使用不同颜色的木料或是其他材料。

mezzanine 包厢：阳台或是低顶棚，悬挂于主地板的正上方，并且低于下一层。在剧场里，包厢是舞台上面的第一个阳台。

millwork 木制品：一种通用术语，包括所有的加工好的木材，已经被模制过、整形过或是在木工厂预先装配过。

modular 带模的：标准设计型号的个体，它可以用一系列的方法进行安排或是按实物尺寸制造。

molding 成型：木工或是石工的装饰条带，可以是隐藏凹陷的也可以是像浮雕一样的，主要用于装饰。

monochromatic colors 单色色彩：只有一个色调的色彩。

munsell color system 蒙塞尔色系：一种广泛应用的色系。蒙塞尔色系中的色彩特征使用三套符号体系来表现，例如2.3YR 5/7表示色调是2.3YR，数值（=亮度）为5并且色度是7。

musculoskeletal disorders (MSD) 肌肉和骨骼的失调：一个名词，用来描述一系列的身体状况：包括背痛、脖颈紧张和腕骨髓综合病症等等。

net floor area 净地板面积：可以使用的地板面积，减去了楼梯间、墙体面积和类似面积。

net leasable area 净租借面积：可以租用的建筑物内的地板空间，能够出租给租户的面积。不可出租的面积包括走廊、建筑物门厅、公用设施、电梯等等。

net operating income 净运营收入：来自于物业的总的年收入，减去固定花销、运营费用和为取代物所作的储备。

net rentable 净租借：根据BOMA，在一个商业建筑内部被认为是可租借的平方英尺数。

niche 壁龛：墙内的凹进处。

noise reduction co-efficient 降噪系数：鉴别物体吸收声音的能力胜于反射声音能力的等级。

non-territorial space 无领域空间：没有拥有者的使用空间，经常用hot-desking或者hotelling的说法来表达。

occupancy rate 占用率：在机关、邻居或是城市里面，目前被占据的单元数占总容量的百分比。

ohm 欧姆：电阻的单位，表示能使1瓦特电压产生1安培电流的电阻值。

order 柱式：一种古典建筑的典型风格。这些竖立的柱子有很多部分，各部分严格的比例关系可以在古典建筑物中找到。

parapet 女儿墙：一堵低墙或是扶手，经常用在屋顶的边缘。

particle board 颗粒板：通过使用高温高压下的树脂将木材颗粒粘合在一起制成的底层材料。

party wall 界墙：1. 一种特殊用途的墙体系统，用来把不同的占领地划分开来；可能会有防火和隔声的要求。2. 砖石砌成的隔断物隔在两幢用地相邻的建筑物之间，两个相邻建筑物各自的业主享有那面墙体的共同权利。3. 两个租赁者中间的普通墙体；也叫做间隔墙。

pediment 山形墙：一种三角形的装饰元素，经常位于门、窗或是壁炉的上方。经常由柱子作支撑。

performance specification 性能说明书：包括最小可接受标准和操作方式的书面材料，对于完成一项工程可能是很有必要的。

pigment 色素：有色的矿物或是有机物，可以和另外一种材料混和，凝固悬浮后，用来制造涂料或是墨水。

pilaster 壁柱：一种竖立的扁平的礅子，或者看起来像柱子一样的建筑构件，和墙体表面相连，为的是加固墙体，尽管有时候它只是用来作装饰。

plenum，plenum space 高压间：中央空气处理系统的空气回路，既可以是管道系统，也可以是下沉顶棚上方的开放空间。

portico 柱廊：一种带顶的入口走廊，经常由柱子作支撑。

post-and-beam construction 柱梁结构：一种建筑框架类型，这里的屋顶和梁直接越过墙柱。

post Modernism 后现代主义：一个特定名词，用来形容背离了现代主义之后的风格发展。罗伯特·文丘里，在 1996 年出版了《建筑的复杂性和矛盾性》一书，置疑现代主义者们在逻辑性、单纯性和法则方面的正确性，提出含糊和矛盾也应该起到一定的作用。

poessurized stairs 密闭式楼梯：这些楼梯指的是为居住者提供保护，利用加压和通风防火防烟的楼梯。加压是通过压力和通风控制完成的。带有密闭式楼梯的建筑物经常需要按照法规安装洒水装置。

primary colors 原色：一组色彩，其他所有颜色都可以由它们产生，但是它们自己不可能混和产生。减色的（色素或染料）原色有红，黄和蓝。加色（光色）的三原色是红、绿和蓝。

proxemics 空间关系学：由爱德华·霍尔创立的一个名词，他是空间关系学的鼻祖，对空间心理感受和人与人之间距离的影响进行了系统研究。空间关系学研究的是对空间无意识的或是有意识的组织。

raceway 通道：1. 一个封闭的金属管道，通常可以防火，安装在建筑物中来容纳电缆。2. 一个斜槽，把材料流输导到它们在装置之中的应有的特定位置。

radiant heat 辐射热：通过一个物体传到其他侧面的热量。

radiant heating 辐射加热：使用辐射来产生热量，比如护壁板加热，利用的就是热水的循环辐射热量透过墙基附近薄的扇形板的原理。这个房间通过利用发热体周围的空气循环而被加温了。

refraction 折射：光线从一种中间介质传到其他介质中时方向发生改变的过程。例如，光通过水时就会发生折射现象。

retaining wall 挡土墙：为抵挡残留的土壤产生的压力而设计的一堵墙；一堵墙建造在山坡下，或者利用土壤回填建立一个水平面。

satellite office 卫星办公室：区域办公室，为可移动性很强的劳动力提供辅助服务和会议空间。

saturation 饱和度：色调的鲜明程度。

scale 尺度：物体和其他已知标准或是公认的常数之间的尺寸关系。

secondary color 间色：由两种原色混和而成的颜色。

setback line 收进线：一条依照法令建立的线，决定了建筑物建造用地红线。

shaft 柱干：柱子的柱头到柱础间的一部分。

shell 外壳：一所房子的毛坯框架，只有骨架、覆盖物和铺面盖板建造完成。

signage 标志图样：绘制成图画的和/或书写出来的墙面装饰板，它描述一个工作场所或是地区的占有者或是功能。

simultaneous contrast 补色对比：一幅图景的可感受色彩经常与它的环境产生相反色相的效果，这种现象就是补色对比。因此一个灰色的方块放在一个红色背景下就会显示出绿色的效果。

site 场地：一块土地，为潜在的结构或是发展作准备。土地所有权的位置。

site plan 场地总平面：描述一块土地如何被改进的文件档案。它包括所有结构和场地改进的方针，比如车道、停车场地、景观美化和公众设施连接。

skin 外皮：1. 结构的外层或是覆盖物，它可能是一层外衣或是材料用来抵御恶劣的天气。2. 出现在油漆涂料、堵缝，还有类似的长时间暴露在空气外的材料的干燥面上。

skirting boards　裙板：见护墙板。

smoke barrier　防烟挡板：一种墙体，顶棚或是地板，用来限制烟的运动。它可能有也可能没有防火等级。

soil pipe　粪管：一种运送污水包括固体废物的管道。

sound transmission　声音传导：固体、气体或是液体传播声音的能力。

specifications　说明书：一种详细的、精确的细节描述——尤其是规定材料和方法的陈述——还有一个特定工程的工作质量。对说明书最普通的安排就是充分地与 CSI 和 Masterspec 格式相对应。

spectrum　光谱：当光线通过一个棱镜时产生的可见的色光波段，包含红色、橙色、黄色、绿色、蓝色、靛色，还有紫罗兰色。

square foot cost　平方英尺成本：土地或是建筑物或其他结构的每平方英尺的成本；由结构或是土地的总成本除以总面积平方英尺数得到。

stack pipe　堆栈管道：一种垂直的主要管道，用来运送粪便、废物或是作为通风管。

standpipe　管体式水塔：一种固定的人工灭火系统，包括干湿系统，带有开关，在灭火的时候，允许水通过软管和喷嘴流出。

stretchers　顺砖：砖块侧面较长的一面。

stucco　灰泥：一种平滑的混合物，由沙子和石灰石混和而成，经常用于室外和室内的墙体。

successive contrast　逐次对比：一个区域的颜色感应，有关看一眼的瞬间过后所能感觉到的色彩，比如说残留影像。

system furniture　系统家具：在一系列不同的配置中，家具组合共同使用，以形成一个高效的工作空间。

task lighting　作业照明：把光线射到特殊工作界面或是区域，为视觉工作提供照明。

tenant improvements　承租人添建物：改变，主要是针对办公室、零售店或是工业厂房，以适应承租人的特殊需要。包括移动室内墙体或是隔间、地毯或是其他地板铺装、书架、窗户、厕所等等。成本在租约中可以协商。

terra cotta　陶瓦：没有上釉的烧制黏土，用于装饰、面砖、园林瓶罐及盘子。

terrazzo　水磨石：大理石或是石板嵌入灰泥，然后磨光打亮。

territoral space　领土空间：一个人、一张桌子的办公室或是工作地点。

tetrad color　四色：一种色彩设计，使用四种色调等距地安排在一个色轮上。

tint　淡色：色彩经过和白色或是浅灰色混和得到的颜色。

tolerance　容许偏差：特定尺度所能允许的最大变动量。

transformer　变压器：一种把电流转化为低压（逐步降低）或是高压（逐步增加）的装置。

transmitter　发射器：转变光学信号的电子仪器。

triad color　三元色：一种色彩设计，使用三种色调等距地安排在一个色轮上。

triple net lease　三倍净租约：见租约，三倍净利的解释。

troffer　暗灯槽：一种隐藏式的照明单元，通常很长，并且安装在顶棚的开口上。这个名词是从“trough”和“coffer”这两个单词提取出来的。

unit cost-in-place method　单元成本估计法：对建筑物的再生产成本进行评估的一种方法，它是通过对每个部件的安装成本来进行估价的。

urban sprawl　城市扩张：没有规划的、没有预料到的城市空间大面积扩张。

utilities　公用设施：由公共设施公司开展的服务，比如，自来水、煤气、供电和电话等等。

valance　帷幔：一种短织物，掩盖窗帘的顶部。这个名词也用来形容装饰性的点缀、板材或是从一段开始悬挂的织物。

variable air volume　可变空气体积：一种全空气机械系统，通过调节利用输送管提供的空气体积来调节荷载变化。

variance　变化：一种许可，允许轻微地偏离严格的分区制管理条例，以避免给业主带来不适当的困难。

vault　拱顶：一种拱形顶棚或是屋顶。桶形穹窿拱顶成形于水平延展的拱；交叉拱则成形于两个拱的交叉。

vent　通风口：1. 一个垂直的管道连接到废物或粪便

输送系统，用来阻止反向压力或是真空空间有可能引起的水虹吸出水闸的现象；2. 垂直的管道用来提供水蒸气和燃气设备中的气体排放到外空气中的通道；3. 一种自由的通路，提供空气入口、排放或是循环，诸如地下爬行空间或是阁楼空间这样的区域经常使用。

ventilation　通风：通过自然的或是机械的方法，提供或是清除调节好的或是未调节好的空气，送往或是来自于一个空间，要允许清除过量的热、烟气或是水蒸气。

vent stack　通风排气管：多层建筑中的一种铅制通风管道，一条独立的管道用于通风，可能是和一个最高处装置上方的通风烟筒相连接，或是延伸穿出屋顶。

virtual office　虚拟办公室：用来描述人们在任何时间和地点都处于工作地点的概念的名词，即这个办公室没有固定的时间或是地点。近期的一项研究进展可以实现彻底的远距离工作或是家庭办公，通过电话、传真、个人电脑和因特网进行交流。

virtualprivata network（VPN）　虚拟私人网络（VPN）：在公共网络上建立的私人网络。

voltage　电压：一种电动势单位。引起电子流动的力量或者压力。电压的单位是伏特（V）。

volutes　涡旋：一种涡卷形的装饰。

waiver of lien　留置权的弃权说明书：主动放弃留置权，通常是临时性的。弃权说明书可能是明确书写的，也可能是暗示性的。

wall bearing　承重墙：一种墙体作为屋顶，或是上层房间或结构的支撑物出现。

WAN　WAN：多个本地网络通过实际的或虚拟连结而结合一起。

watt　瓦特：电功率的单位。1 瓦特表示以每秒种 1 焦耳的速度进行工作。计算使用电能的时候消耗的能量，常用瓦特时和千瓦时来度量。

wet pipe automatic sprinkler system　湿管自动喷淋系统：最有效的，也是最高效的自动喷淋系统，由一系列的水管和喷头组成。

work station　工作点：进行工作所需提供的空间。有的办公室的家具与设备系统经常包括掩蔽物或者其他隔离物，来提供一定程度的封闭性和私密性。

zoning　分区制：在警察机关权力管理下，控制土地利用的本地法律。分区制管理将应用于使用类型（例如居住、商业、工业等），建筑物的密度和高度，停车需要等等，均有详细的管辖规定。

参考文献

Adam, Robert, *Classical Architecture: A Comprehensive Handbook to the Tradition of Classical Style,* Harry N. Abrams, New York, 1991.

Adaptive Environments Center, Inc. and R.S. Means Engineering Staff, *Means ADA Compliance Price Guide,* R.S. Means Company, Inc., 1994.

Albrecht, Donald et al., *The Work of Charles and Ray Eames: A Legacy of Invention,* Harry N. Abrams, Inc., in association with the Library of Congress and the Vitra Design Museum, New York, 1997.

Abercrombie, Stanley, "Charles Eames—Legacy of Invention," *Interior Design.* Allen, Phyllis Sloan, et al, *Beginnings of Interior Environment,* 8th Edition, Prentice Hall, New Jersey, 1999.

Apgar, M., "The Alternative Workplace: Changing Where and How People Work," *Harvard Business Review,* pp.121-135, May-June, 1998.

Baker, Hollis, S., "Furniture in the Ancient World," *The Connoisseur,* London, 1966

Ballast, David K., *Interior Design Reference Manual,* Professional Publications, Inc., Belmont, California, 1998.

Birren, Faber, *Color and Human Response,* Van Nostrand Reinhold, New York, 1978.

Blakemore, Robbie G., *History of Interior Design and Furniture,* Van Nostrand Reinhold, New York, 1997.

Boethius, Axel and Ward-Perkins, J.B., *Etruscan and Roman Architecture,* Penguin Books, 1970.

Boger, Louise Ade, *The Complete Guide to Furniture Styles,* Waveland Press, Inc., Prospect Heights, Illinois, 1997.

Boss, Richard, W., *Information Technologies and Space Planning for Libraries and Information Centers,* G.K. Hall Publishers, Boston, Massachusetts, 1987.

Brand, Jay L., *Office Environments for Future Organizations,* Ideation Group, Haworth, Inc., July 2002.

Brown, G. Z., Dekay, Mark, Barbhaya, D., *Sun, Wind and Light: Architectural Design Strategies,* 2nd Edition, John Wiley and Sons, New York, 2000.

Burckhardt, Jacob, *The Architecture of the Italian Renaissance,* University of Chicago Press, Chicago, 1985.

Burgner, Lois, "Light and Color: Equipment and Application," *Architectural Lighting Magazine.*

Calloway, Stephen, Ed., *The Elements of Style, An Encyclopedia of Domestic Architectural Details,* Reed Consumer Books Ltd., London, 1994.

Caplan, Ralph, *The Design of Herman Miller,* Whitney Library of Design, 1976

Ching, Francis D.K., *Architectural Graphics,* 3rd Ed., John Wiley and Sons, Inc. New York, 1996.

Cole, Alison (in association with The National Gallery, London), *Perspective,* Dorling Kindersley, Inc., New York, 1992.

Crouch, A., and Nimran, U. "Office Design and the Behavior of Senior Managers," *Human Relations,* 42, pp.139-155, 1989.

David, William, et al, *McGraw-Hill On-Site Guide to Building Codes 2000: Commercial and Residential Interiors,* McGraw-Hill Professional, New York, 2001.

De Chiara, Joseph, Panero, Julius, *Time-Saver Standards for Interior Design and Space Planning,* McGraw-Hill, New York, 2001.

Deasy, C.M., *Designing Places for People: A Handbook for Architects, Designers, and Facility Managers,* Whitney Library of Design, New York, 1985.

Dingle, Jeffrey, "Front Line of Security," *FacilitiesNet, Building Operating Management,* Trade Press Publishing Corporation, January, 2002.

Duffy, Francis; Cave, Colin; Worthington, John, *Planning Office Space,* Nichols Publishing Company, New York, 1977.

Duffy, Francis, *The New Office: With 20 International Case Studies,* Conran Octopus, 1997.

Edwards, Sandra, *Office Systems—Designs for the Contemporary Workspace,* PBC International Inc., New York, 1986.

Egan, David M and Olgyay, Victor W., *Architectural Lighting*, 2nd Edition, McGraw-Hill Science/Engineering/Math, New York, 2001.

Foster, Norman, et al, *Construction Estimates From Take-Off to Bid*, McGraw-Hill, Inc., New York, 1995.

Freifield, Roberta; Masyr, Caryl, *Space Planning*, Book News, Inc., Portland, Oregon, 1991.

Friedmann, Arnold, John F. Pile, Forrest Wilson, *Interior Design—An Introduction to Architectural Interiors*, 3rd Ed., Elsevier, New York, 1983

Gertler, Jeffrey, "Better Than New," *Contract Magazine*, July 1999.

Giesecke, Frederick E. et al, *Technical Drawing*, Macmillan Publishing Co., Inc., New York, 1974.

Gilliatt, Mary, *Mary Gilliatt's New Guide to Decorating*, Little Brown and Company, Boston, 1988.

The Decorating Book, Pantheon Books, a division of Random House, Inc., New York, 1983.

Goldsmith, Selwyn, *Designing for the Disabled—The New Paradigm*, Architectural Press, an imprint of Butterworth-Heinemann, Oxford, 1999.

Gordon, Gary, "Light and Color," *Architectural Lighting Magazine*, May 1987.

Gunn, R. A., and Burroughs, M. S., "Work Spaces that Work: Designing High-performance Offices, *The Futurist*, pp.19-24, March-April 1996.

Guthrie, Pat, *Interior Designer's Portable Handbook*, McGraw-Hill Professional, New York, 1999.

Hall, Edward T., *The Dance of Life—The Other Dimension of Time*, Anchor Books, Doubleday, New York, 1989.

The Hidden Dimension, Doubleday and Company, Garden City, N.Y., 1966.

Hartman, Taylor, *The Color Code*, Scribner, Simon and Schuster Inc., New York, 1998

Harris, Cyril M., (Ed.), *Historic Architecture Sourcebook*, McGraw-Hill Book Company, New York, 1977.

Harwood, Buie; May, Bridget; Sherman, Curt, *Architecture and Interior Design Through the 18th Century: An Integrated History*, Prentice Hall PTR, New Jersey, 2002.

Hauf, Harold D., *Building Contracts for Design and Construction*, John Wiley and Sons, New York, 1976.

Henderson, Justin, *Workplaces and Workspaces: Office Designs That Work*, Rockport Publishers, Inc., Gloucester, Massachusetts, 1998.

Henley, Pamela E. B., *Interior Design Practicum Exam Workbook*, Professional Publications Inc., Belmont, California, 1995.

Herman Miller, *Body Support in the Office: Sitting, Seating, and Low Back Pain*, Research Paper, Herman Miller Inc., 2002.

Herrmann, Georgina, Ed., *The Furniture of Western Asia Ancient and Traditional*, Philipp Von Zabern, Mainz, 1996.

Houser, Kevin W., "How Do You Like Them Apples—Er, Oranges?," *Contract Magazine*, October 1998.

Karlen, Mark, *Space Planning Basics*, John Wiley and Sons, Inc., New York, 1993.

Kearney, Deborah, S., *The ADA in Practice*, R.S. Means Company, Inc., Kingston, MA., 1995.

Kilmer, Rosemary and Kilmer, W. Otie, *Designing Interiors*, International Thomson Publishing, 1994.

Kirkham, Pat, *Charles and Ray Eames: Designers of the Twentieth Century*, The MIT Press, Cambridge, Massachusetts, 1995.

Kirkpatrick, Beverly; James M., *AutoCAD for Interior Design and Space Planning: Using AutoCAD 2002*, Prentice Hall PTR, New Jersey, 2002.

Koomen-Harmon, S., and Kennon, K. E., *The Codes Guidebook for Interiors*, 2nd Edition, John Wiley and Sons, New York, 2001.

Kostof, Spiro, *A History of Architecture - Settings and Rituals*, Oxford University Press, New York, 1995.

Kroll, Karen, "Steps in a Green Direction," *FacilitiesNet*, Trade Press Publishing Corporation, March 2002.

Kubba, S.A.A., *Architecture and Linear Measurement during the Ubaid Period in Mesopotamia*, BAR International Series 707, Oxford, 1998.

Mesopotamian Furniture, In preparation, BAR International Series, Oxford, 2002.

Kubba, Shamil, *Mesopotamian Architecture and Town Planning*, BAR International Series 367(i), Oxford, 1987.

Laseau, Paul, *Architectural Representation Handbook*, McGraw-Hill, New York, 2000.

Leacroft, Helen and Richard, *The Buildings of Ancient Mesopotamia*, Brockhampton Press, Leicester, 1974.

Loebeison, Andrew, *How To Profit in Contract Design*, Interior Design Books, New York, 1983.

Malnar, Joy Monice and Vodyarka, Frank, *The Interior Dimension: A Theoretical Approach to Enclosed Space*, John Wiley and Sons, New York, 1991.

Manno, Paul, "Foundations of Flexibility," *Building Operating Management, FacilitiesNet*, Trade Press Publishing Corporation, August 2000.

Marmot, Alexi and Eley, Joanna, *Office Space Planning: Designs for Tomorrow's Workplace*, McGraw-Hill Professional, New York, 2000.

Measelle, R., "Arthur Andersen: Space Planning to Meet Business Goals," *Today's Facility Manger*, pp.1, 58-67, May, 1998.

McGowan, Maryrose and Kruse, Kelsey, *Specifying Interiors: A Guide to Construction and FF&E for Commercial Interiors Projects*, John Wiley and Sons, Inc., New York, 1996.

Mendler, Sandra and Odell, William, *The HOK Guidebook to Sustainable Design*, John Wiley and Sons, New York, 2000.

Meyer, Franz Sales, *Handbook of Ornament*, Dover Publications, Inc., New York, 1957.

Miller, Marjorie A., *Designing Your Law Office: A Guide to Space Planning, Renovation and Relocation*, American Bar Association Publishing, Chicago, 1989.

Mills, Sam, "Introduction to Light and Color, Part II," *Architectural Lighting Magazine*, November 1987.

Mitton, Maureen, *Interior Design Visual Presentation: A Guide to Graphics, Models, and Presentation Techniques*, John Wiley and Sons, New York, 1999.

Montague, John, *Basic Perspective Drawing—A Visual Approach*, 3rd Ed., John Wiley and Sons, Inc., New York, 1998.

Muller, Edward J. et al, *Architectural Drawing and Light Construction*, 5th Ed., Prentice Hall, New Jersey, 1999.

Nielson, Karla J. and Taylor, David A., *Interiors: An Introduction*, McGraw-Hill Higher Education, 1994.

Niesewand, Nonie, *Lighting*, Whitney Library of Design, an imprint of Watson-Guptill Publications, New York, 1999.

O'Neill, M.J., *Ergonomic Design for Organizational Effectiveness*, Lewis Publishers, Boca Raton, Florida, 1998.

Palmer, Alvin E; Lewis, Susan M., *Planning the Office Landscape*, McGraw-Hill Book Company, New York, 1977.

Pile, John F., *Interior Design*, 2nd Edition, Harry N Abrams, New York, 1995.

A History of Interior Design, John Wiley and Sons, Inc., New York, 2000.

Piotrowski, Christine M., and Rogers A., Elizabeth, *Designing Commercial Interiors*, John Wiley and Sons, Inc., New York, 1998.

Pita, Edward G., *Air Conditioning Principles and Systems*, 3rd Ed., Prentice Hall, New Jersey, 1998.

Propst, Robert, *The Office—A Facility Based on Change*, The Business Press, Elmhurst, Illinois, 1968.

Ramsey, George Charles, et al, *Architectural Graphic Standards*, 10th Ed., The American Institute of Architects, John Wiley and Sons, Inc., New York, 2000.

Rayfield, Julie K., *The Office Interior Design Guide: An Introduction for Facility and Design Professionals*, John Wiley and Sons, Inc., New York, 1994.

Redstone, Louis G., *New Dimensions in Shopping Centers and Stores*, McGraw-Hill Book Company, New York, 1973.

Reid, Esmond, *Understanding Buildings—A Multidisciplinary Approach*, The MIT Press, Cambridge, Massachusetts, 1999.

Reznikoff, S. C., *Specifications for Commercial Interiors*, Whitney Library of Design, New York, 1989.

Interior Graphic and Design Standards, Whitney Library of Design, New York, 1986.

Riley II, Charles A., *High-Access Home, Design and Decoration for Barrier-Free Living*. Rizzoli International Publications, Inc., New York, 1999.

Rosenbaum, Alvin., *The Complete House Office—Planning Your Work Space for Maximum Efficiency*, Viking Studio Books, The Penguin Group, New York, 1995.

Rosenblatt, B., *New Changes in the Office Work Environment: Toward Integrating Architecture, OD, and Information Systems Paradigms*, Ablex Publishing Corporation, Norwood, New Jersey, 1995.

Ryburg, Jon, "Emerging Work Patterns," *Best F.M. Practice Reports*, Facility Performance Group Inc, 1995-96.

Salvendy, G. (Ed.) *Handbook of Human Factors and Ergonomics*, 2nd Ed., John Wiley and Sons, New York, 1997.

Sampson, Carol A., *Estimating for Interior Designers*, Watson-Guptill Publications, 2001.

Sanders, Mark S. and McCormick, Ernest J., *Human Factors in Engineering and Design*, McGraw-Hill Book Company, New York, 1987.

Schittich, Christian, *In Detail: Interior Spaces: Space, Light, Material*, Birkhäuser Publishing Ltd. Basel, Switzerland, 2002.

Scutella, Richard M. and Heberle, Dave, *How to Plan, Contract and Build Your Own Home*, 3rd Ed., McGraw-Hill, New York, 2000,

Shoshkes, Lila, *Space Planning—Designing the Office Environment*, Architectural Record Books, New York, 1976.

Smith, Fran Kellog and Bertolone, Fred J., *Bringing Interiors to Light: The Principles and Practices of Lighting Design*, Whitney Library of Design, New York, 1986

Smith, William D. and Smith, Laura H., *McGraw-Hill On-Site Guide to Building Codes 2000: Commercial and Interiors*, McGraw-Hill Professional Publishing, New York, 2001.

Snyder, Loren, *A Closer Look at Security Audits*, FacilitiesNet, Maintenance Solutions, Trade Press Publishing Corporation, September 2002.

Speltz, Alexander, *Styles of Ornament*, Gramercy Books, Random House Value Publishing, Inc., New York, 1994

Steffy, Gary, R., *Architectural Lighting Design*, 2nd Edition, John Wiley and Sons, New York, 2001.

Steven Winter Associates, *Accessible Housing by Design*, McGraw-Hill, New York et al., 1997.

Stierlin, Henri, *Encyclopedia of World Architecture*, Van Nostrand Reinhold Company, New York, 1983.

Stokes, McNeill, *Construction Law in Contractors' Language*, McGraw-Hill Book Company, New York, 1977.

Sutherland, Martha, *Modelmaking: A Basic Guide*, W.W. Norton and Company, New York and London, 1999

Swinburne, Herbert, *Design Cost Analysis for Architects and Engineers*, McGraw-Hill Book Co., New York, 1980.

Temple, Nancy, *Home Space Planning: A Guide for Architects, Designers, and Home Owners*, McGraw-Hill, New York, 1995.

Tilley, Alvin R, (Editor), et al, *The Measure of Man and Woman: Human Factors in Design*, John Wiley and Sons, New York, 2001.

Tilton, Rita; Jackson, Howard J; Rigby, Sue Chappell, *The Electronic Office: Procedures and Administration*, 11th Ed., South-Western Publishing Co., Cincinnati, Ohio, 1996.

Trachte, Judith, A., *A Quick Start To AutoCad For Interior Design*, Prentice Hall, New Jersey, 2000.

Tuluca, Adrian (lead author). Steven Winter Associates, Inc., *Energy Efficient Design and Construction for Commercial Buildings*, McGraw-Hill, New York, 1997.

Tweedy, Donald B., *Office Space Planning and Management: A Manager's Guide to Techniques and Standards*, Quorum Books, New York, 1986.

Vanecko, Andrea et al., *FutureWork 2020*, Sponsored by ASID, Steelcase®, Armstrong World Industries, Inc., Ziff Davis Smart Business, 2001.

Wakita, Dr. Osamu A, Linde, Richard M., *The Professional Handbook of Architectural Working Drawings*, John Wiley and Sons, New York, 1984.

Wallach, Paul L., Ed., *Interior Design: A Space Planning Kit*, South-Western Publishers, 1982.

Walsh, Margo Grant, "Benchmarking the Law Office," *Contract Magazine*, May 1998,

Whiton, Sherrill, *Interior Design and Decoration*, J. B. Lippincott Company, New York, 1974.

Wilhide, Elizabeth and Copestick, Joanna, *Contemporary Decorating: New Looks for Modern Living*, SOMA Books—an imprint of Bay Books and Tapes, Inc., San Francisco, California, 1998.

Winkler, Ira, *Corporate Espionage*, Prima Publishing, 1997.

Yarwood, Doreen, *The Architecture of England*, B.T. Batsford Ltd., London, 1963.

Yates, Marypaul, *Fabrics: A Handbook for Interior Designers and Architects*, W.W. Norton and Company, New York, 2002.

Yee, Roger and Gustafson, Karen, *Corporate Design*, Interior Design Books, A Division of Whitney Communications Corporation, New York, 1983.

Zelinsky, Marilyn, *New Workplaces for New Workstyles*, McGraw-Hill, New York, 1998.